MATLAB 仿真应用精品丛书

# MATLAB R2017a 模式识别与智能计算

辛焕平　编著

電子工業出版社
Publishing House of Electronics Industry
北京 · BEIJING

## 内 容 简 介

本书以模式识别、智能算法应用为主线，以分析工程案例为辅助，做到了理论与实际算法相结合，详解设计思路和设计步骤，向读者展示了怎样运用 MATLAB R2017a 进行算法的设计与开发。全书共 12 章，包括 MATLAB 的基础知识、模式识别与智能计算的概念、神经网络的算法分析、RBF 网络的算法分析、模糊系统的算法分析、判别函数的算法分析、最优化的智能计算、遗传算法分析、粒子群算法分析、蚁群优化算法分析、模拟退火的算法分析、禁忌搜索的算法分析，让读者轻松利用 MATLAB 解决模式识别与智能计算等问题，领略到利用 MATLAB 实现模式识别与智能计算的简单、易学、易上手。

本书可作为广大在校本科生和研究生的学习用书，也可作为科研人员和工程技术人员的参考用书。



**图书在版编目（CIP）数据**

MATLAB R2017a 模式识别与智能计算/辛焕平编著. —北京：电子工业出版社，2018.6
（MATLAB 仿真应用精品丛书）
ISBN 978-7-121-33540-2

Ⅰ. ①M… Ⅱ. ①辛… Ⅲ. ①Matlab 软件 Ⅳ.①TP317

中国版本图书馆 CIP 数据核字（2018）第 013642 号

策划编辑：陈韦凯
责任编辑：裴　杰
印　　刷：北京捷迅佳彩印刷有限公司
装　　订：北京捷迅佳彩印刷有限公司
出版发行：电子工业出版社
　　　　　北京市海淀区万寿路 173 信箱　邮编　100036
开　　本：787×1 092　1/16　印张：25.5　字数：652.8 千字
版　　次：2018 年 6 月第 1 版
印　　次：2020 年 11 月第 3 次印刷
定　　价：69.00 元

凡所购买电子工业出版社图书有缺损问题，请向购买书店调换。若书店售缺，请与本社发行部联系，联系及邮购电话：（010）88254888，88258888。

质量投诉请发邮件至 zlts@phei.com.cn，盗版侵权举报请发邮件至 dbqq@phei.com.cn。

本书咨询联系方式：chenwk@phei.com.cn。

# 前　言

MATLAB 是美国 MathWorks 公司出品的商业数学软件。它作为一款科学计算软件逐渐被广大科研人员所接受，其强大的数据计算功能、图像可视化界面及代码的可移值性受到高校广大师生的认可。MATLAB 也是一款功能强大的仿真软件，现在 MathWorks 公司正在不断地开发各种开发板的集成接口及仿真器，真正做到理论与实际相结合，而且 MATLAB 每年更新两次，及时补充新的内容。因此，作为数据分析和计算方面的工作者和学习者，MATLAB 是一个较好的选择。

模式识别就是通过计算机用数学技术方法来研究模式的自动处理和判读。随着计算机技术的发展，人类有可能研究复杂的信息处理过程。模式识别已经成为当代高科技研究的重要领域之一，它已发展成为一门独立的新学科。模式识别技术迅速扩展，已经应用在人工智能、机器人、系统控制、遥感数据分析、生物医学工程、军事目标识别等领域，几乎遍及各个学科领域，在国民经济、国防建议、社会发展的各个方面得到了广泛应用，产生了深远的影响。

智能计算只是一种经验化的计算机思考性程序，是人工智能化体系的一个分支，也是辅助人类去处理各式问题的具有独立思考能力的系统。计算智能的主要方法有人工神经网络、遗传算法、遗传程序、演化程序、局部搜索、模拟退火等。计算智能的这些方法具有自学习、自组织、自适应的特征和简单、通用、鲁棒性强、适用于并行处理的优点，在并行搜索、联想记忆、模式识别、知识自动获取等方面得到了广泛的应用。

随着科学技术的发展，模式识别与智能计算逐渐深入人们的生活，在各个领域得到了广泛的应用，而 MATLAB 自身具有强大的计算功能，在各个领域应用广泛。因而本书以模式识别和智能计算为主线，以模式识别和智能计算与实际应用相结合的实例为基础，并结合编著者多年的教学实践经验，介绍各种模式识别和智能计算在 MATLAB 中的实现方法。

全书围绕着利用 MATLAB 解决模式识别和智能计算等内容展开，分为 12 章。

第 1 章 走进 MATLAB R2017a，包括 MATLAB 的优势、MATLAB R2017a 的新功能特性、MATLAB 的基本元素、MATLAB 的可视化等内容。

第 2 章 模式识别与智能计算，包括模式识别、分类分析、聚类分析、距离判别分析、贝叶斯判别、智能计算等。

第 3 章 神经网络的算法分析，包括神经网络的基本概念、感知器神经网络、BP 神经网络、自组织竞争神经网络、反馈型神经网络等。

第 4 章 RBF 网络的算法分析，包括径向基神经网络、概率神经网络、广义回归神经网络等。

第 5 章 模糊系统的算法分析，包括模糊系统的理论基础、模糊逻辑工具箱、模糊模式识别的方法、模糊神经网络等。

第 6 章 判别函数的算法分析，包括核函数方法、基于核的主成分分析方法、基于核的 Fisher 判别方法、基于核的投影寻踪法等。

第 7 章 最优化的智能计算，包括最优问题的数学描述、线性规划智能计算、非线性规划智能计算、二次规划智能计算等。

第 8 章 遗传算法分析，包括遗传算法的基本概述、遗传算法的分析、控制参数的选择、遗传算法的寻优计算、遗传算法求极大值等。

第 9 章 粒子群算法分析，包括 PSO 的寻优计算、微子群优化、PSO 改进策略等。

第 10 章 蚁群优化算法分析，包括人工蚂蚁与真实蚂蚁的异同、蚁群优化算法理论的研究现状、蚁群优化算法的基本原理、蚁群优化算法的改进、聚类问题的蚁群优化算法等。

第 11 章 模拟退火的算法分析，包括模拟退火的基本概念、模拟退火算法的基本原理、模拟退火的控制参数、模拟退火改进 $K$ 均值聚类法等内容。

第 12 章 禁忌搜索的算法分析，包括局部邻域搜索、禁忌搜索的基本原理、禁忌搜索的关键技术、禁忌搜索的 MATLAB 实现等。

本书实用性强，应用范围广，可作为广大在校本科生和研究生的学习用书，也可作为广大科研人员、学者、工程技术人员的参考书。

为方便读者学习，本书提供案例源代码下载，读者可以登录华信教育资源网（www.hxedu.com.cn）查找本书免费下载。

本书主要由辛焕平编著，参与编著的还有张德丰、刘志为、栾颖、王宇华、吴茂、赵书兰、李晓东、何正风、丁伟雄、李娅、方清城、杨文茵、顾艳春、邓奋发。

由于时间仓促，加之编著者水平有限，所以错误和疏漏之处在所难免，在此，诚恳地期望得到各领域的专家和广大读者的批评指正。

编著者

# 目　录





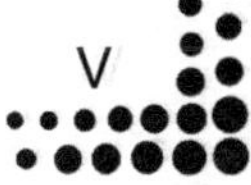

# 第1章　走进 MATLAB R2017a

MATLAB R2017a 是 MATLAB 的新版本，是由美国 MathWorks 公司打造的一款商业软件，该软件也是世界顶级四大数学软件之一。MATLAB R2017a 比起之前的版本新增了时间表数据容器、新的工具箱 Risk Management Toolbox 等，可以使数据处理更加快速高效。

## 1.1　了解 MATLAB

MATLAB 是 MathWorks 公司开发的一种跨平台的、用于矩阵数值计算的简单高效的数学语言。与其他计算机高级语言如 C、C++、FORTRAN、BASIC、Pascal 等相比，MATLAB 语言编程要简洁得多，编程语句更加接近数学描述，可读性好，其强大的图形功能和可视化数据处理能力也是其他高级语言望尘莫及的。对于具有任何一门高级语言基础的读者来说，学习 MATLAB 十分容易。但是，要用好 MATLAB 却不是在短时间内就可以达到的。这并不是因为 MATLAB 语言复杂难懂，而是实际问题的求解往往需要具备更多的数学知识和专业知识。MATLAB 使得人们摆脱了常规计算机编程的烦琐，让人们能够将大部分精力投入到研究问题的数学建模上。可以说，应用 MATLAB 这一数学计算和系统仿真的强大工具，可以使科学研究的效率得以成百倍的提高。

目前，MATLAB 已经广泛用于理工科大学从高等数学到几乎各门专业课程之中，成为这些课程进行虚拟实验的有效工具。在科研部门，MATLAB 更是极为广泛地得到了应用，成为全球科学家和工程师进行学术交流时首选的共同语言。

### 1.1.1　MATLAB 的优势

与其他高级语言相比，MATLAB 具有以下独特的优势。

（1）MATLAB 是一种跨平台的数学语言。采用 MATLAB 编写的程序可以在目前所有的操作系统上运行（只要这些系统上安装了 MATLAB 平台）。MATLAB 程序不依赖于计算机类型和操作系统类型。

（2）MATLAB 是一种超高级语言。MATLAB 平台本身是用 C 语言编写的，其中汇集了当前最新的数学算法库，是许多专业数学家和工程学者多年的劳动结晶。使用 MATLAB 意味着站在巨人的肩膀上观察和处理问题，所以在编程效率及程序的可读性、可靠性和可移植性上远远超过了常规的高级语言。这使得 MATLAB 成为了进行科学研究和数值计算的首选语言。

（3）MATLAB 语法简单，编程风格接近数学语言描述，是数学算法开发和验证的最佳工



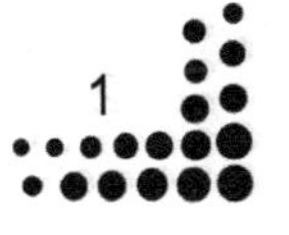

具。MATLAB 以复数矩阵运算为基础，其基本编程单位是矩阵，使得编程简单而功能极为强大。对于常规语言中必须使用许多语句才能实现的功能，如矩阵分解、矩阵求逆、积分、快速傅里叶变换，甚至串口操作、声音的输入/输出等，在 MATLAB 中均用一两句指令即可实现。此外，MATLAB 中的数值算法是经过千锤百炼的，比用户自己编程实现的算法的可信度和可靠性都高。

（4）MATLAB 计算精度很高。MATLAB 中数据是以双精度存储的，一个实数采用 8 字节存储，而一个复数则采用 16 字节存储。通常矩阵运算精度高达$10^{15}$以上，完全能够满足一般工程和科学计算的需要。与其他语言相比，MATLAB 对计算机内存、硬盘空间的要求也是比较高的。

（5）MATLAB 具有强大的绘图功能。利用 MATLAB 的绘图功能，可以轻易地获得高质量的曲线图；MATLAB 具有多种形式来表达二维、三维图形，并具有强大的动画功能，可以非常直观地表现抽象的数值结果。这也是 MATLAB 广为流行的重要原因之一。

（6）MATLAB 具有串口操作、声音输入/输出等硬件操控能力。随着版本的提高，这种能力还会不断加强，使得人们利用计算机和实际硬件相连接的半实物仿真的梦想得以轻易实现。

（7）MATLAB 程序可以直接映射为 DSP 芯片可接受的代码，大大提高了现代电子通信设备的研发效率。

（8）MATLAB 的程序执行效率比其他语言低。MATLAB 程序通常是解释执行的，在执行效率和速度上低于其他高级语言。当然，如果对执行效率有特别要求，则可以采用 C 语言编制算法，然后通过 MATLAB 接口在 MATLAB 中执行。事实上，MATLAB 自带的许多内部函数均是用 C 语言编写并编译的，因此利用 MATLAB 内部函数的程序部分运行速度并不比其他语言中相应的函数低。

### 1.1.2 MATLAB R2017a 的新功能

MATLAB R2017a 是目前的新版本，其具有如下新功能。

（1）MATLAB 产品系列的更新。

① 引入 tall 数组用于操作超过内存限制的过大数据。

② 引入时间表数据容器用于索引和同步带时间戳的表格数据。

③ 增加在脚本中定义本地函数的功能以提高代码的重用性和可读性。

④ 通过使用 MATLAB 的 Java API 可以在 Java 程序中调用 MATLAB 代码。

⑤ MATLAB Mobile：通过 MathWorks 云端的 iPhone 和 Android 传感器记录数据。

⑥ Database Toolbox：提供用于检索 Neo4j 数据的图形化数据库界面。

⑦ MATLAB Compiler：支持将 MATLAB 应用程序（包括 tall 数组）部署到 Spark 集群上。

⑧ Parallel Computing Toolbox：能够在台式机、装有 MATLAB Distributed Computing Server 的服务器，以及 Spark 集群上利用 tall 数组进行大数据并行处理。

⑨ Statistics and Machine Learning Toolbox：提供不受内存限制的大数据分析算法，包括

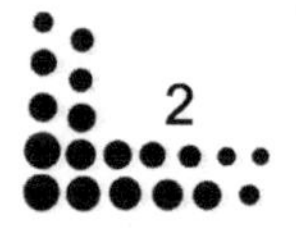

降维、描述性统计、*K*-均值聚类、线性递归、逻辑递归和判别分析。

⑩ Statistics and Machine Learning Toolbox：提供可以自动调整机器学习算法参数的 Bayesian 优化算法以及可以选择机器学习模型特征的近邻成分分析。

⑪ Statistics and Machine Learning Toolbox：其也支持使用 MATLABCoder 自动生成实现 SVM 和逻辑回归模型的 C/C+代码。

⑫ Image Processing Toolbox：支持使用三维超像素的立体图像数据进行简单线性迭代聚类（SLIC）和三维中值滤波。

⑬ Computer Vision System Toolbox：使用基于区域的卷积神经网络深度学习算法（R-CNN）进行对象检测。

⑭ Risk Management Toolbox：一个新的工具箱，用于开发风险模型和执行风险模拟。

⑮ ThingSpeak：能够从联网的传感器采集数据，并使用由 Statistics and Machine Learning Toolbox、Signal Processing Toolbox、Curve Fitting Toolbox 和 Mapping Toolbox 提供的函数在云端进行 MATLAB 分析。

（2）Simulink 产品系列更新如下。

① 使用 JIT 编译器提升在加速器模式下运行的仿真的性能。

② 能够初始化、重置并终止子系统，进行动态启动和关闭行为建模。

③ 状态读取器和写入器模块可以从模型中的任何位置完全控制重置状态行为。

④ 对 Raspberry Pi 3 和 Google Nexus 的硬件支持。

⑤ Simulink 和 Stateflow：简化参数和数据编辑的属性检查器、模型数据编辑器和符号管理器。

⑥ Simscape：新增了一个模块库，用于模拟理想气体、半理想气体以及实际气体系统。

（3）信号处理和通信更新如下。

① Signal Processing Toolbox：可用于执行多时序的时域和频域分析的信号分析仪应用程序。

② Phased Array System Toolbox：针对空气传播和多路径传播对窄频和宽频信号的影响提供建模支持。

③ WLAN System Toolbox：IEEE 802.11ah 支持和多用户 MIMO 功能。

④ Audio System Toolbox：音频插件托管功能，可在 MATLAB 中直接运行和测试 VST 插件。

（4）代码生成更新如下。

① 交叉发布代码集成功能使得可以重用较早版本生成的代码。

② 能够生成可用于任何软件环境的可插入式代码，包括动态启动和关闭行为。

③ 支持仿真 AUTOSAR 基础软件，包括 Diagnostic Event Manager（DEM）和 NVRAM Manager（NvM）。

④ HDL Coder：根据设定的目标时钟频率，以寄存器插入方式自适应流水化，以及可用于显示和分析转换和状态的逻辑分析仪（搭配使用 DSP System Toolbox）。

（5）验证和确认更新如下。

① Simulink Verification and Validation：Edit-time checking 功能，可帮助用户在设计时发现并修复标准合规性问题。

② Simulink Test：用于进行测试评估的自定义标准的功能。

③ HDL Verifier：FPGA 数据采集功能，用于探测要在 MATLAB 或 Simulink 中进行分析的内部 FPGA 信号。

④ Polyspace Bug Finder：支持 CERT C 编码规范，以用于网络安全漏洞检测。

### 1.1.3 MATLAB R2017a 的安装与激活

MATLAB R2017a 的安装与激活主要分为以下步骤。

（1）将 MATLAB R2017a 的安装盘放入 CD-ROM 驱动器，系统将自动运行程序，进入初始化界面。

（2）启动安装程序后显示的是 MathWorks 安装程序对话框，如图 1-1 所示。选中“使用文件安装密钥”单选按钮，再单击“下一步”按钮。

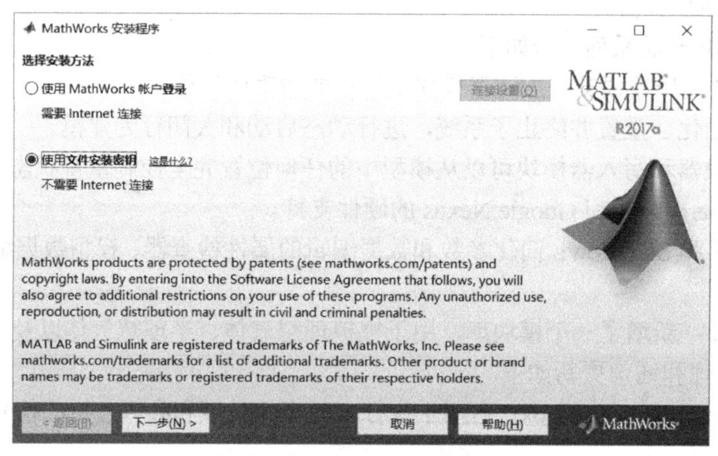


图 1-1　MathWorks 安装程序

（3）弹出如图 1-2 所示的“许可协议”对话框，如果同意 MathWorks 公司的安装许可协议，选中“是”单选按钮，单击“下一步”按钮。

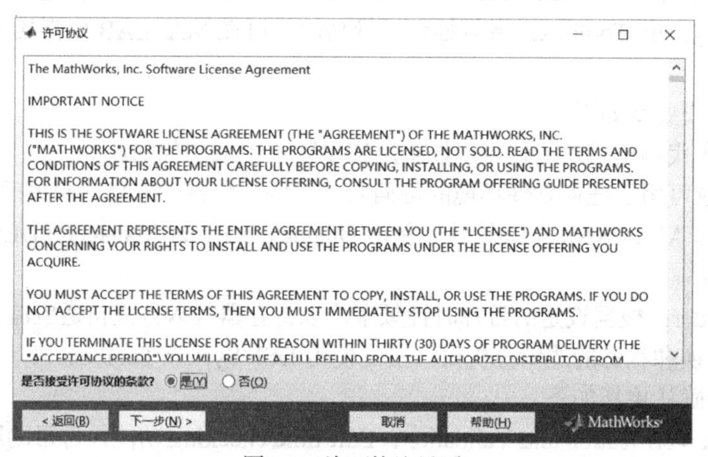


图 1-2　许可协议界面

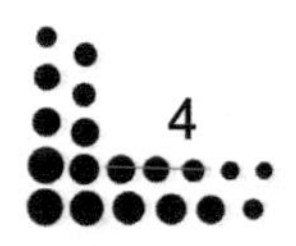

（4）弹出如图 1-3 所示的“文件安装密钥”对话框，选中“我已有我的许可证的文件安装密钥”单选按钮，单击“下一步”按钮。

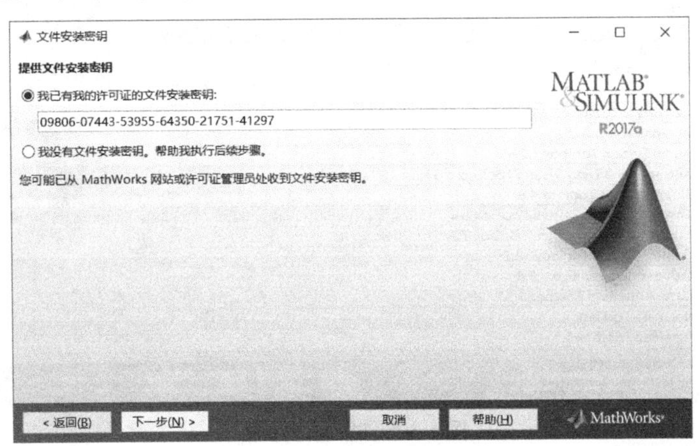


图 1-3　文件安装密钥界面

（5）如果输出正确的钥匙，则系统将弹出如图 1-4 所示的“文件夹选择”对话框，可以将 MATLAB 安装在默认路径中，也可自定义路径。如果需要自定义路径，则可单击“输入安装文件夹的完整路径”文本框右侧的“浏览”按钮，再单击“下一步”按钮。

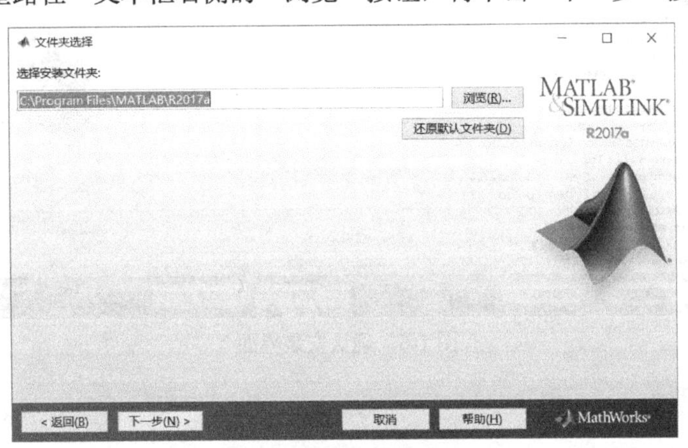


图 1-4　文件夹选择界面

（6）确定安装路径并进行下一步操作，系统将弹出如图 1-5 所示的“产品选择”对话框，可以看到用户所默认安装的 MATLAB 组件、安装文件夹等相关信息，单击“下一步”按钮。

（7）在完成对安装文件的选择后，即弹出如图 1-6 所示的“确认”对话框，在该界面中，即列出了前面所选择的内容，包括路径、安装文件的大小、安装的产品等，确认无误后，单击“安装”按钮进行安装即可。

（8）在安装过程中，软件将显示安装进度条，如图 1-7 所示。用户需要等待产品组件安装完成。

（9）软件安装完成后，将进入产品配置说明界面，在该界面中说明了安装完成 MATLAB 后应要设置哪些配置软件才可正常运行，效果如图 1-8 所示。

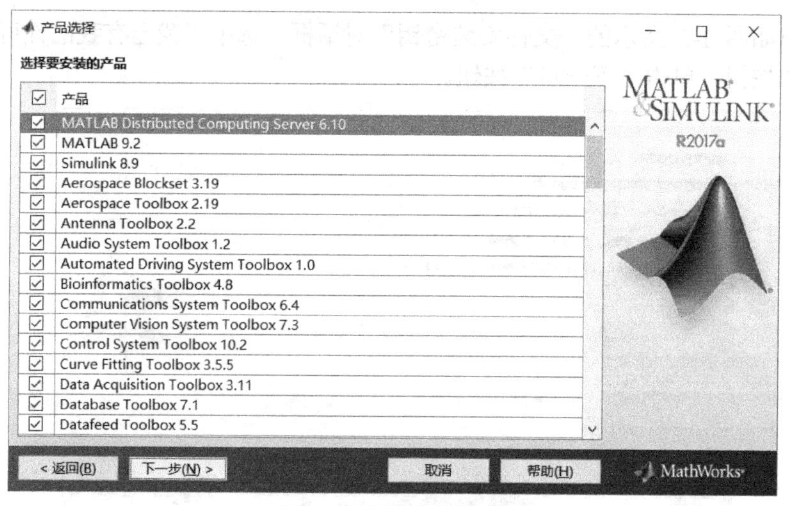


图 1-5　产品选择界面

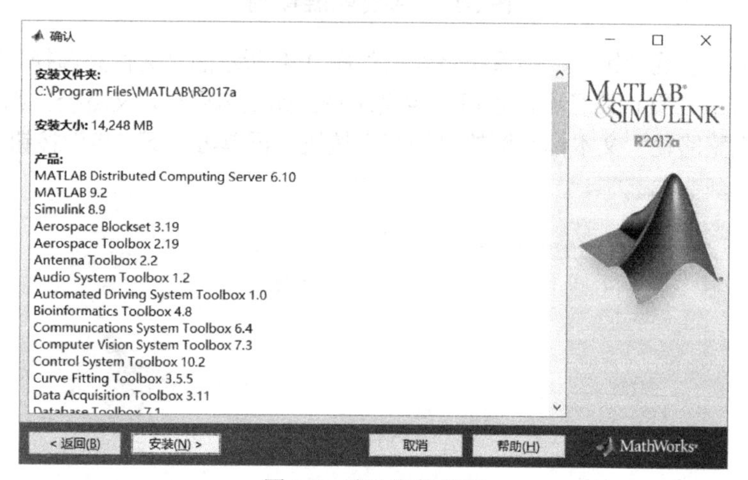


图 1-6　确认安装界面

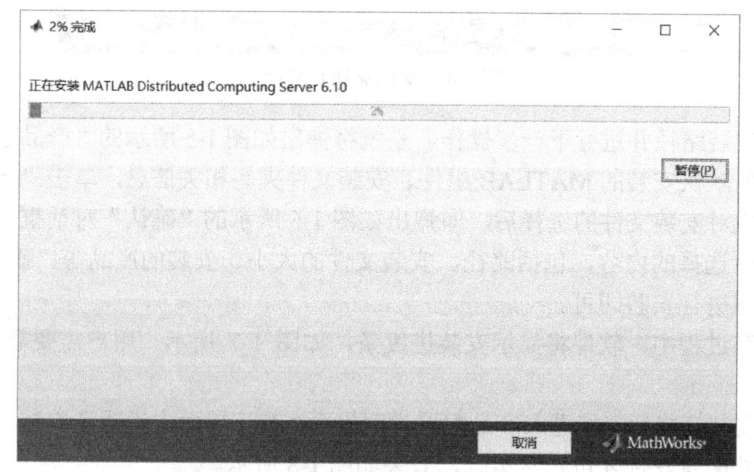


图 1-7　安装进度界面

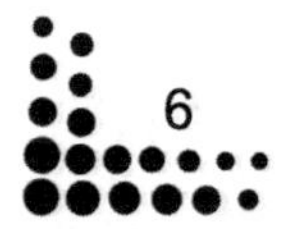

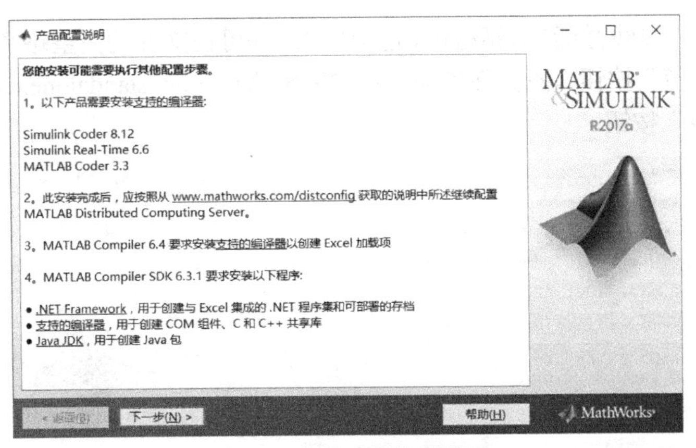


图 1-8　产品配置说明界面

（10）单击图 1-8 中的“下一步”按钮，即可完成 MATLAB R2017a 的安装，效果如图 1-9 所示。

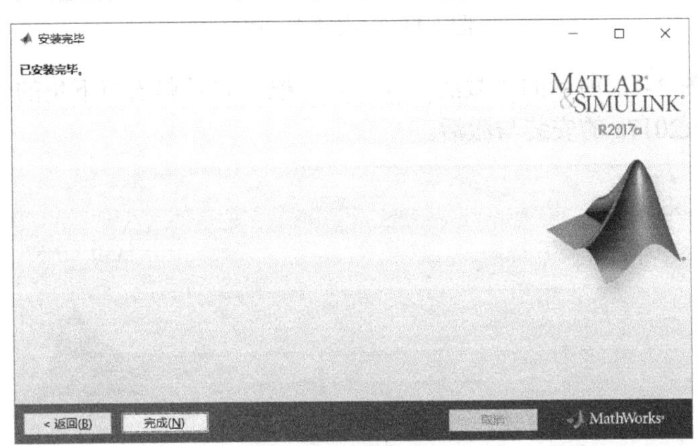


图 1-9　安装完毕界面

（11）单击图 1-9 中的“完成”按钮，完成安装。此外，在 MATLAB R2017a 安装完毕后，它会自动关闭，如果要激活该软件，则要返回安装目录路径下的\bin 文件，双击 MATLAB 图标，即可进入软件的激活界面，效果如图 1-10 所示。

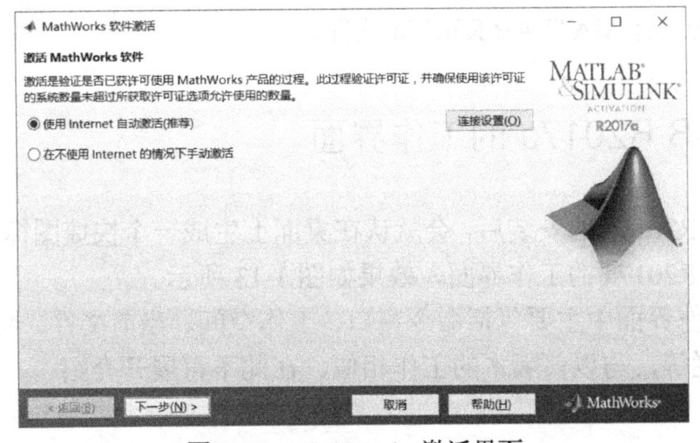


图 1-10　MathWorks 激活界面

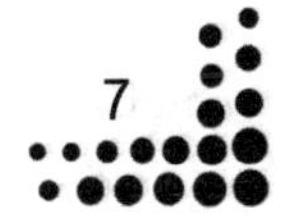

（12）在弹出的“离线激活”对话框中，选中“输入许可证文件的完整路径（包括文件名）”，单击其右侧的“浏览”按钮，找到许可证文件的完整路径（lic_standalone.dat），如图 1-11 所示。单击“下一步”按钮。

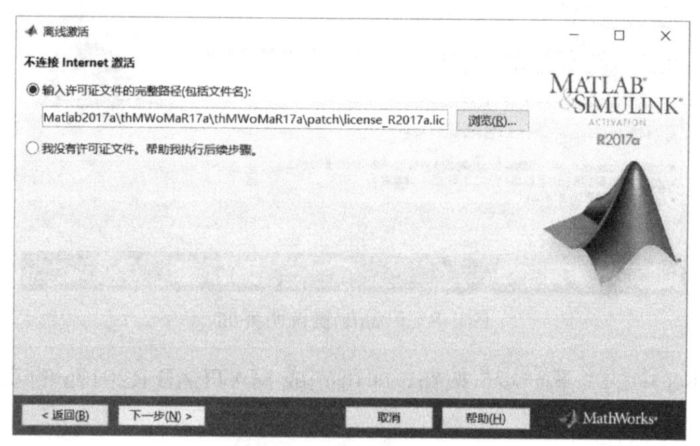


图 1-11　离线激活界面

（13）弹出如图 1-12 所示的“激活完成”对话框，并且单击右下角的“完成”按钮，即可完成 MATLAB R2017a 的安装与激活。

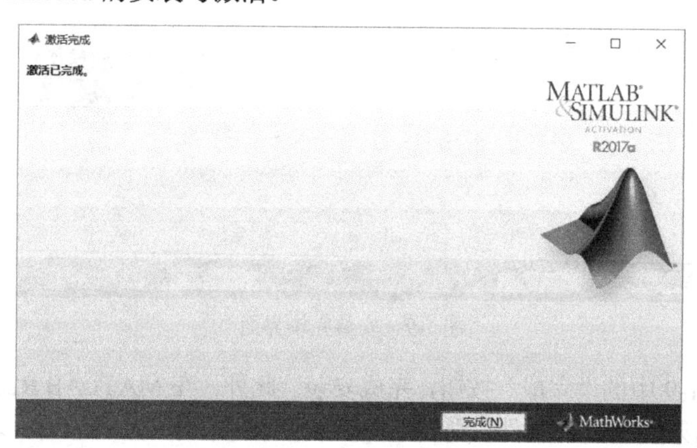


图 1-12　激活完成界面

至此，即可正常运行 MATLAB R2017a 软件。

### 1.1.4　MATLAB R2017a 的工作界面

完成 MATLAB R2017a 的安装后，会默认在桌面上生成一个快捷图标，双击该快捷图标，即可进入 MATLAB R2017a 的工作界面，效果如图 1-13 所示。

MATLAB 的工作界面中主要包括命令窗口、工作空间、当前文件、命令历史窗口、细节描述窗口以及工具栏等，与以前版本的工作相似，在此不再展开介绍。

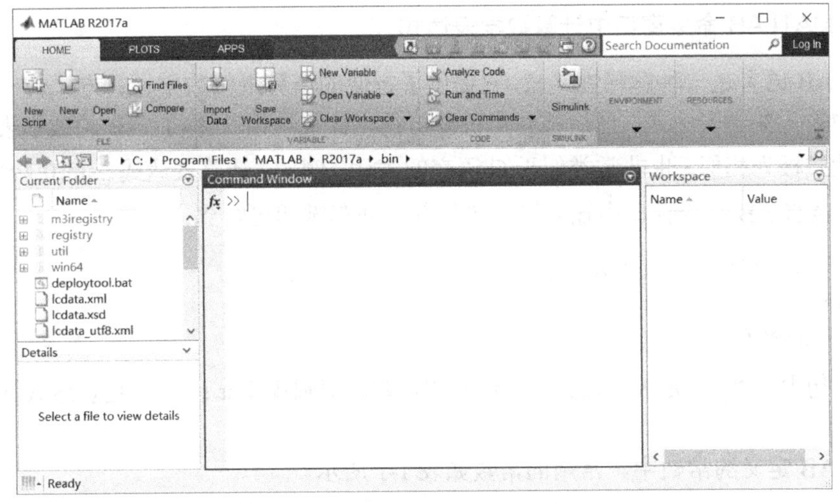


图 1-13　MATLAB R2017a 的工作界面

## 1.1.5　MATLAB 的快速入门

虽然 MATLAB 也像通常的 Windows 程序一样提供了菜单和快捷工具栏，通过它们可以很方便地对 MATLAB 进行操作，但是建议读者尽可能使用命令方式来操作 MATLAB。虽然刚开始可能觉得不太方便，但是与菜单和快速工具方式相比，命令方式的功能最为强大，也最能体现 MATLAB 的精髓，而且命令方式本身也是跨平台的。

### 1．在 MATLAB 中怎样获取帮助

MATLAB 几乎涉及了所有工程领域的数学问题。因为 MATLAB 帮助文档是唯一完全覆盖 MATLAB 功能函数的权威技术文件，所以，善于利用 MATLAB 的帮助文档将是非常重要的。

在 MATLAB 命令窗口中，使用命令“demo”可以打开 MATLAB 的演示窗口，其中包含了大量 MATLAB 程序的演示实例。其对于初学者具有很高的参考价值。如果读者需要打开 MATLAB 的帮助文档，则使用命令“help win”即可。如果要用浏览器打开 HTML 形式的帮助文档，则可使用命令“doc”。如果需要打开 MATLAB 的某条命令或函数用法的 HTML 帮助文档，则只需输入以下命令：

>>doc 命令或函数名，并按回车键。

如果要在命令窗口中显示帮助信息，则只需输入命令“help”。如果需要了解 MATLAB 的某条命令或函数的用法，则只需输入以下命令：

>>help 命令或函数名，并按回车键。

例如，要查询正弦函数命令“sin”的用法，可使用命令：

>>help sin，并按回车键。

另外，MATLAB 帮助文档还以 PDF 电子文件的格式提供，存放在 MATLAB 的安装目录中，读者可以用 Adobe Reader 等软件阅读。

### 2．在 MATLAB 命令窗口中计算数学表达式

MATLAB 语言是一种解释性语言，它提供了方便的演算纸的数学计算方式。在 MATLAB 命令窗口中输入数学表达式，然后按回车键即可得出计算结果。MATLAB 的数学表达式与数学公式表达式极为相似，也非常类似于 C 语言的表达。例如，计算表达式 $2\sin(0.4\pi)/(1+\sqrt{5})$ 的值，在 MATLAB 命令窗口中输入以下语句并按回车键即可得到：

```
>> 2*sin(0.4*pi)/(1+sqrt(5))
ans =
     0.5878
```

以上语句中，“pi”是 MATLAB 已定义的常数，即圆周率 $\pi$；“ans”是表达式计算结果的默认存储量。

MATLAB 定义的常数中，常用的常数如表 1-1 所示。

表 1-1　MATLAB 定义的常数

| 特殊变量名 | 说　明 | 特殊变量名 | 说　明 |
|---|---|---|---|
| i,j | 虚数单位 | intmax/intmin | 所用计算机能表示的最大/最小整数 |
| pi | 圆周率 | realmin | 最小的正浮点数 |
| eps | 浮点运算相对精度 | realmax | 最大的正浮点数 |
| Inf | 无穷大 | NaN | 不定值 |

MATLAB 中常用的算术运算符如表 1-2 所示。

表 1-2　MATLAB 常用的算术运算符

| 算术运算符 | 说　明 | 算术运算符 | 说　明 |
|---|---|---|---|
| + | 数量加法，矩阵加法 | ./ | 数组除法 |
| - | 数量减法，矩阵减法 | ^ | 矩阵乘方 |
| * | 数量乘法，矩阵乘法 | .^ | 数组乘方 |
| .* | 数组乘法 | ' | 矩阵的共轭转置，对于一个复数而言将得到其共轭复数 |
| / | 数量除法，矩阵右除 | | |
| \ | 数量除法（左除），矩阵左除 | .' | 矩阵转置（不共轭） |

### 3．在 MATLAB 命令窗口中输入简单矩阵

例如，输入矩阵

$$\boldsymbol{A}=\begin{bmatrix}1 & 7 & 4\\ 3 & 9 & 6\\ 5 & 2 & 8\end{bmatrix}$$

时，可采用以下两种方法。

```
>> A=[1 7 4;3 9 6;5 2 8]%或 A=[1,7,4;3,9,6;5,2,8]
```

```
A =
     1     7     4
     3     9     6
     5     2     8
```

MATLAB 中可以采用逗号或空格来分隔矩阵的列元素，而采用分号或回车符来分隔矩阵的行，整个矩阵包含在方括号“[]”内。采用“whos”可以查看用户在 MATLAB 工作空间（内存）中所存储的变量情况。使用“workspace”命令就可以打开工作空间浏览器窗口，双击其中的变量可以对其值进行修改。

命令“clear 变量名”可以清除相应的变量，而命令“clear”可以清除所有用户自定义的变量。系统的默认变量是不会被“clear”清除的。为了避免前面的程序对后续程序的影响，通常在程序的开始使用“clear”语句来复位 MATLAB 的内存空间。

使用命令“clc”可以清除命令窗口中的显示字符。使用“home”命令可以使得命令窗口中的提示符光标回到窗口的左上角。这两个命令仅仅影响屏幕的显示，不会清除内存中的变量。

#### 4．MATLAB 语句与变量

MATLAB 语句有以下两种形式。

（1）表达式；

（2）变量名=表达式。

在第一种形式中，表达式计算的值将存放于默认变量“ans”中；而在第二种形式中，表达式计算的值将存放于变量名所指定的变量中。MATLAB 中多条语句可以在一行内书写，以逗号“，”或分号“；”相互隔开。如果是以分号隔开的，则计算结果不显示在屏幕上，否则按回车键后将显示计算结果。例如，计算 1+2+3+…+100 的值以及 100 的阶乘 100！。

```
>> s=1:100;sum(s),p=prod(s)
ans =
        5050
p =
  9.3326e+157
```

MATLAB 中的变量是区分大小写的，变量、函数名必须以字母开头，其后最多可接 19 个字母、数字或下画线。例如，a 和 A 是不同的变量，p121_5、ps4 是合法的变量名，而 3ab 是非法的变量。在给定变量或函数命名时，应该养成良好的命名习惯，命名不要和 MATLAB 中的系统函数或变量相同。特别的，如果计算中存在复数运算，那么就应该避免采用“i”和“j”作为循环变量。

MATLAB 中可以方便地进行复数运算，如计算 $\sqrt[5]{a^2+b}$，其中 $a=15+2j$，$b=2e^{j2}$。可在命令窗口中输入以下命令。

```
>> a=15+2*j,b=2*exp(2*j),(a.^2+b).^(1/5)
a =
  15.0000 + 2.0000i
b =
```

```
   -0.8323 + 1.8186i
ans =
   2.9593 + 0.1622i
```

### 5. 绘制简单的函数曲线

MATLAB 提供了极为便利的数据可视化手段，可以作出任意函数的图像。作为快速入门，在此以一个二维作图为例，作出函数 $y = \mathrm{e}^{-\frac{x}{10}}\sin x$ 在 $x \in [-1,30]$ 范围内的图像。

```
>> clear all;
>> x=-1:0.1:30;                    %定义 x 的范围和步进
>> y=exp(-x./10).*sin(x);          %计算函数值
>> plot(x,y);                      %作出函数图像
>> grid on;                        %在坐标轴上绘制网格
```

运行程序，得到如图 1-14 所示的效果图。

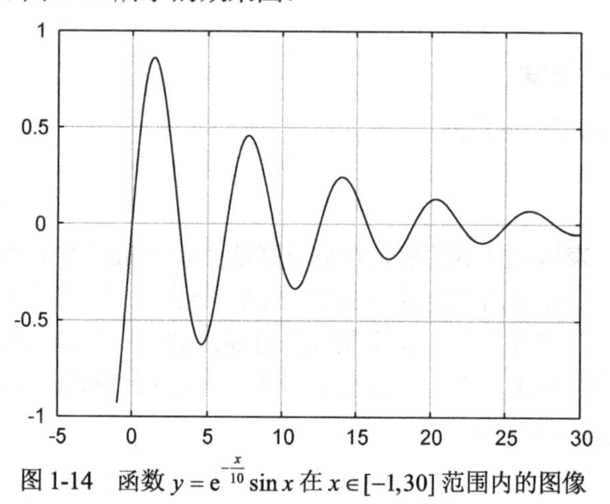


图 1-14　函数 $y = \mathrm{e}^{-\frac{x}{10}}\sin x$ 在 $x \in [-1,30]$ 范围内的图像

**注意**：在程序语句中，以百分号“%”开始的是注释部分。

### 6. 编写简单的 MATLAB 程序

MATLAB 是解释性语言，输入一行语句并按回车键后，就会立即执行并得出结果。如果要实现比较复杂的功能，单靠一条一条地在命令窗口中输入指令来执行，效率是很低的。如何解决这个问题呢？为此 MATLAB 提供了扩展名为“.m”的文本文件，在文件中事先写入一行行的 MATLAB 命令，存盘后从 MATLAB 命令窗口调入执行（类似于 DOS 下的批处理），这种文件称为 MATLAB 脚本文件。以前面作图的三条语句为例，在文本编辑器中输入这些语句，然后将文件存盘，如将文件命名为“stprg.m”，保存于 MATLAB 的默认工作路径中，再回到 MATLAB 命令窗口，在提示符“>>”下键入文件名（可以省略扩展名）后按回车键，即可运行程序并得到结果：

```
>> stprg
```

在任何一种纯文本编辑器中均可以书写 MATLAB 程序，只要以“.m”为扩展名保存，

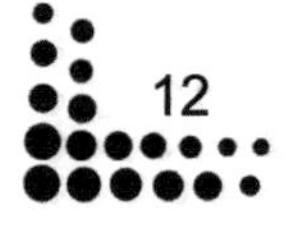

即可在 MATLAB 中调用运行。

在 MATLAB 命令窗口中，在提示符“>>”后输入的命令语句要按回车键才能执行。

## 1.1.6 MATLAB 的程序设计

### 1. M 文件

MATLAB 除了如前所述的命令窗口中进行的直接交互的指令操作方式之外，另一种更为重要的工作方式就是 M 文件。M 文件有两种形式：一种是脚本文件，另一种是函数文件。M 文件的扩展名为“.m”。M 文件可以通过任何纯文本编辑器进行编辑，在 MATLAB 中也有自带的文本编辑器，使用“edit”命令即可开启。

### 2. 程序控制流语句

任何计算机语言，只要利用顺序结构、循环结构以及分支结构，就可以完成任何程序功能。在 MATLAB 中也有这三种基本的程序结构。但值得注意的是，由于 MATLAB 语言的矩阵计算功能十分强大，仅使用顺序结构通过矩阵的逻辑运算就可以完成计算任务。由于循环结构和分支结构在 MATLAB 语言中的运行速度相对较慢，因此在算法优化的编程中应当尽可能避免使用，而代之以矩阵运算，从而提高程序运行速度，简化程序代码，并使得程序代码更加接近于数学表达。

顺序结构是 MATLAB 中最常用的程序结构，也是执行效率最高的程序结构。顺序结构的语句是按照书写的前后顺序来执行的。

MATLAB 用于循环结构的语句有两种：for…end 循环和 while…end 循环。分支结构的语句有三种：if、break、switch 语句。

1）for…end 语句

利用“help for”或“doc for”可以获得关于该语句的使用手册。“for…end”语句适用于循环次数确定的情况，将循环变量的初值、判别和变化放在循环开头。“for…end”语句的调用形式如下。

```
for v=表达式
 语句 1;
 …
 语句 n;
end
```

例如，最简单的 for…end 循环：

```
for k=1:5
    x(k)=k.^2;
end
x
x =
```

```
        1     4     9    16    25
```

事实上，采用矩阵思想也可以获得相同的结果，但编程更加简单明了。

```
>> k=1:5;
x=k.^2
x =
        1     4     9    16    25
```

绝大部分循环可以遵从这样的方法变成向量化（矩阵化）的算法，避免采用循环语句，从而大大提高程序的执行效率。

2）while…end 语句

对于循环次数不能预先确定，而是由某个逻辑条件来控制循环次数的情况，MATLAB 提供了“while…end”语句。和“for…end”语句类似，“while…end”语句也允许嵌套。“while…end”语句的一般形式如下。

```
while v=表达式
  语句 1;
  …
  语句 n;
end
```

例如，求当整数 *n* 的阶乘值是一个 100 位数的第一个数时，*n* 为多少？

```
>> n=1;                          %n 的初值
while prod(1:n)<1e100
     n=n+1;
end
n
n =
     70
```

3）if 语句

“if”分支结构的一般形式如下。

```
if 表达式
  语句段 1;
else
  语句段 2;
end
```

4）break 语句

“break”语句一般出现在循环体中，它表示跳出循环。仍然以前例加以说明：求整数 *n* 的阶乘值是一个 100 位数的第一个数时，*n* 为多少？

```
>> n=1;                          %n 的初值
```

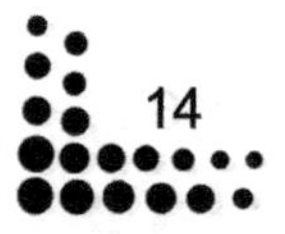

```
while prod(1:n)<1e100
    n=n+1;
    if prod(1:n)>1e100,
        break;                          %若满足条件，则跳出循环
    end
end
n                                       %显示结果
n =
    70
```

“switch”语句用来实现多重分支结构，其一般形式如下。

```
switch 开头表达式
  case 表达式 1;
    语句,…,语句
  case {表达式 1,表达 2 式,表达式 3,…}
    语句,…,语句
    …
    otherwise
      语句,…,语句
end
```

3．数据的输入/输出

1）input 指令

“input”指令提示用户从键盘输入数据、字符串或表达式，并接收该输入。“input”指令的调用格式有以下两种。

x = input(prompt)：输入数据或表达式。

str = input(prompt,'s')：输入数字串。

例如：

```
>> prompt = '这个原值是多少? ';                          %输入数据的例子
x = input(prompt)
y = x*10
这个原值是多少? 10
x =
    10
y =
    100
>> a=input('请输入矩阵或表达式，赋值到 a:')      %输入表达式的例子
请输入矩阵或表达式，赋值到 a:cos(2)+3
a =
    2.5839
>> s=input('请输入一个字符串：','s')
```

```
请输入一个字符串：What is the original value
s =
What is the original value
```

2）pause 指令

“pause”指令可以使程序暂停运行，等待用户按任意键继续。“pause”指令主要用于显示中间结果。“pause(n)”指令可使程序暂停执行 $n$ 秒。

### 4. MATLAB 编程特点

MATLAB 有两种工作方式：一种是在命令窗口中进行的指令操作方式，前面所使用的大部分就是这种方式；另外一种是 M 文件的编程方式，这种方式特别适用于复杂问题的求解，是 MATLAB 高级应用的一种常用方式。MATLAB 编程中，要特别注意程序的书写风格，一个好的程序，必须思路清晰，注释详细，而且是运行速度较快的。M 文件编程中开头的注释行将作为该程序的帮助信息，可以在命令窗口中用“help”命令显示出来。例如，编程计算函数 $f(x)=x^3+x+\ln x+\sin x+\int_0^x t\mathrm{d}t$ 在 $x=1,3,5$ 时的值。编写脚本文件 capa.m 如下。

```
%这是开头的注释行，可以用 help 命令显示
%程序 capa.m 的功能是计算表达式
clear;                              %清除 MATLAB 内存空间，这一命令常用于脚本文件的首句
k=1;                                %数组下标变量，在 MATLAB 编程中，注释要尽可能详尽
int_F=inline('t','t');              %用 inline 函数建立积分的被积函数
for x=[1,3,5]
    x(k)=x^3+x+log(x)*sin(x)+quad(int_F,0,x);      %计算表达式的值
    k=k+1;                                          %数组下标加 1
end
x
```

文件编辑保存后，在 MATLAB 命令窗口中输入：

```
>>help capa
```

这是开头的注释行，可以用 help 命令显示。

capa.m 的功能是计算表达式，在命令窗口中调用：

```
>>capa
x =
    5.0000         0   140.9567
```

### 5. MATLAB 函数编程

如果 M 文件的第一行是以关键字“function”开头的，则其是函数文件。函数文件是 MATLAB 程序设计的主流，MATLAB 自身所带的许多函数（指令）都是由相应的函数文件来定义的。函数文件好像一个黑箱，将数据送进去，经过函数处理，再将结果数据输出。函数文件和脚本文件在内存使用上存在重要的区别，函数文件内部所定义的变量仅仅在该函数文件内部有效，函数返回后这些内部变量将自动被清除。也就是说，函数内部所定义的变量

仅在函数内部起作用，是局部变量。而脚本文件中所定义的变量，在使用“clear”命令清除前，始终存在于工作空间当中，是全局变量。另外，函数文件的文件名必须和函数名相同，切记不要和MATLAB中已经定义的系统函数和其他自定义的函数同名。

下面是函数编程的例子，函数的文件名与函数名相同，为stat.m。

```
function [mean,stv]=stat(x)
n=length(x);                    %求输入向量 x 的长度
mean=sum(x)/n;                   %求平均值
stv=sqrt(sum(x-mean).^2/n);      %求均方根值
```

### 6. 测定程序的执行时间和时间分配

利用“tic”和“toc”指令可以对程序段的执行时间进行测定，从而估计出程序执行效率，并找出改进程序、提高效率的方法。“tic”用于计时开始，而“toc”用于计时结束并显示计时结果。MATLAB还提供了用于对程序执行的耗时进行剖析的“profile”指令。通过调用该功能函数，可以轻松地观察程序中各条语句的执行耗时情况，从而为提高程序运行效率的改进思路提供参考依据。

### 7. 提高程序执行速度的原则

MATLAB是一种解释性语言，它与C语言等编译性语言有着相当大的区别，如果按照C语言的思路去编写MATLAB程序，那么执行效率肯定不是很理想。要提高编程的执行效率，则一定要根据MATLAB的特点来编写程序，具体有以下原则。

（1）在编程中要尽量避免采用循环语句。利用向量化语句来代替循环语句可以大大提高程序的运行速度。如果不得不采用多重循环，那么内循环的次数应该尽可能多于外循环的次数。

（2）在使用大型数据或矩阵之前对其进行初始化，即采用指令“zeros”或“ones”对矩阵进行定维，这样可以减少MATLAB在内存分配过程中的耗时，大大提高运行速度。

（3）应该优先考虑使用MATLAB的内在函数。MATLAB的内在函数是采用C语言优化构造的，并固化在MATLAB的内核中，其运行速度可以和C语言的速度等价，而用户自行编制的M文件则是在MATLAB中解释执行的。

另外，采用更先进更有效的算法也可以提高计算效率。快速傅里叶变换就是一个典型的例子。

## 1.2 MATLAB的帮助文档

作为一款优秀的软件，MATLAB为广大用户提供了有效的帮助系统。其中有联机帮助系统、远程帮助系统、演示程序、命令查询系统等，这些无论对于入门读者还是经常使用MATLAB的人员都是十分有用的，经常查阅MATLAB帮助文档，可以帮助用户更好地掌握MATLAB。常用的帮助命令如表1-3所示。

表 1-3 常用的帮助命令

| 命令名称 | 功能说明 |
| --- | --- |
| help | 获得在线帮助 |
| helpwin | 打开帮助窗口 |
| demo | 运行 MATLAB 演示程序 |
| lookfor | 按照指定的关键字查找相关的 M 文件 |
| who | 列出当前工作内存中的变量 |
| whos | 列出当前工作内存中的变量的详细信息 |
| what | 列出当前目录或指定目录下的 M 文件、MAT 文件和 MEX 文件 |
| which | 显示指定函数和文件的路径 |
| exist | 检查指定名称的变量或文件的存在性 |
| doc | 在网络浏览器中显示指定内容的 HTML 格式的帮助文件或启动 helpdesk |

### 1.2.1 常用帮助命令

下面介绍几种常用的帮助命令。

#### 1. help 命令

help 是 MATLAB 最常用的帮助命令，它可以查询所有 MATLAB 函数的用法，并提供绝大多数 MATLAB 命令的使用方法的联机说明。在使用过程中，用户可以随时使用 MATLAB 的 help 命令来获得帮助。help 命令有如下用法。

（1）直接输入 help，MATLAB 将列出所有的帮助主题，每个帮助主题对应 MATLAB 搜索路径中的一个目录。

（2）help+帮助主题，可获得指定帮助主题的帮助信息。例如，若输入 help simulink，将得到 simulink 的帮助信息。

（3）help+函数名，可获得该函数的帮助信息。例如，要获得平均函数 mean 的帮助信息，可在命令窗口中输入以下命令。

```
>> help mean
 mean    Average or mean value.
    S = mean(X) is the mean value of the elements in X if X is a vector.
    For matrices, S is a row vector containing the mean value of each
    column.
    For N-D arrays, S is the mean value of the elements along the first
    array dimension whose size does not equal 1.
     mean(X,DIM) takes the mean along the dimension DIM of X.
    S = mean(..., TYPE) specifies the type in which the mean is performed,
    and the type of S. Available options are:
```

```
        'double'     -  S has class double for any input X
        'native'     -  S has the same class as X
        'default'    -  If X is floating point, that is double or single,
                        S has the same class as X. If X is not floating point,
                        S has class double.
        S = mean(..., MISSING) specifies how NaN (Not-A-Number) values are
        treated. The default is 'includenan':
        'includenan' - the mean of a vector containing NaN values is also NaN.
        'omitnan'    - the mean of a vector containing NaN values is the mean
                        of all its non-NaN elements. If all elements are NaN,
                        the result is NaN.
          Class support for input X:
            float: double, single
            integer: uint8, int8, uint16, int16, uint32,
                     int32, uint64, int64
         See also median, std, min, max, var, cov, mode.
        mean 的参考页
        名为 mean 的其他函数
```

（4）help+命令名，将得到指定命令的用法。例如，要获得 what 的帮助信息，可在命令窗口中输入以下代码。

```
>> help what
 what List MATLAB-specific files in directory.
    The command what, by itself, lists the MATLAB specific files found
    in the current working directory.   Most data files and other
    non-MATLAB files are not listed.   Use DIR to get a list of everything.

    The command what DIRNAME lists the files in directory dirname on
    the MATLABPATH.   It is not necessary to give the full path name of
    the directory; a MATLABPATH relative partial pathname can be
    specified instead (see PARTIALPATH).   For example, "what general"
    and "what matlab/general" both list the MATLAB program files in
    directory toolbox/matlab/general.

    W = what('directory') returns the results of what in a structure
    array with the fields:
        path      -- path to directory
        m          -- cell array of MATLAB program file names.
        mat       -- cell array of mat-file names.
        mex        -- cell array of mex-file names.
        mdl       -- cell array of mdl-file names.
        slx       -- cell array of slx-file names.
```

```
        p          -- cell array of p-file names.
        classes    -- cell array of class directory names.
        packages -- cell array of package directory names.
    See also dir, who, which, lookfor.
   what 的参考页
```

### 2. 联机演示

MATLAB 除了常规的帮助系统外，还设立了联机演示系统。在该项内容中，MATLAB 设置了许多关于各个工具箱内容的现成程序，用户可以通过选择自己所需的部分来学习相关内容。

用户可以通过选择“帮助”菜单中的“示例”选项，可在命令窗口中输入 demo 并按回车键，即可进入 MATLAB 的联机演示界面，如图 1-15 所示。

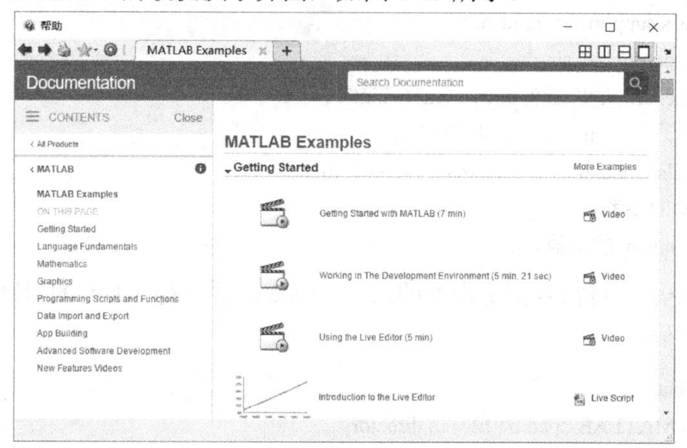


图 1-15　联机演示界面

联机演示窗口包含两部分：左边的部分是项目栏，用户可以用鼠标选择所需演示的项目；右边是对此项目的说明文字。双击左边项目栏的具体内容，或单击该项内容，即可弹出相关链接的联机演示操作。

例如，在图 1-15 左边栏项目中选择 Graphics→3-D Plots and 4-D Visualization→Creating 3-D Plots，MATLAB 将链接到如图 1-16 所示的演示窗口。

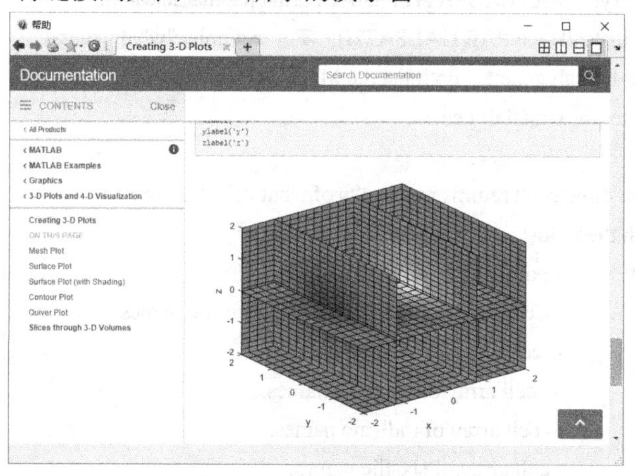


图 1-16　3-D Plots 演示

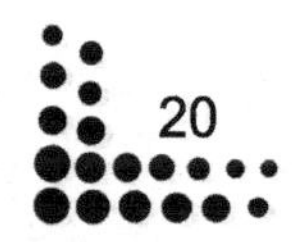

单击右上角的“Open Time Example”按钮，即可打开 3-D Plots 的脚本代码，效果如图 1-17 所示。

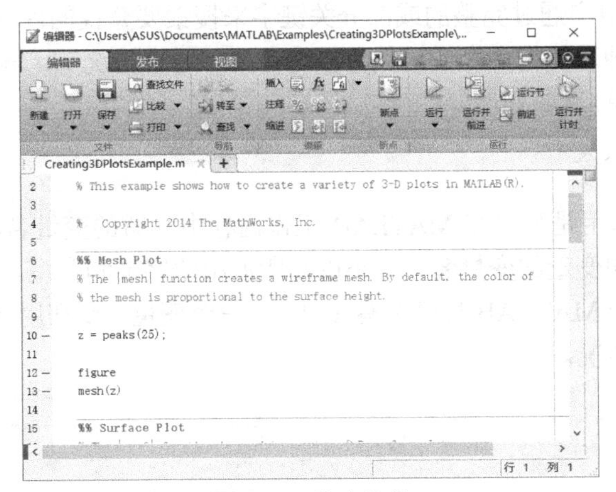


图 1-17　脚本代码

### 3．helpwin 命令

helpwin 命令用于打开 MATLAB 的帮助文档，在命令窗口中直接输入 helpwin 将打开如图 1-18 所示的帮助窗口。

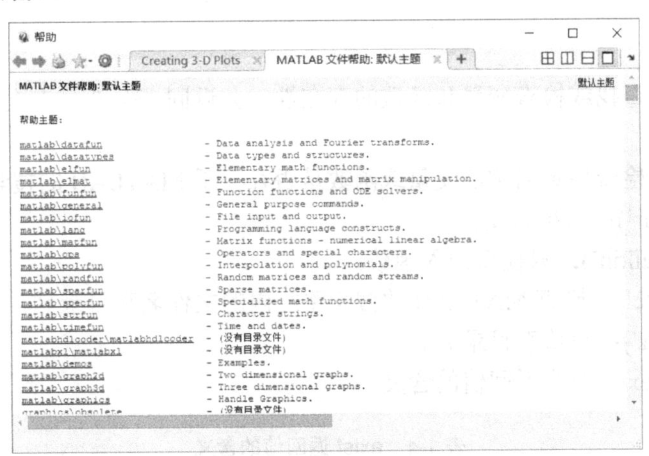


图 1-18　联机帮助系统

在联机帮助系统中，左侧部分为导向界面，显示了 MATLAB 所有内容的目录树列表，选中相关项目，右侧部分为帮助显示界面，显示该项目的详细说明。帮助向导界面右上侧为“Search Documentation”项，即在该项的文本框中输入要查询的命令或关键字，单击搜索图标或按回车键，下方的文本框中将会显示相关的帮助内容，右边的列表框中将会显示相关的主题。

## 1.2.2　其他帮助命令

下面简要介绍 MATLAB 中除 help、demo 和 helpwin 以外的其余几个较为常用的帮助命令。

1）lookfor 命令

lookfor 命令允许用户通过完整的或部分关键字来搜索要查找的内容，此命令在查找不知道确切名称的具有某种功能的命令或函数时极为有用。通常情况下，lookfor 给出所查主题的帮助文件的第一行信息。

2）who 和 whos 命令

who 和 whos 的作用是列出在 MATLAB 工作内存中驻留的变量名，whos 命令可同时给出变量的详细信息，如变量的变量名、大小以及所占用的字节和类型。

例如，用户的某一 MATLAB 程序中有 a、b、c 三个变量，现在用 who 和 whos 来查询驻留工作内存中的变量情况。

```
>> who
您的变量为:
a  b  c
>> whos
  Name      Size      Bytes  Class     Attributes
  a         1x1           8  double
  b         1x10         20  char
  c         1x1          16  double    complex
```

3）exist 命令

exist 命令用来查找或检查变量和函数的存在性，并返回一个 0 到 7 之间的整数值。exist 命令的用法如下。

exist(‘名称’)：检查指定名称的变量或函数是否存在于 MATLAB 的搜索路径内。

exist(‘名称’,’var’)：只检查变量。

exist(‘名称’,’builtin’)：只检查嵌入函数。

exist(‘名称’,’file’)：检查 MATLAB 的搜索路径内的文件名和目录名。

exist(‘名称’,’dir’)：只检查目录名。

表 1-4 列出了 exist 命令返回值的含义。

**表 1-4　exist 返回值的含义**

| 返 回 值 | 含　　义 |
|---|---|
| 0 | 检查的内容不存在 |
| 1 | 检查的内容是工作内存中的变量 |
| 2 | 检查的内容是 MATLAB 搜索路径内的 M 文件或不知道类型的文件 |
| 3 | 检查的内容是 MATLAB 搜索路径内的 MEX 文件 |
| 4 | 检查的内容是 MATLAB 搜索路径内的 MDL 文件 |
| 5 | 检查的内容是 MATLAB 的嵌入函数 |
| 6 | 检查的内容是 MATLAB 搜索路径内的 P 文件 |
| 7 | 检查的内容是一个目录 |

# 1.3　MATLAB 的基本元素

MATLAB 中提供了丰富的数据类型，如实数、复数、向量、矩阵、字符串、多维数组、结构体、类和对象等，还提供了丰富的内置功能函数。这些功能使得 MATLAB 的编程功能非常强大。

## 1.3.1　赋值语句

MATLAB 是采用了整命令行形式的表达式语言，每一个命令行就是一条语句，其格式与书写的数学表达式十分相近，非常容易掌握。MATLAB 的赋值语句有以下两种结构。

### 1. 直接赋值语句

直接赋值语句的基本结构如下。

赋值变量=赋值表达式

其中，等号右边的表达式由变量名、常数、函数和运算符构成，直接赋值语句把右边表达式的值直接赋给了左边的变量，并将返回值显示在 MATLAB 的命令窗口中。

**【例 1-1】** 对 $a$ 赋值，实现 $a$=199×1999。

在命令窗口中输入以下语句并按回车键确认。

```
>> clear all;                    %清除工作空间中的所有变量
>> a=199*1999
```

运行程序，输出如下：

```
a =
        397801
```

**注意：**

（1）如果赋值语句后面没有分号“；”，则 MATLAB 命令窗口中将显示表达式的运算结果；如果不想显示运算结果，则应该在赋值语句末尾加上分号。

（2）如果省略赋值语句左边的赋值变量和符号，则表达式运算结果将默认赋值给系统保留变量 ans。

（3）如果等式右边的赋值表达式不是数值，而是字符串，则字符串两边应加单引号。

### 2. 函数调用语句

直接赋值语句的基本结构如下。

[返回变量列表]=函数名（输入变量列表）

其中，等号右边的函数名对应于一个存放在合适路径中的 MATLAB 文本文件。函数可以分为两大类：一类是 MATLAB 内核中已经存在的内置函数；另一类是读者根据需要自定义的函数。

返回变量列表和输入变量列表均可以由若干变量名组成。

**注意**：如果返回变量个数大于，则它们之间应该用逗号或空格分隔；如果输入变量个数大于 1，则它们之间只能用逗号分隔。

**【例 1-2】** 通过调用 cos 函数求 $a=\cos\left(\pi/2\right)$ 的值。

在命令窗口中输入以下代码并按回车键。

```
>> clear all;
>> a=cos(pi/2)
```

运行程序，输出如下：

```
a =
    6.1232e-17
```

**注意：**

（1）函数名的命名规则与变量名命名规则一致，读者在命名自定义函数时也必须避免与 MATLAB 已有的内置函数重名。

（2）对于内置函数，读者可直接调用；对于自定义函数，该函数所对应的 M 文件应当存在并且保存在 MATLAB 可以搜索到的目录中。

### 1.3.2 矩阵及其元素表示

MATLAB 的中文意思是“矩阵实验室”，矩阵是 MATLAB 进行数据处理的基本变量单元。因此，掌握矩阵的表示方法是进行 MATLAB 编程和应用的基础。

#### 1. 矩阵的表示

用 MATLAB 表示一个矩阵非常容易。在 MATLAB 命令窗口中输入以下代码并按回车键：

```
>> A=[1,2 7;5 8 10]
```

运行程序，输出如下：

```
A =
     1     2     7
     5     8    10
```

可见，矩阵变量 ***A*** 被成功赋值，并在 MATLAB 的工作空间中建立一个名为 A 的矩阵变量，读者可以在后继的命令和函数中随意调用该矩阵。在输入矩阵过程中必须遵循以下规则。

（1）必须使用方括号“[]”包括矩阵的所有元素。

（2）矩阵不同的行之间必须用分号或回车符隔开。

（3）矩阵同一行的各元素之间必须用逗号或空格隔开。

为方便用户使用，提高编程效率，除了最基本的直接输入方法之外，MATLAB 还提供给用户一些可以直接调用的内置基本矩阵函数，有时可以成为创建矩阵的捷径。

表 1-5 为 MATLAB 提供的主要内置基本矩阵函数。

表 1-5 主要内置基本矩阵函数

| 函　数 | 说　明 |
| --- | --- |
| ones(n,m) | 产生 *n* 行 *m* 列的全 1 矩阵 |
| zeros(n,m) | 产生 *n* 行 *m* 列的全 0 矩阵 |
| rand(n,m) | 产生 *n* 行 *m* 列的在[0,1]区间均匀分布的随机矩阵 |
| randn(n,m) | 产生 *n* 行 *m* 列的正态分布的随机矩阵 |
| eye(n) | 产生 *n* 行 *n* 列的单位矩阵 |

**【例 1-3】** 调用内置函数创建一些专门的函数。

```
>> clear all;
>> A=ones(3,4)
A =
     1     1     1     1
     1     1     1     1
     1     1     1     1
>> A1=rand(3)
A1 =
    0.8147    0.9134    0.2785
    0.9058    0.6324    0.5469
    0.1270    0.0975    0.9575
>> A2=rand(3,4)
A2 =
    2.7694    0.7254   -0.2050    1.4090
   -1.3499   -0.0631   -0.1241    1.4172
    3.0349    0.7147    1.4897    0.6715
```

**注意：**向量是矩阵的一种特例，前面介绍的有关矩阵的表示方法完全适用于向量，只是表示矩阵行列数的 *n* 和 *m* 中有一个为 1。

**【例 1-4】** 输入一个行向量一个列向量。

```
>> a=[1 3 6 7]
a =
     1     3     6     7
>> b=[2;9 ;11;7]
b =
     2
     9
    11
     7
```

MATLAB 还提供了一个便利且高效的表达式来给等步长的行向量赋值，即冒号表达式。冒号表达式的基本调用格式如下。

```
V=s:h:e
```

其中，s、e 为标量，分别代表向量的起始值和终止值，h 代表向量元素之间的步长值。

**【例 1-5】** 输入冒号表达式 V=0:0.1:1。

```
>> clear all;
V=0:0.1:0.5
```

运行程序，输出如下：

```
V =
        0    0.1000    0.2000    0.3000    0.4000    0.5000
```

### 2．矩阵元素的表示与赋值

矩阵元素的行号和列号称为该元素的下标，是通过“()”中的数字（行、列的标号）来标识的。矩阵元素可以通过其下标来引用，如 ***A***(*i*,*j*)表示矩阵 ***A*** 第 *i* 行第 *j* 列的元素。

**【例 1-6】** 取矩阵 ***A***=[1 5 8;6 7 2]中第 2 行的全部元素。

```
>> A=[1 5 8;6 7 2];
>> B=[A(2,1),A(2,2),A(2,3)]
```

运行程序，输出如下：

```
B =
     6     7     2
```

**注意**：冒号“：”在此处也能发挥很大的作用。***A***(2)表示矩阵 ***A*** 第 2 行的全部元素，***A***(:,2)表示矩阵 ***A*** 第 2 列的全部元素，***A***(1,1:3)表示矩阵 ***A*** 第 1 行第 1～3 列的全部元素。在 MATLAB 命令窗口中输入以下代码并按回车键。

```
>> A=[1 5 8;6 7 2];
>> B1=A(2,:)
B1 =
     6     7     2
>> B2=A(:,2)
B2 =
     5
     7
>> B3=A(1,1:3)
B3 =
     1     5     8
>> m1=magic(3)                     %创建 3 阶魔方矩阵
m1 =
     8     1     6
     3     5     7
     4     9     2
>> m1(1:3:9)=0
m1 =
```

```
    0     0     0
    3     5     7
    4     9     2
```

此外，还可以利用 linspace 和 logspace 函数生成向量。它们的调用格式如下。

y = linspace(a,b)：在（$a,b$）上产生 100 个线性等分点。

y = linspace(a,b,n)：在（$a,b$）上产生 $n$ 个线性等分点。

y = logspace(a,b)：在（$10^a,10^b$）之间产生 50 个对数等分向量。

y = logspace(a,b,n)：在（$10^a,10^b$）之间产生 $n$ 个对数等分向量。

**【例 1-7】** 利用 linspace 函数生成等差向量，利用 logspace 函数生成等比向量。

```
>> clear all;
a=linspace(1.5,6.0,5)                    %元素值在 1.5 和 6.0 之间的 5 个值
a =
    1.5000    2.6250    3.7500    4.8750    6.0000
>> b=logspace(0,2,4)                     %元素值在 10 的 0 次方和 10 的 2 次方之间的 4 个数
b =
    1.0000    4.6416    21.5443   100.0000
```

## 1.3.3 矩阵的变换函数

MATLAB 中可以通过已知矩阵的旋转、截取等变换来得到用户所需的新矩阵。MATLAB 提供的矩阵变换命令和函数如表 1-6 所示。

**表 1-6 矩阵变换函数**

| 函 数 名 | | 含义的功能 |
|---|---|---|
| 矩阵旋转函数 | B=fliplr(A) | 将 ***A*** 矩阵左右翻转得到 ***B*** 矩阵 |
| | B=flipud(A) | 将 ***A*** 矩阵上下翻转得到 ***B*** 矩阵 |
| | B=flipdim(A,dim) | 将 ***A*** 矩阵按给定的维数翻转得到 ***B*** 矩阵。dim=1 时，按行维翻转；dim=2 时，按列维翻转 |
| | B=rot90(A,k) | 取 ***A*** 矩阵逆时针旋转 k×90° 得到 ***B*** 矩阵，$k$=1 时可省略 |
| 矩阵提取函数 | B=tril(A) | 取 ***A*** 矩阵主对角线及以下元素得到 ***B*** 矩阵（即取矩阵 ***A*** 的下三角矩阵），其余位置元素补充 0 |
| | B=tril(A,k) | 取 ***A*** 矩阵第 $k$ 条对角线及以下元素得到 ***B*** 矩阵（即取矩阵 ***A*** 的下三角矩阵），其余位置元素补充 0 |
| | B=triu(A) | 取 ***A*** 矩阵主对角线及以上元素得到 ***B*** 矩阵（即取矩阵 ***A*** 的上三角矩阵），其余位置元素补充 0 |
| | B=triu(A,k) | 取 ***A*** 矩阵第 $k$ 条对角线及以上元素得到 ***B*** 矩阵（即取矩阵 ***A*** 的上三角矩阵），其余位置元素补充 0 |

**注意：** $k$ 取 0 表示其为主对角线；$k$ 取正整数表示其为主对角线上第 $k$ 条对角线；$k$ 取负

整数表示其为主对角线下第 *k* 条对角线。

【例 1-8】 利用矩阵旋转函数将 ***A*** 矩阵转换为 ***B*** 矩阵。

```
>> clear all;
>> A=[1 4 7;2 5 8;3 6 9]                          %创建矩阵 A
A =
     1     4     7
     2     5     8
     3     6     9
>> B1=fliplr(A)                                   %将 A 矩阵左右翻转得到 B1 矩阵
B1 =
     7     4     1
     8     5     2
     9     6     3
>> B2=flipud(A)                                   %将 A 矩阵上下翻转得到 B2 矩阵
B2 =
     3     6     9
     2     5     8
     1     4     7
>> B3=flipdim(A,1)                                %将 A 矩阵按行维翻转得到 B3 矩阵
B3 =
     3     6     9
     2     5     8
     1     4     7
>> B4=flipdim(A,2)                                %将 A 矩阵按列维翻转得到 B4 矩阵
B4 =
     7     4     1
     8     5     2
     9     6     3
>> B5=rot90(A,2)                                  %将 A 矩阵逆时针旋转 2×90° 得到 B5 矩阵
B5 =
     9     6     3
     8     5     2
     7     4     1
>> B6=triu(A)                                     %取 A 矩阵主对角线以上元素得到矩阵 B6
B6 =
     1     4     7
     0     5     8
     0     0     9
>> B7=tril(A,-1)                                  %取 A 矩阵主对角线以上第-1 条对角线
B7 =
     0     0     0
     2     0     0
     3     6     0
```

## 1.3.4　矩阵的代数运算

矩阵的代码运算主要包括加、减、乘、除、乘方等，在前面已给出相应的运算符，下面主要对这些运算符做说明并给出相关实例。

说明：

（1）矩阵的运算符及其相应的运算函数也就是算术运算符和相应的运算函数，可以同样应用于单个的数字。

（2）一个运算符的加、减应用于矩阵运算时，+A 表示取 A；-A 表示对矩阵 ***A*** 中的每个元素取负。

（3）矩阵乘方 ***A***^*p* 中，当 *p* 为正整数时，表示方阵 ***A*** 直接自乘 *p* 次；当 *p* 为负整数时，表示方阵 ***A*** 直接自乘 *p* 次后的逆；当 *p* 为零时，将给出和方阵同维的单位阵。

**注意**：矩阵的运算必须符合线性代数矩阵运算的要求，即加、减运算必须在有相同行、列的矩阵之间进行；只有当矩阵 ***A*** 的列数和矩阵 ***B*** 的行数相同时，才可以进行矩阵 ***A*** 和 ***B*** 的乘法运算；乘方运算只有在矩阵为方阵时才有意义。如果矩阵的行和列不符合运算符的要求，则 MATLAB 将自动给出错误信息。当一个矩阵和一个标量（1×1 的矩阵）进行运算时，其结果将是此标量和矩阵中的每一个元素“相加”、“相减”、“相乘”以及“相除”。在 MATLAB 中，矩阵左除和右除的含义不同。矩阵右除定义为 ***B******A***=(***A***'/***B***')，用户只需掌握矩阵的左除即可。实际上，矩阵的除法是矩阵乘法的逆运算，在实践中主要用于解方程组。

**【例 1-9】** 对矩阵 ***A*** 和 ***B*** 实现代数运算。

```
>> A=[1 3 5;2 4 6;7 8 9];
>> B=[1 4 7;2 5 8;3 6 9];
>> C1=A+B
C1 =
     2     7    12
     4     9    14
    10    14    18
>> C2=A-B
C2 =
     0    -1    -2
     0    -1    -2
     4     2     0
>> C3=A*B
C3 =
    22    49    76
    28    64   100
    50   122   194
>> C4=A/B
警告: 矩阵为奇异工作精度。
C4 =
```

```
    NaN    NaN    NaN
    NaN    NaN    NaN
    NaN    NaN    NaN
>> C4=B/A
警告: 矩阵接近奇异值，或者缩放错误。结果可能不准确。RCOND =   5.384680e-19。
C4 =
    1.5385         0   -0.0769
    1.4615         0    0.0769
    1.3846         0    0.2308
>> C5=A^3
C5 =
         628         890        1152
         808        1140        1472
        1484        2070        2656
```

## 1.3.5 矩阵函数

### 1. 基本的矩阵函数

线性代数中经常出现计算矩阵的行列式的值、求矩阵的秩以及特征值等运算，MATLAB在这些方面有专门的运算函数。常用的矩阵运算函数如表 1-7 所示。

表 1-7 常用的矩阵运算函数

| 函 数 名 称 | 功能和含义 |
| --- | --- |
| cond(A) | 求矩阵 ***A*** 的条件数 |
| det(A) | 求矩阵 ***A*** 的行列式值 |
| dot(A,B) | 求矩阵 ***A*** 和 ***B*** 的点积 |
| eig(A) | 求矩阵 ***A*** 的特征值和特征向量 |
| norm(A,1) | 求矩阵 ***A*** 的 1-范数 |
| norm(A)或 norm(A,2) | 求矩阵 ***A*** 的 2-范数 |
| norm(A,inf) | 求矩阵 ***A*** 的无穷大-范数 |
| norm(A,'fro') | 求矩阵 ***A*** 的 F-范数 |
| rank(A) | 求矩阵 ***A*** 的秩 |
| rcond(A) | 求矩阵 ***A*** 的倒条件数 |
| svd(A) | 求矩阵 ***A*** 的奇异值分解 |
| trace(A) | 求矩阵 ***A*** 的迹 |
| expm(A) | 用特征值和特征向量法求矩阵 ***A*** 的指数 |
| logm(A) | 求矩阵 ***A*** 的对数 |
| sqrtm(A) | 求矩阵 ***A*** 的平方根 |

logm(A)和 sqrtm(A)计算矩阵的对数和平方根是指对矩阵 ***A*** 中的每个元素求对数和平方根。

**注意：** 只有方阵才可以计算行列式的值，即 det(A)的计算只有在 ***A*** 为方阵时才有意义。

**【例 1-10】** 用基本的矩阵函数计算矩阵 ***A*** 的各种值。

```
>> A=[1 4 7;2 5 8;3 6 9];                        %创建矩阵 A
>> det(A)                                         %求方阵 A 的行列式
ans =
     0
>> eig(A)                                         %求特征值
ans =
   16.1168
   -1.1168
   -0.0000
>> logm(A)                                        %求矩阵的对数
警告: 没有为包含非正实数特征值的 A 定义主矩阵对数。返回了非主矩阵对数。
> In logm (line 78)
ans =
  -5.6732 + 2.7896i   12.8427 - 0.7970i   -5.0273 - 1.2421i
  12.5330 - 0.4325i -23.3884 + 2.1623i   13.4623 - 1.5262i
  -5.6469 - 0.5129i   13.1525 - 1.1616i   -4.4341 + 1.3313i
>> sqrtm(A)                                       %求矩阵 A 的平方根
ans =
   0.4498 + 0.7623i    1.0185 + 0.0842i    1.5873 - 0.5940i
   0.5526 + 0.2068i    1.2515 + 0.0228i    1.9503 - 0.1611i
   0.6555 - 0.3487i    1.4844 - 0.0385i    2.3134 + 0.2717i
>> cond(A)                                        %求矩阵 A 的条件数
ans =
   2.9360e+16
```

### 2．矩阵的分解函数

矩阵的分解是矩阵和数据分析的基础，在高等数学中占有十分重要的地位，MATLAB 系统提供了大量的矩阵分解供用户选择使用。表 1-8 给出了常用的矩阵分解函数。

**表 1-8　常用的矩阵分解函数**

| 函数名称 | 功能和含义 |
| --- | --- |
| cdf2rdf(V,D) | 将复数对角形式转化成实数块对角形式 |
| chol(A) | 将矩阵 ***A*** 做 cholesky 分解 |
| eig(A) | 对矩阵 ***A*** 做特征值分解 |
| hess(A) | 矩阵 ***A*** 的 hessenberg 形式 |
| lu(A) | 对矩阵 ***A*** 做 LU 分解 |

续表

| 函 数 名 称 | 功能和含义 |
|---|---|
| null(A) | 由奇异值分解得出的矩阵 *A* 的零空间的标准正交基 |
| orth(A) | 矩阵 *A* 的行向量的标准正交基 |
| pinv(A) | 求矩阵 *A* 的广义逆 |
| qr(A) | 对矩阵 *A* 进行 QR 正三角分解 |
| qz(A) | 对矩阵 *A* 进行 QZ 分解，用于广义特征值 |
| rref(A) | 将矩阵 *A* 转换为逐行递减的阶梯阵 |
| rsf2csf(V,D) | 将实数块对角形式转化为复数对角形式 |
| schur(A) | 矩阵 *A* 的 schur 分解 |
| subspace | 计算由 *A*、*B* 张成的子空间夹角 |
| svd(A) | 对方阵 *A* 进行奇异值分解 |

**【例 1-11】** 对矩阵 *A* 进行 QR 分解和 LU 分解。

```
>> clear all;
>> A =[ 1     2     3;0     4     5; 0    -5     4];
>> [Q,R]=qr(A)                     %对矩阵 A 进行 QR 分解
Q =
    1.0000         0         0
         0   -0.6247    0.7809
         0    0.7809    0.6247
R =
    1.0000    2.0000    3.0000
         0   -6.4031         0
         0         0    6.4031
>> Q*R    %检验
ans =
    1.0000    2.0000    3.0000
         0    4.0000    5.0000
         0   -5.0000    4.0000
>> [L,U]=lu(A)                     %对矩阵 A 进行 LU 分解
L =
    1.0000         0         0
         0   -0.8000    1.0000
         0    1.0000         0
U =
    1.0000    2.0000    3.0000
         0   -5.0000    4.0000
         0         0    8.2000
```

# 1.4 MATLAB 的可视化

MATLAB 在数据可视化方面提供了强大的功能，它可以把数据用二维、三维乃至四维图形表现出来，通过对图形的线型、立面、色彩、渲染、光线以及视角等属性的处理，将计算数据的特性表现得淋漓尽致。

## 1.4.1 二维平面图形

### 1. plot 函数

plot 函数是 MATLAB 二维曲线绘图中最简单、最重要、使用最广泛的一个线性绘图函数。它可以生成线段、曲线和参数方程曲线的函数图形，对于不同的输入参数，该函数有不同的形式以实现不同的功能，同时，许多特殊的绘图命令都是以它为基础的。plot 函数的调用格式有以下几种。

plot(Y)：其中输入参数 *Y* 就是 *Y* 轴的数据，一般习惯输入向量，则 plot(Y)可以用以绘制索引值所对应的行向量 *Y*，若 *Y* 为复数，则 plot(Y)等于 plot(real(Y),image(Y))。在其他使用方式中，如果有复数出现，则复数的虚数部分将不被考虑。

plot(X1,Y1,...,Xn,Yn)：当 *Xi*、*Yi* 均为实数向量，且为同维向量（可以不是同型向量）时，plot 先描出点（*X*(*i*),*Y*(*i*)），然后用直线依次相连；若 *Xi*、*Yi* 为复数向量，则不考虑虚数部分。若 *Xi*、*Yi* 均为同型实数矩阵，则 plot(Xi,Yi)依次画出矩阵的几条线段；若 *Xi*、*Yi* 其中一个为向量，另一个为矩阵，且向量的维数等于矩阵的行数或列数，则矩阵按向量的方向分解成几个向量，再与向量配对分别画出，矩阵可分解成几个向量就有几条线段。在上述几种使用形式中，若有复数出现，则复数的虚数部分将不被考虑。

plot(X1,Y1,LineSpec,...,Xn,Yn,LineSpec)：LineSpec 为选项（开关量）字符串，用于设置曲线颜色、线型、数据点等；LineSpec 的标准设定值见表 1-9 所列的前七种颜色依序（蓝、绿、红、青、品红、黄、黑）自动着色。

**表 1-9 常用的绘图选项**

| 选 项 | 含 义 | 选 项 | 含 义 |
|---|---|---|---|
| - | 实线 | . | 用点号标出数据点 |
| -- | 虚线 | O | 用圆圈标出数据点 |
| : | 点线 | x | 用叉号标出数据点 |
| -. | 点画线 | + | 用加号标出数据点 |
| r | 红色 | s | 用小正方形标出数据点 |
| g | 绿色 | D | 用菱形标出数据点 |
| b | 蓝色 | V | 用下三角标出数据点 |

续表

| 选　项 | 含　义 | 选　项 | 含　义 |
|---|---|---|---|
| y | 黄色 | ^ | 用上三角标出数据点 |
| m | 洋红 | < | 用左三角标出数据点 |
| c | 青色 | > | 用右三角标出数据点 |
| w | 白色 | H | 用六角形标出数据点 |
| k | 黑色 | P | 用五角形标出数据点 |
| * | 用星号标出数据点 | | |

plot(X1,Y1,LineSpec,'PropertyName',PropertyValue)：对所有用 plot 函数创建的图形进行属性值设置，常用属性如表 1-10 所示。

**表 1-10　常用属性**

| 属 性 名 | 含　义 | 属 性 名 | 含　义 |
|---|---|---|---|
| LineWidth | 设置线的宽度 | MarkerEdgeColor | 设置标记点的边缘颜色 |
| MarkerSize | 设置标记点的大小 | MarkerFaceColor | 设置标记点的填充颜色 |

h = plot(X1,Y1,LineSpec,'PropertyName',PropertyValue)：返回绘制函数的句柄值 h。

loglog 函数、semilogx 函数与 semilogy 函数的用法与 plot 函数的用法类似，下面通过相关例子来体会 plot 函数的绘图功能。

**【例 1-12】** 利用 plot 函数绘制三个不同的正弦函数，并用不同的颜色、线型表示。

```
>> clear all;
x = 0:pi/10:2*pi;
y1 = sin(x);
y2 = sin(x-0.25);
y3 = sin(x-0.5);
figure
plot(x,y1,'g',x,y2,'b--o',x,y3,'c*')
```

运行程序，效果如图 1-19 所示。

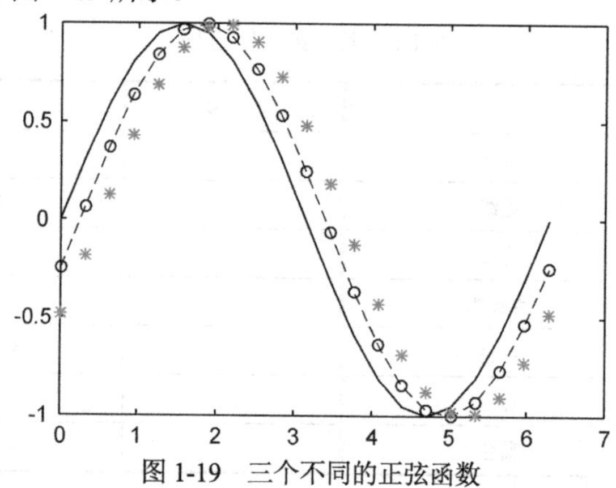


图 1-19　三个不同的正弦函数

### 2. 对数坐标曲线命令

函数 semilogx、semilogy 和 loglog 用来绘制二维对数坐标曲线，这几个函数的用法与 plot 相同。

**【例 1-13】** 绘制对数坐标及半对数坐标图。

```
>> clear all;
x1 = logspace(-1,2);
subplot(131);loglog(x1,exp(x1),'-s');
title('loglog 函数绘图');
grid on;
x2 = 0:0.1:10;
subplot(132);semilogx(10.^x2,x2,'r-.o');
title('semilogx 函数绘图');
subplot(133);semilogx(10.^x2,x2,'r+');
title('semilogy 函数绘图');
```

运行程序，效果如图 1-20 所示。

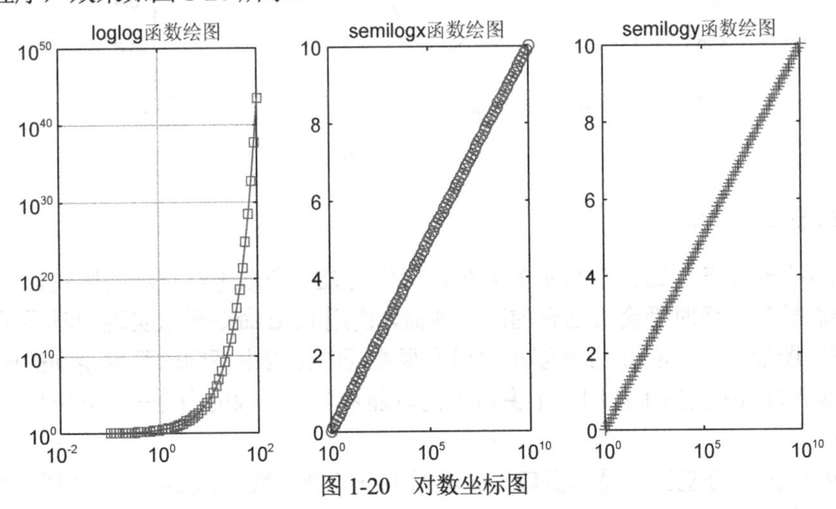


图 1-20　对数坐标图

### 3. 双 y 轴图形

在实际工作中，如果两组数组的数据范围相差较大，而又希望放在同一图形中比较分析，就可以绘制双 *y* 轴图形。函数的调用格式有以下几种。

plotyy(x1,y1,x2,y2): 在一个图形窗口中同时绘制两条曲线(x1,y1)和(x2,y2)，曲线(x1,y1)用左侧的 *y* 轴，曲线（x2,y2）用右侧的 *y* 轴。

plotyy(x1,y1,x2,y2,fun)：“fun”是字符串格式，用来指定绘图的函数名，如 plot、semilogx 等。例如，命令 plotyy(x1,y1,x2,y2,'semilogx')就是用函数 semilogx 来绘制曲线(x1,y1)和(x2,y2)的。

plotyy(x1,y1,x2,y2,fun1,fun2)：和第二种形式类似，只是用“fun1”和“fun2”可以指定不同的绘图函数并分别绘制这两种曲线。

【例 1-14】 利用 plotyy 函数绘制双 $y$ 轴图形。

```
>> clear all;
x = 0:0.1:10;
y1 = 200*exp(-0.05*x).*sin(x);
y2 = 0.8*exp(-0.5*x).*sin(10*x);
figure
plotyy(x,y1,x,y2,'plot','stem');
```

运行程序，效果如图 1-21 所示。

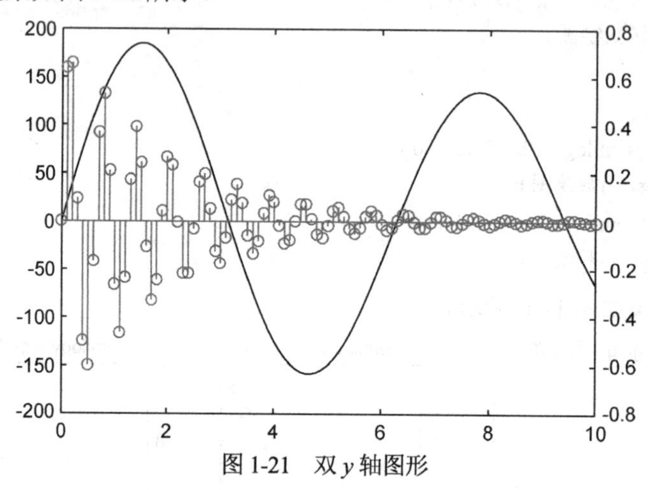


图 1-21 双 $y$ 轴图形

#### 4．图形窗口的分割

有时需要在一个图形窗口中显示多幅图，以便对几个函数进行直观的比较。由于每个绘图命令在绘制数据图像时都会将已有的图形覆盖，而用 hold 命令无法实现同时显示几个不同坐标尺寸下的图形，用 figure 命令创建窗口又很难同时比较由不同的数据绘制的图像。对于此类问题，MATLAB 创建了在同一个窗口中同时显示多个图像的命令——subplot。函数的调用格式如下。

subplot(m,n,p)：分割图形显示窗口，$m$ 表示上下分割个数，$n$ 表示左右分割个数，$p$ 表示子图编号。例如，subplot(3,2,3)意为把图形分割为 3 行 2 列共 6 个子窗口，选择第 3 行第 2 列（排序为 3）的子窗口为当前窗口并进行操作。

【例 1-15】 利用 subplot 函数把三种不同的图形综合在一个图形窗口中。

```
>> clear all;
x = linspace(-3.8,3.8);
y_cos = cos(x);
y_poly = 1 - x.^2./2 + x.^4./24;
subplot(2,2,1);
plot(x,y_cos);
title('Subplot 1: Cosine')
subplot(2,2,2);
```

```
plot(x,y_poly,'g');
title('Subplot 2: Polynomial')
subplot(2,2,[3,4]);
plot(x,y_cos,'b',x,y_poly,'g');
title('Subplot 3 and 4: Both')
```

运行程序，效果如图 1-22 所示。

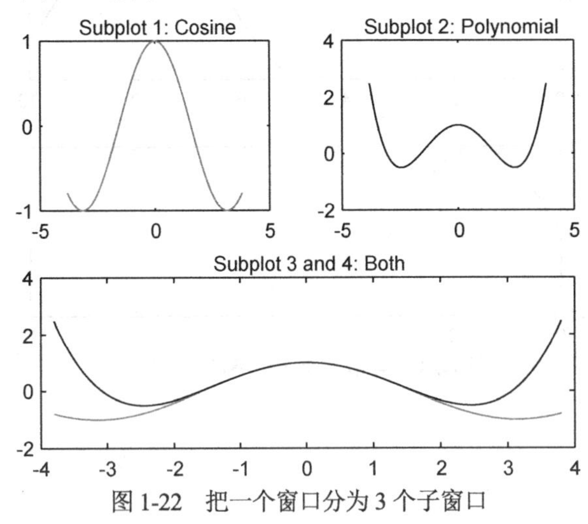


图 1-22　把一个窗口分为 3 个子窗口

**注意**：subplot 命令不仅适用于二维图形，对三维图形也一样适用。其本质是将 figure 窗口分为几个区域，再在每个区域内分别绘图。

### 5. 坐标系的调整

由前面的例子已看到，MATLAB 的绘图函数可以根据需要绘制的曲线数据范围自动地选择合适的坐标系，使曲线尽可能清晰地显示出来。因此，一般情况下用户不必自己选择绘图坐标。如果觉得自动选择的坐标不太合适，则可以用手动的方式选择新的坐标系，在 MATLAB 中能实现此功能的命令就是 axis 函数。函数的调用格式如下。

axis([xmin xmax ymin ymax])：[xmin xmax ymin ymax]中分别给出 $x$ 轴和 $y$ 轴的最大值、最小值。

axis equal：$x$ 轴和 $y$ 轴的单位长度相同。

axis square：图框呈方形。

**【例 1-16】** 使用自动坐标系与使用 axis 函数调整后的坐标系的比较。

```
>> clear all;
x1 = linspace(0,10,100);
y1 = sin(x1);
ax1 = subplot(2,1,1);
plot(ax1,x1,y1)
x2 = linspace(0,5,100);
y2 = sin(x2);
ax2 = subplot(2,1,2);
```

```
plot(ax2,x2,y2)
axis([ax1 ax2],[0 10 -1 1])
```

运行程序，效果如图 1-23 所示。

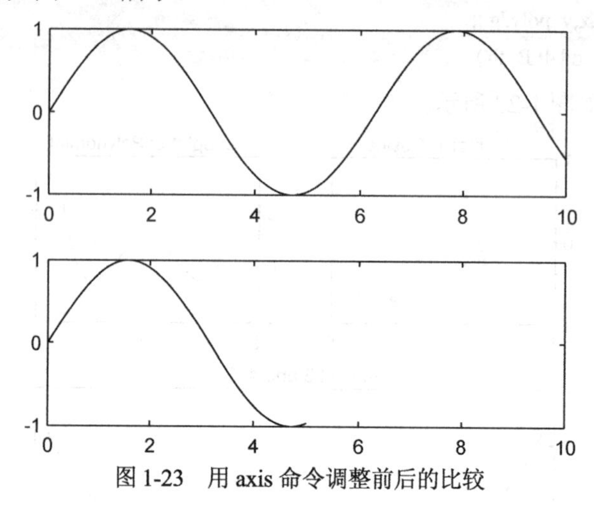

图 1-23　用 axis 命令调整前后的比较

## 1.4.2　三维绘图

MATLAB 具有强大的三维图形处理功能，包括三维数据显示、空间曲线、曲面、分块、填充以及曲面光顺着色、视点变换、旋转、隐藏等功能及操作。本小节主要介绍常用的几个命令。

### 1．基本的三维绘图命令

绘制三维线条图的函数 plot3 和二维绘图函数 plot 相比，只多了第三维数据，其他与二维函数 plot 相同。函数的调用格式有以下几种。

plot3(X1,Y1,Z1,...)：以默认线型属性绘制三维点集（*Xi,Yi,Zi*）确定的曲线。*Xi,Yi,Zi* 为相同大小的向量或矩阵。

plot3(X1,Y1,Z1,LineSpec,...)：以参数 LineSpec 确定的线型属性绘制三维点集（*Xi,Yi,Zi*）确定的曲线。*Xi,Yi,Zi* 为相同大小的向量或矩阵。

plot3(...,'PropertyName',PropertyValue,...)：绘制三维曲线，根据指定的属性值设定曲线的属性。

h = plot3(...)：返回绘制的曲线图的句柄值向量 $h$。

**【例 1-17】** 利用 plot3 函数绘制以下参数方程的三维曲线。

$$\begin{cases} x = t \\ y = \cos t \\ z = \sin 2t \end{cases}$$

其实现的 MATLAB 代码如下。

```
>> clear all;
```

```
x=0:0.01:50;
y=cos(x);
z=sin(2*x);
plot3(x,y,z,'r-.');
grid on;                                   %为图形添加网格
title('三维曲线');
```

运行程序，效果如图 1-24 所示。

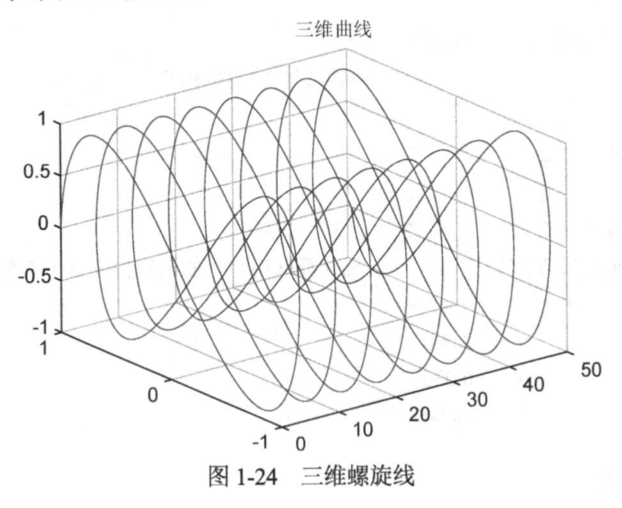


图 1-24 三维螺旋线

## 2. 三维曲面图

三维曲面绘图命令可分为平面网格点的生成，在平面网格的基础上绘制三维网格以及对三维表面进行处理的三个步骤如下。

### 1）平面网格点的生成

在数学上，函数 $z=f(x,y)$的图像是三维空间的曲面，在 MATLAB 中，总是假设函数 $z=f(x,y)$定义在一个矩形的区域 $D=[x0,xm]\times[y0,yn]$内。为了绘制在区域 $D$ 上的三维曲线面，MATLAB 的方法是先将$[x0,xm]$在 $x$ 方向分成 $m$ 份，将$[y0,yn]$在 $y$ 方向分成 $n$ 份，由各分划点分别作平行于坐标轴的直线，将区域 $D$ 分成 $m\times n$ 个小矩形，计算出网格点的函数值。对于每个小矩形，在空间中决定出四个顶点（$xi,yi,f(xi,yi)$），连续四个顶点得到一个空间的四边形片。而这些四边形片连在一起构成函数 $z=f(x,y)$定义在区域 $D$ 上的空间网格曲面。

在 MATLAB 中，提供了 meshgrid 函数来生成 $x$-$y$ 平面上的小矩形顶点坐标值的矩阵。函数的调用格式有以下几种。

[X,Y] = meshgrid(x,y)：输入向量 $x$ 和 $xy$ 平面上矩形定义域的矩形分割线在 $x$ 轴的值，输入向量 $y$ 为 $xy$ 平面上矩形定义域的矩形分割线在 $y$ 轴的值。输出向量 $X$ 为 $xy$ 平面上矩形定义域的矩形分割点的横坐标值矩阵，输出向量 $Y$ 为 $xy$ 平面上矩形定义域的矩形分割点的纵坐标值矩阵。

[X,Y] = meshgrid(x)：等价于[X,Y] = meshgrid(x,x)。

[X,Y,Z] = meshgrid(x,y,z)：输入向量 $x$ 为立方体定义域的立方体分割平面在 $x$ 轴上的值，

输入向量 $y$ 为立方体定义域的立方体分割平面在 $y$ 轴上的值，输入向量 $z$ 为立方休定义域的立方体分割平面在 $z$ 轴上的值。输出向量 $X$ 为立方体定义域中分割点的 $x$ 轴坐标值，输出向量 $Y$ 为立方体定义域中分割点的 $y$ 轴坐标值，输出向量 $Z$ 为立方体定义域中分割点的 $z$ 轴坐标值。

**【例 1-18】** 数学函数 $z = x \times e^{-(x^2-y^2)}$，其定义区域为[−2,2] ×[−2,2]。在生成网格后，计算网格点上的函数值。

```
>> clear all;
>> [X,Y]=meshgrid(−2:2:2, −2:2:2);
>> [X,Y]                                    %将划分结果输出到矩阵 X,Y 中
ans =
    -2     0     2    -2    −2    −2
    -2     0     2     0     0     0
    -2     0     2     2     2     2
>> Z=X.*exp(-X.^2-Y.^2)                     %计算网格点上的函数值并赋予变量
Z =
   −0.0007         0    0.0007
   −0.0366         0    0.0366
   −0.0007         0    0.0007
```

2）三维网格函数

在得到了网格点上的函数值矩阵后，可利用 MATLAB 中的 mesh 函数来生成函数的网格曲面，即各网格线段组成的曲面。mesh 函数的调用格式有以下几种。

mesh(X,Y,Z)：绘制三维网格图，颜色与曲面的高度相匹配，若 $X$ 与 $Y$ 为向量，且 length(X)=n，length(Y)=m，而[m,n]=size(Z)，空间中的点($X(j),Y(i),Z(i,j)$)为所画曲面网格的交点；如果 $\boldsymbol{X}$ 与 $\boldsymbol{Y}$ 均为矩阵，则空间中的点($X(j),Y(i),Z(i,j)$)为所画曲面的网格线的交点。

mesh(Z)：在系统默认颜色与网格区域的情况下绘制数据 $Z$ 的网格图。

mesh(...,C)：同 mesh(X,Y,Z)调用格式类似，只是颜色由 C 指定。

mesh(...,'PropertyName',PropertyValue,...)：对指定的属性（PropertyName）设置属性值（PropertyValue），可以在同一语句中对多个属性进行设置。

meshc(...)：用于画网格图与基本的等值线图。

此外，与 mesh 相关的另外两个函数是 meshc 和 meshz，它们的调用格式与 mesh 相同。其区别如下。

（1）meshc 除生成网格曲面外，还在 $x$-$y$ 平面上生成曲面的等高线图。

（2）meshz 除生成与 mesh 相同的网格曲面外，还在曲面下加上一个长方体的台柱，其图形更加美观。

**【例 1-19】** 比较 mesh、meshc 及 meshz 三个函数绘制网格图的效果。

```
>> clear all;
[X,Y] = meshgrid(−8:.5:8);
R = sqrt(X.^2 + Y.^2) + eps;
```

```
Z = sin(R)./R;
subplot(221);mesh(X,Y,Z);
axis([-8 8 -8 8 -0.5 1]);
title('绘制三维网格图')
C = gradient(Z);
subplot(222);mesh(X,Y,Z,C);
title('颜色由 C 指定')
subplot(223);meshz(Z);
title('meshz 绘制网格图');
subplot(224);meshc(Z);
title('meshc 绘制网格图');
```

运行程序，效果如图 1-25 所示。

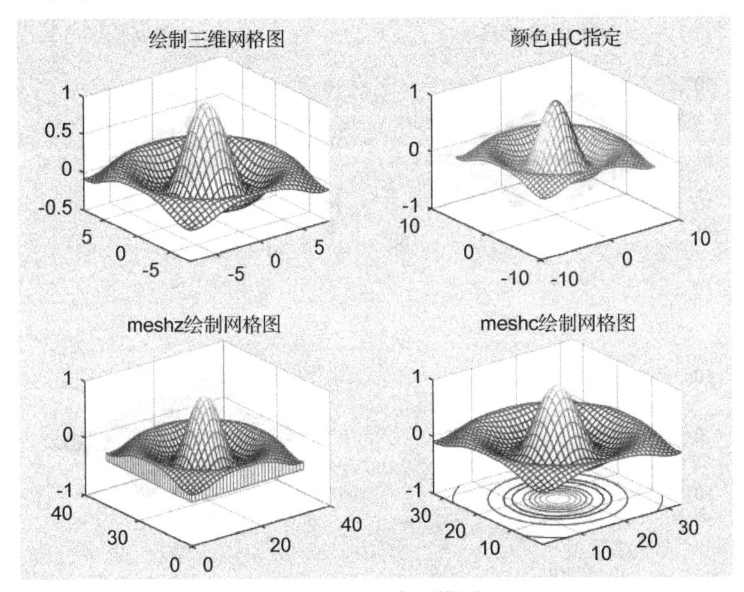


图 1-25　三维网格图

3）三维表面图

实曲面是对网格曲面的网格块区域进行着色的结果。在 MATLAB 中，函数 surf 可对网格曲面进行着色，将网格曲面转化为实曲面。surf 函数的调用格式有以下几种。

surf(X,Y,Z)：该函数绘制彩色的三维曲面图，其中矩阵 $\boldsymbol{X}$ 和 $\boldsymbol{Y}$ 控制 $x$ 轴和 $y$ 轴，矩阵 $\boldsymbol{Z}$ 为 $z$ 轴数据。

surf(X,Y,Z,C)：图形的颜色采用参数 C 设置。

surf(Z)或 surf(Z,C)：该函数默认向量 $x$ 为 $1:n$，向量 $y$ 为 $1:m$，其中[m,n]=size(Z)。

surf(...,'PropertyName',PropertyValue)：该函数中对图形的一些属性值进行设置。

此外，在 MATLAB 中，采用函数 surfc 绘制带有等高线的三维曲面图，采用函数 surfl 添加三维曲面的光照效果，这两个函数和 surf 函数的调用格式相同。

**【例 1-20】** 比较 surf、surfl 和 surfz 三个函数绘制表面图的效果。

```
>> clear all;
[x,y] = meshgrid(-3:1/8:3);
z = peaks(x,y);
subplot(221);surf(z);
title('surf(z)绘图形式');
subplot(222);surf(x,y,z);
title('surf(x,y,z)绘图形式')
subplot(223);surfl(x,y,z);
title('surfl(x,y,z)绘图形式')
subplot(224);surfc(x,y,z);
title('surfc(x,y,z)绘图形式');
```

运行程序，效果如图 1-26 所示。

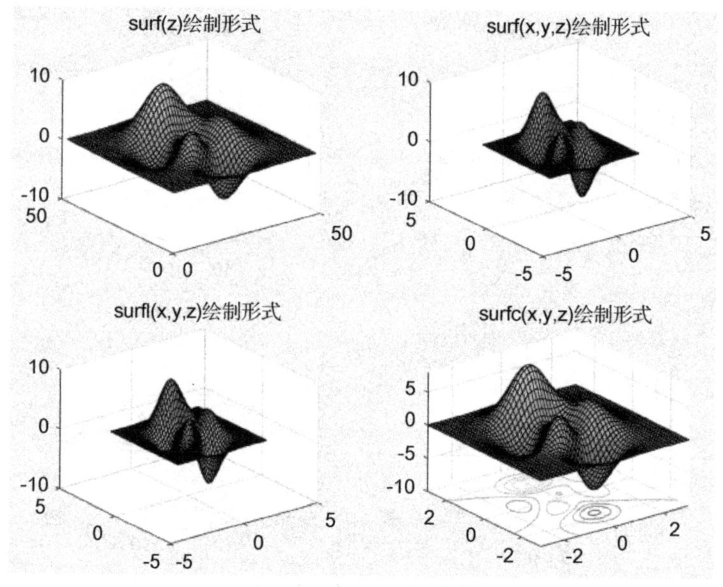


图 1-26　三维表面图

# 第 2 章　模式识别与智能计算

模式识别（Pattern Recognition）与智能系统是 20 世纪 60 年代以来在信号处理、人工智能、控制论、计算机技术等学科基础上发展起来的新型学科。该学科以各种传感器为信息源，以信息处理与模式识别的理论技术为核心，以数学方法与计算机为主要工具，探索对各种媒体信息进行处理、分类、理解并在此基础上构造具有某些智能特性的系统或装置的方法、途径与实现，以提高系统性能。模式识别与智能系统是一门理论与实际紧密结合，具有广泛应用价值的控制科学与工程的重要学科分支。

## 2.1　模式识别

模式识别是人类的一项基本智能，在日常生活中，人们经常在进行“模式识别”。随着 20 世纪 40 年代计算机的出现以及 20 世纪 50 年代人工智能的兴起，人们当然也希望能用计算机来代替或扩展人类的部分脑力劳动。（计算机）模式识别在 20 世纪 60 年代初迅速发展并成为一门新学科。

### 2.1.1　模式识别的定义

模式识别是指对表征事物或现象的各种形式的（数值的、文字的和逻辑关系的）信息进行处理和分析，以对事物或现象进行描述、辨认、分类和解释的过程，是信息科学和人工智能的重要组成部分。模式识别又常称为模式分类，从处理问题的性质和解决问题的方法等角度，模式识别分为有监督的分类（Supervised Classification）和无监督的分类（Unsupervised Classification）两种。二者的主要差别在于，各实验样本所属的类别是否预先已知。一般来说，有监督的分类往往需要提供大量已知类别的样本，但在实际问题中，这是存在一定困难的，因此研究无监督的分类就变得十分有必要了。

### 2.1.2　模式识别的分类

模式识别除了可分为有监督的分类和无监督的分类之外，模式还可分成抽象的和具体的两种形式。前者如意识、思想、议论等，属于概念识别研究的范畴，是人工智能的另一研究分支。我们所指的模式识别主要是对语音波形、地震波、心电图、脑电图、图片、照片、文字、符号、生物传感器等对象的具体模式进行辨识和分类。

模式识别研究主要集中在两方面：一是研究生物体（包括人）是如何感知对象的，属于认识科学的范畴；二是在给定的任务下，如何用计算机实现模式识别的理论和方法。前者是生理学家、心理学家、生物学家和神经生理学家的研究内容，后者通过数学家、信息学专家和计算机科学工作者近几十年的努力，已经取得了系统的研究成果。

应用计算机对一组事件或过程进行辨识和分类，所识别的事件或过程可以是文字、声音、图像等具体对象，也可以是状态、程度等抽象对象。这些对象与数字形式的信息相区别，称为模式信息。

模式识别所分类的类别数目由特定的识别问题决定。有时，开始时无法得知实际的类别数，需要识别系统反复观测被识别对象以后确定。

模式识别与统计学、心理学、语言学、计算机科学、生物学、控制论等都有关系。它与人工智能、图像处理的研究有交叉关系。例如，自适应或自组织的模式识别系统包含了人工智能的学习机制；人工智能研究的景物理解、自然语言理解也包含模式识别问题。又如，模式识别中的预处理和特征抽取环节应用图像处理的技术；图像处理中的图像分析也应用模式识别的技术。

## 2.1.3 模式识别的方法

模式识别的方法主要有以下两种。

### 1. 决策理论方法

决策理论方法又称统计方法，是发展较早也比较成熟的一种方法。被识别对象首先数字化，变换为适用于计算机处理的数字信息。一个模式常常要用很大的信息量来表示。许多模式识别系统在数字化环节之后还要进行预处理，用于除去混入的干扰信息并减少某些变形和失真。随后是进行特征抽取，即从数字化后或预处理后的输入模式中抽取一组特征。所谓特征是选定的一种度量，它对于一般的变形和失真保持不变或几乎不变，并且只含尽可能少的冗余信息。特征抽取过程输入模式从对象空间映射到特征空间。这时，模式可用特征空间中的一个点或一个特征矢量表示。这种映射不仅压缩了信息量，还易于分类。在决策理论方法中，特征抽取占有重要的地位，但尚无通用的理论指导，只能通过分析具体识别对象决定选取何种特征。特征抽取后可进行分类，即从特征空间再映射到决策空间。为此而引入鉴别函数，由特征矢量计算出相应于各类别的鉴别函数值，通过鉴别函数值的比较实行分类。

### 2. 句法方法

句法方法又称结构方法或语言学方法。其基本思想是把一个模式描述为较简单的子模式的组合，子模式又可描述为更简单的子模式的组合，最终得到一个树形的结构描述，在底层的最简单的子模式称为模式基元。在句法方法中选取基元的问题相当于在决策理论方法中选取特征的问题。通常要求所选的基元能对模式提供一个紧凑的反映其结构关系的描述，又要易于用非句法方法加以抽取。显然，基元本身不应该含有重要的结构信息。模式以一组基元和它们的组合关系来描述，称为模式描述语句，这相当于在语言中，句子和短语用词组合、词用字符组合一样。基元组合成模式的规则，由所谓语法来指定。一旦基元被鉴别，识别过

程可通过句法分析进行，即分析给定的模式语句是否符合指定的语法，满足某类语法的即被分入该类。

模式识别方法的选择取决于问题的性质。如果被识别的对象极为复杂，而且包含丰富的结构信息，则一般采用句法方法；被识别对象不很复杂或不含明显的结构信息，一般采用决策理论方法。这两种方法不能截然分开，在句法方法中，基元本身就是用决策理论方法抽取的。在应用中，把这两种方法结合起来分别施加于不同的层次，通常能收到较好的效果。

## 2.1.4　统计模式识别

统计模式识别（Statistic Pattern Recognition）的基本原理如下：有相似性的样本在模式空间中互相接近，并形成“集团”，即“物以类聚”。其分析方法是根据模式所测得的特征向量 $\boldsymbol{X}_i=(x_{i1},x_{i2},\cdots,x_{id})\boldsymbol{T}(i=1,2,\cdots,N)$ 把一个给定的模式归入 $C$ 个类 $\omega_1,\omega_2,\cdots,\omega_c$ 中，然后根据模式之间的距离函数来判别分类。其中，$\boldsymbol{T}$ 表示转置；$N$ 为样本点数；$d$ 为样本特征数。

统计模式识别的主要方法有判别函数法、近邻分类法、非线性映射法、特征分析法、主因子分析法等。

在统计模式识别中，贝叶斯决策规则从理论上解决了最优分类器的设计问题，但其实施却必须先解决更困难的概率密度估计问题。BP 神经网络直接从观测数据（训练样本）学习，是更简便有效的方法，因而获得了广泛的应用，但它是一种启发式技术，缺乏指定工程实践的坚实理论基础。统计推断理论研究所取得的突破性成果导致现代统计学习理论——VC 理论的建立，该理论不仅在严格的数学基础上圆满地回答了人工神经网络中出现的理论问题，而且导出了一种新的学习方法——支持向量机（SVM）。

## 2.1.5　模式识别的应用

模式识别可用于文字和语音识别、遥感和医学诊断等领域。

### 1．文字识别

汉字已有数千年的历史，也是世界上使用人数最多的文字，对于中华民族灿烂文化的形成和发展有着不可磨灭的功勋。所以在信息技术及计算机技术日益普及的今天，如何将文字方便、快速地输入到计算机中已成为影响人机接口效率的一个重要瓶颈，也关系到计算机能否真正在我国得到普及。目前，汉字输入主要分为人工键盘输入和机器自动识别输入两种。其中，人工键入速度慢而且劳动强度大；自动输入又分为汉字识别输入及语音识别输入。从识别技术的难度来说，手写体识别的难度高于印刷体识别，而在手写体识别中，脱机手写体的难度又远远超过了联机手写体识别。到目前为止，除了脱机手写体数字的识别已有实际应用之外，汉字等文字的脱机手写体识别还处在实验室阶段。

### 2．语音识别

语音识别技术所涉及的领域包括：信号处理、模式识别、概率论和信息论、发声机理和听觉机理、人工智能等。近年来，在生物识别技术领域中，声纹识别技术以其独特的方便性、经济性和准确性等优势受到世人瞩目，并日益成为人们日常生活和工作中重要且普及的安全验证方式。而且利用基因算法训练连续隐马尔柯夫模型的语音识别方法现已成为语音识别的主流技术，该方法在语音识别时识别速度较快，也有较高的识别率。

#### 3. 指纹识别

我们的手掌及其手指、脚、脚趾内侧表面的皮肤凹凸不平产生的纹路会形成各种各样的图案。而这些皮肤的纹路在图案、断点和交叉点上各不相同，是唯一的。依靠这种唯一性，就可以将一个人同其指纹对应起来，通过比较其指纹和预先保存的指纹进行比较，便可以验证其真实身份。一般的指纹有以下几个大的类别：环形（loop）、螺旋形（whorl）、弓形（arch），这样就可以将每个人的指纹分别归类，进行检索。指纹识别基本上可分成预处理、特征选择和模式分类等几个步骤。

#### 4. 遥感

遥感图像识别已广泛用于农作物估产、资源勘察、气象预报和军事侦察等。

#### 5. 医学诊断

在癌细胞检测、X 射线照片分析、血液化验、染色体分析、心电图诊断和脑电图诊断等方面，模式识别已取得了成效。

### 2.1.6 模式识别的发展潜力

模式识别技术是人工智能的基础技术，21 世纪是智能化、信息化、计算化、网络化的世纪，在这个以数字计算为特征的世纪里，作为人工智能技术基础学科的模式识别技术，获得了巨大的发展空间。在国际上，各大权威研究机构、各大公司都纷纷开始把模式识别技术作为公司的战略研发重点给予重视。

#### 1. 语音识别技术

语音识别技术正逐步成为信息技术中人机接口（Human Computer Interface，HCI）的关键技术，语音技术的应用已经成为一个具有竞争性的新兴高技术产业。中国互联网中心的市场预测：未来 5 年，中文语音技术领域会有超过 400 亿元人民币的市场容量，然后每年以超过 30%的速度增长。

#### 2. 生物认证技术

生物认证技术（Biometrics）是本世纪最受关注的安全认证技术，它的发展是大势所趋。人们愿意忘掉所有的密码、扔掉所有的磁卡，凭借自身的唯一性来标识身份与保密信息。国际数据集团（IDC）预测：作为未来的必然发展方向的移动电子商务基础核心技术的生物识别技术在未来 10 年的时间里会有 100 亿美元的市场规模。

3．数字水印技术

20 世纪 90 年代才在国际上开始发展起来的数字水印技术（Digital Watermarking）是最具发展潜力与优势的数字媒体版权保护技术。IDC 预测，数字水印技术在未来的 5 年内全球市场容量会超过 80 亿美元。

# 2.2 分类分析

模式识别分类问题是指根据待识别对象所呈现的观察值，将其分到某个类别中。具体步骤是建立特征空间中的训练集，已知训练集里每个点所属类别，从这些条件出发，寻求某种判别函数或判别准则，设计判决函数模型，然后根据训练集中的样品确定模型中的参数，便可将这模型用于判别，利用判别函数或判别准则去判别每个未知类别的点应该属于哪一个类。

## 2.2.1 分类器的设计

怎样做出合理的判别是模式识别分类器要讨论的问题。在统计模式识别中，感兴趣的主要问题并不是决策正误，而在于怎样使决策错误造成的分类误差在整个识别过程中的风险代价达到最小。模式识别算法的设计都是强调“最佳”与“最优”，即希望所设计的系统在性能上最优。这种最优是针对某一种设计原则讲的，这种原则称为准则，常用的准则有最小错误率准则、最小风险准则、近邻准则、Fisher 准则、均方误差最小准则、感知准则等。设计准则，并使该准则达到最优的条件是设计模式识别系统最基本的方法。模式识别中以确定准则函数来实现优化的计算框架。分类器设计使用哪种原则是关键，会影响到分类器的效果。不同的决策规则反映了分类器设计者的不同考虑，对决策结果有不同的影响。分类决策在识别过程中起作用，对待识别的样品进行分类决策。

一般来说，$M$ 类不同的物体应该具有各不相同的属性值，在 $n$ 维特征空间中，有不同的分布。当某一特征向量值 $X$ 只为某一类物体所特有时，对其做出决策是容易的，也不会出什么差错。但问题在于常常会出现模棱两可的情况。由于属于不同类的待识别对象存在着呈现相同特征值的可能，即所观测到的某一样品的特征向量 $X$ 值如图 2-1 所示，$A$、$B$ 直线之间的样品属于不同类别，但是它们具有相同的特征值。

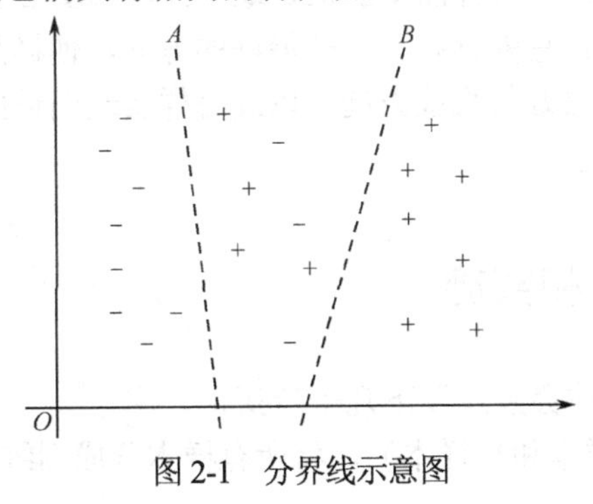


图 2-1 分界线示意图

模式识别的基本计算框架是制定准则函数，实现准则函数极值化。常用的准则有以下几种。

#### 1. 最小错分率准则

完全以减少分类错误为原则，这是一个通用原则，参见图 2-1，如果以错分类最小为原则分类，则图中的 *A* 直线可能是最佳的分界线，它使错分类的样品数量最小。

#### 2. 最小风险准则

当接触到实际问题时，可以发现使错误率最小并不一定是一个普遍适用的最佳选择。有的分类系统将错分率多少看做最重要的指标，如对语音识别、文字识别来说这是最重要的指标。而有的分类系统对于错分率多少并不看重，而是要考虑错分类的不同后果，如对医疗诊断、地震、天气预报等，如可能多次将没有发生的地震预报成有地震，也有可能将发生的地震预报为没有地震，这类系统并不看重错分率，而是要考虑错分类引起的严重后果。

从不同性质的错误会引起不同程度的损失这一角度出发，宁可扩大一些总的错误率，也要使总的损失减少。因此引入了风险、损失这些概念，以便在决策时兼顾不同后果的影响。在实际问题中，计算损失与风险是复杂的，在使用数学式计算时，往往用赋予的不同权值来表示。在做出决策时，要考虑所承担的风险。基于最小风险的贝叶斯决策规则正是为了体现这一点而产生的。

#### 3. 近邻准则

近邻准则是分段线性判别函数的一种典型方法。这种方法主要依据同类物体在特征空间具有聚类特性的原理。同类物体由于其性质相近，它们在特征空间中应具有聚类的现象，因此可以利用这种性质产生分类决策的规则。例如，有两类样品，可以求出每一类的平均值，对于任何一个未知样品，先求出它到各个类的平均值距离，距离谁近其就属于谁。

#### 4. Fisher 准则

根据两类样品一般类内密集、类间分离的特点，寻找线性分类器最佳的法线向量方向，使两类样品在该方向上的投影满足类内尽可能密集、类间尽可能分开的要求。把它们投影到任意一根直线上，有可能不同类别的样品就混在一起了，无法区分。如图 2-2（a）所示，样品投影到 $x_1$ 或 $x_2$ 轴上时无法区分。如果把直线绕原点转动一下，就有可能找到一个方向，样品投影到这个方向的直线上，各类样品就能很好地分开，如图 2-2（b）所示。因此直线方向选择是很重要的。一般来说，总能够找到一个最好的方向，使样品投影到这个方向的直线上很容易分开。怎样找到这个最好的直线方向，以及怎样实现向最好方向投影的变换，这正是 Fisher 算法要解决的基本问题。

### 2.2.2 分类器的构造和实施

分类器的构造和实施大体会经过以下几个步骤。

① 选定样本（包含正样本和负样本），将所有样本分成训练样本和测试样本两部分。

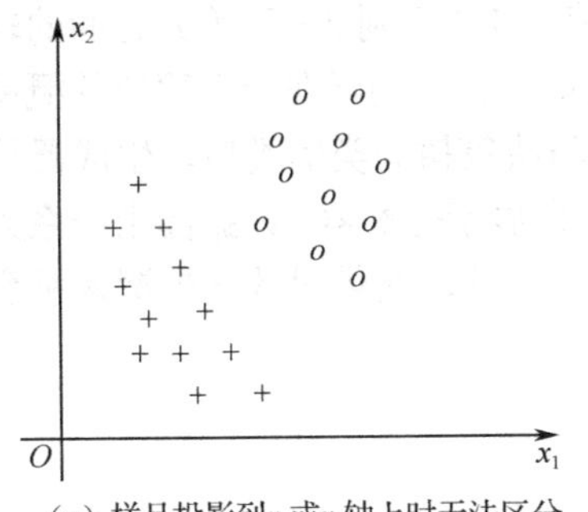


（a）样品投影到$x_1$或$x_2$轴上时无法区分

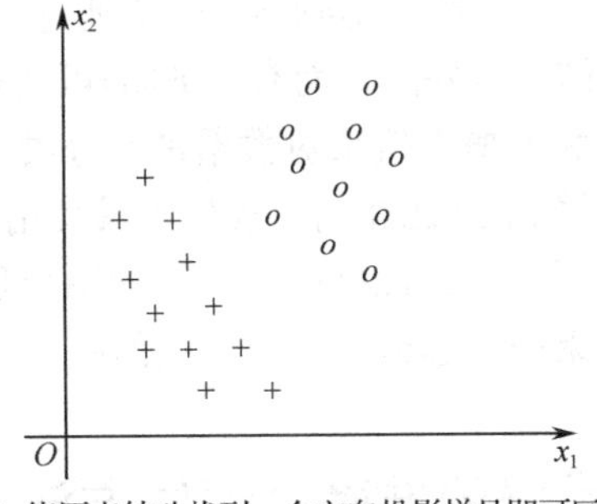


（b）绕原点转动找到一个方向投影样品即可区分

图 2-2　Fisher 线性判别原理图

② 在训练样本上执行分类器算法，生成分类模型。

③ 在测试样本上执行分类模型，生成预测结果。

④ 根据预测结果，计算必要的评估指标，评估分类模型的性能。

## 2.2.3　分类器的基本类型

基本类型的分类器主要包括以下几种。

### 1．决策树分类器

决策树分类器提供了一个属性集合，决策树通过在属性集的基础上做出一系列的决策，即可将数据分类。这个过程类似于通过一个植物的特征来辨认植物。可以应用这样的分类器来判定某人的信用程度，例如，一个决策树可能会断定“一个有家、拥有一辆价值在 1.5 万到 2.3 万美元之间的轿车、有两个孩子的人”拥有良好的信用。决策树生成器从一个“训练集”中生成决策树。SGI 公司的数据挖掘工具 MineSet 所提供的可视化工具使用树图来显示决策树分类器的结构，在图中，每一个决策用树的一个节点来表示。图形化的表示方法可以帮助用户理解分类算法，提供对数据的有价值的观察视角。生成的分类器可用于对数据的分类。

### 2．选择树分类器

选择树分类器使用与决策树分类器相似的技术对数据进行分类。与决策树不同的是，选择树中包含特殊的选择节点，选择节点有多个分支。例如，在一棵用于区分汽车产地的选择树中的一个选择节点可以选择马力、汽缸数目或汽车重量等作为信息属性。在决策树中，一个节点一次最多可以选取一个属性作为考虑对象。在选择树中进行分类时，可以综合考虑多种情况。选择树通常比决策树更准确，但是也大得多。选择树生成器使用与决策树生成器生成决策树同样的算法从训练集中生成选择树。MineSet 的可视化工具使用选择树图来显示选择树。树图可以帮助用户理解分类器，发现哪个属性在决定标签属性值时更重要，同样，它可以用于对数据进行分类。

### 3．证据分类器

证据分类器通过检查在给定一个属性的基础上某个特定的结果发生的可能性来对数据进

行分类。例如，它可能做出判断，一个拥有一辆价值在 1.5 万到 2.3 万美元之间的轿车的人有 70%的可能是信用良好的，而有 30%的可能是信用很差。分类器在一个简单的概率模型的基础上，使用最大的概率值来对数据进行分类预测。与决策树分类器类似，生成器从训练集中生成证据分类器。MineSet 的可视化工具使用证据图来显示分类器，证据图由一系列描述不同的概率值的饼图组成。证据图可以帮助用户理解分类算法，提供对数据的深入洞察，帮助用户回答像“如果……怎么样”等一类问题。

## 2.2.4 分类器的准确度评估方法

### 1. 影响因素

影响一个分类器错误率的因素主要有以下几个。

（1）训练集的记录数量。生成器要利用训练集进行学习，因而训练集越大，分类器也就越可靠。然而，训练集越大，生成器构造分类器的时间也就越长。错误率改善情况随训练集规模的增大而降低。

（2）属性的数目。更多的属性数目对于生成器而言意味着要计算更多的组合，使得生成器难度增大，需要的时间也更长。有时随机的关系会将生成器引入歧途，结果可能构造出不够准确的分类器（这在技术上被称为过分拟合）。因此，如果通过常识可以确认某个属性与目标无关，则应将它从训练集中移走。

（3）属性中的信息。有时生成器不能从属性中获取足够的信息来正确、低错误率地预测标签（如试图根据某人眼睛的颜色来决定其收入）。加入其他的属性（如职业、每周工作小时数和年龄），可以降低错误率。

（4）待预测记录的分布。如果待预测记录来自于不同训练集中记录的分布，那么错误率有可能很高。例如，如果从包含家用轿车数据的训练集中构造出分类器，那么试图用它来对包含许多运动用车辆的记录进行分类可能没有多大用途，因为数据属性值的分布可能是有很大差别的。

### 2. 评估方法

有两种方法可以用于对分类器的错误率进行评估，它们都假定待预测记录和训练集取自同样的样本分布。

（1）保留方法（Holdout）：记录集中的一部分（通常是 2/3）作为训练集，保留剩余的部分作为测试集。生成器使用 2/3 的数据来构造分类器，然后使用这个分类器来对测试集进行分类，得出的错误率就是评估错误率。虽然这种方法速度快，但由于仅使用 2/3 的数据来构造分类器，因此它没有充分利用所有的数据来进行学习。如果使用所有的数据，那么可能构造出更精确的分类器。

（2）交叉纠错方法（Cross Validation）：数据集被分成 $k$ 个没有交叉数据的子集，所有子集的大小大致相同。生成器训练和测试共 $k$ 次；每一次，生成器使用去除一个子集的剩余数据作为训练集，然后在被去除的子集上进行测试。把所有得到的错误率的平均值作为评估错误率。交叉纠错法可以被重复多次（$t$），对于一个 $t$ 次 $k$ 分的交叉纠错法，$k*t$ 个分类器被构造并被评估，这意味着交叉纠错法的时间是分类器构造时间的 $k*t$ 倍。增加重复的次数意味着运行时间的增长和错误率评估的改善。我们可以对 $k$ 的值进行调整，将它减少到 3 或 5，这样可以缩短运行时间。然而，减小训练集有可能使评估产生更大的偏差。通常 Holdout 评估方法被用在最初试验性的场合，或者多于 5000 条记录的数据集；交叉纠错法被用于建立最终的分类器，或者很小的数据集。

## 2.3 聚类分析

聚类分析指将物理或抽象对象的集合分组为由类似的对象组成的多个类的分析过程。它是一种重要的人类行为。

聚类分析的目标就是在相似的基础上收集数据来分类。聚类源于很多领域，包括数学、计算机科学、统计学、生物学和经济学。在不同的应用领域，很多聚类技术都得到了发展，这些技术方法被用做描述数据，衡量不同数据源间的相似性，以及把数据源分类到不同的簇中。

### 2.3.1 聚类与分类的区别

聚类与分类的不同在于，聚类所要求划分的类是未知的。

聚类是将数据分类到不同的类或者簇的一个过程，所以同一个簇中的对象有很大的相似性，而不同簇间的对象有很大的相异性。

从统计学的观点看，聚类分析是通过数据建模简化数据的一种方法。传统的统计聚类分析方法包括系统聚类法、分解法、加入法、动态聚类法、有序样品聚类、有重叠聚类和模糊聚类等。

从机器学习的角度讲，簇相当于隐藏模式。聚类是搜索簇的无监督学习过程。与分类不同，无监督学习不依赖预先定义的类或带类标记的训练实例，需要由聚类学习算法自动确定标记，而分类学习的实例或数据对象有类别标记。聚类是观察式学习，而不是实例式的学习。

聚类分析是一种探索性的分析，在分类的过程中，人们不必事先给出一个分类的标准，聚类分析能够从样本数据出发，自动进行分类。聚类分析所使用方法的不同，常常会得到不同的结论。不同研究者对于同一组数据进行聚类分析，所得到的聚类数未必一致。

从实际应用的角度看，聚类分析是数据挖掘的主要任务之一。而且聚类能够作为一个独立的工具获得数据的分布状况，观察每一簇数据的特征，集中对特定的聚簇集合做进一步的分析。聚类分析还可以作为其他算法（如分类和定性归纳算法）的预处理步骤。

### 2.3.2 聚类的定义

Evert 提出一个聚合类是一些相似的实体集合，而且不同聚合类的实体是不相似的。一个聚合类内的两个点间的距离小于在这个类内任一点和不在这个类内的另一个任一点间的距离。离合类可以被描述成在 $n$ 维空间内存在较高密度点的连续区域和较低密度点的区域，而较低密度点的区域把其他较高密度点的区域分开。

在模式空间 $S$ 中，如果给定 $N$ 个样品 $X_1, X_2, \cdots, X_N$，则聚类的定义如下：按照相互类似的程度找到相应的区域 $R_1, R_2, \cdots, R_M$，对任意 $X_i (i=1,2,\cdots,N)$ 归入其中一类，而且不会同时属于两类，即

$$R_1 \cup R_2 \cup \cdots R_M = R$$
$$R_i \cap R_j = \phi, (i \neq j)$$

这里 $\cup$ 、$\cap$ 分别为并集、交集。

选择聚类的方法应以一个理想的聚类概念为基础。然而，如果数据不满足由聚类技术所做的假设，则算法不是去发现真实的结构而是在数据上强加上某一种结构。

### 2.3.3 模式相似度

设有 $n$ 个样本，每个样本测得 $p$ 个指标（变量），原始数据阵为

$$\begin{pmatrix} x_{11} & x_{12} & \cdots & x_{1p} \\ x_{21} & x_{22} & \cdots & x_{2p} \\ \vdots & \vdots & \ddots & \vdots \\ x_{n1} & x_{n2} & \cdots & x_{np} \end{pmatrix} \underline{\underline{\Delta}} \begin{pmatrix} x'_{(1)} \\ x'_{(2)} \\ \vdots \\ x'_{(n)} \end{pmatrix} \underline{\underline{\Delta}} (x_1, x_2, \cdots, x_p)$$

当对样本进行分类时，应考虑 $p$ 维空间中 $n$ 个样本点 $x_i (i=1,2,\cdots,n)$ 的相似程度；当对指标进行分类时，应考虑 $n$ 维空间中 $p$ 个变量点 $x_i (i=1,2,\cdots,p)$ 的相似程度。描述样本（变量）间相似程度的统计量目前用得最多的是距离和相似系数。

设 $x_{(t)} = (x_{i1}, x_{i2}, \cdots, x_{ip})' (t=1,2,\cdots,n)$ 是 $p$ 维空间的 $n$ 个样本点，样本 $x_{(i)}$ 和 $x_{(j)}$ 的距离或相似系数有以下几种常用的定义方法。

（1）绝对值距离：

$$d_{ij}^{(1)} = \sum_{t=1}^{p} | x_{it} - x_{jt} |, (i, j = 1,2,\cdots,n)$$

（2）欧氏距离：

$$d_{ij}^{(2)} = \sqrt{\sum_{t=1}^{p} (x_{it} - x_{jt})^2}, (i, j = 1,2,\cdots,n)$$

（3）切比雪夫距离：

$$d_{ij}^{(3)} = \max_{i=1,2,\cdots,p} | x_{it} - x_{jt} |, (i, j = 1,2,\cdots,n)$$

（4）马氏（Mahalanobis）距离：

$$d_{ij}^{(4)} = (x_{(i)} - x_{(j)})' \boldsymbol{S}^{-1} (x_{(i)} - x_{(j)}), (i, j = 1,2,\cdots,n)$$

其中，$\boldsymbol{S}^{-1}$ 为样本的协方差阵 $\boldsymbol{S}$ 的逆矩阵。记样本协方差阵 $\boldsymbol{S} = (\boldsymbol{V}_{ts})$，在此

$$\boldsymbol{V}_{ts} = \frac{1}{n-1} \sum_{i=1}^{n} (x_{it} - \overline{x}_t)(x_{it} - \overline{x}_s), (t, s = 1,2,\cdots,p)$$

而

$$\overline{x}_t = \frac{1}{n}\sum_{i=1}^{n} x_{it}, (t = 1, 2, \cdots, p)$$

（5）兰氏距离（要求数据 $x_{ij} \geq 0$）：

$$d_{ij}^{(5)} = \sum_{i=1}^{p} \frac{|x_{it} - x_{jt}|}{x_{it} + x_{jt}}, (i, j = 1, 2, \cdots, n)$$

（6）相似系数（夹角余弦）：

$$c_{ij}^{(1)} = \frac{\sum_{i=1}^{p} |x_{it} - x_{jt}|}{\sqrt{\sum_{i=1}^{p} x_{it}^2} \cdot \sqrt{\sum_{i=1}^{p} x_{jt}^2}}, (i, j = 1, 2, \cdots, n)$$

（7）指数相似系数：

$$c_{ij}^{(2)} = \frac{1}{p}\sum_{i=1}^{p} l^{-\frac{3}{4}\frac{(x_{it} - x_{jt})^2}{s_i^2}}$$

其中，

$$s_i^2 = \frac{1}{n-1}\sum_{i=1}^{n} (x_{it} - \overline{x}_i)^2, (i = 1, 2, \cdots, p)$$

（8）定性指标的距离：设有 $p$ 个定性指标，它们组成 $p$ 维向量，其中第 $k$ 个定性指标又可分为 $r_k$ 个类目，样本 $x_{(i)}$ 和 $x_{(j)}$ 之间的距离定义为

$$d_{ij} = \frac{x_{(i)}\text{和}x_{(j)}\text{的不相同的定性指标数}}{x_{(i)}\text{和}x_{(j)}\text{相同的定性指标数} + x_{(i)}\text{和}x_{(j)}\text{不同的定性指标数}}$$

显然，当样本 $x_{(i)}$ 和 $x_{(j)}$ 相似时，距离 $d_{ij} = 0$（或相似系数 $c_{ij} = 0$）；距离 $d_{ij}$ 越大（或相似系数 $c_{ij}$ 越小），就表示两个样本越不相似。

值得指出的是，为了消除量纲或数量级的影响，在计算样本 $x_{(i)}$ 和 $x_{(j)}$ 相似程度时，经常要先对原始数据进行适当的变换，常用的变换有中心化变换、标准化变换、极差标准化变换、极差正规化变换、对数变换等。

## 2.3.4 聚类准则

在模式分类中，可以有多种不同的聚类方式，将未知类别的样本分类到对应的类中。在这个过程中，需要确定一种聚类准则来评价各种聚类方法的优劣。事实上，各种聚类方法的优劣只是就某种评价准则而言的，任何一种聚类方法要满足各种聚类准则是非常困难的。

聚类准则的确定主要有以下两种方式。

### 1. 试探方式

凭直觉和经验，针对实际问题给定一种模式相似性测试的阈值，按最近邻规则指定待分

类样本属于某一类。例如，在以“距离”为相似性测度时，规定一个阈值，如果待测样本与某一类的距离小于阈值，则归入该类。

2. 聚类准则函数法

定义一种聚类准则函数，其函数值与样本的划分有关，当此值达到极值时，就认为样本得到了最佳的划分。常用的聚类函数有误差平方和准则及类间距离和准则。

1）误差平方和准则

误差平方和也称为类内距离和准则，是一种简单而又应用广泛的聚类准则，其表达式为

$$J=\sum_{i=1}^{m}\sum_{X^j\in w_i}\|X-\mu_i\|^2$$

其中，$\mu_i$为类$w_i$的均值；$J$为样本与聚类中心的函数，表示各样本到其被划分类别的中心的距离之平方和。最佳的划分就是使$J$最小的那种划分。

该准则适用于同类样本比较密集、各类样本数目相差不大，而且类间距离较大时的情况。当各类样本数相差很大且类间距离较小时，采用该准则就有可能将样本数多的类拆成两类或多类，从而出现错误聚类。

2）类间距离和准则

类间距离和定义为

$$J=\sum_{i=1}^{m}(\mu_i-\mu)^{\mathrm{T}}(\mu_i-\mu)$$

其中，$\mu_i$、$\mu$分别为类$w_i$和全部样本的均值。

加权的类间距离和定义为

$$J=\sum_{i=1}^{m}\frac{N_i}{N}(\mu_i-\mu)^{\mathrm{T}}(\mu_i-\mu)$$

对应一种划分，可求得一个类间距离和。类间距离和准则是找到使类间距离和最大的那种划分。

事实上，类间距离和及类内距离和的统称为离散度矩阵。

类内离散度矩阵$\boldsymbol{S}_i$和总类内离散度矩阵$\boldsymbol{S}_w$为

$$\boldsymbol{S}_i=\sum_{x\in w_i}(x-\mu_i)(x-\mu_i)^{\mathrm{T}}$$

$$\boldsymbol{S}_w=\sum_{i=1}^{c}\boldsymbol{S}_i$$

类间离散度矩阵为

$$\boldsymbol{S}_b=\sum_{i=1}^{c}n_i(\mu_i-\mu)^{\mathrm{T}}(\mu_i-\mu)$$

总离散度矩阵为

$$\boldsymbol{S}_T=\sum_{x\in w_i}(x-\mu)(x-\mu)^{\mathrm{T}}$$

如果采用最小化类内离散度矩阵的迹作为准则函数，则可以同时最小化类内离散度迹和最大化类间离散度迹。

### 2.3.5 层次聚类法

层次聚类就是通过对数据集按照某种方法进行层次分解，直到满足某种条件为止。按照分类原理的不同，可以分为凝聚和分裂两种方法。

**1. 凝聚**

凝聚的层次聚类是一种自底向上的策略，首先将每个对象作为一个簇，然后合并这些原子簇为越来越大的簇，直到所有的对象都在一个簇中，或者某个终结条件被满足，绝大多数层次聚类方法属于这一类，它们只是在簇间相似度的定义上有所不同。

**2. 分裂**

分裂的层次聚类与凝聚的层次聚类相反，采用自顶向下的策略，它首先将所有对象置于同一个簇中，然后逐渐细分为越来越小的簇，直到每个对象自成一簇，或者达到了某个终止条件。

层次聚类法的基本思想是先定义样本之间和类与类之间的距离，在各自成类的样本中，将距离最近的两类合并，重新计算新类与其他类间的距离，并按最小距离归类。重复此过程，每次减少一类，直到所有的样本成为一类为止。其聚类过程用图表示，称为聚类图。层次聚类法具有如下性质：在某一级划分归入同一类的样本，在此后的划分中，永远属于同一类。

定义类与类间距离有多种方法，不同的定义就产生了不同的层次聚类分析方法，常用的方法有：最短距离法、最长距离法、中间距离法、重心法、类平均法、可变类平均法、可变法及方差平方和法等。这些方法总的递推公式为

$$D_{ij}^2=\alpha_p D_{ip}^2+\alpha_q D_{ip}^2+\beta D_{pq}^2+r\,|\,D_{ip}^2-D_{pq}^2\,|$$

式中，$D_{ij}$为类$w_i$和$w_j$之间的距离。

### 2.3.6 动态聚类法

动态聚类法（Dynamical Clustering Methods）亦称逐步聚类法、一类聚类法，属于大样本聚类法。其具体做法如下：先粗略地进行预分类，再逐步调整，直到把类分得比较合理为止。这种分类方法较之系统聚类法，具有计算量较小、占用计算机存储单元少、方法简单等优点，所以更适用于大样本的聚类分析。

动态聚类的一种常见的方法是$c$-均值算法（或$K$-均值法）。

**1. *K*-均值的概述**

$K$-均值（也称 $K$-Means）聚类算法是著名的划分聚类分割方法。划分方法的基本思想如下：给定一个有$N$个元组或记录的数据集，分裂法将构造$K$个分组，每一个分组就代表一个聚类，$N>K$。而且这$K$个分组满足下列条件：

① 每一个分组至少包含一个数据记录；

② 每一个数据记录属于且仅属于一个分组。

对于给定的$K$，算法先给出一个初始的分组方法，以后通过反复迭代的方法改变分组，使得每一次改进之后的分组方案都较前一次的好，而所谓好的标准就是，同一分组中的记录越来越近（已经收敛，反复迭代至组内数据几乎无差异），而不同分组中的记录越来越远。

### 2. *K*-均值算法的基本原理

*K*-均值聚类算法的工作原理：算法先随机从数据集中选取$K$个点作为初始聚类中心，然后计算各个样本到聚类中的距离，把样本归到离它最近的那个聚类中心所在的类上。计算新形成的每一个聚类的数据对象的平均值来得到新的聚类中心，如果相邻两次的聚类中心没有任何变化，则说明样本调整结束，聚类准则函数已经收敛。本算法的一个特点是在每次迭代中都要考察每个样本的分类是否正确。如果不正确，就要调整，在全部样本调整完后，再修改聚类中心，进入下一次迭代。如果在一次迭代算法中，所有的样本被正确分类，则不会有调整，聚类中心也不会有任何变化，这标志着已经收敛，因此算法结束。

### 3. *K*-均值算法的步骤

*K*-Means 算法的处理流程如下。

① 从$N$个数据对象中任意选择$K$个对象作为初始聚类中心。

② 循环③到④直到每个聚类不再发生变化为止。

③ 根据每个聚类对象的均值（中心对象），计算每个对象与这些中心对象的距离，并根据最小距离重新对相应对象进行划分。

④ 重新计算每个聚类的均值（中心对象），直到聚类中心不再变化。这种划分使得下式最小：

$$E=\sum_{j=1}^{k}\sum_{x_i\in\omega_j}\|x_i-m_j\|^2$$

### 4. *K*-均值算法的特点

*K*-Means 算法具有如下几个特点。

① 在*K*-Means 算法中$K$是事先给定的，这个$K$值的选定是非常难以估计的。

② 在*K*-Means 算法中，首先需要根据初始聚类中心来确定一个初始划分，然后对初始划分进行优化。

③ *K*-Means 算法需要不断地进行样本分类调整，不断地计算调整后的新的聚类中心，因此当数据量非常大时，算法的时间开销是非常大的。

④ *K*-Means 算法对一些离散点和初始$K$值敏感，不同的距离初始值对同样的数据样本可能得到不同的结果。

## 2.4 模式识别在科学研究中的应用

MATLAB 中也提供了相关函数实现聚类分析，下面给予介绍。

### 1．函数

#### 1）pdist 函数

MATLAB 中提供了 pdist 函数，用于计算数据集每对元素之间的距离。函数的调用格式如下。

D = pdist(X)：计算样品对欧氏距离。输入参数 $X$ 为 $n×p$ 的矩阵，矩阵的每一行对应一个观测（样品），每一列对应一个变量。输出参数 $D$ 为一个包含 $n(n-1)/2$ 个元素的行向量，用（$i,j$）表示由第 $i$ 个样品和第 $j$ 个样品构成的样品对，则 $y$ 中的元素依次是样品对 $(2,1),(3,1),\cdots,(n,1),(3,2),\cdots,(n,2),\cdots,(n,n-1)$的距离。

D = pdist(X,distance)：计算样品对距离，用输入参数 distance 指定计算距离的方法，distance 为字符串，可用的字符串如表 2-1 所示。

表 2-1　pdist 函数支持的各种距离

| distance 参数值 | 说　明 |
|---|---|
| 'ecuclidean' | 欧氏距离，为默认情况 |
| 'seuclidean' | 标准欧氏距离 |
| 'mahalanobis' | 马哈拉诺比斯距离 |
| 'cityblock' | 绝对值距离（或城市街区距离） |
| 'minkowski' | 闵可夫斯基距离 |
| 'cosine' | 把样品作为向量，样品对距离为 1 减去样品对向量的夹角余弦 |
| 'correlation' | 把样品作为数值序列，样品对距离为 1 减去样品对的相关系数 |
| 'spearman' | 把样品作为数值序列，样品对距离为 1 减去样品对的 Spearman 秩相关系数 |
| 'hamming' | 汉明（Hamming）距离，即不一致坐标所占的百分比 |
| 'jaccard' | 1 减去 Jaccard 系数，即不一致的非零坐标所占的百分比 |
| 'chebychev' | 切比雪夫距离 |

#### 2）squareform 函数

MATLAB 中提供了 squareform 函数，用于距离向量与距离矩阵的转换。函数的调用格式如下。

Z = squareform(y)或 Z = squareform(y,'tovector')：将 pdist 函数计算的距离向量 $y$ 转换为平方距离 $Z$，其中 $Z(i,j)$为样本 $i$ 和 $j$ 之间的距离。

y = squareform(Z)或 Y = squareform(Z,'tomatrix')：将平方距离 $Z$ 转换为向量距离 $y$。

#### 3）linkage 函数

在 MATLAB 统计工具箱中提供了 linkage 函数，用于对变量进行分类，构成一个系统聚类树。其调用格式如下。

Z = linkage(Y)：利用最短距离法创建一个系统聚类树。输入参数 $\boldsymbol{Y}$ 为样品对距离向量，是包含 $n(n-1)/2$ 个元素的行向量，可以是 pdist 函数的输出。输出参数 $\boldsymbol{Z}$ 为一个系统聚类树矩阵，它是$(n-1)\times 3$的矩阵，这里的$n$为原始数据中观测（即样品）的个数。$\boldsymbol{Z}$矩阵的每一行对应一次并类，第$i$行上前两个元素为第$i$行上的第3个元素为第$i$次并类时的并类距离。

Z = linkage(Y,method)：利用 method 参数指定的方法创建系统聚类树，method 为字符串，可用的字符串如表 2-2 所示。

表 2-2 linkage 函数支持的系统聚类方法

| method 参数值 | 说 明 |
|---|---|
| 'average' | 类平均法 |
| 'centroid' | 重心法、重心间距离为欧氏距离 |
| 'complete' | 最长距离法 |
| 'median' | 中间距离法，即加权的重心法，加权的重心间距离为欧氏距离 |
| 'single' | 最短距离法，默认情况下，可利用最短距离法 |
| 'ward' | 离差平方和法，参数$y$必须包含欧氏距离 |
| 'weighted' | 可变类平均法 |

**注意**：重心法和中间距离法不具有单调性，即并类距离可能不是单调增加的。

Z = linkage(X,method,metric)：根据原始数据创建系统聚类树。输入参数$\boldsymbol{X}$为原始数据矩阵，$\boldsymbol{X}$的每一行对应一个观测，每一列对应一个变量。method 参数用来指定系统聚类方法。

在这种调用下，linkage 函数调用 pdist 函数计算样品对距离，输入参数 metric 用来指定计算距离的方法。

Z = linkage(X,method,pdist_inputs)：允许用户传递额外的参数给 pdist 函数，这里的 pdist_inputs 为一个包含输入参数的元胞数组。

4）cluster 函数

在 MATLAB 统计工具箱中提供了 cluster 函数，用于确定怎样划分系统树，得到不同的类。其调用格式如下。

T = cluster(Z,'cutoff',c)：由系统聚类树矩阵创建聚类。输入参数$Z$是由 linkage 函数创建的系统聚类树矩阵，它是$(n-1)\times 3$的矩阵，这里的$n$是原始中观测（即样品）的个数。$c$用来设定聚类的阈值，当一个节点和它的所有子节点的不一致系数小于$c$时，该节点及其下面的所有节点被聚为一类。输出参数$\boldsymbol{T}$为一个包含$n$个元素的列向量，其元素为相应观测所属的类序号。

特别的，如果输入参数$\boldsymbol{c}$为一个向量，则输出$\boldsymbol{T}$为一个$n$行多列的矩阵，$\boldsymbol{c}$的每个元素对应$\boldsymbol{T}$的一列。

T = cluster(Z,'cutoff',c,'depth',d)：设置计算的深度为$d$，默认情况下，计算深度为 2。

T = cluster(Z,'cutoff',c,'criterion',criterion)：设置聚类的标准。最后一个输入参数 criterion 为字符串，可能的取值为'inconsistent'（默认情况）或'distance'。如果为'distance'，则用距离作为标准，把并类距离小于$c$的节点及其下方的所有子节点聚为一类；如果为'inconsistent'，则等同于第 1 种调用格式。

T = cluster(Z,'maxclust',n)：用距离作为标准，创建一个最大类数为$n$的聚类。此时会找到

一个最小距离，在该距离处断开聚类树形图，将样品聚为 $n$ 个（或少于 $n$ 个）。

5）dendrogram 函数

MATLAB 统计工具箱中提供了 dendrogram 函数，用于绘制聚类图。函数的调用格式如下。

dendrogram(tree)：输入参数 tree 为函数 linkage 计算所得的系统聚类树，绘制树形聚类图。

dendrogram(tree,Name,Value)：设置树形聚类图的属性名 Name 及其对应的属性值 Value。

dendrogram(tree,P)：参数 $P$ 用于设置系统聚类树顶部的节点数，默认值为 30。

dendrogram(tree,P,Name,Value)：设置系统聚类树顶部的节点数的属性名 Name 及其对应的属性值 Value。

H = dendrogram(___)：$H$ 为线条的句柄值。

[H,T,outperm] = dendrogram(___)：参数 $T$ 为各样本观测对应的叶节点编号的列向量，参数 outperm 为返回树形图叶节点编号。

6）clusterdata 函数

通过函数 clusterdata 可以直接进行聚类分析，在内部将调用上述的 pdist、linkage 和 cluster 函数。函数 clusterdata 的调用格式如下。

T = clusterdata(X,cutoff)：内部调用函数 pdist、linkage 和 cluster 进行聚类分析，cutoff 用于设置聚类的阈值，返回聚类分析的结果 $T$。

T = clusterdata(X,Name,Value)：设置聚类分析的相关参数，包括 distance（聚类计算方法设置）、linkage（聚类方法设置）、cutoff（不一致系数或距离的阈值）、maxclust（最大分类数）、criterion（聚类的标准）和 depth（计算深度）。

7）kmeans 函数

kmeans 函数用来做 $K$ 均值聚类，将 $n$ 个点（或观测）分为 $k$ 个类。聚类过程是动态的，通过迭代使得每个点与所属重心距离的和达到最小。默认情况下，kmeans 采用平方欧氏距离。函数调用格式如下。

IDX = kmeans(X,k)：将 $n$ 个点（或观测）分为 $k$ 个类。输入参数 $\boldsymbol{X}$ 为 $n \times p$ 的矩阵，矩阵的每一行对应一个点，每一列对应一个变量。输出参数 IDX 为一个 $n \times 1$ 的向量，其元素为每个点所属类的类序号。

[IDX,C] = kmeans(X,k)：返回 $k$ 个类的重心坐标矩阵 $\boldsymbol{C}$，$\boldsymbol{C}$ 为一个 $k \times p$ 的矩阵，第 $i$ 行元素为第 $i$ 类的类重心坐标。

[IDX,C,sumd] = kmeans(X,k)：返回类内距离和（即类内各点与重心距离之和）向量 sumd，sumd 为一个 $1 \times k$ 的向量，第 $i$ 个元素为第 $i$ 类的类内距离之和。

[IDX,C,sumd,D] = kmeans(X,k)：返回每个点与每个类重心之间的距离矩阵 $\boldsymbol{D}$，$\boldsymbol{D}$ 为一个 $n \times k$ 的矩阵，第 $i$ 行第 $j$ 列的元素是第 $i$ 个点与第 $j$ 类的类重心之间的距离。

[...] = kmeans(...,param1,val1,param2,val2,...)：允许用户设置更多的参数及参数值，用来控制 kmeans 函数所用的迭代算法。param1,param2,...为参数名，val1,val2,...为相应的参数值。其可用的参数名及参数值如表 2-3 所示。

表 2-3　kmeans 函数支持的参数名及参数值

| 参 数 名 | 参 数 值 | 说　　明 |
| --- | --- | --- |
| 'distance' | 'sqEuclidean' | 平方欧氏距离（默认情况） |
| | 'cityblock' | 绝对值距离 |
| | 'cosine' | 把每个点作为一个向量，两点间距离为 1 减去两个向量夹角余弦 |
| | 'correlaion' | 把每个点作为一个数值序列，两点间距离为 1 减去两个数值序列的相关系数 |
| | 'Hammig' | 位不同（只适合二进制数据）的百分比 |
| 'empyaction' | 'error' | 把空类作为错误对待（默认情况） |
| | 'drop' | 去除空类，输出参数 *C* 与 *D* 中相应值用 NaN 表示 |
| | 'singleton' | 生成一个只包含最远点的新类 |
| 'onlinephase' | 'on' | 执行在线更新（默认情况）。对于大型数据，可能会占用比较多的时间，但是能保证收敛于局部最优解 |
| | 'off' | 不执行在线更新 |
| 'options' | 由 statset 函数创建结构体变量 | 用来设置迭代算法的相关选项 |
| 'replicates' | 正整数 | 重复聚类的次数，每次聚类采用新的初始凝聚点。也可以通过设置'start'参数的参数值为 $k\times p\times m$ 的 3 维数组，来设置重复聚类的次数为 $m$ |
| 'start' | 'sample' | 随机选择 $k$ 个观测作为初始凝聚点 |
| | 'uniform' | 在观测值矩阵 $\boldsymbol{X}$ 中随机并均匀地选择 $k$ 个观测作为初始凝聚集点。这对于 Hamming 距离是无效的 |
| | 'cluster' | 从 $\boldsymbol{X}$ 中随机选择 10%的子样本，进行预聚类，确定凝聚点。预聚类过程随机选择 $k$ 个观测作为预聚类的初始凝聚点 |
| | Matrix | 如果为 $k\times p$ 的矩阵，用来设定 $k$ 个初始凝聚点。如果为 $k\times p\times m$ 的 3 维数组，则重复进行 $m$ 次聚类，每次聚类通过相应页上的二维数组设定 $k$ 个初始凝聚点 |

8）fcm 函数

在 MATLAB 模糊逻辑工具箱（Fuzzy Logic Toolbox）中提供了 fcm 函数，用于实现模糊 C 均值聚类。函数的调用格式如下。

```
[center,U,obj_fcn] = fcm(data,cluster_n)
[center,U,obj_fcn] =fcm(data,cluster_n,options)
```

其中，输入参数 data 为用于聚类的数据集，它是一个矩阵，每行对应一个样品（或观测），每列对应一个变量。cluster_n 为一个正整数，表示类的个数。options 为一个包含 4 个元素的向量，用来设置迭代的参数。options 的第 1 个元素是目标函数中隶属度的幂指数，其值应大于 1，默认值为 2；第 2 个元素为最大迭代次数，默认值为 100；第 3 个元素为目标函数的终止容限，默认值为 1e-5；第 4 个元素用来控制是否显示中间迭代过程，如果取值为 0，即表示不显示中间迭代过程，否则显示。

输出参数 center 是 cluster_n 个类的类中心坐标矩阵，它是 $n$ 行 $p$ 列的矩阵。$\boldsymbol{U}$ 是 cluster_n 中 $n$ 行 $n$ 列的隶属度矩阵，它的第 $i$ 行第 $k$ 列元素 $u_{ik}$ 表示第 $k$ 个样品 $x_k$ 属于第 $i$ 类的隶属度，

可以根据 $U$ 中每列元素的取值来判定每个样品的归属。obj_fcn 是目标函数值向量，它的第 $i$ 个元素表示第 $i$ 步迭代的目标函数值，它所包含的元素的总数是实际迭代的总步数。

### 2．应用实现

下面通过几个例子来演示这些函数的实现。

**【例 2-1】** 利用系统聚类法对以下 5 个变量进行分类，并利用 cluster 进行系统聚类树的划分。

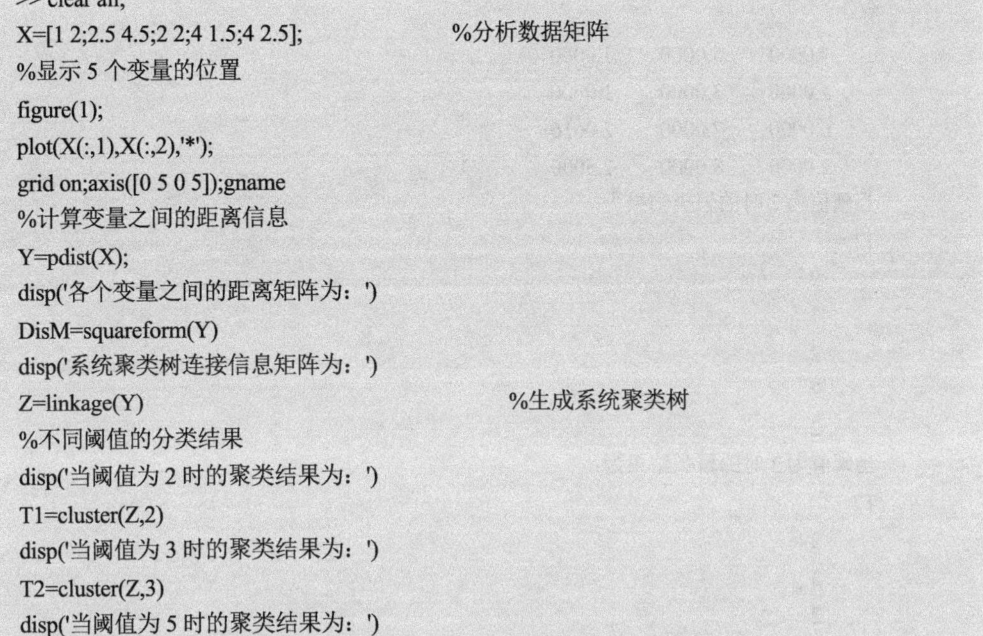

```
>> clear all;
X=[1 2;2.5 4.5;2 2;4 1.5;4 2.5];                %分析数据矩阵
%显示 5 个变量的位置
figure(1);
plot(X(:,1),X(:,2),'*');
grid on;axis([0 5 0 5]);gname
%计算变量之间的距离信息
Y=pdist(X);
disp('各个变量之间的距离矩阵为：')
DisM=squareform(Y)
disp('系统聚类树连接信息矩阵为：')
Z=linkage(Y)                                     %生成系统聚类树
%不同阈值的分类结果
disp('当阈值为 2 时的聚类结果为：')
T1=cluster(Z,2)
disp('当阈值为 3 时的聚类结果为：')
T2=cluster(Z,3)
disp('当阈值为 5 时的聚类结果为：')
T3=cluster(Z,5)
```

运行程序，输出如下，效果如图 2-3 所示。

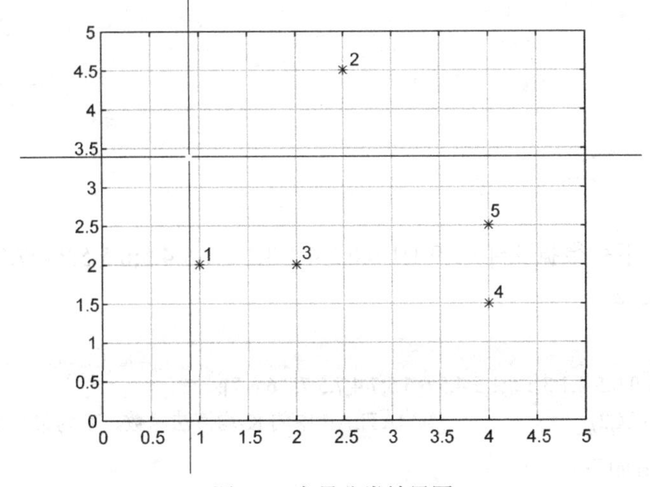


图 2-3　变量分类效果图

```
各个变量之间的距离矩阵为：
DisM =
         0    2.9155    1.0000    3.0414    3.0414
    2.9155         0    2.5495    3.3541    2.5000
    1.0000    2.5495         0    2.0616    2.0616
    3.0414    3.3541    2.0616         0    1.0000
    3.0414    2.5000    2.0616    1.0000         0
系统聚类树连接信息矩阵为：
Z =
    4.0000    5.0000    1.0000
    1.0000    3.0000    1.0000
    6.0000    7.0000    2.0616
    2.0000    8.0000    2.5000
当阈值为 2 时的聚类结果为：
T1 =
     2
     1
     2
     2
     2
当阈值为 3 时的聚类结果为：
T2 =
     2
     3
     2
     1
     1
当阈值为 5 时的聚类结果为：
T3 =
     1
     2
     3
     4
     5
```

**【例 2-2】** 对于下列数据 $X$=[0 0;0 1;1 0;0.5 4;1 3;1 5;1.5 4.5;6.5 5;7 4;7.5 7;8 6;8 7]，用 $K$-均值法进行分类，$K$=2。

```
>> clear all;
X=[0 0;0 1;1 0;0.5 4;1 3;1 5;1.5 4.5;6.5 5;7 4;7.5 7;8 6;8 7];
[a,b]=kmeans(X,2)                    %MATLAB 中的 K-均值法函数，K 为聚类中心数
```

运行程序，输出如下：

```
a =                                          %各样本对应的类别
```

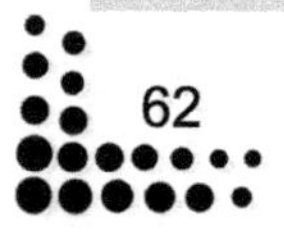

```
      2
      2
      2
      2
      2
      2
      2
      1
      1
      1
      1
      1
b =                                           %聚类中心
    7.4000    5.8000
    0.7143    2.5000
```

【例 2-3】 欲将某河流上游 8 个小分支水系分类，从这几条小河中采集水样，每个样本测两个同量纲指标（x1 为无机物指标，x2 为有机物指标），测量结果如表 2-4 所示。请对其进行系统聚类分析。

表 2-4　测试数据

| 指标 \ 河流 | 1 | 2 | 3 | 4 | 5 | 6 | 7 | 8 |
|---|---|---|---|---|---|---|---|---|
| x1 | 2 | 2 | 4 | 4 | −4 | −2 | −3 | −1 |
| x2 | 5 | 3 | 4 | 3 | 3 | 2 | 2 | −3 |

其 MATLAB 代码如下。

```
>> clear all;
x=[2 2 4 4 -4 -2 -3 -1;5 3 4 3 3 2 2 -3];
y=pdist(x')
z=linkage(y,'single')                  %创建系统聚类树，方法为最短距离法或其他方法
h=dendrogram(z)                        %输出冰柱图
```

运行程序，输出如下，效果如图 2-4 所示。

```
y =
  2.0000  2.2361  2.8284  6.3246  5.0000  5.8310  8.5440  2.2361  2.0000
  6.0000  4.1231  5.0990  6.7082  1.0000  8.0623  6.3246  7.2801  8.6023
  8.0000  6.0828  7.0711  7.8102  2.2361  1.4142  6.7082  1.0000  5.0990
  5.3852
z =
    6.0000    7.0000    1.0000
    3.0000    4.0000    1.0000
```

```
5.0000     9.0000     1.4142
1.0000     2.0000     2.0000
10.0000    12.0000    2.0000
11.0000    13.0000    4.1231
8.0000     14.0000    5.0990
```

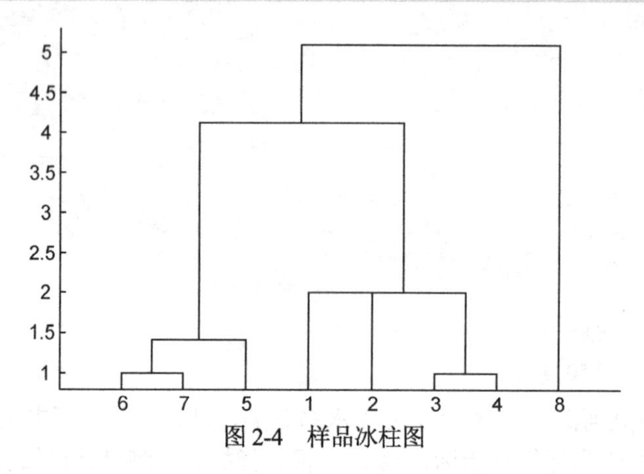


图 2-4 样品冰柱图

【例 2-4】 利用 fcm 函数对创建的数据实现 *C* 均值聚类，并绘制其散点图。

```
>> clear all;
data = rand(100, 2);
[center,U,obj_fcn] = fcm(data, 2);
plot(data(:,1), data(:,2),'o');
maxU = max(U);
index1 = find(U(1,:) == maxU);
index2 = find(U(2, :) == maxU);
line(data(index1,1),data(index1, 2),'linestyle','none',...
    'marker','*','color','g');
line(data(index2,1),data(index2, 2),'linestyle','none',...
    'marker', '*','color','r');
```

运行程序，输出如下，效果如图 2-5 所示。

```
Iteration count = 1, obj. fcn = 10.229060
Iteration count = 2, obj. fcn = 8.364969
Iteration count = 3, obj. fcn = 8.189241
Iteration count = 4, obj. fcn = 7.725280
Iteration count = 5, obj. fcn = 7.167966
Iteration count = 6, obj. fcn = 6.939779
Iteration count = 7, obj. fcn = 6.894384
Iteration count = 8, obj. fcn = 6.882471
Iteration count = 9, obj. fcn = 6.877170
Iteration count = 10, obj. fcn = 6.874398
Iteration count = 11, obj. fcn = 6.872905
```

```
Iteration count = 12, obj. fcn = 6.872096
Iteration count = 13, obj. fcn = 6.871658
Iteration count = 14, obj. fcn = 6.871420
Iteration count = 15, obj. fcn = 6.871291
Iteration count = 16, obj. fcn = 6.871221
Iteration count = 17, obj. fcn = 6.871183
Iteration count = 18, obj. fcn = 6.871162
Iteration count = 19, obj. fcn = 6.871151
Iteration count = 20, obj. fcn = 6.871145
```

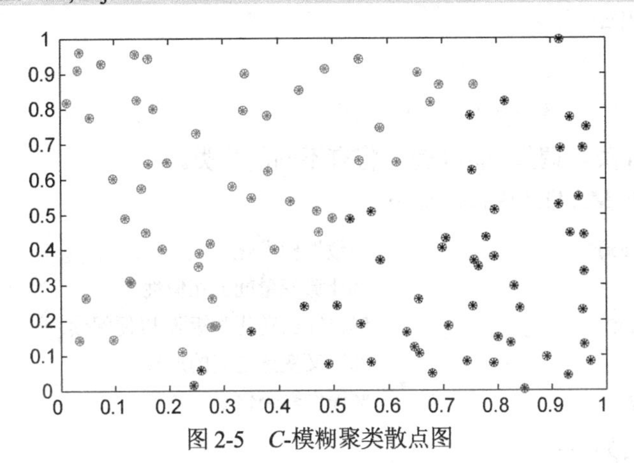


图 2-5　C-模糊聚类散点图

【例 2-5】 用正辛醇-水分配系数 $K_{ow}$ 、沸点 BP、摩尔体积 MV 和分子连接性指数 $x$ 四个参数描述氯苯、1,4-二氯苯、五氯苯、六氯苯、4-氯硝基苯、硝基苯 6 个化合物，试根据表 2-5 中的数据对这六个化合物进行分类。

**表 2-5　化合物性质**

| 化合物编号 | 化合物名称 | $\lg K_{ow}$ | BP | MV | $x$ |
|---|---|---|---|---|---|
| 1 | 氯苯 | 3.02 | 131.5 | 101.8 | 2.18 |
| 2 | 1,4-二氯苯 | 3.44 | 173.8 | 118.0 | 2.69 |
| 3 | 五氯苯 | 5.12 | 277.0 | 136.0 | 4.25 |
| 4 | 六氯苯 | 5.41 | 321.0 | 138.0 | 4.78 |
| 5 | 4-氯硝基苯 | 2.58 | 242.0 | 103.0 | 2.63 |
| 6 | 硝基苯 | 1.87 | 210.8 | 102.0 | 2.11 |

MATLAB 提供了两种方法进行聚类分析。

一种方法是一次聚类，利用函数可以对样本数据进行一次聚类，但选择面比较窄，不能更改距离的计算方法。

另一种方法是分布聚类，可以使用以下步骤进行分布聚类。

① 找到数据集合中变量两两之间的相似性和非相似性，用 pdist 函数计算变量之间的距离。

② 用 linkage 函数定义变量之间的连续性。

③ 用 cophenetic 函数评价聚类信息。

④ 用 cluster 函数创建聚类。

（1）一次聚类的 MATLAB 代码如下。

```
>> x=[3.02    131.5      101.8      2.18;   3.44    173.8      118.0       2.69;   ...
5.12     277.0     136.0       4.25; 5.41          321.0       138.0       4.78;   2.58...
242.0         103.0        2.63;   1.87    210.8       102.0        2.11];
T=clusterdata(x,0.5)'
```

运行程序，输出如下：

```
T =
      2     1     3     3     4     4
```

数据集合分为 4 类。调整 cutoff 值，将有不同的分类。

（2）分布聚类的 MATLAB 代码如下。

```
>> xx=zscore(x);                          %数据标准化
y=pdist(xx);                              %计算变量间的相似性
squareform(y);                            %将输出转化为矩阵,以便阅读
z=linkage(y);                             %定义变量之间的连接
c=cophenet(z,y)'                          %评价聚类信息
```

运行程序，输出如下：

```
c =
   0.9355
```

连接变量生成聚类树后，可以通过下列方法进行修改或了解更多的信息。

① 修改聚类树：衡量聚类信息的有效性时可用 cophenet 函数计算相关性，该值越接近于 1，表示聚类效果越好。

```
>> c=cophenet(z,y)
c =
   0.9355
```

将函数中距离计算方法分别指定为“Mahal”、“sEuclid”和“Cityblock”，重新计算 pdist 函数后，再用 cophenet 计算 $c$ 值分别等于 0.5957、0.9355 和 0.9394，即用“Cityblock”计算距离效果较好。

② 了解与聚类连接更多信息：数据集合中聚类的方法之一是比较聚类树中每一个连接的长度与相邻次一级连接的长度，如果二者相近，则表示此水平上变量之间是相似的，这些连接被认为表示此水平上变量之间是相似的，这些连接被认为具有较高水平的连续性，反之，则称为不连接性的。

```
>> dendrogram(z);                    %生成聚类树（图 2-6）
```

聚类树中每一个连接的相对连续性可用 inconsistent 函数生成的不连接性系数来定量表示。该函数比较某连接的长度与相邻连接长度的均值。若该变量与周围变量连续，则不连续

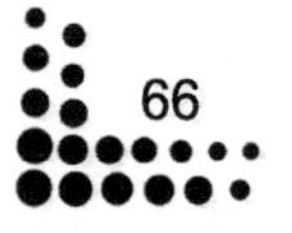

性系数较低，反之则较高。

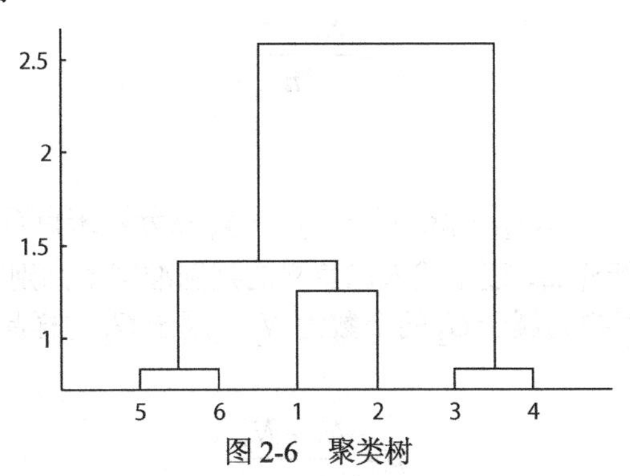


图 2-6　聚类树

```
>> I=inconsistent(z)
I =
     0.8206          0     1.0000          0
     0.8270          0     1.0000          0
     1.2539          0     1.0000          0
     1.1617     0.3056     3.0000     0.8144
     1.6076     0.8954     3.0000     1.0917
```

矩阵中，第一列为所有连接长度的均值；第二列为所有连接长度的标准偏差；第三列为计算所包含的连接数；第四列为不连续性系数。该输出信息可以与 linkage 函数的输出对照阅读。

```
>> cluster(z,0.8)'     %创建分类，以距离不超过 2 的不连续性系数为临界点
ans =
     3     3     2     2     1     1
```

从聚类树中可以清晰地了解聚类过程。比较起来，化合物 3 和 4 的性质与其他化合物相差较大。这样看来苯环的氢全部或几乎全被氯取代对化合物的影响是非常显著的。

## 2.5　距离判别分析

距离判别分析是多元统计分析中常用的判别法之一，其广泛应用于各个领域。

### 1．距离判别分析的概述

设有两个总体（或称两类）$G_1$、$G_2$，今任取一个样品，实测指标值为 $\boldsymbol{x}=(x_1,x_2,\cdots,x_p)^{\mathrm{T}}$，问 $\boldsymbol{x}$ 应判归为哪一类？

距离判别分析的准则如下：若 $d(\boldsymbol{x},G_1)<d(\boldsymbol{x},G_2)$，则 $\boldsymbol{x}\in G_1$；若 $d(\boldsymbol{x},G_1)>d(\boldsymbol{x},G_2)$，则 $\boldsymbol{x}\in G_2$。

判别分析的误差通常用回代误判率和交叉误判率进行估计。若属于 $G_1$ 的样品被误判为属于 $G_2$ 的个数为 $N_1$ 个，属于 $G_2$ 的样品被误判为属于 $G_1$ 的个数为 $N_2$ 个，两类总体的样品总数

为$n$，则误判率为

$$p=\frac{N_1+N_2}{n}$$

1）回代误判率

设$G_1$、$G_2$为两个总体，$x_1,x_2,\cdots,x_m$和$y_1,y_2,\cdots,y_n$是分别来自$G_1$、$G_2$的训练样本，以全体训练样本作为$m+n$个新样品，逐个代入已建立的判别准则中判别其归属，这个过程称为回判。若属于$G_1$的样品被误判为属于$G_2$的个数为$N_1$，属于$G_2$的样品被误判为属于$G_1$的个数为$N_2$，则误判率估计为

$$\hat{p}=\frac{N_1+N_2}{m+n}$$

2）交叉误判率估计

交叉误判率估计是每次剔除一个样品，利用其余的$m+n-1$个训练样本建立判别准则，再用所建立的准则对删除的样品进行判别。对训练样本中每个样品都做如上分析，以其误判的比例作为误判率。

具体步骤如下。

（1）从总体为$G_1$的训练样本开始，剔除其中一个样品，剩余的$m-1$个样品与$G_2$中的全部样品建立判别函数。

（2）用建立的判别函数对剔除的样品进行判别。

（3）重复步骤（1）和步骤（2），直到$G_1$中的全部样品依次被删除，再进行判别，其误判的样品个数记为$m_{12}$。

（4）对$G_2$的样品重复步骤（1）、步骤（2）和步骤（3）直到$G_2$中的全部样品依次被删除，再进行判别，其误判的样品个数记为$n_{21}$。

于是交叉误判率估计为

$$\hat{p}=\frac{m_{12}+n_{21}}{m+n}$$

### 2．距离判别分析的实现

MATLAB 中提供了 classify 函数，用于实现距离判别分析。

该函数用于对未知类别的样品进行判别，可以进行距离判别和先验分布为正态分布的贝叶斯判别。其调用格式如下。

class = classify(sample,training,group)：将 sample 中的每一个观测归入 training 中观测所在的某个组。输入参数 sample 为待判别的样本数据矩阵，training 为用于构造判别函数的训练样本矩阵，它们的每一行对应一个观测，每一列对应一个变量，sample 和 training 具有相同的列数。参数 group 是与 training 相应的分组变量，group 和 training 具有相同的行数，group 中的每一个元素指定了 training 中相应观测所在的组。group 可以为一个分类变量（Categorical Variable，即用水平表示分组）、数值向量、字符串数组或字符串元胞数组。输出参数 class 为一个行向量，用来指定 sample 中各观测所在的组，class 与 group 具有相同的数据类型。

classify 函数把 group 中的 NaN 或空字符作为缺失数据，从而忽略 training 中相应的观测。

class = classify(sample,training,group,'type')：允许用户通过 type 参数指定判别函数的类型，type 的可能取值如下。

① type='linear'：线性判别函数（默认情况）。假定 $G_i \sim N_p(\mu_i,\Sigma), i=1,2,\cdots,k$，即各组的先验分布均为协方差矩阵相同的 $p$ 元正元态分布，此时由样本得出协方差矩阵的联合估计 $\hat{\Sigma}$。

② type='diaglinear'：与'linear'类似，此时用一个对角矩阵作为协方差矩阵的估计。

③ type='quadratic'：二次判别函数。假定各组的先验分布均为 $p$ 元正态分布，但是协方差矩阵并不完全相同，此时分别得出各个协方差矩阵的估计 $\hat{\Sigma}_i, i=1,2,\cdots,k$。

④ type='diagquadratic'：与'quadratic'类似，此时用对角矩阵作为各个协方差矩阵的估计。

⑤ type='mahalanobis'：各组的协方差矩阵不全相等且未知时的距离判别，此时分别得出各组的协方差矩阵的估计。

**注意**：当 type 参数取前 4 种取值时，classify 函数可用来做贝叶斯判别，此时可以通过第 3 种调用格式中的 prior 参数给定先验概率；当 type 参数取值为'mahalanobis'时，classify 函数用做距离判别，此时先验概率只用来计算误判概率。

class = classify(sample,training,group,'type',prior)：允许用户通过 prior 参数指定各组的先验概率，默认情况下，各组先验概率相等。prior 可以是以下三种类型的数据。

① 一个元素全为正数的数值向量，向量的长度等于 group 中所包含的组的个数，即 group 中去掉多余的重复行后剩余的行数。prior 中元素的顺序应与 group 中各组出现的顺序相一致。prior 中各元素除以其所有元素之和即为各组的先验概率。

② 一个 1×1 的结构体变量，包括两个字段，即 prob 和 group，其中 prob 为元素全为正数的数值向量，group 为分组变量（不含重复行，即不含多余的分组信息），prob 用来指定 group 中各组的先验概率，prob 中各元素除以其所有元素之和即为各组的先验概率。

③ 字符串'empirical'：根据 training 和 group 计算各组出现的频率，作为各组先验概率的估计。

[class,err] = classify(...)：返回基于 training 数据的误判概率的估计值 err。

[class,err,POSTERIOR] = classify(...)：返回后验概率估计值矩阵 POSTERIOR，POSTERIOR 的第 $i$ 行第 $j$ 列元素为第 $i$ 个观测属于第 $j$ 个组的后验概率的估计值。当输入参数 type 的值为'mahalanobis'时，calssify 函数不计算后验概率，即返回的 POSTERIOR 为[]。

[class,err,POSTERIOR,logp] = classify(...)：返回输入参数 sample 中各观测的无条件概率密度的对数估计值向量 logp。当输入参数 type 的值为'mahalanobis'时，classify 函数不计算 logp，即返回的 logp 为[]。

[class,err,POSTERIOR,logp,coeff] = classify(...)：返回一个包含组与组之间边界信息（即边界方程的系数）的结构体数组 coeff。coeff 的第 $i$ 行第 $j$ 列元素为一个结构体变量，包含了第 $i$ 组和第 $j$ 组之间的边界信息。

**【例 2-6】** 以 $\lg(1/EC_{50})$作为活性高低的界限，测定了 29 个含硫芳香族化合物对发光菌的毒性数据。分别计算了这些化合物的 $\lg K_{ow}$、Hammett 电荷效应常数 $\sigma$，并测定了水解速度常数 $k$（表 2-6），试根据活性类别（两类）及变量 $\lg K_{ow}$、$\sigma$ 和 $\lg k$ 所取的数据，对三个未知活性同系物的活性进行判别。

表 2-6　29 个化合物的结构参数与判别分析结果

| 化合物编号与类别 | | $\lg(1/EC_{50})$ | $\sigma$ | $\lg K_{ow}$ | $\lg k$ |
|---|---|---|---|---|---|
| 1 | 第 I 类（低活性） | 0.93 | 1.28 | 2.30 | 1.76 |
| 2 | | 10.2 | 0.81 | 3.61 | 2.43 |
| 3 | | 1.03 | 0.81 | 3.81 | 2.31 |
| 4 | | 1.12 | 1.51 | 3.01 | 1.98 |
| 5 | | 1.13 | 1.04 | 4.32 | 2.20 |
| 6 | | 1.18 | 1.28 | 0.98 | 1.30 |
| 7 | | 1.32 | 1.28 | 2.30 | 2.05 |
| 8 | | 1.37 | 1.23 | 0.98 | 1.09 |
| 9 | | 1.41 | 1.04 | 4.32 | 2.12 |
| 10 | | 1.43 | 1.51 | 1.89 | 1.17 |
| 11 | | 1.45 | 0.81 | 2.29 | 1.48 |
| 12 | | 1.51 | 1.04 | 3.00 | 1.40 |
| 13 | | 1.51 | 1.48 | 0.95 | 0.57 |
| 14 | 第 II 类（高活性） | 1.66 | 1.48 | 2.27 | 1.25 |
| 15 | | 1.67 | 1.71 | 0.66 | 0.59 |
| 16 | | 1.71 | 1.48 | 0.95 | 0.49 |
| 17 | | 1.72 | 1.48 | 2.27 | 1.22 |
| 18 | | 1.70 | 1.04 | 3.00 | 1.29 |
| 19 | | 1.87 | 1.71 | 3.00 | 1.10 |
| 20 | | 1.93 | 1.51 | 3.01 | 1.73 |
| 21 | | 2.19 | 2.06 | 2.04 | 1.76 |
| 22 | | 2.20 | 1.51 | 1.69 | 1.02 |
| 23 | | 2.21 | 1.59 | 2.03 | 1.23 |
| 24 | | 2.22 | 2.26 | 2.01 | 0.61 |
| 25 | | 2.56 | 1.71 | 0.66 | 0.57 |
| 26 | | 2.65 | 2.06 | 0.58 | 1.17 |
| 27 | 未知 | 1.33 | 0.81 | 2.29 | 1.71 |
| 28 | | 1.72 | 1.59 | 3.35 | 1.46 |
| 29 | | 1.55 | 1.71 | 3.00 | 1.17 |

其 MATLAB 程序代码如下：

```
>>clear all;
load mydata                              %保存以上数据为 mydata.mat 文件
training=[x1 x2 x3 x4]
group=[1 1 1 1 1 1 1 1 1 1 1 1 1 2 2 2 2 2 2 2 2 2 2 2 2 2]';
sample=[1.33 0.81 2.29 1.71;1.72 1.59 3.35 1.46;1.55 1.71 3.00 1.17];
class=classify(sample,training,group)'
```

运行程序，输出如下：

```
class =
  1  2  2
```

即三种未知化合物的活性类型分别属于低、高、高，与实际结果完全一样。

## 2.6 贝叶斯判别

Fisher 判别（又称贝叶斯判别）的基本思想是投影，将 $k$ 组 $p$ 维数组投影到某个方向，使得它们的投影在组与组之间尽可能分开。衡量投影后 $k$ 组数据的区分度，用到一个元方差分析的思想。

设有 $k$ 个 $p$ 维总体 $G_1,G_2,\cdots,G_k$，取自总体 $G_i$ 的样本记为 $x_{i1},x_{i2},\cdots,x_{in_i}\,(i=1,2,\cdots,k)$，则样本观测数据矩阵及样本均值为

$$\begin{cases} G_1: x_{11},x_{12},\cdots,x_{1n_1}, & \overline{x}_1=\dfrac{1}{n_1}\sum_{j=1}^{n_1}x_{x_{1j}} \\ G_2: x_{21},x_{22},\cdots,x_{2n_2}, & \overline{x}_2=\dfrac{1}{n_2}\sum_{j=1}^{n_2}x_{x_{2j}} \\ \qquad\vdots & \\ G_k: x_{k1},x_{k2},\cdots,x_{kn_k}, & \overline{x}_k=\dfrac{1}{n_k}\sum_{j=1}^{n_k}x_{x_{kj}} \end{cases}$$

其中，$n=\sum_{i=1}^{k}n_i$，$\overline{x}=\dfrac{1}{n_2}\sum_{i=1}^{k}\sum_{j=1}^{k}x_{ij}$。

选择投影方向 $a=(a_1,a_2,\cdots,a_p)'$，将 $x_{ij}$ 在方向 $a$ 上进行投影，得到 $y_{ij}=a'x_{ij}(i=1,2,\cdots,k;j=1,2,\cdots,n_i)$，从而可得样本投影数据矩阵为

$$\begin{cases} G_1': y_{11},y_{12},\cdots,y_{1n_1}, & \overline{y}_1=\dfrac{1}{n_1}\sum_{j=1}^{n_1}y_{1j} \\ G_2': y_{21},y_{22},\cdots,y_{2n_2}, & \overline{y}_2=\dfrac{1}{n_2}\sum_{j=1}^{n_2}y_{2j} \\ \qquad\vdots & \\ G_k': y_{k1},y_{k2},\cdots,y_{kn_k}, & \overline{y}_k=\dfrac{1}{n_k}\sum_{j=1}^{n_k}y_{kj} \end{cases}$$

式中，$y_{ij}=a'x_{ij}$，$\overline{y}_i=a'\,\overline{x}_i$，$\overline{y}=\dfrac{1}{n}\sum_{i=1}^{k}\sum_{j=1}^{n_i}y_{ij}=a'\,\overline{x}$。

记 $y_{ij}(i=1,2,\cdots,k;j=1,2,\cdots,n_i)$ 的组间离差平方和及组内离差平方和分别为

$$SS_G=\sum_{i=1}^{k}n_i(\overline{y}_i-\overline{y})^2=\sum_{i=1}^{k}n_i(a'\,\overline{x}_i-a'\,\overline{x})^2=a'Ba$$

$$SS_E=\sum_{i=1}^{k}\sum_{j=1}^{n_i}(y_{ij}-\overline{y}_i)^2=\sum_{i=1}^{k}\sum_{j=1}^{n_i}(a'x_{ij}-a'\overline{x}_i)^2=a'Ea$$

其中，

$$B=\sum_{i=1}^{k}n_i(\overline{x}_i-\overline{x})(\overline{x}_i-\overline{x})'$$

$$E=\sum_{i=1}^{k}\sum_{j=1}^{n_i}(x_{ij}-\overline{x}_i)(x_{ij}-\overline{x}_i)'$$

令

$$F=\frac{SS_G/(k-1)}{SS_E/(n-k)}=\frac{a'Ba/(k-1)}{a'Ea/(n-k)}$$

$$\Delta(a)=\frac{a'Ba}{a'Ea}$$

如果投影后的$k$组数据有显著差异，则$F$或$\Delta(a)$应充分大，因此求$\Delta(a)$的最大值点，即可得到一个投影方向$a$。显然$a$并不唯一，因为如果$a$使得$\Delta(a)$达到最大，则对于任意不为0的实数$c$，$ca$也使得$\Delta(a)$达到最大，故一般约束$a$为单位向量。

由矩阵知识可知，$\Delta(a)$的最大值是$E^{-1}B$的最大特征值，设$E^{-1}B$的全部非0特征值从大到小依次为

$$\lambda_1\geqslant\lambda_2\geqslant\cdots\geqslant\lambda_s,\quad s\leqslant\min(k-1,p)$$

相应的单位特征向量依次记为$t_1,t_2,\cdots,t_s$，则有

$$\Delta(t_i)=\frac{t_i'Bt_i}{t_i'Et_i}=\frac{t_i'(\lambda_i Et_i)}{t_i'Et_i}=\lambda_i;\quad i=1,2,\cdots,s$$

所以，将原始的$k$组样本观测数据在$t_1$方向上进行投影，能使各组的投影点最大限度地分开，称$y_1=t_1'x$为第一判别式，第一判别式的判别效率（或判别能力）为$\lambda_1$，它对区分各组的贡献率为$\dfrac{\lambda_1}{\sum_{j=1}^{s}\lambda_j}$。

通常情况下，仅用第一判别式可能不足以将$k$组数据区分开来，此时可考虑建立第二判别式$y_2=t_2'x$，第三判别式$y_3=t_3'x$，等等。一般的，称$y_i=t_i'x(i=1,2,\cdots,s)$为第$i$判别式（或典型变量），它的判别效率为$\lambda_i$，它对区分各组的贡献率为$\dfrac{\lambda_i}{\sum_{j=1}^{s}\lambda_j}(i=1,2,\cdots,s)$。

前$r(r\leqslant s)$个判别式的累积贡献率为$\dfrac{\sum_{j=1}^{r}\lambda_j}{\sum_{j=1}^{s}\lambda_j}$，如果此累积贡献率已达到一个较高的水平（如85%以上），则只需用前$r$个判别式进行判别即可，下面介绍相应的判别规则。

**【例 2-7】**（Fisher 两类判别法应用示例）已知样本数据如表 2-7 所示。

表 2-7 Fisher 的样本数据

| 类别 | 样本 | 成分 | | | |
|---|---|---|---|---|---|
| | | x1 | x2 | x3 | x4 |
| 第 I 类 | 1 | 13.5 | 2.79 | 7.8 | 49.6 |
| | 2 | 22.31 | 4.67 | 12.31 | 47.8 |
| | 3 | 28.82 | 4.63 | 16.18 | 62.15 |
| | 4 | 15.29 | 3.45 | 7.58 | 43.2 |
| | 5 | 28.29 | 4.90 | 16.12 | 58.7 |
| 第 II 类 | 1 | 2.18 | 1.06 | 1.22 | 20.6 |
| | 2 | 3.85 | 0.80 | 4.06 | 47.1 |
| | 3 | 11.4 | 0 | 3.50 | 0 |
| | 4 | 3.66 | 2.42 | 2.14 | 15.1 |
| | 5 | 12.10 | 0 | 5.68 | 0 |

用 Fisher 判别法判别样本 x0=[7.90 2.40 4.30 33.2]和 x1=[12.40 5.10 4.48 24.6]分别属于哪一类。

其 MATLAB 程序代码如下。

```
>> clear all;
XA=[13.5    2.79    7.8   49.6;22.31  4.67  12.31 47.8;28.82 4.63  16.18 62.15;...
    15.29   3.45    7.58  43.2;28.29  4.90  16.12       58.7];
XB=[2.18    1.06    1.22  20.6;3.85   0.80  4.06  47.1;11.4  0     3.50  0;...
    3.66  2.42  2.14  15.1;12.10     0    5.68  0];
x0=[7.90  2.40  4.30  33.2];
x1=[12.40  5.10  4.48  24.6];
k=Fisherbanbie(XA,XB,x0)
%样品属于第二类
k =
     2
>> k=Fisherbanbie(XA,XB,x1)
%样品属于第一类
k =
     1
```

所以 x0 属于第二类，而 x1 属于第一类。

在以上程序代码中，调用自定义编写的 Fisherbanbie.m 函数，用于实现 Fisher 判别，函数的源代码如下。

```
function kiX = Fisherbanbie(XA,XB,SaX)
%XA 为第一类的样本矩阵
%XB 为第二类的样本矩阵
```

```
%SaX 为需要分类的样本
%kiX 为样本的类别
format long;
sz1 = size(XA);
sz2 = size(XB);
M = sz1(1);                                    %样本个数
N = sz2(1);
n = sz1(2);
meanXA = mean(XA);
meanXB = mean(XB);
sx = zeros(n,n);
Y = zeros(N,n);
for i=1:n
    for j=1:n
        sx(i,j) = dot(XA(:,i)-meanXA(i)*zeros(M,1),XA(:,j)-meanXA(j)*zeros(M,1))+ ...
              dot(XB(:,i)-meanXB(i)*zeros(N,1),XB(:,j)-meanXB(j)*zeros(N,1));
    end
end
d = transpose(meanXA - meanXB);
c = sx\d;
YA = dot(c,meanXA);
YB = dot(c,meanXB);
Yc =(M*YA + N*YB)/(M+N);
Y0 = dot(c,SaX);
if YA > YB
    if Y0 > Yc
        kiX = 1;
        disp('样品属于第一类');
    else
        if Y0 == Yc
            kiX = 0 ;
            disp('没法判断');
        else
            kiX = 2;
            disp('样品属于第二类');
        end
    end
else
    if YA < YB
        if Y0 > Yc
            kiX = 2;
            disp('样品属于第二类');
```

```
            else
                if Y0 == Yc
                    kiX = 0 ;
                     disp('没法判断');
                else
                    kiX = 1;
                    disp('样品属于第一类');
                end
            end
        else
            disp('没法判断');
        end
    end
```

## 2.7　智能计算

智能计算只是一种经验化的计算机思考性程序，是人工智能化体系的一个分支，其是辅助人类处理各式问题的具有独立思考能力的系统。

### 1．智能计算的其他定义

智能计算也称为计算智能，包括遗传算法、模拟退火算法、禁忌搜索算法、进化算法、启发式算法、蚁群优化算法、人工鱼群算法，粒子群算法、混合智能算法、免疫算法、人工智能、神经网络、机器学习、生物计算、DNA 计算、量子计算、智能计算与优化、模糊逻辑、模式识别、知识发现、数据挖掘等。

### 2．智能计算的过程

要实现人工智能必须经过四个过程——采集、识别、思考、控制，而这分别由四种相关的智能化系统控制。智能采集是对现实或虚拟的事物信息或状况进行采集，智能识别是对所采集的信息进行数据化，而思考便是智能计算，智能计算最终的结果是要实现对事物的虚拟或真实控制。现在的采集主要运用了物联网技术，以及图像采集、声波采集技术等。而识别技术较为复杂，一般程序员会给系统建立一个虚拟世界概念，然后对每一个事物进行标记化，然后通过采集到的数据对事物进行一个位置或状况的确认，这就是一个常用的虚拟世界构建方法。

### 3．智能计算的发展

系统的智能性不断增强，由计算机自动和委托完成任务的复杂性在不断增加。智能计算已经完全投入到我们的工业生产与生活之中。中国国内智能计算比较突出的有智能家居的海信、大型企业商业计算的 IBM、中国水工智能计算与中小型企业风险计算的航宣企划、家电智能化的美的、施工设备智能化的三一重工等。

## 2.8 基于群体智能优化的聚类分析

群体智能算法的仿生计算一般由初始化种群、个体更新和群体更新三个过程组成。下面分别介绍这三个过程的仿生计算机制。

### 1. 初始化种群

在任何一种群体智能算法中，都包含种群的初始化。种群的初始化是假设每个样品已经被随机分到某个类中，产生若干个个体，人为地认为这些群体中的每一个个体为所求问题的解。因此，一般需要对所求问题的解空间进行编码操作，将具体的实际问题以某种解的形式给出，便于对问题的描述和求解。初始化种群的产生一般有两种方式：一种是完全随机产生，另一种是结合先验知识产生初始种群。在没有任何先验知识的情况下往往采用第一种方式，而第二种方式可以使算法较快地收敛到最优解。种群的初始化主要包括问题解形式的确定、算法参数的选取、评估函数的确定等。

#### 1）问题解形式的确定

对于任何一类优化问题，在应用群体智能算法求解之前都需要对问题的解空间进行编码操作，将具体问题以一定的形式给出。不同的群体智能算法所对应的问题解的形式有所不同，在传统的进行计算的算法中，问题的解通常以染色体的形式给出；粒子群算法中问题的解用粒子所经历的位置来表示；而在蜂群算法中，往往是通过蜜源来代表所求优化问题的可行解。各种解形式的编码方式一般有二进制编码、十进制制编码、浮点数编码等，根据具体问题选择合适的编码方式可以加快算法的收敛速度。

#### 2）算法参数的选取

合理选取算法的参数对于算法的求解有着重要的作用，好的参数值能够提高算法的准确性。在群体智能算法中，有关算法参数的选取，最为关键的是种群的规模和算法终止条件中关于最大迭代次数的确定。种群的规模也需要根据具体问题来确定。规模过大，将会增加算法的时间复杂度，降低了算法的效率；规模过小，又不容易使算法找到最优解，很容易使算法出现“早熟”现象。对于算法的最大迭代次数，需要根据多次实验来逐步确定，合理的选取最大迭代次数才可使算法收敛到全局最优解，并且提高执行效率。

不同的群体智能算法对应不同的控制参数。在传统进化计算算法中主要的控制参数还有交叉概率和变异概率。交叉概率用来控制两个个体之间信息的交互能力，变异概率用来控制产生新个体的参数，两种操作都增加了解的多样性。在传统遗传算法中，适应度值高的个体在一代中被选择的几率高；相应的浓度高、适应度值低的个体在一代中被选择的几率低。其相应的浓度低，没有自我调节功能。而在免疫遗传算法中，除了抗体的适应度之外，还引入了免疫平衡算子，参与到抗体的选择中。免疫平衡算子对浓度高的抗体进行抑制，反之，浓度较低的抗体进行促进。根据抗体的适应度和浓度确定选择概率，它们的比例系数决定了适应度与浓度的作用大小。

粒子群算法中的主要参数为惯性权重和速度调节参数。惯性权重使得粒子保持运动惯性，

速度调节参数表示粒子向自身最优和全局最优位置的加速项权重。在蚁群优化算法中，以前蚂蚁所留下的信息将会逐渐消失，比较重要的参数有信息素挥发系数，它直接影响算法的全局搜索能力及收敛速度。

猫群算法中的主要参数有分组率、记忆池大小、个体上每个基因的改变范围，自然界中的猫总是非常懒散，经常花费大量的时间处在一种休息、张望的状态，称之为搜寻模式；一旦发现目标便进行跟踪，并且能够迅速地捕获到猎物，称之为跟踪模式，分组率控制了真实世界中猫的行为模式。在蜂群算法中，为了保证蜜源的质量，将对蜜源的开采次数进行限制，开采次数过少不利于进行深入的局部搜索，开采次数过多容易造成蜜源枯竭，不利于跳出局部最优解。混合蛙跳算法采用模因分组算法模拟青蛙的聚群行为，模因组参数控制青蛙群体分成若干个小群体的数量。人工鱼群算法中的参数包含：尝试次数、感知范围、步长、拥挤度因子、人工鱼群数目等。细菌觅食算法中，趋化、繁殖、迁徙三种算子决定了算法的性能，相比其他算法，细菌觅食算子次数、迁徙算子次数、迁徙概率，以及细菌觅食算法的优化能力和收敛速度与这些参数值的选择紧密相关。

在群体智能算法中，这些参数的选取都是在算法开始执行之前设定的，对于算法的性能和效率有很大的影响，如果参数选取不当，会使得算法的适应性变差甚至影响算法的整体性能。例如，变异概率如果取值太小就没有个体的更新机会，不容易产生新解，如果取值太大，容易造成个体发散。实践证明没有绝对的最优参数，针对不同的问题只有通过反复试验，才能选取较合适的参数，获得更好的收敛性能。

3）评估函数的确定

在所有的群体智能算法中，对于所求得的问题的解，都需要进行评价，可以帮助群体在迭代过程中选择出优良个体并且及早剔除较差个体，搜索出问题的最优解。在群体智能算法中，一般用适应度来评价个体（即问题的解）的好坏。对于适应度函数的确定，需要根据不同的问题进行设定。例如，在解决函数优化问题中，一般将目标函数直接作为适应度函数，通过求得它的值作为个体评价的标准。

合理的选取评估函数对于算法的求解有着重要的作用，好的评估函数不但提高了评价的准确性，而且会降低算法的时间复杂度，提高算法的执行效率。

### 2. 个体更新

个体的更新是群体智能算法中的关键一步，是群体质量提高的驱动力。在自然界中，个体的能力非常有限，行为也比较简单，但是，当多个简单的个体合成一个群体后，将会有非常强大的功能，能够完成许多复杂的工作。如蚁群能够完成筑巢、觅食工作，蜂群能高效完成采蜜、喂养、保卫工作，鱼群能够快速地寻找食物、躲避攻击等工作。

群体智能算法中，采用简单的编码技术来表示一个个体所具有的复杂结构，在寻优搜索过程中，对一群用编码表示的个体进行简单的操作，在此将这些操作称为“算子”。个体的更新依靠这些算子实现，不同的群体智能算法仿生构造了不同的算子。如进化算法中的交叉算子依靠这些算子实现，不同的群体智能算法仿生构造了不同的算子。如进化算法中的交叉算子（Crossover）、重组算子（Recombination），或者变异算子（Mutation）而繁殖出子代（OffSprings）、选择算子（Selection）；蚁群优化算法的蚂蚁移动算子、信息素更新算子。

个体更新的方式主要有两种：一种是依靠自身的能力在解空间中寻找新的解；另一种是受到其他解（或当前群体中的最优解或邻域最优解）的影响更新自身。

1）依靠自身的能力进行局部搜寻

这类算法主要有传统进化计算算法、Memetic 算法、猫群算法中的搜寻模式、蜂群算法中跟随蜂和侦查蜂的位置更新、细菌觅食算法、人工鱼群算法等。对于不同的算法，依靠自身的能力进行更新的方式又有所不同，下面介绍相关算法中个体更新的机制。

在传统的进化计算算法中，个体的位置更新主要有交叉、变异操作，交叉是模仿生物界的繁殖过程，对于完成选择操作的配对染色体以一定的概率通过某种方式进行互换部分基因，变异则是以一定的概率改变具体的基因来产生新的个体。

Memetic 算法的个体更新方式与传统进化计算算法稍有不同，即在完成遗传操作后，需要对群体中的所有个体进行局部搜索，使得解的质量进一步提高。局部搜索策略有很多，如爬山法、模拟退火法、禁忌搜索算法等，具体问题应该选取合适的搜索策略以提高自身解的质量。

在猫群算法中当猫处于搜寻模式时，是通过自身位置进行复制的。对于复制出来的每一个副本，进行类似于进化计算算法的变异操作，之后进行适应度计算，选取最好的解来代替当前解。

蜂群算法中跟随蜂的位置更新是在引领蜂位置基础上加一个随机扰动实现的，而当蜜源枯竭时，即当前位置附近没有比引领蜂所在的蜜源更好时，引领蜂更换角色，变为侦查蜂，侦查蜂随机地在解空间中产生一个新的解。

细菌觅食算法中，迁徙算子满足迁徙概率的细菌执行迁徙操作，在整个解空间中随机地产生一个新解。

在人工鱼群算法中，在每条鱼尝试聚群算子和追尾算子后，如果其适应度没有得到改善，则执行觅食算子，然而在尝试一定次数的觅食算子后，其适应度还是没有得到改善，此时人工鱼将在解空间中随机游到一个新的位置，并作为一个新解。

我们看到如果仅仅是在原有解的基础上进行变异操作或加上一个随机扰动或做搜索操作，则属于在原有解的附近做局部寻优，这种方式带来的个体位置更新范围不大；如果直接将任意一个解赋给该个体，则具有较强的随机性，一定程度上增加了对于解空间的搜索范围，有利于求得全局最优解，但这也往往造成了一种盲目搜索。因此，在实际的问题求解中，我们要权衡两者的矛盾，以便更好地搜寻到全局最优解。

2）受到其他解的影响来更新自身

这类算法主要有免疫算法、猫群算法中的跟踪模式、粒子群算法、混合蛙跳算法、蚁群优化算法、蜂群算法中引领蜂的更新。

免疫算法中，个体的更新过程通过把上一代个体的优秀基因作为疫苗直接注射到下一代个体的相应基因位上，以此方式更新自身，使得下一代的个体优于上一代，不断地提高解的质量。

在猫群算法中，当猫处于跟踪模式时，其位置更新并不是无目的的随机搜索，而是朝着最优解的方向不断逼近，通过猫记忆的当前群体中的全局最优解来更新自身，提高了算法的搜索能力。

粒子群算法中，个体的更新方式分为全局模式和局部模式，在全局模式中，粒子追随自身极值和全局极值，使得粒子向着最优解的方向前进，具有较快的收敛速度，但其鲁棒性较差；而在局部模式中粒子只受自身极值和邻近粒子的影响，它具有较高的鲁棒性而收敛速度相对较慢。

在混合蛙跳算法中，利用子群中处于最优位置的青蛙和处于全局最优位置的青蛙来更新蛙群中最优青蛙的位置，最差青蛙通过与两者的交互使得自身位置不断更新，向着最优解靠拢。

在蚁群优化算法中，蚂蚁在觅食的过程中会根据先前蚂蚁在所行路径上留下的一种叫做“信息素”的东西来指引自己的路径，信息素越多表明该路径越好，使得后来的蚂蚁以较大的位置实现自身更新。

通过与群体中其他个体的交流，使得自身的位置不断地得到更新，这种方式具有向优秀个体学习的机制，加快了算法的收敛速度和效率。

**3．群体更新**

在基于群体概念的仿生智能算法中，群体更新是种群中个体更新的宏观表现，它对于算法的搜索和收敛性能具有重要作用。在不同的仿生群体智能优化算法中，存在着不同的群体更新方式。

*1）个体更新实现群体更新*

这种群体的更新主要依靠个体更新来实现。在仿生群体智能优化算法中，群体是由多个个体构成的，这些个体作为算法实现搜索的载体，代表了搜索问题的解空间，个体通过相同或不同的更新方式改变自身的位置，使个体以圈套的概率得到改善。

而纵观不同的进化时代，群体更新代表了群体的流动方向。这种更新方式大多采用贪婪选择机制，即比较个体更新前后的评估值，保留较优的个体，使个体自身不断优化，趋向最优解，从而使群体的质量得到改善。

*2）子群更新实现群体更新*

有仿生群体智能优化算法中，有些算法将整个群体划分成多个子群，不同子群进行独立搜索，有些算法的每个子群运行相同的搜索模式，并实行子群间的协同合作与信息交互。例如，在混合蛙跳算法中，算法将群体分成若干小群，在每一次迭代过程中，每个子群作为一个独立的进化单元，运行相同的搜索模式，子群在执行完一定次数的进化后，子群间的青蛙发生跳跃，子群体混合成新的群体，实现了种群整体进化。

有些算法的每个子群执行不同的搜索模式。例如，在猫群算法中，根据一定比例将整个猫群分为搜寻模式与跟踪模式两个子群，在每一次迭代过程中猫的行为模式都会进行重新随机分配，不同子群运行不同的行为模式，在一定程度上提高了算法的全局搜索能力，使得整个群体解的质量不断提高。

在蜂群算法中，其群体的划分主要是根据蜜蜂工作职能的不同来区分的。在蜂群算法中，蜜蜂主要分为引领蜂、跟随蜂和侦查蜂，三种蜜蜂的位置更新方式不同。引领蜂是通过跟踪蜂搜索到的最优位置进行更新的，而跟随蜂是在跟随的引领蜂位置附近进行搜索实现的，侦查蜂则在解空间中随机移动。这充分结合了全局搜索与局部搜索的特点与优点，并通过种子群功能的划分提高了算法的寻优性能。

这种划分子群的机制很大程度上提高了解的搜索范围，增加了解的多样性，虽然其如何更新较为复杂，但对于求解一些复杂的优化问题具有很好的效果。

3）选择机制实现群体更新

在前面介绍的两类算法中，个体更新后一般能以圈套概率取得更为优秀的新个体，而群体的更新主要通过选择算子来实现，如果一味地选择适应度较高的个体，易造成种群内部多样性枯竭，使算法出现早熟，搜索陷入局部最优。这是种群内部个体多样性缺失的表现，需要其他方式来弥补这一缺点。由于即便是较差个体也保存着一些优秀基因，为避免产生退化现象，有必要让一些较差个体保留下来。

在进化计算体系中，个体更新后允许较差个体的出现，以此来扩充种群多样性，同时保证种群进化的整体方向。例如，在遗传算法中，父代个体通过交叉、变异等遗传算子产生子代个体，但是由于交叉、变换算子一般属于随机搜索，不能保证子代个体的质量，不可避免地会产生退化现象。遗传算法采用轮盘赌方式选择算子依据个体的适应度进行择优保留，并且以概率方式选择个体，而不是确定性的选择。这使得算法一方面保证了群体向更优的方向进化，向最优解逼近，从而实现如何优化更新；另一方面保证了基因库的多样性，为搜索出更优秀的个体提供了条件。

群体智能算法是一种概率搜索算法，与传统的优化方法有很大的不同，群体智能算法在进行问题求解时，其最大特点是不依赖于问题本身的严格数学性质，它不要求所研究的问题是连续的、可导的，不需要建立关于问题本身的精确数学描述模型，不依赖于知识表示，一般不需要关于命题的先验知识的启动，而是在信号或数据层直接对输入信息进行处理，属于求解那些难以有效建立形式化模型，使用传统方法难以解决或根本不能解决的问题。

与传统的优化方法相比，群体智能算法具有以下优势。

1）渐进式寻优

群体智能算法从随机产生的初始可行解出发，一代一代地反复迭代计算，使新一代的结果优越于上一代，逐渐得出最优的结果，这是一个逐渐寻优的过程，但是可以很快地找出所要求的最优解。

2）体现“适者生存，劣者消亡”的自然选择规律

在搜索过程中，借助群体选择操作，或个体变化前后的比较操作，无需添加任何额外的作用，就能使群体的品质不断得到改进，具有自动适应环境的能力。

3）有指导的随机搜索

群体智能算法是一种随机概率型的搜索方法，这种随机搜索既不是盲目搜索，也不是穷举式的全面搜索，而是一种有指导的随机搜索，指导算法执行搜索的依据是适应度，也就是它的目标函数。在适应度的驱动下，利用概率来指导它的搜索方向，概率被作为一种信息来引导搜索过程朝着更优化的区域移动，使算法逐步逼近目标值。虽然表面看起来群体智能算

法是一种盲目搜索方法，但实际上有着明确的搜索方向，这种不确定性使其能有更多的机会求得全局最优解。群体智能算法充分利用个体局部信息和群体全局信息，具有协同搜索的特点，搜索能力强。

4）并行式搜索

群体智能算法具有并行性，表现在以下两个方面。一是内在并行性，即搜索过程是从一个解集合开始的，每一代运算都是针对一组个体同时进行的，不容易陷入局部最优解，使其本身适合大规模的运算，让多台计算机各自独立运行种群的进化运算，适合在目前所有的并行机或分布式系统上并行处理，且容易实现，提高了算法的搜索速度。二是内含并行性，各种群分别独立进化，不需要相互之间进行信息交换，可以同时搜索解空间的多个区域，并相互交流信息，使得算法能以较少的代价获得较大的收益。

5）黑箱式结构

群体智能算法直接表达问题的解，只研究输入与输出的关系，结构简单，并不深究造成这种关系的原因，算法根据所解决问题的特性，用字符串表达问题及选择适应度，个体的字符串表达如同输入，适应度计算如同输出，一旦完成这两项工作，其余的操作都可按固定方式进行。从某种意义上讲，群体智能算法是一种只考虑输入与输出关系的黑箱问题，因此便于处理因果关系不明确的问题。群体智能算法对初值、参数选择不敏感，鲁棒性较强。

6）全局最优解

群体智能算法由于采用群体搜索的策略，多点并行搜索，扩大了解的搜索空间，而且每次迭代模仿生物进行或觅食方式产生多种操作算子，在操作算子的作用下产生新个体，不断扩大搜索范围，具有极好的全局搜索性能。群体具有记忆个体最优解的能力，将搜索重点集中于性能高的部分，能够以很大的概率找到问题最优解。同时，算法中仅使用了问题的目标函数，对搜索空间有一定的自适应能力。因此，群体智能算法很容易搜索出全局最优解而不是局部最优解，具有较好的全局寻优能力，提高了解的质量。

7）通用性强

传统的优化算法，需要将所解决的问题用数学式子表示出来，而且要求该函数的一阶导数或二阶导数存在。采用群体智能算法，只用某种编码表达问题，然后根据适应度区分个体优劣即可，其余的操作都是统一的，由计算机自动执行。因此有人称群体智能算法是一种框架式算法，它只有一些简单原则要求，在实施过程中，无需额外的干预，算法具有较强的通用性，使其不过分依赖于问题的信息。

8）智能性

确定进化方案后，群体智能算法不需要事先描述问题的全部特征，利用得到的信息自行组织搜索，基于自然选择策略，优胜劣汰，具备根据环境的变化，自动发现环境的特征和规律的能力，可用来解决未知结构的复杂问题。也就是说，群体智能算法能适应不同的环境、不同的问题，并且在大多数情况下能得到比较有效的解。群体智能算法提供了噪声忍耐、无教师学习、自组织等进化学习机理，能够清楚地表达所学习的知识和结构，具有一些优良特性，如分布式、并行性、自学习、自组织、鲁棒性和突显性等。除此之外，群体智能算法的优点还包括过程性、不确定性、非定向性、整体优化、稳健性等多个方面。群体智能算法在寻优等方面有着收敛速度快、鲁棒性好、全局收敛、适应范围宽等特点，可以适用于多种类型的优化问题。

9）具有较强的鲁棒性

群体智能算法具有极强的容错能力，算法的初始种群可能包含与最优解相差甚远的个体，但算法能通过选择策略，剔除适应度很差的个体，使可行解不断向最优解逼近。个体之间通过非直接的交流方式进行合作，确保了系统具有更好的可扩展性和安全性；整个问题的解不会因为个体的故障受到影响，没有集中控制的约束，使得系统具有较强的鲁棒性。

10）易于与其他算法相结合

较其他优化算法，群体智能算法控制参数少，原理相对简单，完全采用分布式来控制个体与个体、个体与环境之间的信息交互，具有良好的自组织性。由于系统中单个个体的能力十分简单，只需要最小智能，这样每个个体的执行时间较短。算法对问题定义的连续性无特殊要求，实现简单，易于与其他智能计算方法相结合，可以方便地将其他方法特有的一些操作算子直接并于其中，当然，也可以很方便地与其他各算法相结合产生新的优化算法。

# 第 3 章　神经网络的算法分析

神经网络控制属于先进控制技术，是用计算机做数字控制器和（或）辨识器实现的一类算法。它是 20 世纪 80 年代以来，由于人工神经网络（Artificial Neural Networks，ANNs）研究所取得突破性进展，与控制理论相结合，而发展起来的自动控制领域的前沿学科之一。它已成为智能控制的一个新的分支，为解决复杂的非线性、不确定、不确知系统的控制问题开辟了新途径。

## 3.1　神经网络的基本概念

人工神经网络简称为神经网络或连接模型（Connection Model），它是一种模仿动物神经网络行为特征，进行分布式并行信息处理的算法数学模型。这种网络依靠系统的复杂程度，通过调整内部大量节点之间相互连接的关系，从而达到处理信息的目的。

### 3.1.1　生物神经元的结构及功能特点

人工神经网络从生物神经网络发展而来，一个神经元就是一个神经细胞，在人类大脑皮层中大约有 100 亿个神经元、60 万亿个神经突触以及它们的连接体。

**1．结构特点**

神经元是基本的信息处理单元。生物神经元主要由细胞体、树突、轴突和突触组成。

（1）细胞体：细胞体是神经元的主体，由细胞核、细胞质和细胞膜 3 部分构成。它是神经元活动的能量供应地，也是进行新陈代谢等各种生化过程的场所。

（2）树突：从细胞体向外延伸出许多突起的神经纤维，这些突起称为树突。神经元靠树突接收来自其他神经元的输入信息，相当于细胞体的输入端。

（3）轴突：由细胞体伸出的最长的一条突起称为轴突，轴突比树突长而细，用来传出细胞体产生的输出电化学信号，相当于细胞体的输出端。

（4）突触：神经元之间通过一个神经元的轴突末梢和其他神经元的细胞体或树突进行通信连接，这种连接相当于神经元之间的输入输出接口。

现代生理学研究已经证明：人类大脑的活动，不是一个生物神经元所能完成的，也不是多个生物神经功能的简单叠加，而是多单元的非线性的动态处理系统。

### 2. 功能特点

从生物控制论的观点来看，作为控制和信息处理基本单元的生物神经元，具有以下功能特点。

1）时空整合功能

生物神经元对于不同时间通过同一突触传入的信息，具有时间整合功能；对于同一时间通过不同突触传入的信息，具有空间整合功能。两种功能相互结合，使生物神经元具有时空整合的输入信息处理功能。

2）动态极化性

在每一种生物神经元中，信息都是以预知的确定方向流动的，即从生物神经元的接收信息部分（细胞体、树突）传到轴突的起始部分，再传到轴突终端的突触，最后传给另一生物神经元。尽管不同的神经元在形状及功能上有明显的不同，但大多数生物神经元是按这一方向进行信息流动的。

3）兴奋与抑制状态

生物神经元具有两种常规工作状态，即兴奋状态与抑制状态。所谓兴奋状态是指生物神经元对输入信息经整合后使细节膜电位升高，且超过了动作电位的阈值，此时产生神经冲动并由轴突输出。抑制状态是指对输入信息整合后，细胞膜电位值下降到低于动作电位的阈值，从而导致无神经冲动输出。

4）结构的可塑性

由于突触传递信息的特性是可变的，即它随着神经冲动传递方式的变化、传递作用强弱不同，形成了生物神经元之间连接的柔性，这种特性又称为生物神经元结构的可塑性。

5）脉冲与电位信号的转换

突触界面具有脉冲与电位信号的转换功能。沿轴突传递的电脉冲是等幅的、离散的脉冲信号，而细胞膜电位变化为连续的电位信号，这两种信号是在突触接口进行变换的。

6）突触时延和不变期

突触对信息的传递具有时延和不变期，在相邻的两次输入之间需要一定的时间间隔，在此期间，无激励且不传递信息，这称为不应期。

7）学习、遗忘和疲劳

由于生物神经元结构的可塑性，突触的传递作用有增强、减弱和饱和三种情况。所以，神经细胞也具有相应的学习、遗忘和疲劳效应（饱和效应）。

### 3. 研究方向

神经网络的研究内容相当广泛，反映了多学科交叉技术领域的特点。其主要的研究工作集中在以下几个方面。

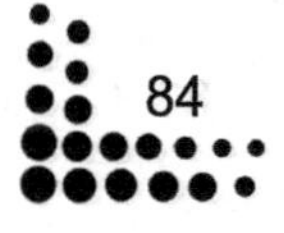

（1）生物原型研究。从生理学、心理学、解剖学、脑科学、病理学等生物科学方面研究神经细胞、神经网络、神经系统的生物原型结构及其功能机理。

（2）建立理论模型。根据生物原型的研究，建立神经元、神经网络的理论模型。其中包括概念模型、知识模型、物理化学模型、数学模型等。

（3）网络模型与算法研究。在理论模型研究的基础上构造具体的神经网络模型，以实现计算机模拟或准备制作硬件，包括网络学习算法的研究。这方面的工作也称为技术模型研究。

（4）人工神经网络应用系统。在网络模型与算法研究的基础上，利用人工神经网络组成实际的应用系统，例如，完成某种信号处理或模式识别的功能、构造专家系统、制成机器人等。

纵观当代新兴科学技术的发展历史，人类在征服宇宙空间、基本粒子、生命起源等科学技术领域的进程中历经了坎坷。我们也会看到，探索人脑功能和神经网络的研究将伴随着重重困难的克服和日新月异。

## 3.1.2 人工神经元模型

人工神经元是人工神经网络操作的基本信息处理单位。人工神经元的模型如图3-1所示，它是人工神经网络的设计基础。

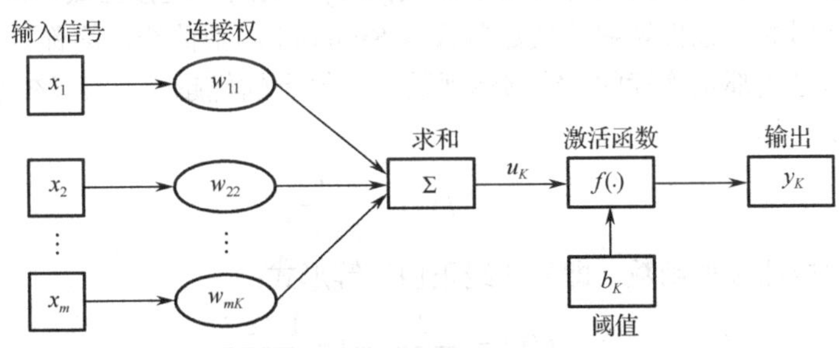


图3-1 人工神经元模型

人工神经元模型可以看做由以下3种基本元素组成。

（1）一组连接：连接强度由各连接上的值表示，权值可以取正值也可以取负值，权值为正表示激活，权值为负表示抑制。

（2）一个加法器：用于求输入信号对神经元的相应突触加权之和。

（3）一个激活函数：用来限制神经元输出振幅。激活函数也称为压制函数，因为它将输入信号压制（限制）到允许范围之内的一个定值。通常，一个神经元输出的正常幅度范围可写成单位闭区间[0, 1]，或者另一种区间[−1, +1]。

另外，可以给一个神经元模型加一个外部偏置，记为$b_K$。偏置的作用是根据其为正或为负，相应地增加或降低激活函数的网络输入。一个人工神经元k可以用以下公式表示：

$$u_k = \sum_{i=1}^{m} w_{ik} x_i \qquad (3\text{-}1)$$
$$y_k = f(u_k + b_k)$$

式中，$x_i (i=1,\cdots,m)$——输入信号；

$w_{ik} (i=1,\cdots,m)$——神经元k的突触权值（对于激发状态，$w_{ik}$取正值；对于抑制状态，$w_{ik}$ 取负值；$m$ 为输入信号数目）；

$u_k$ ——输入信号线性组合器的输出；

$b_k$ ——神经元单元的偏置（阈值）；

$f(\cdot)$ ——激活函数；

$y_k$ ——神经元输出信号。

激活函数主要有以下 3 种形式。

（1）域值函数：即阶梯函数，当函数的自变量小于 0 时，函数的输出为 0；当函数的自变量大于或等于 0 时，函数的输出为 1。用该函数可以把输入分成两类：

$$f(v)=\begin{cases}1 & v\geqslant 0\\ 0 & v<0\end{cases} \tag{3-2}$$

（2）分段线性函数：该函数在（−1，+1）线性区间内的放大系数是一致的，这种形式的激活函数可以看做非线性放大器的近似，如图 3-2（a）所示。

$$f(v)=\begin{cases}1 & v\geqslant 1\\ v & -1<v<1\\ -1 & v\leqslant -1\end{cases} \tag{3-3}$$

（3）非线性转移函数：该函数为实数域 $\boldsymbol{R}$ 到[0, 1]闭集的非连接函数，代表了状态连续型神经元模型。最常用的非线性转移函数是单极性 Sigmoid 函数曲线，简称为 S 型函数，其特点是函数本身及其导数都是连续的，能够体现数学计算上的优越性，因而在处理上十分方便。单极性 S 型函数定义如下：

$$f(v)=\frac{1}{1+\mathrm{e}^{-v}} \tag{3-4}$$

有时也采用双极性 S 型函数（即双曲线正切）等形式：

$$f(v)=\frac{2}{1+\mathrm{e}^{-v}}-1=\frac{1-\mathrm{e}^{-v}}{1+\mathrm{e}^{-v}} \tag{3-5}$$

单极 S 型函数曲线特点如图 3-2（b）所示。

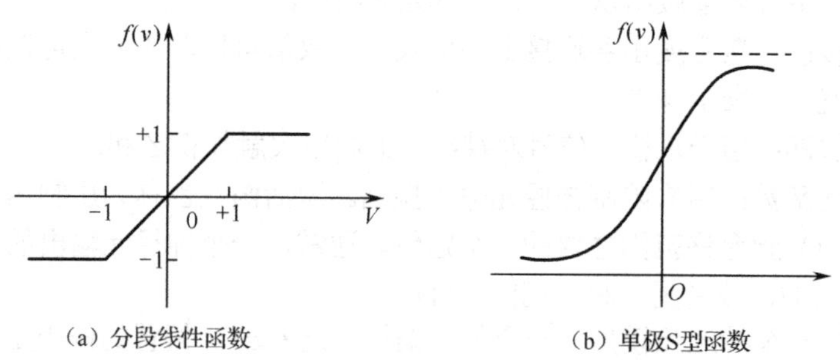


（a）分段线性函数　　（b）单极S型函数

图 3-2　激活函数

### 3.1.3　神经网络的分类

前面介绍了人工神经元模型，将大量的神经元进行连接可构成人工神经网络。下面来介

绍一下人工神经网络的分类。可以从不同的角度对人工神经网络进行分类。

（1）从网络性质角度看，人工神经网络分为连续型与离散型神经网络、确定性与随机性神经网络。

（2）从网络结构角度看，人工神经网络分为前向神经网络与反馈神经网络。

（3）从学习方式角度看，人工神经网络分为有教师学习神经网络和无教师学习神经网络。

（4）按照连续突触性质，人工神经网络分为一阶线性关联神经网络和高阶非线性关联神经网络。

根据神经网络结构和学习算法，人工神经网络又可以分为以下几类。

### 1．单层前向神经网络

所谓单层前向网络是指拥有的计算节点（神经元）是“单层”的，如图 3-3 所示。此处表示源节点个数的“输入层”看做一层神经元，因为该“输入层”不具有执行计算的功能。单层感知器和自适应线性元件均属于单层前向网络。

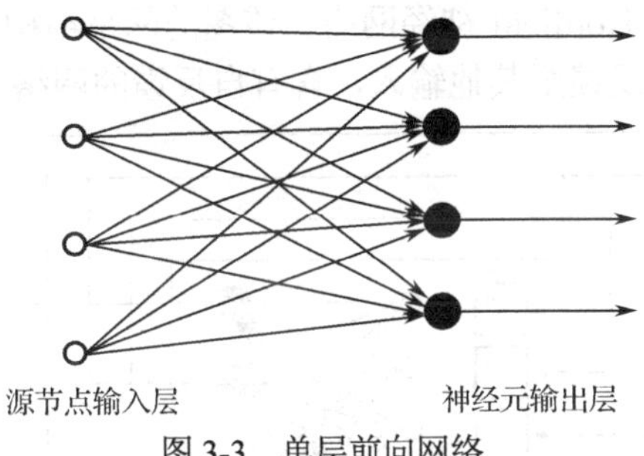


图 3-3　单层前向网络

### 2．多层前向神经网络

多层前向神经网络与单层前向神经网络的区别在于：多层前向神经网络含有一个或者更多的隐含层，其中计算节点被相应地称之为隐含层神经元或隐含单元，如图 3-4 所示。

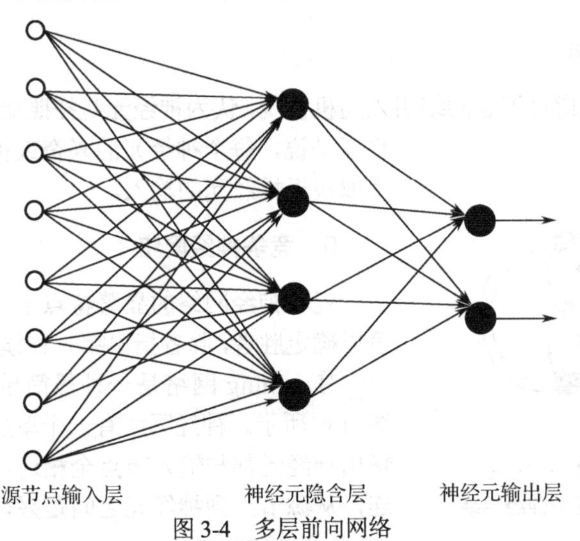


图 3-4　多层前向网络

图 3-4 所示的多层前向网络由含有 8 个神经元的输入层、含有 4 个神经元的隐含层和含有 2 个神经元的输出层组成。

网络输入层中的每个源节点的激励模式（输入向量）单元组成了应用于第二层（如第一隐含层）中神经元（计算节点）的输入信号，第二层输出信号成为第三层的输入，其余层类似。网络每一层的神经元只含有作为它们输入前一层的输出信号，网络输入层（终止层）神经元的输出信号组成了对网络中输入层（起始层）源节点产生的激励模式的全部响应，即信号从输入层输入，经隐含层传给输出层，由输出层得到输出信号。

通过加入一个或更多的隐含层，使网络能提取出更高序的统计，尤其是当输入层规模庞大时，隐神经元提高高序统计数据的能力便显得格外重要。

### 3. 反馈神经网络

反馈神经网络是指在网络中至少含有一个反馈回路的神经网络。反馈神经网络可以包含一个单层神经元，其中每个神经元将自身的输出信号反馈给其他所有神经的输入，如图 3-5 所示，图 3-5 中的网络即为 Hopfield 神经网络，该图的网络结构中没有自反馈回路。自反馈回路是指一个神经元的输出反馈至其他输入，含有自反馈的网络也属于反馈神经网络。

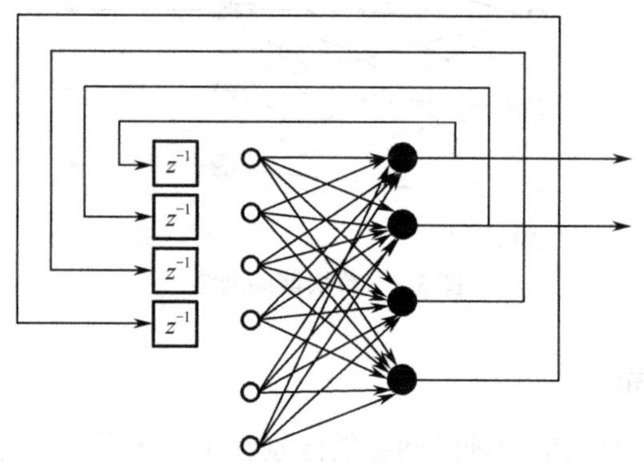


图 3-5　含有隐含层的反馈网络

### 4. 随机神经网络

随机神经网络是指对神经网络引入随机机制，认为神经元是按照概率的原理进行工作的，也就是说，每个神经元的兴奋或抑制具有随机性，其概率取决于神经元的输入。

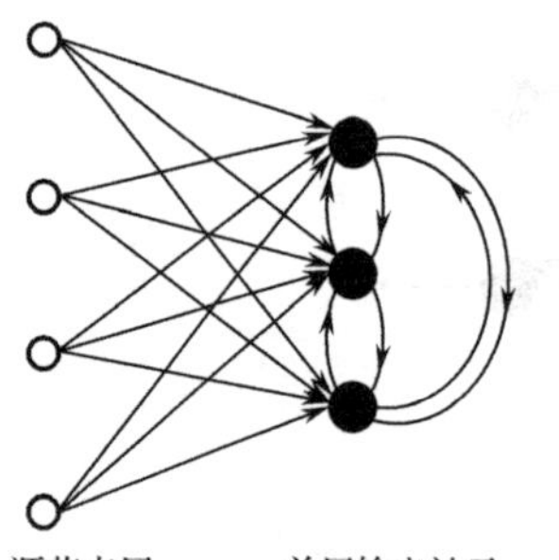


图 3-6　最简单的竞争神经网络

### 5. 竞争神经网络

竞争神经网络的显著特点是它的输出神经元相互竞争以确定胜者，胜者指出哪一种模式最能代表输入模式。

Hamming 网络是一种最简单的竞争神经网络，如图 3-6 所示。神经网络有一个单层的输出神经元，每个输出神经元都与输入节点全相连，输出神经元之间全互连，从源节点到神经元之间是兴奋性连续，输出神经元之间横向侧抑制。

## 3.1.4 神经网络的学习

### 1. 学习方式

神经网络的学习也称为训练，指的是神经网络在受到外部环境的刺激下调整神经网络的参数，使神经网络以一种新的方式对外部环境做出反应的一个过程。

能够从环境中学习和在学习中提高自身性能是神经网络最有意义的性质，神经网络经过反复学习来达到对环境的了解。

根据学习环境不同，神经网络的学习方式可分为监督学习和非监督学习。在监督学习中，将训练样本的数据加到网络输入端，同时将相应的期望输出与网络输出做比较，得到误差信号，以此控制权值连接强度的调整，经多次训练后收敛到一个确定的权值。当样本情况发生变化时，经学习可以修改权值以适应新的环境。使用监督学习的神经网络模型有反传网络、感知器等。非监督学习时，事先不给定标准样本，直接将网络置于环境之中，学习阶段与工作阶段成为一体。此时，学习规律的变化服从连接权值的演变方程。非监督学习最简单的例子是 Hebb 学习规则。竞争学习规则是一个更复杂的非监督学习的例子，它是根据已建立的聚类进行权值调整的。自组织映射、适应谐振理论网络等都是与竞争学习有关的典型模型。

### 2. 学习算法

学习算法是指针对学习问题的明确规则，学习类型是由参数变化发生的形式决定的，不同的学习算法对神经元的权值调整的表达式是不同的。没有一种独特的学习算法适用于设计的所有神经网络。选择或设计学习算法时还需要考虑神经网络的结构及神经网络与外界环境相连接的形式。

#### 1）Hebb 学习规则

它是 D. O. Hebb 根据生物学中条件反射的机理，于 1949 年提出的神经元连接强度变化的规则，属于无导师学习。其内容如下：如果两个神经元同时兴奋，则它们之间的突触连接加强。如果神经元 $i$ 是神经元 $j$ 的上层节点，用 $v_i$、$v_j$ 表示神经元 $i$ 和 $j$ 的激活值（输出），$w_{ij}$ 表示两个神经元之间的连接权，则 Hebb 学习规则可以表示为

$$\Delta w_{ij} = \eta v_i v_j \tag{3-6}$$

式中，$\eta$ 表示学习速率。

Hebb 学习规则是人工神经网络学习的基本规则，几乎所有神经网络的学习规则都可以看做 Hebb 学习规则的变形。

#### 2）$\delta$ 的学习规则（误差校正学习算法）

误差校正学习算法的适用面比较宽，它可用于非线性神经元的学习过程，且学习样本的数量没有限制，甚至于它还容忍训练样本中的矛盾之处，这也是神经网络容错性能的表现方式之一，误差校正学习根据神经网络的输出误差对神经元的连接强度进行修正，属于有导师学习。设 $(X^k, D^k)$，$k=1,2,\cdots,n$ 为输入输出样本数据对，其中，$X^k=(x_1,x_2,\cdots,x_n)^{\mathrm{T}}$，

$D^k=(d_1,d_2,\cdots,d_p)^{\mathrm{T}}$。把 $X^k$ 作为网络的输入，在连接权的作用下，可得到网络的实际输出 $Y^k=(y_1,y_2,\cdots,y_p)^{\mathrm{T}}$。设神经元 $i$ 到 $j$ 的连接权为 $w_{ij}$，则权的调整量为

$$\Delta w_{ij}=\eta\delta_j v_i$$

$$\mathrm{e}=\frac{1}{2}\sum_{0=1}^{q}(d_{\mathrm{o}}(k)-y_{\mathrm{o}}(k))^2$$

式中，$\eta$ ——学习速率；

$\delta_j$ ——误差函数对神经元 $j$ 输入的偏导数；

$v_i$ ——第 $i$ 个神经元的输出。

3）随机学习算法

上面谈到的误差学习算法通常采用梯度下降法，存在局部最小问题。随机学习算法通过引入不稳定因子来处理这种情况。如果把神经网络的当前状态看做一个小球，增加不稳定因子，即对小球加一个冲量，则小球会越过峰值点，而达到全局最小点，即神经网络最终收敛于全局最小点。一般而言，不稳定因子是从大到小逐渐变化的，只要其变化足够慢，学习时间足够长，总存在一种状态使得神经网络可从局部最小跳出，而无法从全局最小跳出，从而使神经网络收敛于全部最小点。比较著名的随机学习算法有模拟退化算法和遗传算法。

4）竞争学习算法

有导师的学习算法不能充分反映出人脑神经系统的高级智能学习过程，人脑神经系统在学习过程中各个细胞始终存在竞争。竞争学习网络由一组性能基本相同，只是参数有所不同的神经元构成。对于一个输入模式内各子模式的作用，每个神经元通过互相竞争来做出不同的反应，每个神经元的激活范围遵循某种特定的限制。

竞争学习的基本思想：竞争获胜的神经元权值修正，获胜神经元的输入状态为 1 时，相应的权值增加，状态为 0 时权值减小。学习过程中，权值越来越接近于相应的输入状态。竞争学习属于无导师算法。Kohomen 提出的自组织特征映射（Self-Organization Map，SOM）网络及自适应共振理论（Adaptive Resonance Theory，ART）网络均采用了这种算法。

## 3.2 感知器神经网络

人的视觉是重要的感觉器官，据报道，人通过视觉接收的信息占所接收全部信息量的 80%～85%。

感知器（Perceptron）是模拟人的视觉来接收环境信息，并由神经冲动进行信息传递的神经网络。感知器分为单层与多层，是具有学习能力的神经网络。

### 3.2.1 单层感知器

单层感知器分为单层单神经元感知器、单层多神经元感知器。

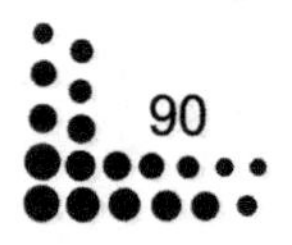

单层感知器由一个线性组合器和一个二值阈值元件组成。输入向量的各个分量先与权值相乘，然后在线性组合器中进行叠加，得到的结果是一个标量。线性组合器的输出是二值阈值元件的输入，得到的线性组合结果经过一个二值阈值元件由隐含层传送到输出层。实际上这一步执行了一个符号函数。二值阈值元件通常是一个上升的函数，典型功能是将非负的输入值映射为1，负的输入值映射为-1或0。

考虑一个两类模式分类问题：输入是一个$N$维向量$\boldsymbol{x}=[x_1,x_2,\cdots,x_N]$，其中的每一个分量都对应于一个权值$\omega_i$，隐含层的输出叠加为一个标量值：

$$v=\sum_{i=1}^{N}\boldsymbol{x}_i\omega_i$$

随后在二值阈值元件中对得到的$v$值进行判断，产生二值输出：

$$y=\begin{cases}1, & v\geqslant 0\\ 0, & v<0\end{cases}$$

单层感知器可以将输入数据分为两类：$l_1$或$l_2$。当$y=1$时，认为输入$\boldsymbol{x}=[x_1,x_2,\cdots,x_N]$属于$l_1$类；当$y=-1$时，认为输入$\boldsymbol{x}=[x_1,x_2,\cdots,x_N]$属于$l_2$类。在实际应用中，除了输入的$N$维向量外，还有一个外部偏置，值恒为1，权值为$b$，结构图如图3-7所示。

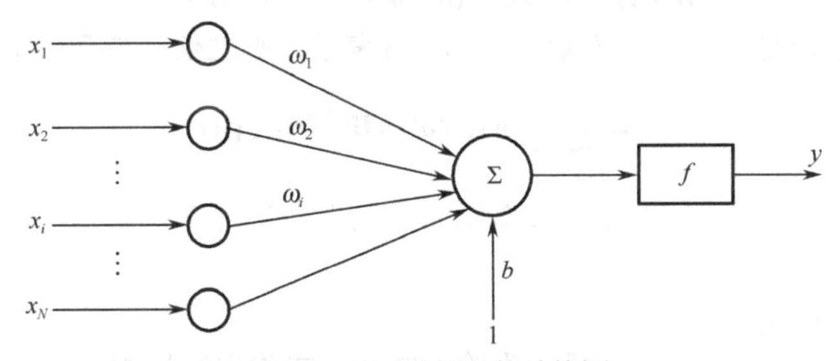


图3-7 单层感知器的结构图

单层感知器进行模式识别的超平面由下式决定：

$$\sum_{i=1}^{N}\omega_i x_i+b=0 \tag{3-7}$$

当维数$N=2$时，输入向量可表示为平面直角坐标系中的一个点。此时分类超平面是一条直线：

$$\omega_1 x_1+\omega_2 x_2+b=0$$

假设有三个点，分为两类，第一类包括点（3,0）和（4,−1），第二类包括点（0,2.5）。选择权值为$\omega_1$=2，$\omega_2$=−3，$b$=1，平面上坐标点的分类情况如图3-8所示。

二维空间中的超平面是一条直线。在直线下方的点，输出$v$>0，因此$y$=1，属于$l_1$类；在直线上方的点，输出$v$<0，因此$y$=−1，属于$l_2$类。

## 3.2.2 单层感知器的算法

单层感知器对权值向量的学习算法基于迭代的思想，通常采用纠错学习规则的学习算法。

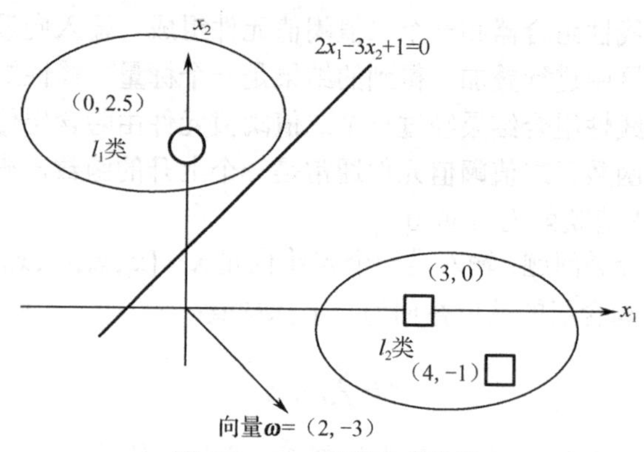


图 3-8　N=2 时的二分类图

为方便起见，将偏差$b$作为神经元突触权值向量的第一个分量加到权值向量中，那么对应的输入向量也应增加一项，可设输入向量的第一个分量固定为+1，这样输入向量和权值向量可分别写成如下形式：

$$\boldsymbol{X}(n)=[+1,x_1(n),x_2(n),\cdots,x_m(n)]^{\mathrm{T}}$$
$$\boldsymbol{W}(n)=[b(n),w_1(n),w_2(n),\cdots,w_m(n)]^{\mathrm{T}}$$

其中，变量$n$表示迭代次数，$b(n)$可用$w_0(n)$表示，则二值阈值元件的输入可重新写为

$$v=\sum_{j=0}^{m}w_j(n)x_j(n)=\boldsymbol{W}^{\mathrm{T}}(n)\boldsymbol{X}(n)$$

令上式等于零，即$\boldsymbol{W}^{\mathrm{T}}\boldsymbol{X}=0$，可得在$m$维信号空间的单层感知器的判决超平面。

学习算法步骤如下。

（1）设置变量和参量。

$\boldsymbol{X}(n)=[+1,x_1(n),x_2(n),\cdots,x_m(n)]^{\mathrm{T}}$，为输入向量，或称训练样本。

$\boldsymbol{W}(n)=[b(n),w_1(n),w_2(n),\cdots,w_m(n)]^{\mathrm{T}}$，为权值向量。

$b(n)$为偏差。

$y(n)$为实际输出。

$d(n)$为期望输出。

$\eta$为学习速率。

$n$为迭代次数。

（2）初始化，赋给$w_j(0)$一个较小的随机非零值，$n=0$。

（3）对于一组输入样本$\boldsymbol{X}(n)=[+1,x_1(n),x_2(n),\cdots,x_m(n)]^{\mathrm{T}}$，指定它的期望输出$d$（亦称之为导师信号）。若$\boldsymbol{X}\in l_1$，则$d$=1；$\boldsymbol{X}\in l_2$，则$d=-1$。

（4）计算实际输出：

$$y(n)=\mathrm{Sgn}(\boldsymbol{W}^{\mathrm{T}}(n)\boldsymbol{X}(n))$$

（5）调整感知器的权值向量：

$$\boldsymbol{W}(n+1)=\boldsymbol{W}(n)+\eta[d(n)-y(n)]\boldsymbol{X}(n)$$

（6）判断是否满足条件：若满足，则算法结束；若不满足，则将$n$值增加 1，转到步骤（3）重新执行。

**注意**：以上学习算法的步骤（6）需要判断是否满足条件，这里的条件可以是误差小于设定的值$\varepsilon$，即$|d(n)-y(n)|<\varepsilon$；或者权值的变化已很小，即$|w(n+1)-w(n)|<\varepsilon$。另外，在实现过程中还应设定最大的迭代次数，以防止算法不收敛时，程序进入死循环。

在感知器学习算法中，重要的是引入了一个量化的期望输出$d(n)$，其定义为

$$d(n)=\begin{cases}+1 & \text{如果}\boldsymbol{X}(n)\text{属于}l_1\\ -1 & \text{如果}\boldsymbol{X}(n)\text{属于}l_2\end{cases}$$

这样就可以采用纠错学习规则对权值向量进行逐步修正了。

## 3.2.3 感知器的实现

在 MATLAB 中，提供了相关函数来实现感知器神经网络的创建、训练、学习、仿真、传输、初始化等功能，下面直接通过例子来演示这些函数的用法。

**【例 3-1】**（判断气体污染物的分类）上海某工厂利用空气检测仪来检测该厂区附近的大气质量，从中取 8 份样品进行分析，检测结果如表 3-1 所示。现取两份该区的气体样品，根据数据的分析试判断这两份气体样品的污染情况。

**表 3-1 大气样品数据**

| 气 体 | 氯 | 硫 化 氢 | 二 氧 化 硫 | 碳 4 化合物 | 环 已 烷 | 污 染 分 类 |
|---|---|---|---|---|---|---|
| 1 | 0.056 | 0.084 | 0.031 | 0.038 | 0.022 | 1 |
| 2 | 0.040 | 0.055 | 0.100 | 0.110 | 0.073 | 1 |
| 3 | 0.030 | 0.090 | 0.068 | 0.180 | 0.039 | 1 |
| 4 | 0.069 | 0.084 | 0.027 | 0.050 | 0.089 | 1 |
| 5 | 0.084 | 0.066 | 0.029 | 0.032 | 0.041 | 2 |
| 6 | 0.064 | 0.072 | 0.020 | 0.250 | 0.038 | 2 |
| 7 | 0.038 | 0.130 | 0.079 | 0.170 | 0.043 | 2 |
| 8 | 0.048 | 0.089 | 0.062 | 0.260 | 0.036 | 2 |
| 样品 1 | 0.052 | 0.084 | 0.021 | 0.370 | 0.22 | |
| 样品 2 | 0.074 | 0.083 | 0.105 | 0.190 | 1.000 | |

其 MATLAB 代码如下。

```
>> clear all;
%设置输入向量每个元素的值，因为有 8 个输入，所以其为 8×2 的矩阵向量
pr=[0 0.5;0 0.5;0 0.5;0 0.5;0 0.5];
%训练感知器神经网络
%定义 8×5 的训练样本集输入向量
p=[0.056 0.040 0.030 0.069 0.084 0.064 0.038 0.048;...
    0.084 0.055 0.090 0.084 0.066 0.072 0.130 0.089;...
    0.031 0.100 0.068 0.027 0.029 0.020 0.079 0.062;...
```

```
    0.038 0.110 0.180 0.050 0.032 0.250 0.170 0.260;...
    0.022 0.073 0.039 0.089 0.041 0.038 0.043 0.036];
%创建 5 个输入神经元的感知器
net=newp(pr,1);
%定义 1×8 的目标向量
t=[0 0 0 0 1 1 1 1];                    %污染等级 1 设为 0，等级 2 设为 1
net=init(net);                          %利用网络初始化复原网络权值与阈值
net.trainParam.show=10;
net.trainParam.lr=0.01;
net.trainParam.epochs=500;              %设置训练次数
net.trainParam.goal=1e-5;
[net,tr]=train(net,p,t);                %训练
%输入未知样品向量
p1=[0.052 0.074;0.084 0.083;0.021 0.105;0.370 0.190; 0.22 1.000];
t1=net(p1)
```

运行程序，输出如下，得到的训练过程如图 3-9 所示。

```
t1 =
    1    1
```

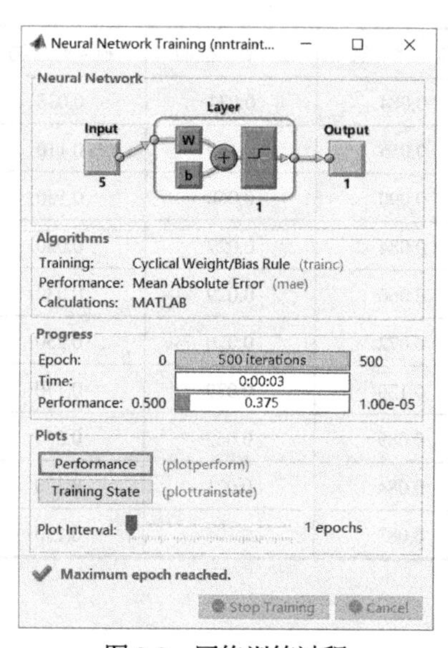


图 3-9　网络训练过程

上面的结果表明，两个气体样品的污染等级分类都为 1，完全符合实际。

**【例 3-2】** 设计一个感知器神经网络，完成下列分类，已知：

$$p_1=\begin{bmatrix}0.5\\-1\end{bmatrix},t_1=0;\quad p_2=\begin{bmatrix}1\\0.5\end{bmatrix},t_2=1;\quad p_3=\begin{bmatrix}-1\\0.5\end{bmatrix},t_3=1;\quad p_4=\begin{bmatrix}-1\\-1\end{bmatrix},t_4=0$$

**解析**：输入向量有 2 个元素，取值为[-1,1]；输出向量有 1 个元素，是一个二值元素，取值为 0 或 1。由此可以确定单层感知器神经网络的结构：1 个输入向量，包括 2 个元素、1 个

神经元，神经元的传输函数为 hardlim。

其 MATLAB 代码如下。

```
>> clear all;
%初始化感知器网络
pr=[-1 1; -1 1];                        %设置感知器网络输入向量每个元素的值域
net=newp(pr,1);                         %定义感知器网络
%训练感知器网络
p=[0.5 -1;1 0.5;-1 0.5;-1 -1]';         %输入向量（训练样本值）
t=[0 1 1 0];                            %目标向量
[net,tr]=train(net,p,t);                %训练感知器网络
%网络仿真
a=sim(net,p)                            %仿真结果
%绘制网络的分类结果及分类线
v=[-2 2 -2 2];                          %设置坐标的范围
plotpv(p,a,v);                          %绘制分类结果
plotpc(net.iw{1},net.b{1});             %绘制分类线
```

运行程序，输出如下，得到的分类效果如图 3-10 所示。

```
a =
     0     1     1     0
```

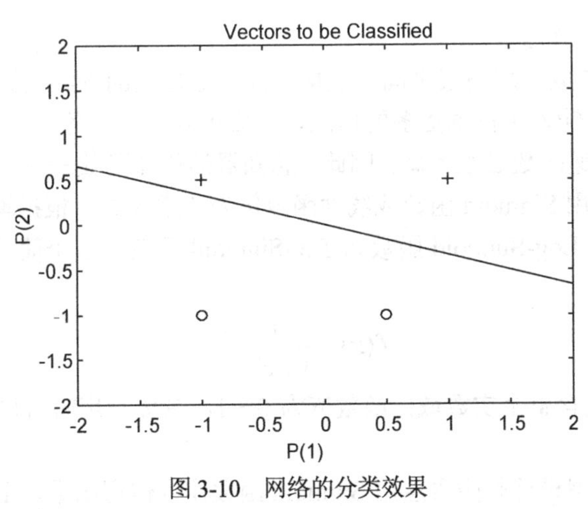


图 3-10　网络的分类效果

## 3.3 BP 神经网络

BP 神经网络是一种按误差逆传播算法训练的多层前馈网络，是目前应用最广泛的神经网络模型之一。BP 网络能学习和存储大量的输入输出模式映射关系，而无需事前揭示描述这种映射关系的数学方程。它的学习规则是使用梯度下降法，通过反向传播来不断调整网络的权值和阈值，使网络的误差平方和最小。BP 神经网络模型拓扑结构包括输入层（Input）、隐层

（Hidden Layer）和输出层（Output Layer）。

## 3.3.1 BP 神经网络的结构

BP 神经网络一般是多层的，与之相关的另一个概念是多层感知器（Multi-Layer Perceptron，MLP）。多层感知器除了输入层和输出层以外，还具有若干个隐含层。多层感知器强调神经网络在结构上由多层组成，BP 神经网络则强调网络采用误差反向传播的学习算法。大部分情况下，多层感知器采用误差反向传播的算法进行权值调整，因此两者一般指的是同一种网络。

BP 神经网络的隐层可以为一层或多层，一个包含 2 层隐含层的 BP 神经网络的拓扑结构如图 3-11 所示。

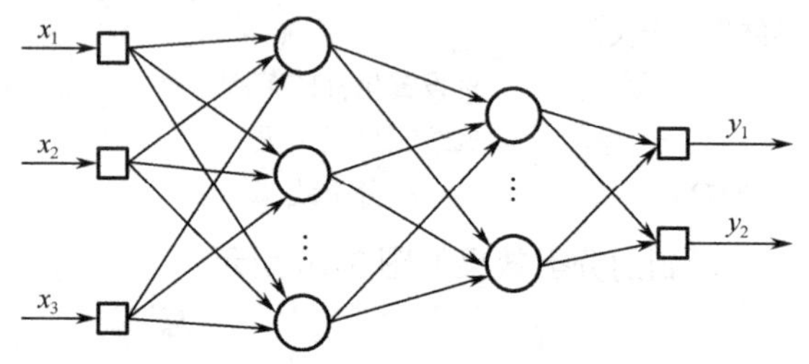


图 3-11　BP 神经网络的结构图

BP 神经网络有以下特点。

（1）网络由多层构成，层与层之间全连接，同一层之间的神经元无连接。多层的网络设计，使 BP 网络能够从输入中挖掘更多的信息，完成更复杂的任务。

（2）BP 网络的传递函数必须可微。因此，感知器的传递函数——二值函数在此没有用武之地。BP 网络一般使用 Sigmoid 函数或线性函数作为传递函数。根据输出值是否包含负值，Sigmoid 函数又可分为 Log-Sigmoid 函数和 Tan-Sigmoid 函数。一个简单的 Log-Sigmoid 函数可由下式确定。

$$f(x)=\frac{1}{1+\mathrm{e}^{-x}} \tag{3-8}$$

其中，$x$ 的取值包含整个实数域，函数值为 0～1，具体应用时可以增加参数，以控制曲线的位置和形状。

BP 神经网络的典型设计是隐含层用 Sigmoid 函数作为传递函数，而输出层采用线性函数作为传递函数。

（3）采用误差反向传播算法（Back-Propagation Algorithm）进行学习。在 BP 网络中，数据从输入层经隐含层向后传播，训练网络权值时，则沿着减少误差的方向，从输出层经过中间各层逐层向前修正网络的连接权值。随着学习的不断进行，最终的误差越来越小。

**注意**：要区分“误差反向传播”与“反馈神经网络”。在 BP 网络中，“反向传播”指的是误差信号反向传播，修正权值时，网络根据误差从后向前逐层进行修正。BP 神经网络属于多层前向网络，工作信号始终正向流动，没有反馈结构。

### 3.3.2 BP 神经网络的学习算法

在此不讨论学习规则的数学推导过程，只给出学习过程及步骤，以供设计与分析 BP 网络时作为参考。这里以一个三层 BP 网络为例，介绍 BP 网络的学习过程及步骤。

在介绍前，先对各符号的形式及意义进行说明。

网络输入 $P_k=(a_1,a_2,\cdots,a_n)$；

网络目标向量 $\boldsymbol{T}_k=(y_1,y_2,\cdots,y_q)$；

中间层单元输入向量 $\boldsymbol{S}_k=(s_1,s_2,\cdots,s_p)$，输出向量 $\boldsymbol{B}_k=(b_1,b_2,\cdots,b_p)$；

输出层单元输入向量 $\boldsymbol{L}_k=(l_1,l_2,\cdots,l_q)$，输出向量 $\boldsymbol{C}_k=(c_1,c_2,\cdots,c_q)$；

输入层至中间层的连接权 $w_{ij},i=1,2,\cdots,n$， $j=1,2,\cdots,p$；

中间层至输出层的连接权 $v_{jt},j=1,2,\cdots,p$， $t=1,2,\cdots,p$；

中间层各单元的输出阈值 $\theta_j,j=1,2,\cdots,p$；

输出层各单元的输出阈值 $\gamma_j,j=1,2,\cdots,p$；

参数 $k=1,2,\cdots,m$。

（1）初始化。给每个连接权值 $w_{ij}$、$v_{jt}$、阈值 $\theta_j$ 与 $\gamma_t$ 赋予（-1，1）内的随机量。

（2）随机选取一组输入和目标样本 $P_k=(a_1^k,a_2^k,\cdots,a_n^k)$、$\boldsymbol{T}_k=(s_1^k,s_2^k,\cdots,s_p^k)$ 提供给网络。

（3）用输入样本 $P_k=(a_1^k,a_2^k,\cdots,a_n^k)$、连接权 $w_{ij}$ 和阈值 $\theta_j$ 计算中间层各单元的输入 $s_j$，然后用 $s_j$ 通过传递函数计算中间层各单元的输出 $b_j$。

$$s_j=\sum_{i=1}^{n}w_{ij}a_i-\theta_j,\quad j=1,2,\cdots,p$$

$$b_j=f(s_j),\quad j=1,2,\cdots,p$$

（4）利用中间层的输出 $b_j$、连接权 $v_{jt}$ 和阈值 $\gamma_t$ 计算输出层各单元的输出 $\boldsymbol{L}_t$，然后通过传递函数计算输出层各单元的响应 $\boldsymbol{C}_t$。

$$\boldsymbol{L}_t=\sum_{j=1}^{p}v_{jt}b_j-\gamma_t,\quad t=1,2,\cdots,q$$

$$\boldsymbol{C}_t=f(\boldsymbol{L}_t),\quad t=1,2,\cdots,q$$

（5）利用网络目标向量 $\boldsymbol{T}_k=(y_1^k,y_2^k,\cdots,y_q^k)$，网络的实际输出 $\boldsymbol{C}_t$，计算输出层的各单元一般化误差为 $d_t^k$，即

$$d_t^k=(y_t^k-\boldsymbol{C}_t)\cdot\boldsymbol{C}_t(1-\boldsymbol{C}_t),\quad t=1,2,\cdots,q$$

（6）利用连接权 $v_{jt}$、输出层的一般化误差 $d_t$ 和中间层的输出 $b_j$ 计算中间层各单元的一般化误差 $e_j^k$。

$$\mathrm{e}_j^k=\left[\sum_{t=1}^{q}d_t\cdot v_{jt}\right]b_j(1-b_j)$$

（7）利用输出层各单元的一般化误差 $d_t^k$ 与中间层各单元的输出 $b_j$ 来修正连接权 $v_{jt}$ 和阈值 $\gamma_t$。

$$v_{jt}(N+1) = v_{jt}(N) + \alpha \cdot d_t^k \cdot b_j$$
$$\gamma_t(N+1) = \gamma_t(N) + \alpha \cdot d_t^k$$

其中，$t = 1,2,\cdots,q$，$j = 1,2,\cdots,p$，$0 < \alpha < 1$。

（8）利用中间层各单元的一般化误差 $e_j^k$，输入层各单元的输入 $P_k = (a_1, a_2, \cdots, a_n)$ 来修正连接权 $w_{ij}$ 和阈值 $\theta_j$。

$$w_{ij}(N+1) = w_{ij}(N) + \beta e_j^k a_i^k$$
$$\theta_j(N+1) = \theta_j(N) + \beta e_j^k$$

其中，$i = 1,2,\cdots,n$，$j = 1,2,\cdots,p$，$0 < \beta < 1$。

（9）随机选取下一个学习样本向量提供给网络，返回到步骤（3），直到 $m$ 个训练样本训练完毕。

（10）重新从 $m$ 个学习样本中随机选取一组输入和目标样本，返回步骤（3），直到网络全局误差 $E$ 小于预先设定的一个极小值，即网络收敛。如果学习次数大于预先设定的值，则网络无法收敛。

（11）学习结束。

可以看出，在以上学习步骤中，步骤（7）和步骤（8）为网络误差的“逆传播过程”，步骤（9）和步骤（10）则用于完成训练和收敛过程。

通常，经过训练的网络还应该进行性能测试。测试的方法就是选择测试样本向量，将其提供给网络，检验网络对其分类的正确性。测试样本向量中应该包含今后网络应用过程中可能遇到的主要典型模式。这些样本可以通过直接测取得到，也可以通过仿真得到，在样本数据较少或者较难得到时，也可以通过对学习样本加上适当的噪声或按照一定规则插值得到。为了更好地验证网络的泛化能力，一个良好的测试样本集中不应该包含和学习样本完全相同的模式。

### 3.3.3 BP 神经网络的局限性

神经网络可以用做分类、聚类、预测等。虽然 BP 网络得到了广泛的应用，但自身也存在一些缺陷和不足，主要包括以下几个方面的问题。

首先，由于学习速率是固定的，因此网络的收敛速度慢，需要较长的训练时间。对于一些复杂问题，BP 算法需要的训练时间可能非常长，这主要是由于学习速率太小造成的，可采用变化的学习速率或自适应的学习速率加以改进。

其次，BP 算法可以使权值收敛到某个值，但并不保证其为误差平面的全局最小值，这是因为采用梯度下降法可能产生一个局部最小值。对于这个问题，可以采用附加动量法来解决。

再次，网络隐含层的层数和单元数的选择尚无理论上的指导，一般是根据经验或者通过反复实验确定的。因此，网络往往存在很大的冗余性，在一定程度上也增加了网络学习的负担。

最后，网络的学习和记忆具有不稳定性。也就是说，如果增加了学习样本，训练好的网络就需要从头开始训练，对于以前的权值和阈值是没有记忆的，但是可以将预测、分类或聚类做得比较好的权值保存起来。

## 3.3.4 BP 神经网络的实现

MATLAB 中也提供了相关函数来实现 BP 神经网络，下面直接通过实例来演示这些函数的用法。

**【例 3-3】** 以 BP 神经网络实现对图 3-12 所示的两类模式的分类。

通过图 3-12 所示两类模式可以看出，分类为简单的非线性分类。其有 1 个输入向量，包含 2 个输入元素；两类模式，1 个输出元素即可表示；可以以图 3-13 所示的两层 BP 网络来实现分类。

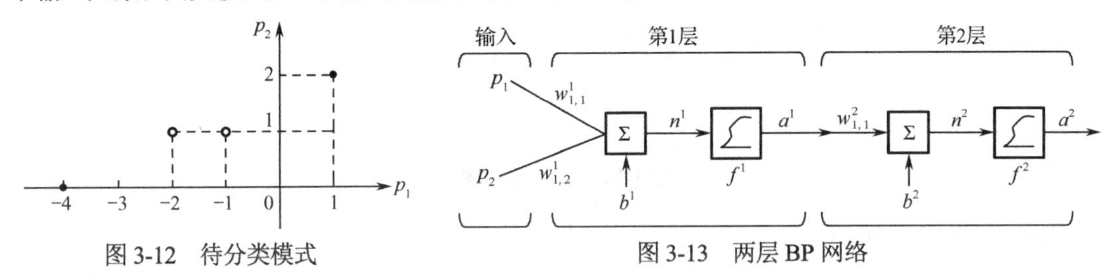


图 3-12 待分类模式

图 3-13 两层 BP 网络

根据图 3-12 所示两类模式确定的训练样本为

$$p=\begin{bmatrix}1 & -1 & -2 & -4\\ 2 & 1 & 1 & 0\end{bmatrix},\quad t=[0.2\quad 0.8\quad 0.8\quad 0.2]$$

其中，因为 BP 网络的输出为 logsig 函数，所以目标向量的取值为 0.2 和 0.8，分别对应两类模式。在程序设计时，通过判决门限值 0.5 来区分两类模式。

因为处理的问题简单，所以采用最速下降 BP 算法训练该网络，以熟悉该算法的应用。

```
%创建和训练 BP 的 MATLAB 程序
>>clear all
%定义输入向量和目标向量
P=[1 2;-1 1;-2 1;-4 0]';
T=[0.2 0.8 0.8 0.2];
%创建 BP 网络和定义训练函数及参数
net=newff([-1 1;-1 1],[5 1],{'logsig' 'logsig'},'traingd');
net.trainParam.goal=0.001;
net.trainParam.epochs=5000;
%训练神经网络
[net,tr]=train(net,P,T);
%输出训练后的权值和阈值
iw1=net.iw{1}
b1=net.b{1}
iw2=net.lw{2}
b2=net.b{2}
```

BP 网络的初始化函数的默认值为 initnw，得到的训练过程如图 3-14 所示。

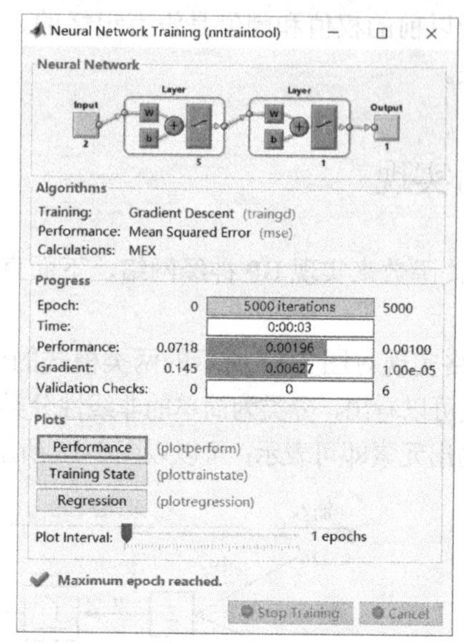


图 3-14　训练过程图

得到的训练结果如下：

```
iw1 =
    -5.7464     2.4873
    -1.2074    -5.9623
     4.9746     3.8462
     3.5326     5.1814
     6.0123     2.0854
b1 =
     6.2561
     3.3419
    -0.1803
     3.1184
     6.0767
iw2 =
     2.8061     2.4575    -1.3763     1.9674    -3.2571
b2 =
    -1.1616
```

由图 3-14 可以看出，训练经过了 5000 次仍然未达到要求的目标误差 0.001，说明采用训练函数 traingd 进行训练的收敛速度是很慢的。

虽然训练的误差性能未达到要求的目标误差，但这并不妨碍我们以测试样本对网络进行仿真。

```
%网络仿真的 MATLAB 程序
p=[1 2;-1 1;-2 1;-4 0]';
a2=sim(net,p1)
b2=a2>0.5
```

得到的仿真结果如下：

```
a2 =
    0.2625    0.7040    0.9852    0.9837
b2 =
    0    1    1    1
```

**【例 3-4】** 已知某系统输出 $y$ 与输入 $x$ 的部分对应关系如表 3-2 所示。设计一个 BP 神经网络，完成 $y = f(x)$。

表 3-2　函数 $y$=$f$($x$)的部分对应关系

| $x$ | −1 | −0.9 | −0.8 | −0.7 | −0.6 | −0.5 | −0.4 | −0.3 | −0.2 | −0.1 |
|---|---|---|---|---|---|---|---|---|---|---|
| $y$ | −0.832 | −0.423 | −0.024 | 0.344 | 1.282 | 3.456 | 4.02 | 3.232 | 2.102 | 1.504 |
| $x$ | 0 | 0.1 | 0.2 | 0.3 | 0.4 | 0.5 | 0.6 | 0.7 | 0.8 | 0.9 |
| $y$ | 0.248 | 1.242 | 2.344 | 3.262 | 2.052 | 1.684 | 1.022 | 2.224 | 3.022 | 1.984 |

以隐层节点数为 15 的单输入和单输出两层 BP 网络来实现曲线拟合。

创建和训练 BP 网络的 MATLAB 程序。

```
>>clear all;
P=-1:0.1:0.9;
T=[−0.832  −0.423  00.024  0.344  1.282  3.456  4.02  3.232  2.102  1.504...
   0.248  1.242  2.344  3.262  2.052  1.684  1.022  2.224  3.022  1.984];
net=newff([−1 1],[15 1],{'tansig' 'purelin'},'traingdx','learngdm');
net.trainParam.epochs=2500;
net.trainParam.goal=0.001;
net.trainParam.show=10;
net.trainParam.lr=0.05;
net=train(net,P,T);
```

训练过程如图 3-15 所示。

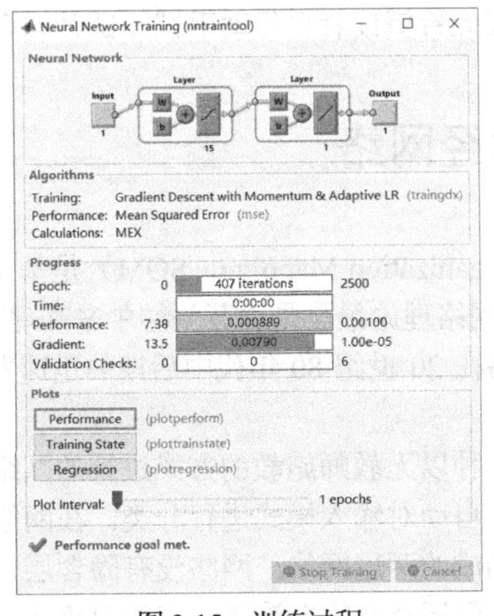


图 3-15　训练过程

由图 3-15 可看出，当训练次数为 407 时，其训练误差为 0.000978<0.001，即满足要求。

BP 网络实现的拟合程序如下：

```
>> P=-1:0.1:0.9;
T=[-0.832 -0.423 00.024 0.344 1.282 3.456 4.02 3.232 2.102 1.504...
   0.248 1.242 2.344 3.262 2.052 1.684 1.022 2.224 3.022 1.984];
hold on
plot(P,T,'r+');
p=-1:0.01:0.9;
R=sim(net,p);
plot(p,R);
hold off
```

运行程序，得到的曲线拟合如图 3-16 所示。

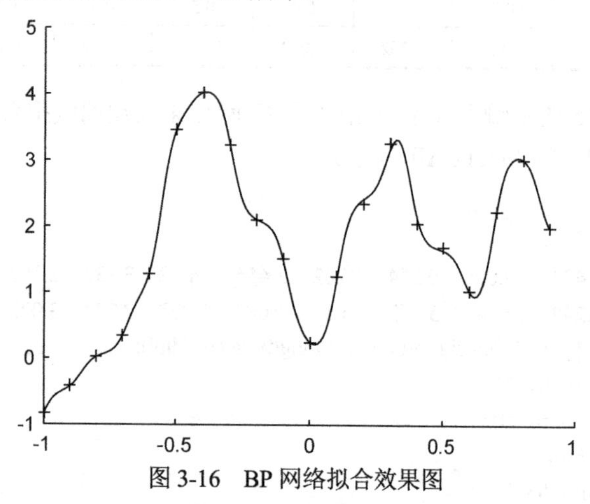


图 3-16　BP 网络拟合效果图

实线为得到的拟合曲线；“+”为训练样本。从结果上看，可以对个别训练样本进行很好的拟合，但拟合曲线欠光滑，出现了“过适配”现象。如果改用 trainbr 训练函数进行训练，则曲线拟合会变得更光滑，在此希望读者自行动手试一试并观察其效果。

## 3.4　自组织竞争神经网络

自组织映射网络（Self-Organization Mapping，SOM）是基于无监督学习方法的神经网络的一种重要类型。自组织映射网络理论最早是由芬兰赫尔辛基理工大学 Kohonen 于 1981 年提出的。此后，伴随着神经网络在 20 世纪 80 年代中后期的迅速发展，自组织映射理论及其应用也有了长足的进步。

自组织竞争神经网络是一种以无教师施教的方式进行的网络训练、具有自组织功能的神经网络，网络通过自身训练，自动对输入模式进行分类。在网络结构上，自组织竞争神经网络一般是由输入层和竞争层构成的两层网络，网络没有隐含层，两层之间各神经元实现双向连接，有时竞争层各神经元之间还存在横向连接。在学习算法上，它模拟生物神经系统依靠神经元之间的兴奋、协调与抑制、竞争的作用来进行信息处理的动力学原理，指导网络的学习与工作。

自组织竞争神经网络的基本思想是网络竞争层各神经元竞争对输入模式的响应机会，最后仅一个神经元成为竞争的胜者，并对那些与获胜神经元有关的各连接权朝着更有利于它竞争的方向调整，这一获胜神经元就表示对输入模式的分类。除了竞争方法外，还有通过抑制手段获胜的方法，即网络竞争层各神经元都能抑制所有其他神经元对输入模式的响应机会，从而使自己成为获胜者。此外，还有一种侧抑制的方法，即每个神经元只抑制与自己邻近的神经元自适应的学习能力进一步拓宽了神经网络在模式识别、分类方面的应用，而竞争学习网络的核心——竞争层，又是许多其他神经网络模型的重要组成部分。

## 3.4.1 自组织竞争神经网络的结构

特征映射网络结构如图 3-17 所示。

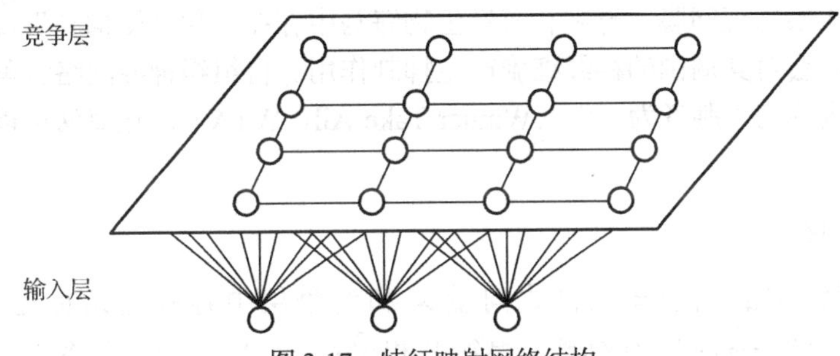


图 3-17 特征映射网络结构

特征映射网络的一个典型特性就是可以在一维或二维的处理单元阵列上，形成输入信号的特征拓扑分布，因此特征映射网络具有抽取输入信号模式特征的能力。特征映射网络一般只包含一维阵列和二维阵列，但也可以推广到多维处理单元阵列中。下面只讨论应用较多的二维阵列。特征映射网络模型由以下四部分组成。

① 处理单元阵列：用于接收事件输入，并且形成对这些信号的“判别函数”。

② 比较选择机制：用于比较“判别函数”，并选择一个具有最大函数输出值的处理单元。

③ 局部互连作用：用于同时激励被选择的处理单元及其最邻近的处理单元。

④ 自适应过程：用于修正被激励的处理单元的参数，以增加其对应于特定输入“判别函数”的输出值。

假定网络输入为$\boldsymbol{X} \in R^n$，输出神经元$i$与输入单元的连接权值为$\boldsymbol{W}_i \in R^n$，则输出神经元$i$的输出$o_i$为

$$o_i = \boldsymbol{W}_i \boldsymbol{X}$$

网络实际具有响应的输出单元为$k$，该神经元的确定是通过“赢者通吃”的竞争机制得到的，其输出为

$$o_k = \max_i \{o_i\}$$

以上两式可修正为

$$o_i=\sigma\left(\varphi_i+\sum_{t\in S_t} r_k o_t\right),\quad \varphi_i=\sum_{j=1}^{m} w_{ij}x_j,\quad o_k=\max_i\{o_i\}-\varepsilon$$

其中，$w_{ij}$ 为输出神经元 $i$ 和输入神经元 $j$ 之间的连接权值；$x_j$ 为输入神经元 $j$ 的输出；$\sigma(t)$ 为非线性函数，即

$$\sigma(t)=\begin{cases}0 & t<0\\ \sigma(t) & 0\leqslant t\leqslant A\\ A & t>A\end{cases}$$

$\varepsilon$ 为一个很小的正数，$r_k$ 为系数，它与权值及横向连接有关。$S_i$ 为与处理单元 $i$ 相关的处理单元集合，$o_k$ 称为浮动阈值函数。

## 3.4.2 自组织竞争网络的学习策略

实验表明，人眼的视网膜、脊髓和海洋生物海马中存在一种“侧抑制”现象，即当一个神经细胞兴奋后，会对其周围的神经细胞产生抑制作用。自组织神经网络竞争学习策略中采用的典型学习规则称为“胜者为王”（Winner Take All，WTA）。该算法可以分为如下四个步骤。

### 1. 向量归一化

将自组织网络中的当前输入模式向量 $\boldsymbol{X}$ 和竞争层中各神经元对应的内星权向量 $\boldsymbol{W}_j(j=1,2,\cdots,m)$ 全部进行归一化处理，得到 $\hat{X}$ 和 $\hat{W}_j(j=1,2,\cdots,m)$，如图 3-18 所示。

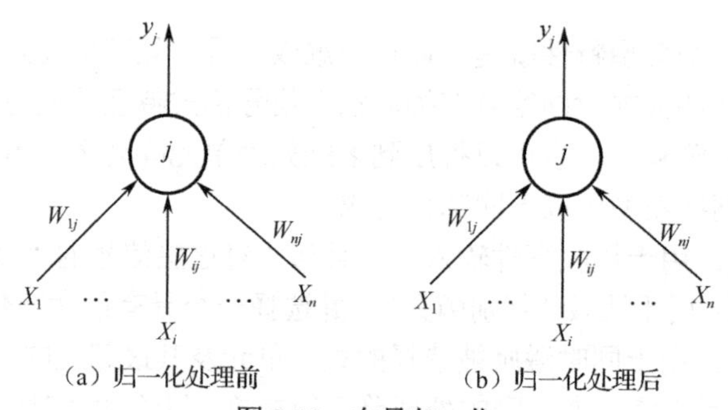


图 3-18　向量归一化

其中，

$$\hat{\boldsymbol{X}}=\frac{\boldsymbol{X}}{\|\boldsymbol{X}\|}=\left[\frac{x_1}{\sqrt{\sum_{j=1}^{n}x_1^2}}\cdots\frac{x_n}{\sqrt{\sum_{j=1}^{n}x_j^2}}\right]^{\mathrm{T}}$$

$$\hat{W}_j = \frac{W_j}{\|W_j\|} = \left[ \frac{w_{1j}}{\sqrt{\sum_{j=1}^{n} w_{1j}^2}} \cdots \frac{w_{nj}}{\sqrt{\sum_{j=1}^{n} w_{nj}^2}} \right]^{\mathrm{T}}$$

**2．寻找获胜神经元**

当网络得到一个输入模式向量 $\hat{X}$ 时，竞争层的所有神经元对应的内星权向量 $W_j(j=1,2,\cdots,m)$ 均与 $\hat{X}$ 进行相似性比较，最相似的神经元获胜，其权值向量为 $\hat{W}_j$。测量相似性的方法是对 $\hat{X}$ 和 $\hat{W}_j(j=1,2,\cdots,m)$ 计算欧氏距离（或者夹角余弦值）。

$$\|\hat{X}-\hat{W}_j\| = \min_{j\in\{1,2,\cdots,n\}} \{\|\hat{X}-\hat{W}_j\|\}$$

将上式展开并利用单位向量的特点，可得，

$$\begin{aligned}\|\hat{X}-\hat{W}_{j^*}\| &= \sqrt{(\hat{X}-\hat{W}_{j^*})^{\mathrm{T}}(\hat{X}-\hat{W}_{j^*})} \\ &= \sqrt{\hat{X}\hat{X}^{\mathrm{T}} - 2\hat{W}_{j^*}\hat{X}^{\mathrm{T}} + \hat{W}_{j^*}\hat{W}_{j^*}^{\mathrm{T}}} \\ &= \sqrt{2(I-\hat{W}_{j^*}\hat{X}^{\mathrm{T}})}\end{aligned}$$

从上式可以看出，要使两单位间的欧氏距离最小，需要使两向量间的点积最大，即

$$\hat{W}_{j^*}\hat{X}^{\mathrm{T}} = \max_j(\hat{W}_{j^*}\hat{X}^{\mathrm{T}})$$

这样就把求欧氏距离的问题转化为按照上式求最大点积的问题，而权值向量与输入向量的点积正是竞争层神经元的净输入。

**3．网络输入与权值调整**

按照 WTA 学习算法规则，获胜神经元输出为 1，其余为 0，即

$$y_j(t+1) = \begin{cases} 1, & j = j^* \\ 0, & j \neq j^* \end{cases}$$

只有获胜神经元才能调整其权值向量 $W_{j^*}$，调整后权值向量为

$$\begin{cases} W_{j^*}(t+1) = \hat{W}_{j^*}(t) + \Delta W_{j^*}(t) + \alpha(\hat{X}-\hat{W}_{j^*}) \\ W_j(t+1) = \hat{W}_j, \quad j \neq j^* \end{cases}$$

式中，$\alpha$ 为学习速率，一般随着学习的进展而减小，即调整的程序越来越小，趋于聚类中心。

**4．重新归一化处理**

归一化后的权值向量经过调整后得到的新向量不再是单位向量，因此需要对调整后的向量重新归一化。步骤 3 完成后回到步骤 1 继续训练，直到学习速率 $\alpha$ 衰减到 0 或衰减到规定的值。

### 3.4.3 SOM 网的学习算法

SOM 网采用的算法称为 Kohonen 算法，它是在“胜者为王”学习规则基础上加以改进的，主要区别是调整权向量与侧抑制的方式不同。

WTA：侧抑制是“封杀”式的。只有获胜神经元可以调整其权值，其他神经元都无权调整。

Kohonen 算法：获胜的神经元对其邻近神经元的影响是由近及远，由兴奋逐渐变为抑制的。换句话说，不仅获胜神经元要调整权值，它周围的神经元也要不同程度地调整权向量。常见的调整方式有如下几种。

墨西哥草帽函数：获胜节点有最大的权值调整量，临近的节点有稍小的调整量，离获胜节点距离越大，权值调整量越小，直到某一距离 $d_0$ 时，权值调整量为零；当距离再远一些时，权值调整量稍负，更远时权值又回到零，如图 3-19（a）所示。

大礼帽函数：它是墨西哥草帽函数的一种简化，如图 3-19（b）所示。

厨师帽函数：它是大礼帽函数的一种简化，如图 3-19（c）所示。

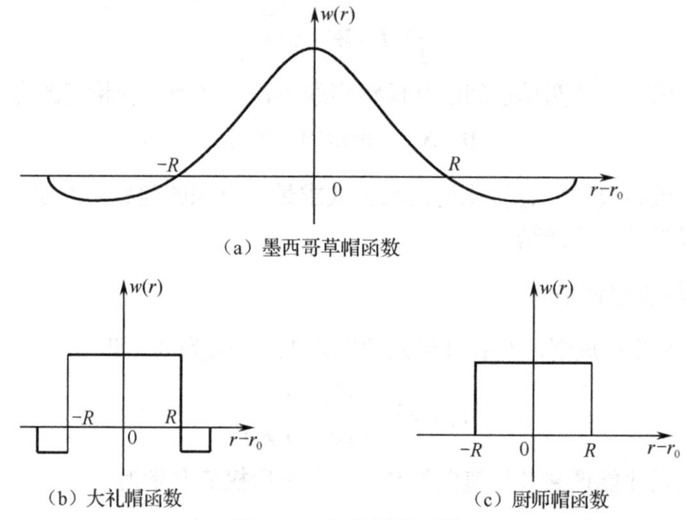


图 3-19　权值调整函数

以获胜神经元为中心设定一个邻域半径 $R$，该半径固定的范围称为优胜邻域。在 SOM 网学习方法中，优胜邻域内的所有神经元，均按其离开获胜神经元距离的远近不同程度地调整权值。优胜邻域开始定的较大，但其大小随着训练次数的增加不断收缩，最终收缩到半径为零。

Kohonen 自组织特征映射算法能够自动找出输入数据之间的类似度，将相似的输入在网络上就近配置，因此是一种可以构成对输入数据有选择地给予反应的网络。Kohonen 的自组织特征映射的学习算法步骤归纳如下。

（1）网络初始化。

用随机数设定输入层和映射层之间权值的初始值。对 $m$ 个输入神经元到输出神经元的连

接权值赋予较小的权值。选取输出神经元 $j$ 个“邻接神经元”的集合 $S_j$。其中，$S_j(0)$表示时刻 $t=0$ 时的神经元 $j$ 的“邻接神经元”的集合，$S_j(t)$ 表示时刻 $t$ 的“邻接神经元”的集合。区域 $S_j(t)$ 随着时间的增长而不断缩小。

（2）输入向量的输入。

把输入向量 $x=(x_1,x_2,x_3,\cdots,x_n)^{\mathrm{T}}$ 输入给输入层。

（3）计算映射层的权值向量和输入向量的距离（欧式距离）。

在映射层，计算各神经元的权值向量和输入向量的欧式距离。映射层的第 $j$ 个神经元和输入向量的距离为

$$d_j=\|\boldsymbol{X}-\boldsymbol{W}_j\|=\sqrt{\sum_{i=1}^{m}(x_i(t)-w_{ij}(t))^2}$$

式中，$w_{ij}$ 为输入层的 $i$ 神经元和映射层的 $j$ 神经元之间的权值。通过计算，得到一个具有最小距离的神经元，将其作为胜出神经元，记为 $j^*$，即确定出某个单元 $k$，使得对于任意的 $j$，都有 $d_k=\min\limits_j(d_j)$，并给出其邻接神经元集合。

（4）定义优胜邻域 $S_j(t)$。

以 $j^*$ 为中心确定 $t$ 时刻的权值调整域，一般初始邻域 $S_{j^*}(0)$ 较大（大约为总节点的 50%～80%），训练过程中 $S_{j^*}(t)$ 随训练时间收缩，如图 3-20 所示。

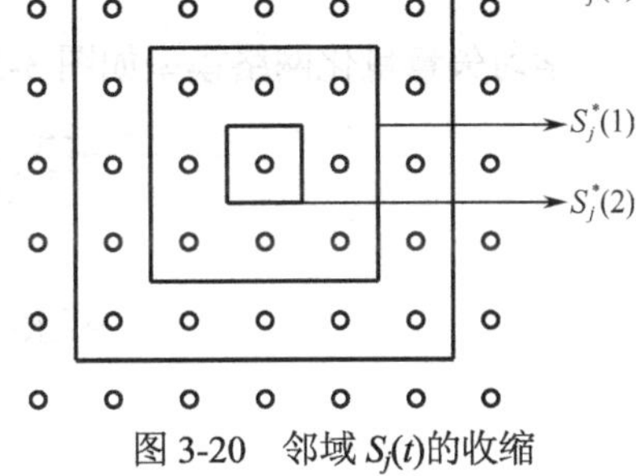


图 3-20 邻域 $S_j(t)$的收缩

（5）权值的学习。

胜出神经元和位于其邻接神经元的权值按下式更新：

$$\Delta w_{ij}=\eta h(j,j^*)(x_i-w_{ij}) \tag{3-9}$$

式中，$\eta$ 为一个大于 0 且小于 1 的常数。

$h(j,j^*)$ 为邻域函数，用下式表示：

$$h(j,j^*)=\exp\left(-\frac{|j-j^*|^2}{\sigma^2}\right) \tag{3-10}$$

上式中的 $\sigma^2$ 随着学习的进行而减小。因此，$h(j,j^*)$ 的范围学习初期很宽，随着学习的进行而变窄。也就是说，随着学习的进行，其值从粗调整向微调整变化。这样，邻域函数 $h(j,j^*)$ 可以起到有效映射的作用。

（6）计算输出 $o_k$。

计算输出的表达式为

$$o_k=f(\min_j\|\boldsymbol{X}-\boldsymbol{W}_j\|)$$

式中，$f(\cdot)$ 一般为 0～1 函数或者其他非线性函数。

（7）如达到要求则算法结束，否则返回步骤（2），进入下一轮学习。

SOM 网络的结构和映射算法研究表明，脑皮层的信息具有两个明显的特点。

其一，拓扑映射结构不是通过神经元的运动重新组织实现的，而是由各个神经元在不同

兴奋状态下构成一个整体而形成的拓扑结构。

其二，这种拓扑映射结构的形成具有自组织的特点。SOM 网络中神经元的拓扑组织就是它最基本的特征。对于拓扑相关而形成的神经元子集，权重的更新是相似的，且在这个学习过程中，这样选出的子集将包含不同的神经元。

### 3.4.4　学习矢量量化网络

自组织映射网络具有有效的聚类功能，但由于没有采用导师信号，适合无法获知样本类别的情况。当已知样本类别时，可以将自组织竞争的思想与有监督学习相结合，这就是学习矢量量化网络。Kohonen 于 1989 年提出了基于竞争网络的学习矢量量化（Learning Vector Quantization，LVQ）网络。

LVQ 网络是 SOM 网络的一种变形，它在原有两层结构的基础上增加了线性层，竞争层得到的类别称为子类，输出层又称线性层，线性层的类别标签是由导师信号给出的，是目标分类。

学习矢量量化网络模型如图 3-21 所示。

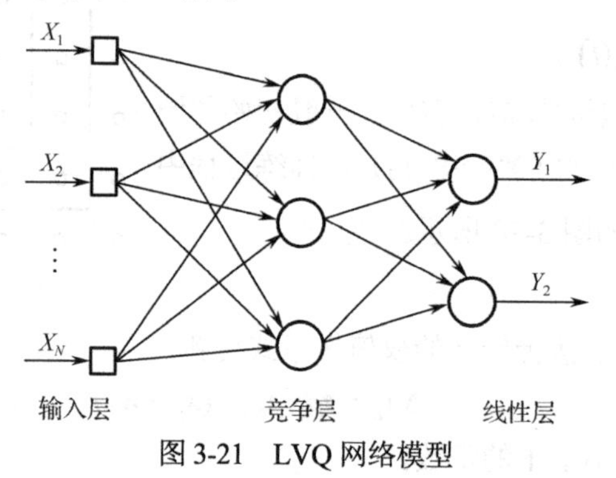


图 3-21　LVQ 网络模型

竞争层和线性层中的每一个神经元都对应一个分类。假设竞争层包含 $S_1$ 个神经元节点，线性层包含 $S_2$ 个节点，则 $S_1>S_2$。如在图 3-21 中，第 1 个和第 2 个竞争层神经元都对应输出分类的第 1 类，第 3 个竞争层神经元对应输出分类的第 2 类。这就是竞争层的子类合并。

学习矢量量化网络的学习包括 LVQ1 和 LVQ2 量子，后者是在前者基础上的改进，可以进一步提高训练效果。

#### 1．LVQ1 学习规则

LVQ 网络采用有监督的学习方式，样本与分类标签成对出现。假设样本与标签对为 $\{\boldsymbol{p}_i,\boldsymbol{t}_i\}$， $\boldsymbol{p}_i$ 为输入样本，$\boldsymbol{t}_i$ 为目标分类向量，假如线性层包含 4 个元素，则 $\boldsymbol{t}_i$ 形如

$$\boldsymbol{t}_i=\begin{cases}0\\1\\1\\0\end{cases}$$

训练的目标是将 $\boldsymbol{p}_i$ 输入网络后，能得到与 $\boldsymbol{t}_i$ 相等的输出。输入 $\boldsymbol{p}_i$ 与权值矩阵 $\omega_1$ 相乘，得

到竞争层的输出向量 $\boldsymbol{a}$。如果第 $j$ 个神经元胜出，则 $a_j=1$，而 $\boldsymbol{a}$ 中的其余元素均为零，即

$$\boldsymbol{a}=\{a_1=0,a_2=0,\cdots,a_j=1,\cdots\}$$

$\boldsymbol{a}$ 与竞争层和输出层之间的权值矩阵 $\boldsymbol{\omega}_2$ 相乘，相当于 $a_j=1$ 对应的神经元选中了相应的类别。这个类别可能恰好是正确的，也可能是错误的，这需要在训练阶段进行判断。

如果分类是正确的，则权值矩阵向着输入向量 $\boldsymbol{p}_i$ 的方向移动；如果分类错误，则权值矩阵向着远离输入向量 $\boldsymbol{p}_i$ 的方向移动。用公式表示，分别为

$$\boldsymbol{\omega}_1=\boldsymbol{\omega}_1+\eta(\boldsymbol{p}-\boldsymbol{\omega}_1)\quad（正确时）$$

以及

$$\boldsymbol{\omega}_1=\boldsymbol{\omega}_1-\eta(\boldsymbol{p}-\boldsymbol{\omega}_1)\quad（错误时）$$

以上的修正公式使得竞争神经元向目标类别方向移动，最终落入正确的分类空间。

**2. LVQ2 规则**

LVQ2 在 LVQ1 的基础上引入了窗口的概念，增加了窗口参数 $a$。在竞争层中，每一次更新时，只有与输入向量最接近的两个向量得到更新。其中一个对应正确的分类，另一个对应错误的分类。窗口定义为

$$\min\left(\frac{d_i}{d_j},\frac{d_j}{d_i}\right)>s$$

其中，$s=\dfrac{1-a}{1+a}$，$d_i$、$d_j$ 分别为输入向量到权值向量的欧氏距离。加入 $a$=0.25，则可确定 $s=0.6$，表示如果两者的比值超过 0.6，这两个向量就要进行调整。这一机制的物理意义可以解释如下：如果输入向量与 $d_i$ 属于同一类，而与 $d_j$ 不属于同一类，而输入向量又在中位面附近，则对这两个向量进行调整。

## 3.4.5　自组织竞争网络的实现

MATLAB 中提供了相关函数用于实现自组织竞争网络，下面直接通过例子来演示这些函数的用法。

**【例 3-5】**（坐标点的分类）使用自定义的 SOM 网络解决坐标点分类（聚类）问题。

自组织映射网络最常用的拓扑结构为二维拓扑，在此采用 2×2 网格形成的二维结构，按以下步骤进行构建。

（1）输入数据，并做归一化处理。使用 mapminmax 函数将输入向量归一化至-1～1 区间，以便于后续的计算。

（2）构造网络。由于输入向量为二维向量，因此网络的输入层包含两个神经元，网络的输出层包含 4 个神经元。权值为 2×4 矩阵，设置最大和最小学习率分别为 0.8 和 0.05，并按下式变化：

$$\mathrm{lr}=\mathrm{lr}_{\max}-\frac{i}{N}(\mathrm{lr}_{\max}-\mathrm{lr}_{\min})$$

$i$ 为当前迭代次数，$N$ 为总的迭代次数。学习率随着迭代的进行线性下降。邻域最大值和最小值分别为 3 与 0.8，按下式变化：

$$d = d_{\max} - \frac{i}{N}(\mathrm{lr}_{\max} - \mathrm{lr}_{\min})$$

（3）迭代更新。从样本集合中随机抽取一个向量输入网络，根据其输出值确定获胜神经元，然后计算当前迭代次数的学习率和邻域大小参数，确定邻域范围。对邻域范围内的神经元，更新其相应的权值向量。最大迭代次数定为 200 次。

（4）判断是否达到最大迭代次数，如果未达到，则返回步骤（3）继续计算。

（5）得到训练好的网络后，将训练样本输入网络，每个样本向量对应一个兴奋的输出神经元，这样就得到了分类结果。

其 MATLAB 代码如下：

```
>> clear all;
%样本数据
x0=[4.1 1.8 0.5 2.9 4.0 0.6 3.8 4.3 3.2 1.0 3.0 3.6 3.8 3.7 3.7 8.6 9.1 7.5 ...
    8.1 9.0 6.9 8.6 8.5 9.6 10.0 9.3 6.9 6.4 6.7 8.7;...
    8.1 5.8 8.0 5.2 7.1 7.3 8.1 6.0 7.2 8.3 7.4 7.8 7.0 6.4 8.0 3.5 2.9 ...
    3.8 3.9 2.6 4.0 2.9 3.2 4.9 3.5 3.3 5.5 5.0 4.4 4.3];
%数据归一化
[x,m_x]=mapminmax(x0);
x=x';
[n1,m1]=size(x);
%参数
rng(0)
%学习率
ratelmax=0.8;
ratelmin=0.05;
%学习半径
rlmax=3;
rlmin=0.8;
%网络构建
Inum=2;
M=2;N=2;
K=M*N;                                              %Kohonen 总节点数
k=1;                                                %Kohonen 层节点排序
jdpx=zeros(M*N,2);
for i=1:M
    for j=1:N
        jdpx(k,:)=[i,j];
        k=k+1;
    end
end
```

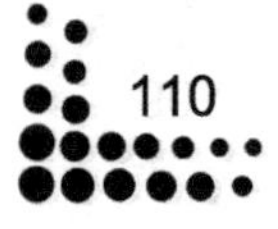

```
%权值初始化
w1=rand(Inum,K);                                    %第一层权值
%迭代求解
ITER=200;
for i=1:ITER
    %自适应学习率和相应半径
    rate1=ratelmax-i/ITER*(ratelmax-ratelmin);
    r=rlmax-i/ITER*(rlmax-rlmin);
    %随机抽取一个样本
    k=randi(30);
    xx=x(k,:);
    %计算最优节点
    [mindist,index]=min(dist(xx,w1));
    %计算邻域
    d1=ceil(index/4);
    d2=mod(index,4);
    nodeindex=find(dist([d1,d2],jdpx')<r);
    %内星规则
    for j=1:K
        if sum(nodeindex==j)
            w1(:,j)=w1(:,j)+rate1*(xx'-w1(:,j));
        end
    end
end
%测试
Index=zeros(1,30);

for i=1:30
    [mindist,Index(i)]=min(dist(x(i,:),w1));
end
%显示
x1=x0(:,Index==1);
x2=x0(:,Index==2);
x3=x0(:,Index==3);
x4=x0(:,Index==4);

plot(x1(1,:),x1(2,:),'ro');
hold on;
plot(x2(1,:),x2(2,:),'k+');
plot(x3(1,:),x3(2,:),'b>');
plot(x4(1,:),x4(2,:),'mp');
title('聚类结果');
```

```
legend('类别 1','类别 2','类别 3','类别 4');
set(gcf,'color','w');                              %背景设置为白色
box on;
```

运行程序，得到如图 3-22 所示的效果图。

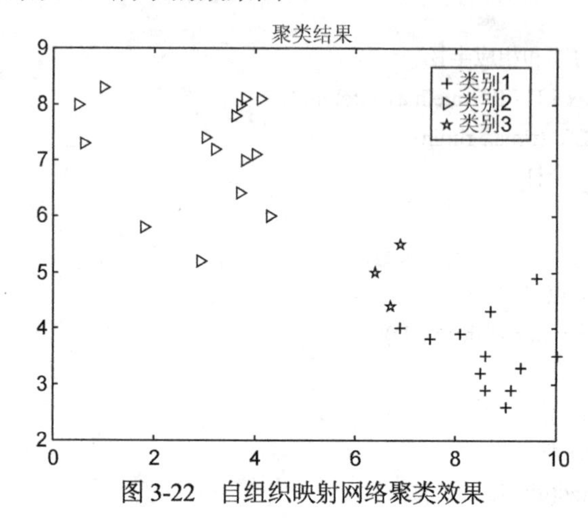


图 3-22　自组织映射网络聚类效果

【例 3-6】 基于 SOM 网络的航空发动机故障诊断分析。

发动机作为一种主要的驱动设备，广泛应用于航空航天领域。怎样及时确定发动机故障原因、类别及严重程度，是航空器及航天器可靠运行的重要保障。当输入某一类别的向量时，用 SOM 网络能很好地完成故障识别任务。当输入某一类别的向量时，神经网络中的一个神经元将会在其输出端产生最大值，而其他的神经元具有最小输出值。所以，该网络能够根据给出最大值的神经元的位置，来判断输入向量所代表的故障。实例将自组织特征映射网络应用于发动机的故障诊断中，主要对转子故障进行故障分析。

在模拟实验台上，分别采集水平和垂直方向上的振动信号，通过放大、滤波和 A/D（模/数）转换后，进行频谱分析，过程中分别选取信号中的 0.4～0.5$\omega_0$、$\omega_0$、2$\omega_0$、3$\omega_0$ 及 3$\omega_0$ 以上信号作为故障诊断特征信号。实验分别模拟发动机的油膜振荡故障、转子不平衡故障以及转子不对中故障，从中获取的训练样本参数如表 3-3 所示。

**表 3-3　训练样本参数**

| 序　号 | 0.4～0.5$\omega_0$ | $\omega_0$ | 2$\omega_0$ | 3$\omega_0$ | 3$\omega_0$ 以上 | 故障状态 |
|---|---|---|---|---|---|---|
| 1 | 1.0538 | 0.2500 | 0.0068 | 0.0311 | 0.0554 | 油膜振荡 |
| 2 | 1.0772 | 0.2257 | 0.0433 | 0.0068 | 0.0068 | 油膜振荡 |
| 3 | 1.0650 | 0.2865 | 0.0189 | 0.0189 | -0.0054 | 油膜振荡 |
| 4 | 0.0311 | 1.1745 | 0.0798 | 0.0189 | -0.0176 | 转子不平衡 |
| 5 | 0.0068 | 1.1988 | 0.1162 | 0.0433 | 0.0068 | 转子不平衡 |
| 6 | 0.0433 | 1.0772 | 0.1284 | 0.0068 | 0.0068 | 转子不平衡 |

续表

| 序号 | 0.4～0.5$\omega_0$ | $\omega_0$ | $2\omega_0$ | $3\omega_0$ | $3\omega_0$以上 | 故障状态 |
|---|---|---|---|---|---|---|
| 7 | 0.0068 | 0.4812 | 0.5055 | 0.3960 | 0.1649 | 转子不对中 |
| 8 | -0.0054 | 0.6149 | 0.4690 | 0.3717 | 0.1041 | 转子不对中 |
| 9 | -0.0054 | 0.4690 | 0.5541 | 0.4082 | 0.2014 | 转子不对中 |

针对以上样本，SOM 网络的竞争层采用 3×3 排列的神经元。其拓扑结构采用六边形结构（hextop），输入向量的训练次数为默认值 100，邻域大小初始值为 3，神经元距离函数采用 linkdist。为防止输入样本数据间的偏差过大，在创建网络时先对其进行归一化处理。

其 MATLAB 代码如下：

```
>> clear all;
%输入向量
p=[1.0538   0.25000.0068   0.0311   0.0554;1.0772    0.22570.0433   0.0068   0.0068;...
1.0650   0.28650.0189   0.0189   0.0054;0.0311   1.1745 0.0798   0.0189   -0.0176;...
0.0068   1.1988 0.1162   0.0433   0.0068;   0.0433   0 .07720.1284   0.0068 ...
0.0068; 0.0068   0.4812      0.50550.3960   0.1649;-0.0054 0.6149 0.4690 0.3717...
0.1041; -0.0054  0.4690      0.5541      0.4082      0.2014];
Q=mapminmax(p);                     %向量归一化处理
Q=Q';
net=selforgmap([3,3]);              %创建 SOM 网络
net=init(net);                      %网络初始化
net.trainParam.epochs=500;          %设置训练次数
net=train(net,Q);                   %训练网络
y=sim(net,Q)                        %网络仿真
yc=vec2ind(y)
w1=net.iw{1,1}
figure;
plotsom(net.IW{1,1},net.layers{1}.distances)
```

运行程序，输出如下，效果如图 3-23 所示。

```
y =
     1     1     1     0     0     0     0     0     0
     0     0     0     0     0     0     0     0     0
     0     0     0     1     1     1     0     0     0
     0     0     0     0     0     0     0     0     0
     0     0     0     0     0     0     0     0     0
     0     0     0     0     0     0     0     0     0
     0     0     0     0     0     0     0     0     1
     0     0     0     0     0     0     1     0     0
     0     0     0     0     0     0     0     1     0
yc =
     1     1     1     3     3     3     8     9     7
```

```
w1 =
    1.0000   -0.5270   -0.9621   -0.9694   -0.9691
    0.0250    0.2365   -0.8854   -0.9643   -0.9845
   -0.9500    1.0000   -0.8086   -0.9592   -1.0000
    0.2000    0.0035   -0.1773   -0.3738   -0.7068
   -0.9625    1.0000   -0.4741   -0.6654   -0.9117
   -0.9625    1.0000   -0.4741   -0.6654   -0.9117
   -1.0000    0.6958    1.0000    0.4785   -0.2608
   -1.0000    0.9025    1.0000    0.5609   -0.3660
   -1.0000    1.0000    0.5296    0.2159   -0.6469
Warning - PLOTSOM only shows first three dimensions.
```

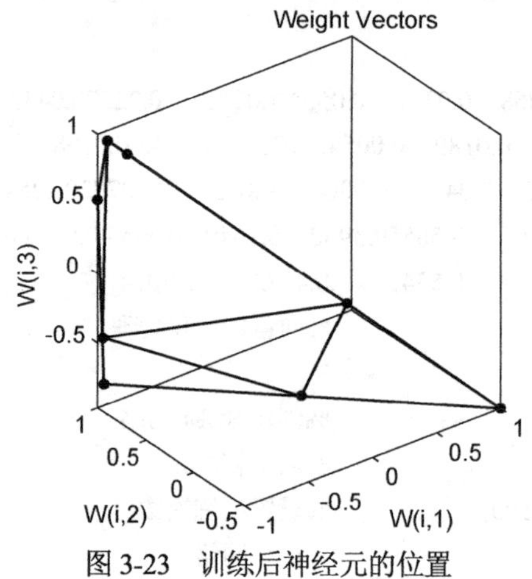


图 3-23　训练后神经元的位置

程序输出 yc 为其分类后的结果，其中，1 代表其为油膜振荡故障，3 代表转子不平衡故障，9 和 7 代表转子不对中故障。w1 为训练权值向量。

为了验证该网络对故障的诊断结果，分别采用 6 组数据对网络进行检验。表 3-4 列出了采集的 6 组数据，将这些样本输入到上面训练好的 SOM 网络中，进行故障的分类判别，以检验该网络的性能。

**表 3-4　待检验样本**

| 序　号 | 0.4～0.5$\omega_0$ | $\omega_0$ | 2$\omega_0$ | 3$\omega_0$ | 3$\omega_0$ 以上 |
|---|---|---|---|---|---|
| 1 | −0.0176 | 0.5298 | 0.4933 | 0.3230 | 0.3352 |
| 2 | −0.0054 | 0.5663 | 0.5663 | 0.4203 | 0.2257 |
| 3 | 0.0189 | 1.1501 | 0.1284 | 0.0311 | 0.0189 |
| 4 | 0.0068 | 1.0893 | 0.0798 | −0.0054 | 0.0068 |
| 5 | 1.0163 | 0.2865 | 0.0554 | 0.0068 | −0.0054 |
| 6 | 0.9799 | 0.3230 | 0.0433 | 0.0311 | 0.0189 |

用以检验该网络的程序如下：

```
>> %待检验样本仿真
d=[-0.01760.5298    0.4933     0.3230     0.3352;
-0.0054   0.5663    0.5663     0.4203     0.2257;
 0.0189   1.1501    0.1284     0.0311     0.0189;
 0.0068   1.0893    0.0798    -0.0054     0.0068;
 1.0163   0.2865    0.0554     0.0068    -0.0054;
 0.9799   0.3230    0.0433     0.0311     0.0189];
T=mapminmax(d);                              %向量归一化处理
T=T';
y2=sim(net,T)
yc2=vec2ind(y2)
```

运行程序，输出如下：

```
y2 =
     0     0     0     0     1     1
     0     0     0     0     0     0
     0     0     1     1     0     0
     0     0     0     0     0     0
     0     0     0     0     0     0
     0     0     0     0     0     0
     1     0     0     0     0     0
     0     1     0     0     0     0
     0     0     0     0     0     0
yc2 =
     7     7     3     3     1     1
```

其中，第 1 组样本对应的网络输出为 7，第 2 组样本对应的网络输出为 8，第 3、4 组样本对应的网络输出为 3，第 5、6 组样本对应的网络输出为 1。也就是说，通过网络的分类判别，1、2 组样本故障为转子不对中；3、4 组样本故障为转子不平衡；5、6 组样本故障为油膜振荡。这与已知故障形式一致，可见系统能够正确识别故障的类别。

**【例 3-7】** 演示如何应用 LVQ 网络依据目标类别对输入向量进行分类。

其实现步骤如下。

（1）给出二维输入向量 $\boldsymbol{P}$ ，以及其相应所属的类别 $C$ ，并应用 ind2vec 函数将 $C$ 转换为向量形式 $\boldsymbol{T}$ 。

```
>> clear all;
P=[-3 -2 -2 0 0 0 0 +2 +2 +3;0 +1 -1 +2 +1 -1 -2 +1 -1 0];
C=[1 1 1 2 2 2 2 1 1 1];
T=ind2vec(C);
i=1;
cla
for i=1:10
    if C(i)==1
        plot(P(1,i),P(2,i),'+')
        hold on
    else
```

```
            plot(P(1,i),P(2,i),'rp')
            hold on
        end
    end
    title('输入向量');
    xlabel('P(1)'); ylabel('P(2)');
```

运行程序，输出数据点的效果如图 3-24 所示。

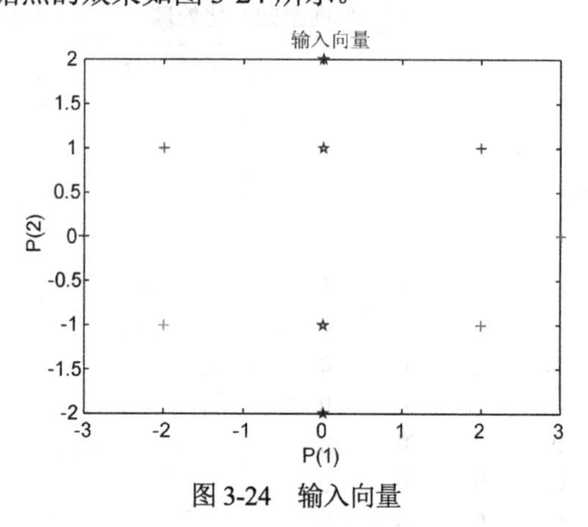


图 3-24　输入向量

图 3-24 中，“+”标示的数据点代表第一类，“星号”标示的数据点代表第二类，要求设计一个 LVQ 网络对这些数据点集进行分类，网络的输出表示相应的分类结果。

（2）应用 newlwq 函数构建一个 LVQ 网络。

```
>> net=newlvq(minmax(P),4,[.6 .4],0.1);
%绘制初始网络竞争神经元的权值向量
hold on
W1=net.iw{1};
plot(W1(1,1),W1(1,2),'*');
title('输入/权值向量');
xlabel('P(1),W(1)'); ylabel('P(2),W(2)');
```

运行程序，效果如图 3-25 所示。

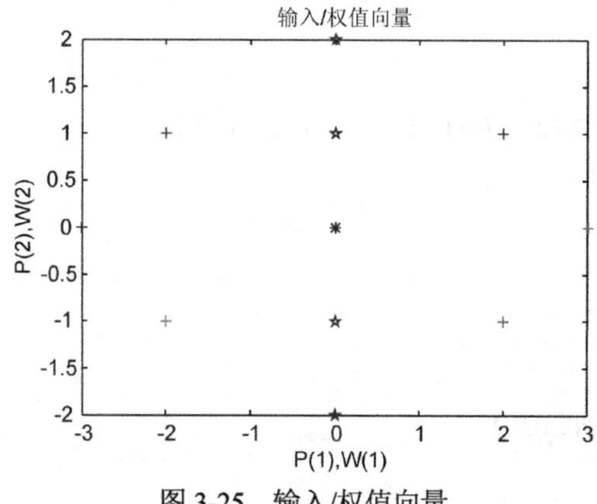


图 3-25　输入/权值向量

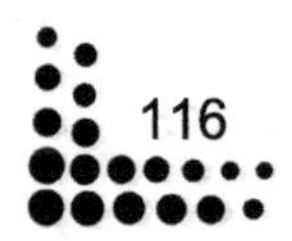

（3）设置网络训练参数，应用 train 函数对前面所构建的网络加以训练。

```
>>net.trainParam.epochs=150;
net.trainParam.show=Inf;
net=train(net,P,T)
```

（4）将输入向量和训练后的网络权值向量绘制在一张图上。

```
>>W1=net.IW{1};
W2=vec2ind(net.LW{2});
i=1;
cla
for i=1:10
    if C(i) == 1
        plot(P(1,i),P(2,i),'p')
        hold on
    else
        plot(P(1,i),P(2,i),'o')
        hold on
    end
end
j=1;
for j=1:4
    if W2(j)==1;
        plot(W1(j,1),W1(j,2),'p','markersize',15);
        hold on;
    else
        plot(W1(j,1),W1(j,2),'o','markersize',15);
        hold on;
    end
end
title('输入/权值向量');
xlabel('P(1),W(1)');
ylabel('P(2),W(2)');
```

运行程序，效果如图 3-26 所示。

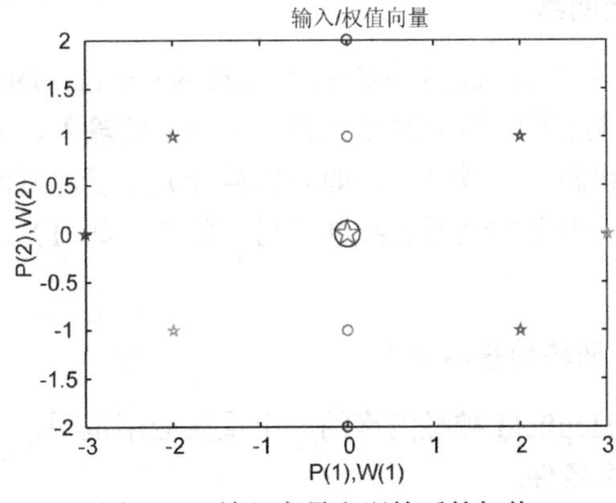


图 3-26　输入向量和训练后的权值

经过训练以后，竞争神经元的权值向量已经具有模式分类的功能，其中大“星号”表示第一类，大“o”表示第二类。

下面应用向量 $\boldsymbol{p}$ 通过 sim 函数仿真对网络进行测试，然后将输出向量转换为指针。

```
p=[0.2;1];
a=vec2ind(sim(net,p))
a =
     2
```

网络输出 $\boldsymbol{a}=2$，表示输入向量 $\boldsymbol{p}$ 归属于第 2 类。

## 3.5 反馈神经网络

反馈神经网络是一种反馈动力学系统。在这种网络中，每个神经元同时将自身的输出信号作为输入信号反馈给其他神经元，它需要工作一段时间才能达到稳定。

Hopfield 神经网络是反馈网络中最简单且应用广泛的模型，它具有联想记忆的功能，如果将李雅普诺夫函数定义为寻优函数，则 Hopfield 神经网络可以用来解决快速寻优问题。

Elman 网络是两层反向传播网络，即隐层和输入向量连接的神经元，其输出不仅作为输出层的输入，还连接隐层内的另外一些神经元，并反馈到隐层的输入。由于其输入表示了信号的空域信息，而反馈支路是一个延迟单元，反映了信号的时域信息，所以 Elman 网络可以在时域和空域进行模式识别。

### 3.5.1 Hopfield 神经网络

Hopfield 神经网络是一种循环神经网络，由约翰·霍普菲尔德在 1982 年发明。Hopfield 网络是一种结合存储系统和二元系统的神经网络。它保证了向局部极小的收敛，但收敛到错误的局部极小值，而非全局极小值的情况也可能发生。Hopfield 网络提供了模拟人类记忆的模型。

#### 1. 离散 Hopfield 神经网络

离散 Hopfield 神经网络（Discrete Hopfield Neural Network，DHNN）是一个单层网络，有 $n$ 个神经元节点，每个神经元的输出均接到其他神经元的输入。各节点没有自反馈。每个节点都可处于一种可能的状态（1 或−1），即当该神经元所受的刺激超过其阈值时，神经元就处于一种状态（如 1），否则神经元始终处于另一状态（如−1）。整个网络有两种工作方式：异步方式和同步方式。

1）离散 Hopfield 神经网络的基本条件

联想记忆功能是离散 Hopfield 神经网络的一个重要应用范围。要想实现联想记忆，反馈网络必须具有以下两个基本条件。

① 网络能收敛到稳定的平衡状态，并以其作为样本的记忆信息。

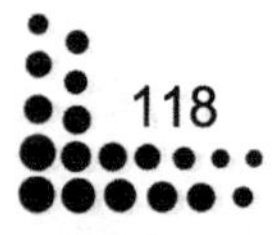

② 具有回忆能力，能够从某一残缺的信息回忆起所属的完整的记忆信息。离散 Hopfield 神经网络实现联想记忆的过程分为两个阶段：学习记忆阶段和联想回忆阶段。在学习记忆阶段中，设计者通过某一设计方法确定一组合适的权值，使网络记忆期望的稳定平衡点。联想回忆阶段则是网络的工作过程。

2）离散 Hopfield 神经网络的拓扑结构

在离散 Hopfield 神经网络中，所采用的神经元是二值神经元；因此，所输出的离散值 1 和 0 分别表示神经元处于激活和抑制状态。DHNN 的拓扑结构如图 3-27 所示。

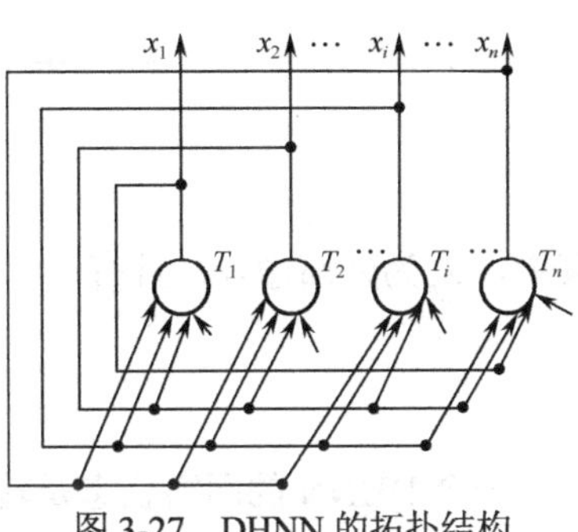

图 3-27　DHNN 的拓扑结构

DHNN 中的每个神经元都有相同的功能，其输出称为状态，用 $x_j$ 表示，所有神经元状态的集合就构成反馈网络的状态 $\boldsymbol{X}=(x_1,x_2,\cdots,x_n)^{\mathrm{T}}$。反馈网络的输入就是网络的状态初始值，表示为 $\boldsymbol{X}(0)=(x_1(0),x_2(0),\cdots,x_n(0))^{\mathrm{T}}$。反馈网络在外界输入激发下，从初始状态进入动态演变过程，其间网络中每个神经元的状态在不断变化，变化规律由下式规定：

$$x_j = f(\mathrm{net}_j) \qquad j=1,2,\cdots,n \tag{3-11}$$

其中，$f(\cdot)$ 为转移函数，DHNN 的转移函数常采用符号函数。

$$x_j = \mathrm{sgn}(\mathrm{net}_j) = \begin{cases} 1 & \mathrm{net}_j \geqslant 0 \\ -1 & \mathrm{net}_j < 0 \end{cases} \qquad j=1,2,\cdots,n \tag{3-12}$$

式中，净输入为

$$\mathrm{net}_j = \sum_{i=1}^{n}(w_{ij}x_i - T_j) \qquad j=1,2,\cdots,n$$

对于 DHNN，一般有 $w_{ii}=0$，$w_{ij}=w_{jw}$。

反馈网络稳定时，每个神经元状态都不再改变，此时的稳定状态就是网络的输出，表示为

$$\lim_{i=1}\boldsymbol{X}(t)$$

3）离散 Hopfield 神经网络的网络结构

DHNN 是一种单层的、其输入/输出为二值的反馈网络。假设一个由三个神经元组成的离散 Hopfield 神经网络，其结构如图 3-28 所示。

在图 3-28 中，第 0 层仅仅是网络的输入，它不是实际神经元，所以无计算功能；第一层是神经元，故对输入信息和权系数乘积求累加和，并经非线性函数 $f$ 处理后产生输出信息。$f$ 是一个简单的阈值函数，如果神经元的输出信息大于阈值 $\theta$，那么，神经元的输出取值为 1；若其小于阈值 $\theta$，则神经元的输出取值为 $\theta$。

对于二值神经元，它的计算公式如下：

$$u_j = \sum_{j} w_{ij} y_i + x_j$$

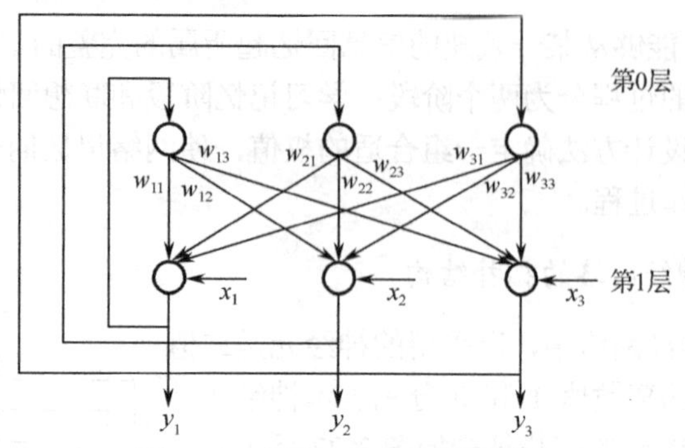


图 3-28　离散 Hopfield 网络图示

其中，$x_j$ 为外部输入，且有

$$\begin{cases} y_i = 1, & u_i \geqslant \theta_i \\ y_i = 0, & u_i < \theta_i \end{cases}$$

一个 DHNN 的网络状态是输出神经元信息的集合。对于一个输出层是 $n$ 个神经元的网络而言，其 $t$ 时刻的状态为一个 $n$ 维向量：

$$\boldsymbol{Y}(t) = [y_1(t), y_2(t), \cdots, y_n(t)]^{\mathrm{T}}$$

因为 $y_i(t)(i = 1, 2, \cdots, n)$ 可以取值为 1 或 0，故 $n$ 维向量 $\boldsymbol{Y}(t)$ 有 $2^n$ 种状态，即网络有 $2^n$ 种状态。

4）离散 Hopfield 神经网络的局限性

离散 Hopfield 神经网络用于联想记忆有两个突出的特点：记忆是分布式的，而联想是动态的。离散 Hopfield 神经网络的局限性主要表现在以下几点。

① 记忆容量的有限性。

② 伪稳定点的联想与记忆。

③ 当记忆样本较接近时，网络不能始终回忆出正确的记忆等。另外，网络的平衡稳定点并不可以任意设置，也没有一个通用的方式来事先知道平衡稳定点。

与连续 Hopfield 神经网络相比，离散 Hopfield 神经网络的主要差别在于神经元激活函数使用了硬极限函数（连续 Hopfield 神经网络使用 Sigmoid 激活函数），且一般情况下离散 Hopfield 神经网络没有自反馈。因此，离散 Hopfield 神经网络是一种二值神经网络，即每个神经元的输出只取 1 和−1 两种状态（分别表示激活和抑制）。

### 2．连续 Hopfield 神经网络

连续 Hopfield 神经网络（Continuous Hopfield Neural Network，CHNN）在拓扑结构上与离散型 Hopfield 神经网络的结构类似，只是神经元的传递函数不是阶跃函数或符号函数，而采用了 S 型的连续函数，如 Sigmoid 函数。在 CHNN 中，各神经元的输入、输出均为连续模拟量，采用并行（同步）工作模式。这种结构和生物神经元中大量存在的神经反馈回路是一致的，并且非常适用于利用模拟电子电路进行实现。1984 年，Hopfield 教授采用模拟电路（电容、电阻和运算放大器）实现了对网络神经元的描述，并将其应用于最优化问题的求解，成功地解决了 TSP。

1）连续 Hopfield 神经网络结构

如果定义网络中第 $i$ 个节点的输入 $u_i$，输出为 $v_i$，那么输入输出的关系为

$$v_i = f(u_i) = f\left(\sum_{j=1}^{n} w_{ji} v_j - \theta_i\right)$$

其中，$n$ 为网络的节点数，状态转移函数为 Sigmoid 型函数，一般来说，

$$f(x) = 1/(1 + e^{-\lambda x}) \text{ 或者 } f(x) = th(\lambda x)$$

网络工作方式分为异步、同步和连续更新三种，与离散型 Hopfield 神经网络相比，多了一种连续更新方式，即网络中所有节点的输出都随时间连续变化。

图 3-29 为利用运算放大器实现的神经元效果图。

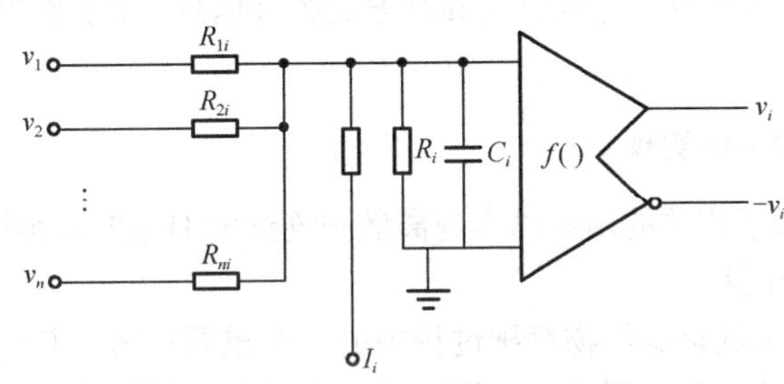


图 3-29 利用运算放大器实现的神经元

连续 Hopfield 神经网络模型如图 3-30 所示。

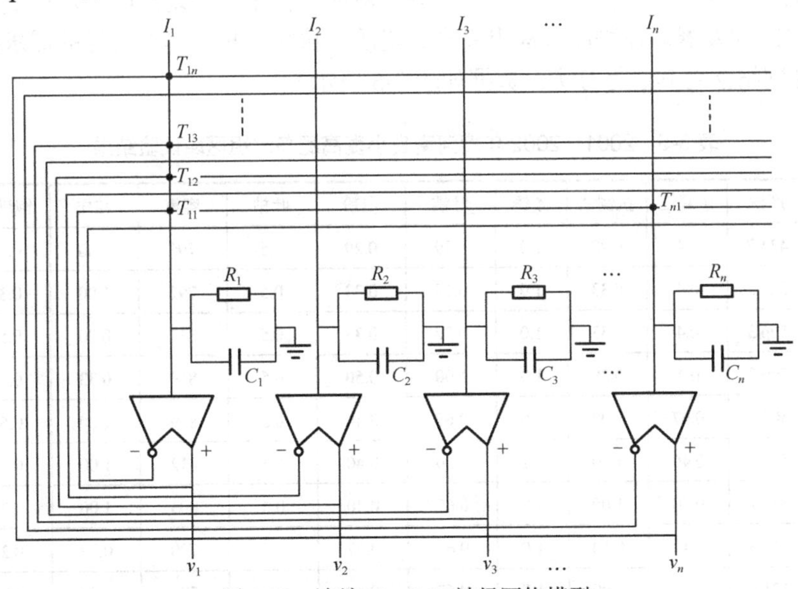


图 3-30 连续 Hopfield 神经网络模型

对于图 3-30 中的神经元，根据克希荷夫定律可写出下列微分方程：

$$C_i \frac{\mathrm{d}u_i}{\mathrm{d}t} = \sum_{j=1}^{n} T_{ij} v_j - \frac{u_i}{R_i} + I_i \tag{3-12}$$

$$v_i = f(u_i)$$

不难看出，图 3-30 所示网络的数学模型可以用 $n$ 个上式所表示的非线性方程组来描述。

2）连续 Hopfield 神经网络的特点

连续 Hopfield 神经网络具有如下特点。

① 具有良好的收敛性。

② 具有有限个平衡点。

③ 如果平衡点是稳定的，那么它也一定是渐进稳定的。

④ 渐进稳定平衡点为其能量函数的局部极小点。

⑤ 能将任意一组希望存储的正交化矢量综合为网络的渐进平衡点。

⑥ 网络的存储信息表现为神经元之间互连的分布式动态存储。

⑦ 网络以大规模、非线性、连续时间并行方式处理信息，其计算时间就是网络趋于平衡点的时间。

### 3. Hopfield 神经网络的实现

MATLAB 中也提供了相关的函数以实现离散与连续的 Hopfield 神经网络，下面直接通过例子来演示这些函数的用法。

**【例 3-8】** 品种区域试验是作物育种过程中的一个重要环节，其评价结果是否准确、可靠往往决定着育种工作的成败。因此，长期以来，为了寻求科学合理的评价方法，人们提出了不少有新意的好方法，如方差分析法、联合方差分析法、稳定性分析法、品种分组分析法、非平衡资料的参数统计法、秩次分析法，等等。然而，由于它们均局限于对产量的线状的分析，因此，当时代发展对作物品种提出高产、优质、抗病、抗虫等多目标的需求时，试利用 Hopfield 神经网络法对其进行分类。数据如表 3-5 所示。

表 3-5　2001～2002 年度河南省小麦高肥冬水组区域试验结果

| 品　种 | 产量 | 耐寒性 | 抗倒性 | 条锈 | 叶锈 | 白粉 | 叶枯 | 容重 | 粒质 | 饱满度 | 等级 |
|---|---|---|---|---|---|---|---|---|---|---|---|
| 科优 1 号 | 424.7 | 0.4 | 0.22 | 1.0 | 0.29 | 0.29 | 0.5 | 795 | 1.00 | 0.33 | 较差 |
| 原泛 3 号 | 521.5 | 0.4 | 0.33 | 1.0 | 0.29 | 0.33 | 0.5 | 792 | 1.00 | 0.33 | 较差 |
| 驻 4 | 506.3 | 0.4 | 0.33 | 1.0 | 0.22 | 0.33 | 0.5 | 817 | 0.20 | 0.50 | 较差 |
| 新 9408 | 509.3 | 0.4 | 0.29 | 1.0 | 1.00 | 0.50 | 0.5 | 810 | 0.33 | 0.33 | 较差 |
| 豫麦 9901 | 503.3 | 0.67 | 1.00 | 1.0 | 0.67 | 0.40 | 0.5 | 819 | 1.00 | 0.50 | 优良 |
| 安麦 5 号 | 571.2 | 0.40 | 1.00 | 0.2 | 0.20 | 0.40 | 0.5 | 812 | 1.00 | 0.33 | 优良 |
| 济麦 3 号 | 537.2 | 0.50 | 1.00 | 1.0 | 0.67 | 0.40 | 0.4 | 803 | 1.00 | 0.33 | 优良 |
| 00 中 13 | 513.3 | 0.40 | 0.50 | 1.0 | 0.67 | 0.67 | 0.5 | 790 | 0.33 | 0.25 | 较好 |
| 豫麦 47 | 521.0 | 0.40 | 1.00 | 1.0 | 0.67 | 0.40 | 0.4 | 777 | 1.00 | 0.25 | 优良 |
| 豫麦 49 | 498.3 | 0.40 | 1.00 | 1.0 | 0.33 | 0.29 | 0.4 | 798 | 0.33 | 0.50 | 较差 |

**解析**：由于离散 Hopfield 神经网络神经元的状态只有 1 和−1 两种情况，所以将评价指标映射为神经元的状态时，需要对其进行编码。其规则如下：当大于或等于某个等级的指标值时，对应的神经元状态设为 1，否则为−1。

在实例中，用前 9 个样品组成三个等级的评价标准后，用后一个样品作为测试。对前 9 个样品的指标进行平均，得到如表 3-6 所示的 3 个等级评价指标。

表 3-6　等级评价指标

| 等级 | 产量 | 耐寒性 | 抗倒性 | 条锈 | 叶锈 | 白粉 | 叶枯 | 容重 | 粒质 | 饱满度 |
|---|---|---|---|---|---|---|---|---|---|---|
| 优良 | 533.2 | 0.49 | 1.00 | 0.8 | 0.55 | 0.40 | 0.45 | 803 | 1.00 | 0.35 |
| 较好 | 513.3 | 0.40 | 0.50 | 1.0 | 0.67 | 0.67 | 0.50 | 790 | 0.33 | 0.25 |
| 较差 | 490.4 | 0.40 | 0.29 | 1.0 | 0.45 | 0.36 | 0.50 | 804 | 0.63 | 0.37 |

其 MATLAB 代码如下：

```
>> x1=-ones(10,3);
x1=[-1.*x1(:,1),x1(:,2),x1(:,3)];
>> clear all;
x1=-ones(10,3);
x1=[-1.*x1(:,1),x1(:,2),x1(:,3)];
x2=-ones(10,3);
x2=[x2(:,1),-1.*x1(:,2),x2(:,3)];
x3=-ones(10,3);
x3=[x3(:,1),x3(:,2),-1.*x3(:,3)];
T=[x1,x2,x3];
net=newhop(T);                    %设计 Hopfield 网络
sim(net,3,[],x1);                 %对优良标准样本进行仿真
%豫麦 49 样本值
x4=[-1 -1 1;-1 -1 1;1 -1 -1;-1 -1 1;-1,-1 -1;-1 -1 -1;-1 -1 -1;-1 1 -1;-1 1 -1;-1 -1 1];
%豫麦 49 样本仿真
sim(net,3,[],x4)
```

运行程序，输出如下：

```
ans =
    -0.9741    -0.7864     0.0354
    -0.9741    -0.7864     0.0354
    -0.5278    -0.7864    -0.4109
    -0.9741    -0.7864     0.0354
    -0.9741    -0.7864    -0.4109
    -0.9741    -0.7864    -0.4109
    -0.9741    -0.7864    -0.4109
    -0.9741    -0.3401    -0.4109
    -0.9741    -0.3401    -0.4109
    -0.9741    -0.7864     0.0354
```

从结果看，虽然没有稳定在 1 和−1 这些点上，但可以基本肯定为较差。网络稳定性差，主要是因为标准样本太少，特别是较好的样本只有一个，所以测试样本的第 8、9 个指标值与较好的标准较为接近。

### 3.5.2 Elman 神经网络

人工神经网络以其自身的自组织、自适应和自学习的特点，广泛地应用于各个领域。在控制系统中，人工神经网络在非线性系统建模与控制的应用中也发挥着越来越大的作用。由于实际中人们希望建立的被控对象的模型能够反映出系统的动态特性，而且能够描述系统动态性能的神经网络应当具有可反应系统随着时间变化的动态特性及存储信息的能力。能够完成这些功能的网络，要求网络中存在信息的延时，并且有延迟信息的反馈。具有这类特性的网络被人们称之为递归神经网络。这类网络在控制系统的应用中，适用于系统的动态建模。

人们最熟悉的递归神经网络就是 Hopfield 网络，它已广泛地用于联想记忆和优化计算上。其他典型的递归网络还有 Jordan 网络、Elman 网络及对角网络。各有其自身独有的网络结构。其中，Elman 网络作为一种典型的动态递归神经网络很早就被提出了，也得到了广泛的应用。但人们一般只侧重于对该网络结构及其算法进行分析。

Elman 网络是 J. L. Elman 于 1990 年首先针对语音处理问题而提出来的，它是一种典型的局部回归网络。Elman 网络可以看做一个具有局部记忆单元和局部反馈连接的前向神经网络，具有与多层前向神经网络相似的多层结构，它的主要结构是前馈连接和反馈连接。

#### 1．Elman 神经网络的结构

Elman 神经网络由输入层、隐含层和输出层组成，并且在隐含层中存在反馈环节，其模型如图 3-31 所示。

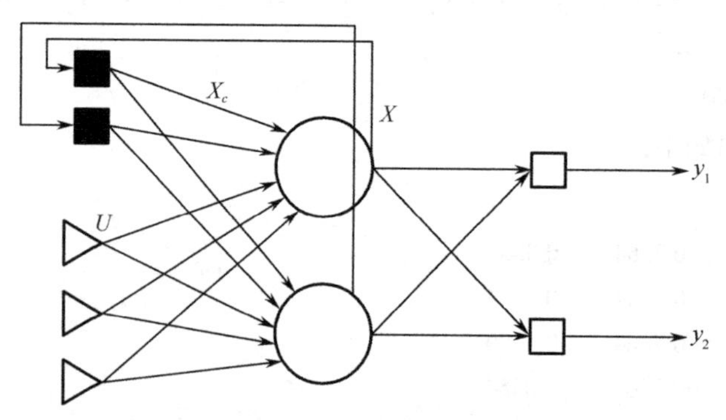


图 3-31 Elman 神经网络结构

值得注意的是，Elman 神经网络不同于通常的两层网络，其第一网络层有一个反馈节点，该节点的延迟量存储了前一时刻的值，并将其应用于当前时刻的计算。所以即使是具有相同权值和阈值的 Elman 神经网络，如果其反馈状态不同，那么对于同样的输入向量，其同一时刻的输出也可能不相同。

因为 Elman 网络能够存储供将来时刻使用的信息，所以它既可以学习时域模式，也可以学习空域模式；它既可以训练后对模式产生响应（空间分类结果），也可以产生模式输出（模式的时域变化关系）。

### 2. Elman 神经网络的学习算法

对于递归神经网络，有时为了计算的简便，在修正权值时可以采用静态的 BP 算法。但由于网络的输出不仅与 $k$ 时刻的输入有关，还与 $k$ 以前的输入信号有关，所以涉及精确计算时，必须采用动态的学习规则。

在递归网络算法研究中，一般采用有序链式法则的算法。此外，对递归网络进行训练，一共有两种方法：一种是批处理模式；另一种是在线模式，本节采用在线训练规则。

定义 $k$ 时刻网络的权值调整的误差函数为

$$E(k)=\frac{1}{2}\sum_{i=1}^{r}(d_i(k)-y_i(k))^2$$

式中，$d_i(k)$ 为 $k$ 时刻第 $i$ 个输出节点的期望输出。

令 $e_i(k)$ 为 $k$ 时刻第 $i$ 个输出节点期望输出与实际输出的误差，即

$$e_i(k)=d_i(k)-y_i(k)$$

网络的权值变化为

$$\omega(k+1)=\omega(k)+\eta\left(-\frac{\partial E(k)}{\partial \omega}\right)+\alpha\Delta\omega(k)$$

式中，$\omega$ 可代表输入层、隐含层或输出层的权值。

对于输出层的权值，采用有序链式法则，则有

$$\begin{aligned}\frac{\partial E(k)}{\partial \omega_{ij}^1}&=\frac{\partial E(k)}{\partial y_i(k)}\times\frac{\partial y_i(k)}{\partial \omega_{ij}^1}\\&=-\frac{\partial E(k)}{\partial y_i(k)}\times\frac{\partial y_i(k)}{\partial s_i^3(k)}\times\frac{\partial s_i^3(k)}{\partial \omega_{ij}^1}\\&=e_i(k)\times f_2'(s_i^3(k))\times x_j^1(k)\end{aligned}$$

对于隐含层的权值，同理有

$$\begin{aligned}-\frac{\partial E(k)}{\partial \omega_{ij}^0}&=-\sum_{l=1}^{r}\frac{\partial E(k)}{\partial y_l(k)}\times\frac{\partial y_l(k)}{\partial \omega_{ij}^0}\\&=-\sum_{l=1}^{r}\frac{\partial E(k)}{\partial y_l(k)}\times\frac{\partial y_l(k)}{\partial s_l^3(k)}\times\frac{\partial s_l^3(k)}{\partial x_i^1(k)}\times\frac{\partial x_i^1(k)}{\partial \omega_{ij}^0}\\&=\sum_{l=1}^{r}e_l(k)\times f_2'(s_l^3(k))\times\omega_{li}^1(k)\times\frac{\partial x_i^1(k)}{\partial \omega_{ij}^0}\end{aligned}$$

如果令 $\beta_{ij}^i(k)=\dfrac{\partial x_i^1}{\partial \omega_{ij}^0}$，则有

$$\beta_{ij}^i(k)=\frac{\partial x_i^1(k)}{\partial \omega_{ij}^0}=\frac{\partial x_i^1}{\partial s_i^1(k)}\times\frac{\partial s_i^1(k)}{\partial \omega_{ij}^0}$$

$$=f_1'(s_i^1(k))\times\left(x_j^0(k)+\sum_{m=1}^{n^1}\omega_{im}^2\times\frac{\partial c_m(k)}{\partial \omega_{ij}^0}\right)$$

$$=f_1'(s_i^1(k))\times\left(x_j^0(k)+\sum_{m=1}^{n^1}\omega_{im}^2\times\frac{\partial x_m^1(k-1)}{\partial \omega_{ij}^0}\right)$$

$$=f_1'(s_i^1(k))\times\left(x_j^0(k)+\sum_{m=1}^{n^1}\omega_{im}^2\times\beta_{ij}^m(k-1)\right)$$

即可得

$$\begin{cases}-\dfrac{\partial E(k)}{\partial \omega_{ij}^0}=\sum\limits_{l=1}^{r}e_l(k)\times f_1'(s_l^3(k))\times\omega_{li}^1(k)\times\beta_{ij}^i(k)\\ \beta_{ij}^i(k)=f_1'(s_i^1(k))\times\left(x_j^0(k)+\sum\limits_{m=1}^{n^1}\omega_{im}^2\beta_{ij}^m(k-1)\right)\end{cases}$$

式中，$\beta_{ij}^m=0$；$i,j=1,2,\cdots,n$。

同理，关联层的权值有

$$\begin{cases}-\dfrac{\partial E(k)}{\partial \omega_{ij}^0}=\sum\limits_{l=1}^{r}e_l(k)\times f_2'(s_l^3(k))\times\omega_{li}^1(k)\times\delta_{ij}^i(k)\\ \delta_{ij}^i(k)=f_1'(s_i^1(k))\times\left(x_j^1(k-1)+\sum\limits_{m=1}^{n^1}\omega_{im}^2\delta_{ij}^m(k-1)\right)\end{cases}$$

式中，$\beta_{ij}^m=0$；$m,i,j=1,2,\cdots,n$。

### 3. Elman 神经网络的实现

MATLAB 中也提供了相关函数用于实现 Elman 神经网络，下面直接通过例子来演示相关函数的用法。

**【例 3-9】** 本例用 Elman 神经网络预测股价，原始资料是某股票连续 280 天的股价表。采用前 140 期股价作为训练样本，其中每连续 5 天的价格作为训练输入，第 6 天的价格作为对应的期望输出。

```
>> clear all;                    %清除工作空间中的所有变量
%加载数据
load stock1                      %股价的数据存储于 stock1.mat 文件中
plot(1:280,stock1);
xlabel('日期');ylabel('股价');
```

运行程序，可观察到股价的涨落情况，如图 3-32 所示。

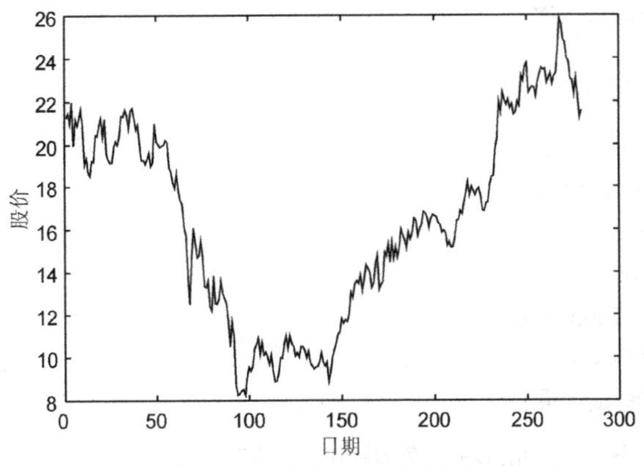

图 3-32 股价的 280 期变化情况图

在此采用 newelm 函数创建 Elman 网络，并设置迭代次数为 1000 次，为了取得较好的效果，训练前对数据做归一化处理，最后，用训练数据本身做测试。实现的脚本代码如下：

```
>> %清理
clear all;
%加载数据
load stock1
%归一化处理
mi=min(stock1);
ma=max(stock1);
stock1=(stock1-mi)/(ma-mi);
%划分训练数据与测试数据：前 140 个为训练样本，后 140 个为测试样本
traindata = stock1(1:140);
%训练
P=[];
for i=1:140-5
    P=[P;traindata(i:i+4)];
end
P=P';
T=[traindata(6:140)];                          %期望输出
%创建 Elman 网络
threshold=[0 1;0 1;0 1;0 1;0 1];
net=newelm(threshold,[0,1],[20,1],{'tansig','purelin'});
%开始训练
net.trainParam.epochs=1000;                    %设置迭代次数
%初始化
net=init(net);
net=train(net,P,T);
%保存训练好的网络
save stock3 net
```

```
%使用训练数据测试一次
y=sim(net,P);
error=y-T;
mse(error);
fprintf('error= %f\n', error);
T = T*(ma-mi) + mi;
y = y*(ma-mi) + mi;
plot(6:140,T,'b-',6:140,y,'r-');
title('使用原始数据测试');
legend('真实值','测试结果');
```

运行程序，输出如下，得到的测试效果如图 3-33 所示。

```
error= 0.002771
error= 0.013923
error= -0.022684
……
error= -0.009151
error= -0.029222
error= 0.001985
```

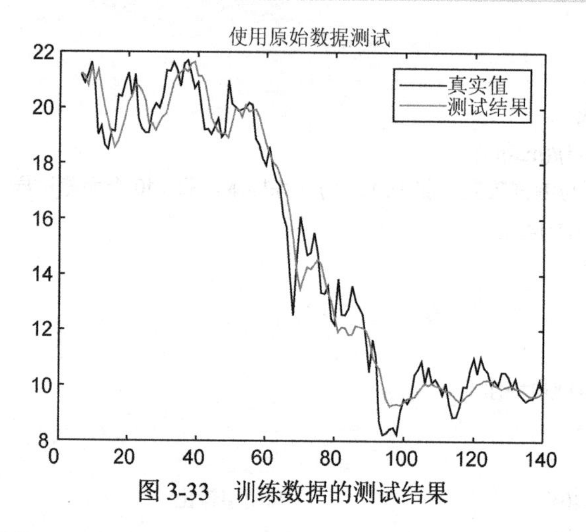


图 3-33　训练数据的测试结果

此处的训练数据取自原始数据中的前 140 期，后 140 期则作为测试使用。训练好的网络保存在 stock3.mat 文件中，实现代码如下：

```
>> clear all;                          %清除工作空间变量
%加载数据
load stock3                            %前面保存的训练好的 Elman 网络
load stock1
%归一化处理
mi=min(stock1);
ma=max(stock1);
```

```
testdata = stock1(141:280);
testdata=(testdata-mi)/(ma-mi);
%用后 140 期数据做测试
Pt=[];
for i=1:135
    Pt=[Pt;testdata(i:i+4)];
end
Pt=Pt';
%测试
Yt=sim(net,Pt);
%根据归一化公式将预测数据还原成股票价格
YYt=Yt*(ma-mi)+mi;
%目标数据-预测数据
figure
plot(146:280, stock1(146:280), 'r',146:280, YYt, 'b');
legend('真实值', '测试结果');
title('股价预测测试');
```

运行程序，效果如图 3-34 所示。

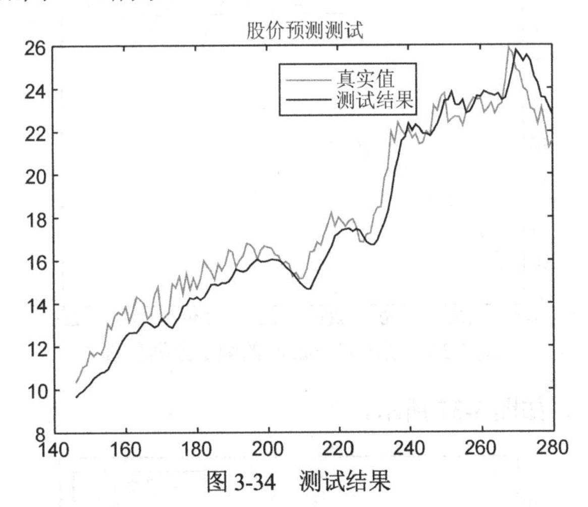


图 3-34　测试结果

也可以采用 elmannet 函数创建 Elman 网络，代码如下：

```
net=elmannet;
```

替换训练脚本中的语句：

```
net=newelm(threshold,[0,1],[20,1],{'tansig','purelin'});
```

运行程序，训练数据本身的仿真结果和测试数据的仿真结果分别如图3-35和图3-36所示。

**注意**：其误差过程也有所不同。

采用从 stock2.mat 文件导入的另一份股价数据进行测试，将测试脚本中的

```
load stock1
```

改为

```
load stock2
stock1=stock2';
```

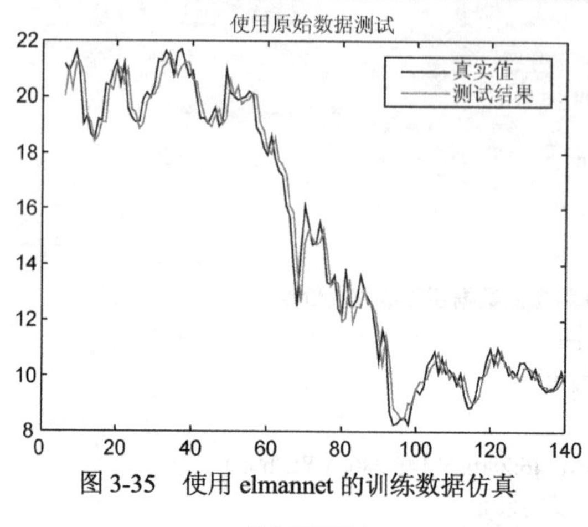


图 3-35　使用 elmannet 的训练数据仿真

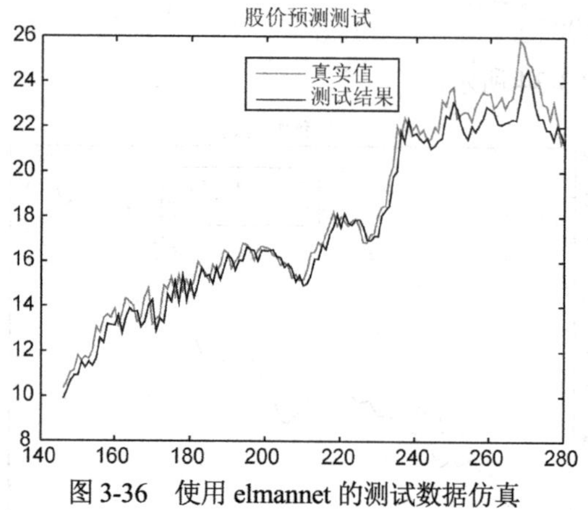


图 3-36　使用 elmannet 的测试数据仿真

测试效果也非常好，如图 3-37 所示。

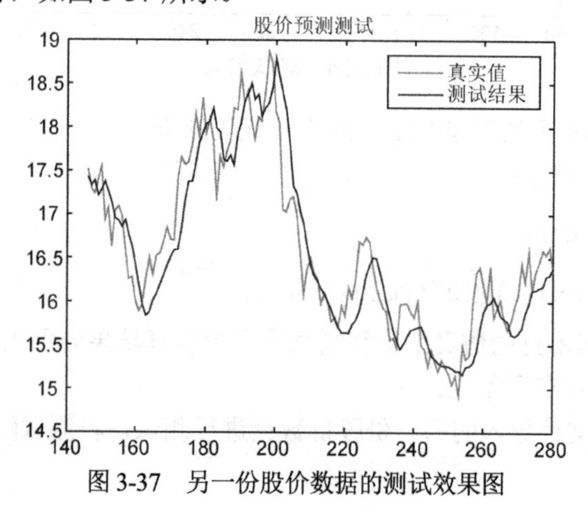


图 3-37　另一份股价数据的测试效果图

# 第 4 章　RBF 网络的算法分析

在 1990 年，研究人保山首次提出了非线性动力系统的人工神经网络自适应控制方法。此后，多层神经网络（MNN）和径向基函数（Radial Basis Function，RBF）神经网络成功地应用于模式识别和控制中。

RBF 神经网络于 1988 年被提出。相比多层前馈网络（MFN），RBF 网络由于具有良好的泛化能力，网络结构简单，避免不必要的和冗长的计算而备受关注。关于 RBF 网络的研究表明了 RBF 神经网络能在一个紧凑集和任意精度下，逼近任何非线性函数。目前，已经有许多针对非线性系统的 RBF 神经网络控制研究成果发表。

RBF 神经网络有 3 层：输入层、隐含层和输出层。隐含层的神经元激活函数由径向基函数构成。隐含层组成的数组运算单元称为隐含层节点。每个隐含层节点包含一个中心向量 $\boldsymbol{c}$，$\boldsymbol{c}$ 和输入参数向量 $\boldsymbol{x}$ 具有相同维数，二者之间的欧氏距离定义为 $\|\boldsymbol{x}(t)-\boldsymbol{c}_j(t)\|$。

隐含层的输出为非线性激活函数 $h_j(t)$：

$$h_j(t)=\exp\left(-\frac{\|\boldsymbol{x}(t)-\boldsymbol{c}_j(t)\|^2}{2b_j^2}\right), j=1,2,\cdots,m$$

其中，$b_j$ 为一个正的标量，表示高斯基函数的宽度；$m$ 是隐含层的节点数量。网络的输出由如下加权函数实现：

$$y_i(t)=\sum_{j=1}^{m}\omega_{ji}h_j(t), i=,1,2,\cdots,n$$

其中，$\omega$ 是输出层的权值；$n$ 是输出节点个数；$y$ 是神经网络输出。

## 4.1　径向基神经网络

RBF 神经网络是一种两层前向型神经网络，包含一个具有径向基函数神经元的隐层和一个具有线性神经元的输出层。

### 4.1.1　RBF 神经网络结构

径向基神经网络同样是一种前馈反向传播网络，它有两个网络层：隐含层为径向基层；输出为线性层，如图 4-1 所示。

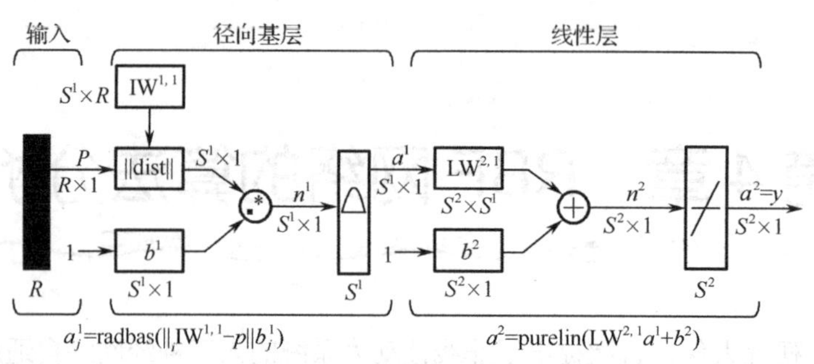


图 4-1　径向基神经网络的结构

网络的输出为

$$a^2 = \mathrm{purelin}(\mathrm{LW}^2 a^1 + b^2)$$

$$a^1 = \mathrm{radbas}(n^1)$$

$$\begin{aligned} n^1 &= \| \mathrm{IW} - P \| .* b^1 \\ &= (\mathrm{diag}((\mathrm{IW} - \mathrm{ones}(S^1,1) * P')(\mathrm{IW} - \mathrm{ones}(S^1,1) * P')')) \wedge 0.5.* b^1 \end{aligned}$$

式中，diag($x$)表示取矩阵向量主对角线上的元素组成的列向量；“.^”和“.*”分别表示数量乘方和数量乘积（即矩阵中各对应元素的乘方和乘积）。

由输入层、隐含层和输出层构成的一般径向基神经网络的网络结构如图 4-2 所示。在RBF 网络中，输入层仅仅起到传输信号的作用，与前面所讲述的神经网络相比较，输入层和隐含层之间可以看做连接权值为 1 的连接。输出层和隐含层所完成的任务是不同的，因而它们的学习策略也不相同。输出层是对线性权进行调整，采用的是线性优化策略。因而其学习速度较快。而隐含层是对激活函数（格林函数或高斯函数，一般取高斯）的参数进行调整的，采用的是非线性优化策略，因而学习速度较慢。

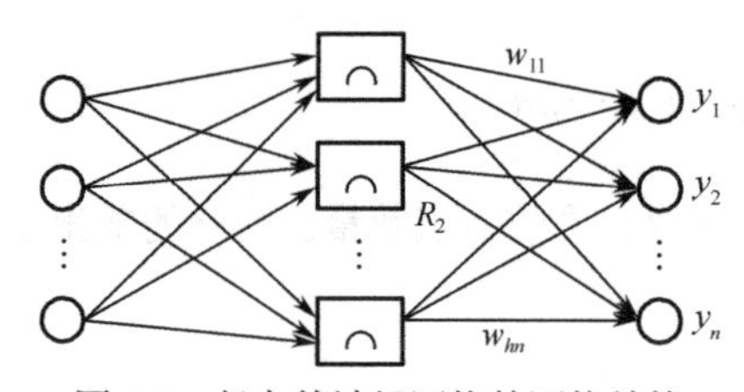


图 4-2　径向基神经网络的网络结构

可以从两方面理解径向基网络的工作原理。

（1）从函数逼近的观点看：若把网络看做对未知函数的逼近，则任何函数都可以表示成一组基函数的加权和。在径向基网络中，相当于选择各隐层神经元的传输函数，使之构成一组基函数逼近未知函数。

（2）从模式识别的观点看：总可以将低维空间非线性可分的问题映射到高维空间，使其在高维空间线性可分。在径向基网络中，隐含层的神经元数目一般比标准的 BP 网络的多，构成高维的隐单元空间，同时，隐含层神经元的传输函数为非线性函数，从而完成从输入空间到隐单元空间的非线性变换。只要隐含层神经元的数目足够多，就可以使输入模式在隐含层的高维输出空间线性可分。在径向基网络中，输出层为线性层，完成对隐含层空间模式的线性分类，即提供从隐单元空间到输出空间的一种线性变换。

### 4.1.2 RBF神经网络的训练

通过离线训练，采用RBF神经网络，可实现对一组多输入多输出数据或模型的建模。

在RBF网络中，取输入为

$$h_j = \exp\left(-\frac{\| x(t) - \boldsymbol{c}_j \|^2}{2b_j^2}\right), j = 1,2,\cdots,m$$

其中，$\boldsymbol{c}_j = [c_{j1},\cdots,c_{jn}]$ 为隐层第 $j$ 个神经元的中心向量。

网络的基宽向量为

$$\boldsymbol{b} = [b_1,\cdots,b_m]^{\mathrm{T}}$$

其中，$b_j > 0$ 为节点 $j$ 的基宽参数。

网络权值为

$$\boldsymbol{\omega} = [\omega_1,\cdots,\omega_m]^{\mathrm{T}}$$

网络输出为

$$y_l = \omega_1 h_1 + \omega_2 h_2 + \cdots + \omega_m h_m$$

其中，$y_l^d$ 为理想的输出，$l = 1,2,\cdots,N$。

网络的第 $l$ 个输出的误差为

$$\mathrm{e}_l = y_l^d - y_l$$

整个训练样本误差指标为

$$E(t) = \sum_{l=1}^{N} \mathrm{e}_l^2$$

根据梯度下降法，权值按下式调整：

$$\Delta\omega_j(t) = -\eta \frac{\partial E}{\partial \omega_j} = \eta \sum_{l=1}^{N} \mathrm{e}_l h_j$$

$$\omega_j(t) = \omega_j(t-1) + \Delta\omega_j(t) + \alpha(\omega_j(t-1) - \omega_j(t-2))$$

式中，$\eta \in (0,1)$ 为学习速率，$\alpha \in (0,1)$ 为动量因子。

与BP网络相比，RBF网络非线性映射能力不强。因此，RBF网络对输入输出的训练指标不如BP网络。

### 4.1.3 RBF神经网络逼近

RBF网络可对任意未知非线性函数进行任意精度的逼近。在控制系统设计中，采用RBF网络可实现对未知函数的逼近。

例如，为了估计函数 $f(x)$，采用如下RBF网络算法：

$$h_j = g\left(\frac{\| x - \boldsymbol{c}_{ij} \|^2}{b_j^2}\right)$$

$$f = \boldsymbol{W}^{*\mathrm{T}} h(x) + \varepsilon$$

其中，$x$为网络输入；$i$表示输入层节点；$j$为隐含层节点；$\boldsymbol{h} = [h_1, h_2, \cdots, h_n]^{\mathrm{T}}$为隐含层的输出；$\boldsymbol{W}^*$为理想权值；$\varepsilon$为网络的逼近误差，$\varepsilon \leqslant \varepsilon_N$。

在控制系统设计中，可采用 RBF 网络对未知函数$f$进行逼近。一般可采用系统状态作为网络的输入，网络输出为

$$\hat{f}(x) = \hat{\boldsymbol{W}}^{\mathrm{T}} h(x)$$

其中，$\hat{\boldsymbol{W}}$为估计权值。

在实际的控制系统设计中，为了保证网络的输入值处于高斯基函数的有效范围，应根据网络输入值的实际范围确定高斯基函数的中心点坐标向量$\boldsymbol{c}$值。为了保证高斯基函数的有效映射，需要为高斯基函数的宽度$b_j$取适当的值。$\hat{\boldsymbol{W}}$的调节是通过 Lyapunov 稳定性分析中进行设计的。

### 4.1.4 RBF 自校正控制

#### 1．系统描述

考虑被控对象为

$$y(k+1) = g[y(k)] + \phi[y(k)]u(k)$$

其中，$y(k)$为系统输出；$u(k)$为控制输入。

设$y_d(k)$为理想跟踪指令。如果$g[\cdot]$和$\phi[\cdot]$为已知的，则设计自校正控制器为

$$u(k) = \frac{-g[\cdot]}{\phi[\cdot]} + \frac{y_d(k+1)}{\phi[\cdot]}$$

在实际工程中，$g[\cdot]$和$\phi[\cdot]$通常是未知的，上式的控制器难以实现，采用 RBF 神经网络逼近$g[\cdot]$和$\phi[\cdot]$，可有效解决这一难题。

#### 2．RBF 控制算法

如果$g[\cdot]$和$\phi[\cdot]$未知，可利用 RBF 网络逼近$g[\cdot]$和$\phi[\cdot]$，从而得到$g[\cdot]$和$\phi[\cdot]$的估计值，记为$Ng[\cdot]$和$N\varphi[\cdot]$，则自校正控制器为

$$u(k) = \frac{-Ng[\cdot]}{N\phi[\cdot]} + \frac{y_d(k+1)}{N\phi[\cdot]}$$

其中，$Ng[\cdot]$和$N\phi[\cdot]$为 RBF 神经网络的逼近输出。

分别采用两个 RBF 神经网络逼近$g[\cdot]$和$\phi[\cdot]$，$\boldsymbol{W}$和$\boldsymbol{V}$分别为两个神经网络的权值。在 RBF 网络设计中，取$y(k)$为网络输入，$\boldsymbol{h} = [h_1, h_2, \cdots, h_m]^{\mathrm{T}}$，$h_j$为高斯函数：

$$h_j = \exp\left(-\frac{\| y(k) - c_j \|^2}{2b_j^2}\right)$$

其中，$i=1$；$j=1,\cdots,m$；$b_j > 0$；$c_j = [c_{11}, \cdots, c_{1m}]$；$\boldsymbol{b} = [b_1, b_2, \cdots, b_m]^{\mathrm{T}}$。

设 RBF 网络的权值为

$$W=[\omega_1,\cdots,\omega_m]^{\mathrm{T}}$$
$$V=[v_1,\cdots,v_m]^{\mathrm{T}}$$

两个 RBF 网络的输出分别为

$$Ng[k]=h_1\omega_1+\cdots+h_j\omega_j+\cdots+h_m\omega_m$$
$$N\varphi(k)=h_1v_1+\cdots+h_jv_j+\cdots+h_mv_m$$

其中，$m$ 为隐含层节点的个数。

基于 RBF 神经网络逼近的输出为

$$y_m(k)=Ng[y(k-1);\boldsymbol{W}(k)]+N\phi[y(k-1);\boldsymbol{V}(k)]u(k-1)$$

基于神经网络 $Ng[\cdot]$ 和 $N\phi[\cdot]$ 逼近的自适应控制的系统框图如图 4-3 所示。

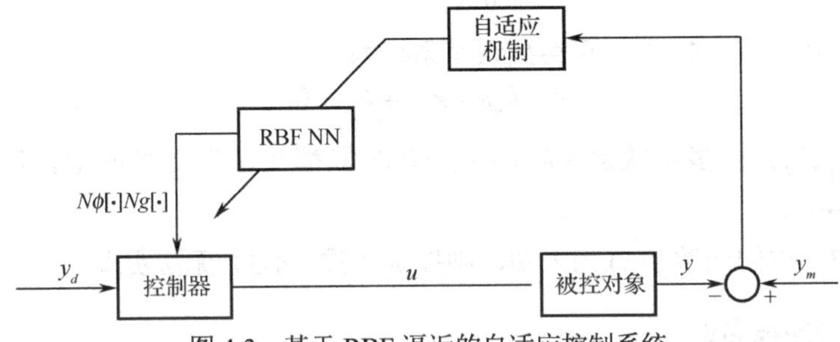


图 4-3　基于 RBF 逼近的自适应控制系统

用于权值调整的误差指标为

$$E(k)=\frac{1}{2}(y(k)-y_m(k))^2$$

根据梯度下降法，网络权值学习算法为

$$\Delta\omega_j(k)=-\eta_\omega\frac{\partial E(k)}{\partial\omega_j(k)}=\eta_\omega(y(k)-y_m(k))h_j(k)$$

$$\Delta v_j(k)=-\eta_v\frac{\partial E(k)}{\partial v_j(k)}=\eta_v(y(k)-y_m(k))h_j(k)u(k-1)$$

$$\boldsymbol{W}(k)=\boldsymbol{W}(k-1)+\Delta\boldsymbol{W}(k)+\alpha(\boldsymbol{W}(k-1)-\boldsymbol{W}(k-2))$$
$$\boldsymbol{V}(k)=\boldsymbol{V}(k-1)+\Delta\boldsymbol{V}(k)+\alpha(\boldsymbol{V}(k-1)-\boldsymbol{V}(k-2))$$

其中，$\eta_\omega$ 和 $\eta_v$ 为学习速率，$\alpha$ 为动量因子。

### 4.1.5　自适应 RBF 神经网络

#### 1．系统描述

考虑如下二阶非线性系统：

$$\ddot{x}=f(x,\dot{x})+g(x,\dot{x})u \tag{4-1}$$

式中，$f$ 为未知非线性函数；$g$ 为已知非线性函数；$u\in R^n$ 和 $y\in R^n$ 分别为系统的控制输入和输出。

令$x_1 = x$，$x_2 = \dot{x}$和$y = x_1$，式（4-1）可写为

$$\dot{x}_1 = x_2$$
$$\dot{x}_2 = f(x_1, x_2) + g(x_1, x_2)u$$
$$y = x_1$$

理想跟踪指令为$y_d$，则误差为

$$e = y_d - y = y_d - x_1$$
$$\boldsymbol{E} = (e, \dot{e})^{\mathrm{T}} \tag{4-2}$$

设理想控制律为

$$u^* = \frac{1}{g(x)}[-f(x) + \ddot{y}_d + \boldsymbol{K}^{\mathrm{T}}\boldsymbol{E}] \tag{4-3}$$

将式（4-3）代入式（4-1），可得到误差系统为

$$\ddot{e} + k_p e + k_d s + k_p = 0$$

设计$\boldsymbol{K} = (k_p, k_d)^{\mathrm{T}}$使多项式$s^2 + k_p s + k_p = 0$的根都在左半复平面上，则当$t \to \infty$时，$e(t) \to 0$，$\dot{e}(t) \to 0$。

如果式（4-3）中的函数$f(x)$为未知，则控制律式（4-3）无法实现。

### 2. RBF 神经网线逼近

采用 RBF 网络可实现未知函数$f(x)$的逼近，RBF 网络算法为

$$h_j = g\left(\frac{\| x - c_{ij} \|^2}{b_j^2}\right)$$
$$f = \boldsymbol{W}^{\mathrm{T}} h(x) + \varepsilon$$

式中，$x$为网络的输入；$i$为网络的输入个数；$j$为网络隐含层第$j$个节点；$\boldsymbol{h} = [h_1, \cdots, h_n]^{\mathrm{T}}$为高斯函数的输出；$\boldsymbol{W}$为网络的权值；$\varepsilon$为网络的逼近误差，$\varepsilon \leqslant \varepsilon_N$。

采用 RBF 逼近未知函数$f$，网络的输入取$\boldsymbol{x} = [e, \dot{e}]^{\mathrm{T}}$，则 RBF 网络的输出为

$$\hat{f}(x) = \hat{\boldsymbol{W}}^{\mathrm{T}} h(x)$$

### 3. 控制律和自适应律设计

将 RBF 神经网络的输出代替式（4-3）中的未知函数$f$，可得控制律为

$$u = \frac{1}{g(x)}[-\hat{f}(x) + \ddot{y}_d + \boldsymbol{K}^{\mathrm{T}}\boldsymbol{E}]$$
$$\hat{f}(x) = \hat{\boldsymbol{W}}^{\mathrm{T}} h(x)$$

其中，$h(x)$为高斯函数，$\hat{\boldsymbol{W}}$为理想权值$\boldsymbol{W}$的估计。

图 4-4 所示为闭环神经网络自适应控制系统框图。

设计自适应律为

$$\dot{\hat{\boldsymbol{W}}} = -\gamma \boldsymbol{E}^{\mathrm{T}} Pbh(x)$$

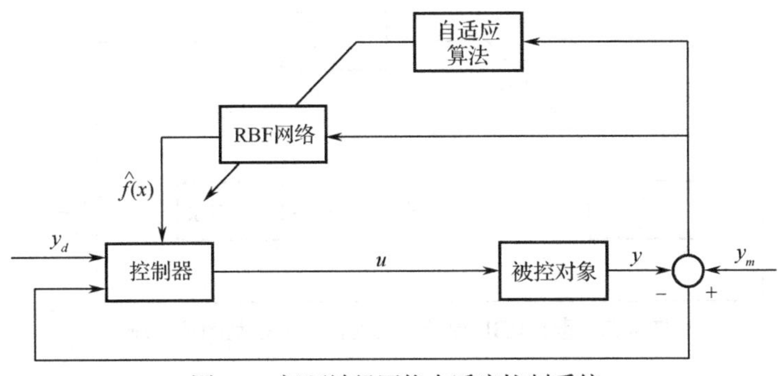


图 4-4　闭环神经网络自适应控制系统

## 4.1.6　RBF 神经网络的直接鲁棒自适应

### 1．系统描述

可以设计一种基于 RBF 神经网络的直接鲁棒自适应控制。考虑如下二阶 SISO 非线性系统：

$$\begin{aligned}&\dot{x}_1 = x_2\\&\dot{x}_2 = \alpha(x) + \beta(x)u + d(t)\\&y = x_1\end{aligned}$$

式中，$\boldsymbol{x} = [x_1, x_2]^{\mathrm{T}} \in R$、$u \in R$ 和 $y \in R$ 分别为系统的状态、控制输入和输出；$\alpha(x)$ 和 $\beta(x)$ 为未知非线性函数；$d(t)$ 为外界扰动且有 $d_0 > 0$，$|d(t)| \leqslant d_0$。

定义理想跟踪指令向量 $\boldsymbol{x}_d$，跟踪误差 $\boldsymbol{e}$ 和误差函数 $s$ 为

$$\begin{aligned}&\boldsymbol{x}_d = [y_d, \dot{y}_d]^{\mathrm{T}}\\&\boldsymbol{e} = x - x_d = [\boldsymbol{e}, \dot{e}_d]^{\mathrm{T}}\\&s = [\lambda, 1]\boldsymbol{e} = \lambda \boldsymbol{e} + \dot{e}\end{aligned}$$

其中，$\lambda > 0$，从而满足多项式 $s + \lambda$ 是 Hurwitz。

由上式，对 $s$ 求导可得

$$\begin{aligned}\dot{s} &= \lambda\dot{e} + \ddot{e} = \lambda\dot{e} + \ddot{x}_1 - \ddot{y}_d\\&= \lambda\dot{e} + \alpha(x) + \beta(x)u + d(t) - \ddot{y}_d\\&= \alpha(x) + v + \beta(x)u + d(t)\end{aligned} \tag{4-4}$$

其中，$v = -\ddot{y}_d + \lambda\dot{e}$。

### 2．控制器设计及分析

图 4-5 所示为基于 RBF 神经网络的自适应控制闭环系统框图。

令 $\hat{\boldsymbol{W}}$ 为理想网络权值 $\boldsymbol{W}^*$ 的估计，可设计直接自适应控制器为 RBF 网络的输出，即

$$u = \hat{\boldsymbol{W}}^{\mathrm{T}} h(z) \tag{4-5}$$

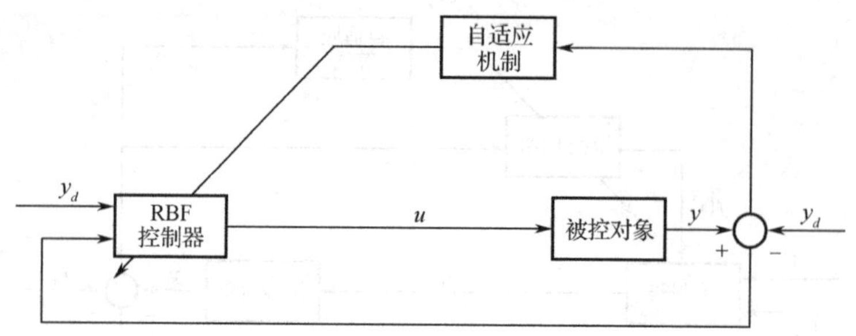


图 4-5　基于 RBF 神经网络的自适应控制闭环系统

自适应律取，

$$\dot{\hat{\boldsymbol{W}}} = -\boldsymbol{\Gamma}(h(z)s + \sigma\hat{\boldsymbol{W}}) \tag{4-6}$$

式中，$\boldsymbol{\Gamma} = \boldsymbol{\Gamma}^{\mathrm{T}} > 0$ 为自适应增益矩阵，且 $\sigma > 0$ 为常数。

将控制律式（4-5）代入式（4-4），误差方程式（4-4）可写为

$$\dot{s} = \alpha(x) + v + \beta(x)\hat{\boldsymbol{W}}^{\mathrm{T}}h(z) + d(t) \tag{4-7}$$

在式（4-7）的右边分别加上和减去 $\beta(x)u^*(z)$，整理可得

$$\dot{s} = \alpha(x) + v + \beta(x)(\hat{\boldsymbol{W}}^{\mathrm{T}}h(z) - \boldsymbol{W}^{*\mathrm{T}}h(z) - \mu_l) + \beta(x)u^*(z) + d(t) \tag{4-8}$$

即可得

$$u^* = -\frac{1}{\beta(x)}(\alpha(x) + v) - \left(\frac{1}{\varepsilon\beta(x)} + \frac{1}{\varepsilon\beta^2(x)} - \frac{\dot{\beta}(x)}{2\beta^2(x)}\right)s$$

将上式代入式（4-8），可得

$$\dot{s} = \beta(x)(\tilde{\boldsymbol{W}}^{\mathrm{T}}h(z) - \mu_l) - \left(\frac{1}{\varepsilon} + \frac{1}{\varepsilon\beta(x)} - \frac{\dot{\beta}(x)}{2\beta(x)}\right)s + d(t) \tag{4-9}$$

其中，$\tilde{\boldsymbol{W}} = \hat{\boldsymbol{W}} - \boldsymbol{W}^*$。

式（4-9）中，$\beta(x)$ 作为 $\tilde{\boldsymbol{W}}^{\mathrm{T}}$ 的系数存在，如果设计 Lyapunov 函数 $V$ 中含有 $\frac{1}{2}s^2$，将导致自适应律 $\dot{\hat{\boldsymbol{W}}}$ 中包含 $\beta(x)$。为了避免自适应律 $\dot{\hat{\boldsymbol{W}}}$ 中含有 $\beta(x)$，以 $\frac{1}{2}\frac{s^2}{\beta(x)}$ 代替 $\frac{1}{2}s^2$，设计 Lyapunov 函数为

$$V = \frac{1}{2}\left(\frac{s^2}{\beta(x)} + \tilde{\boldsymbol{W}}^{\mathrm{T}}\boldsymbol{\Gamma}^{-1}\tilde{\boldsymbol{W}}\right)$$

对上式求导，并结合式（4-8）可得

$$\begin{aligned}
\dot{V} &= \frac{s\dot{s}}{\beta(x)} - \frac{\dot{\beta}(x)}{2\beta^2(x)}s^2 + \tilde{\boldsymbol{W}}^{\mathrm{T}}\boldsymbol{\Gamma}^{-1}\dot{\hat{\boldsymbol{W}}} \\
&= \frac{s}{\beta(x)}\left(\beta(x)(\tilde{\boldsymbol{W}}^{\mathrm{T}}h(z) - \mu_l) - \left(\frac{1}{\varepsilon} + \frac{1}{\varepsilon\beta(x)} - \frac{\dot{\beta}(x)}{2\beta(x)}\right)s + \mathrm{d}(t)\right) - \frac{\dot{\beta}(x)}{2\beta^2(x)}s^2 + \tilde{\boldsymbol{W}}^{\mathrm{T}}\boldsymbol{\Gamma}^{-1}(-\boldsymbol{\Gamma}(h(z)s + \sigma\hat{\boldsymbol{W}})) \\
&= -\left(\frac{1}{\varepsilon\beta(x)} - \frac{1}{\beta^2(x)}\right)s^2 + \frac{\mathrm{d}(t)}{\beta(x)}s - \mu_l s - \sigma\tilde{\boldsymbol{W}}^{\mathrm{T}}\hat{\boldsymbol{W}}
\end{aligned}$$

由于

$$2\tilde{\boldsymbol{W}}^{\mathrm{T}}\hat{\boldsymbol{W}} = \tilde{\boldsymbol{W}}^{\mathrm{T}}(\tilde{\boldsymbol{W}} + \boldsymbol{W}^*) + (\hat{\boldsymbol{W}} - \boldsymbol{W}^*)^{\mathrm{T}}\hat{\boldsymbol{W}}$$
$$= \tilde{\boldsymbol{W}}^{\mathrm{T}}\tilde{\boldsymbol{W}} + (\hat{\boldsymbol{W}} - \boldsymbol{W}^*)^{\mathrm{T}}\boldsymbol{W}^* + \tilde{\boldsymbol{W}}^{\mathrm{T}}\hat{\boldsymbol{W}} - \boldsymbol{W}^{*\mathrm{T}}\hat{\boldsymbol{W}}$$
$$= \|\tilde{\boldsymbol{W}}\|^2 + \|\hat{\boldsymbol{W}}\|^2 - \|\boldsymbol{W}^*\|^2 \geqslant \|\tilde{\boldsymbol{W}}\|^2 - \|\boldsymbol{W}^*\|^2$$

$$\frac{d(t)}{\beta(x)}s \leqslant \frac{s^2}{\varepsilon\beta^2(x)} + \frac{\varepsilon}{4}d(t)^2$$

$$|\mu_l s| \leqslant \frac{s^2}{2\varepsilon\beta(x)} + \frac{\varepsilon}{2}\mu_l^2\beta(x) \leqslant \frac{s^2}{2\varepsilon\beta(x)} + \frac{\varepsilon}{2}\mu_l^2\bar{\beta}$$

又由于$|\mu_l| \leqslant \mu_0$，$|\mathrm{d}(t)| \leqslant d_0$，则

$$\dot{V} \leqslant -\frac{s^2}{2\varepsilon\beta(x)} - \frac{\sigma}{2}\|\tilde{\boldsymbol{W}}\|^2 + \frac{\varepsilon}{2}\mu_0^2\bar{\beta} + \frac{\varepsilon}{4}d_0^2 + \frac{\sigma}{2}\|\boldsymbol{W}^*\|^2$$

由于$\tilde{\boldsymbol{W}}^{\mathrm{T}}\boldsymbol{\Gamma}^{-1}\tilde{\boldsymbol{W}} \leqslant \bar{\gamma}\|\tilde{\boldsymbol{W}}\|^2$（$\bar{\gamma}$是$\boldsymbol{\Gamma}^{-1}$的最大特征根），可得

$$\dot{V} \leqslant -\frac{1}{\alpha_0}V + \frac{\varepsilon}{2}\mu_0^2\bar{\beta} + \frac{\varepsilon}{4}d_0^2 + \frac{\sigma}{2}\|\boldsymbol{W}^*\|^2$$

式中，$\alpha_0 = \max\{\varepsilon, \bar{\gamma}/\sigma\}$。

### 4.1.7 径向基神经网络的优缺点

#### 1. 径向基神经网络的优点

神经网络具有很强的非线性拟合能力，可以映射任意复杂的非线性关系，并且学习规则简单，便于计算机实现；具有很好的鲁棒性、记忆能力、非线性映射能力以及强大的自学习能力，因此具有很大的应用市场。

RBF网络是一种性能优良的前馈型神经网络，可以以任意精度逼近任意的非线性函数，并且具有全局逼近能力，从而解决了BP网络的局部最优问题，并且其拓扑结构紧凑，结构参数可以实现分离学习，收敛速度快。其优点如下。

（1）RBF网络具有唯一最佳逼近的特性，且无局部极小问题存在。

（2）RBF网络具有较强的输入和输出映射功能，并且理论证明在前向型神经网络中RBF网络是完成映射功能的最优网络。

（3）RBF网络的连接权值与输出呈线性关系。

（4）RBF分类能力好。

（5）RBF学习过程收敛速度快。

在理论上，RBF网络和BP网络一样能以任意精度逼近任何非线性函数。但是由于它们使用的激励函数不同，其逼近性能也不相同。Poggio和Girosi已经证明，RBF网络是连续函数的最佳逼近，而BP网络不是这样。BP网络使用的Sigmoid函数具有全局特性，它在输入值的很大范围内每个节点都对输出值产生影响，而且激励函数在输入值的很大范围内相互重叠，因而相互影响，因此BP网络训练时间长。此外，由于BP算法的固有特性，BP网络容易陷入局部极小的问题不可能从根本上避免。

采用局部激励函数的 RBF 网络在很大程度上克服了上述缺点，它的学习速率可以比通常的 BP 网络算法提高上千倍，容易适应新数据，其隐含层节点的数目也在训练过程中确定，并且收敛性比 BP 网络更易于保证，所以可以得到最优解。

**2．径向基函数网络的缺点**

同时 RBF 也具有一定的缺点，其缺点如下。

（1）RBF 网络最严重的问题是没有能力来解释自己的推理过程和推理依据。

（2）RBF 网络不能向用户提出必要的询问，并且当数据不充分的时候，神经网络无法进行工作。

（3）RBF 网络把一切问题的特征都变为数字，把一切推理都变为数值计算，其结果往往是丢失信息。

（4）RBF 网络理论和学习算法有待于进一步完善和提高，RBF 网络的非线性映射能力体现在隐含层函数上，而隐含层基函数的特性主要由基函数的中心确定，从数据点中任意选取中心构造出来的 RBF 网络的性能显然是令人不满意的。

（5）RBF 网络用于非线性系统建模需要解决的关键问题是样本数据的选择，在实际工业过程中，系统的信息往往只能从系统运行的操作数据中分析得到，因此如何从系统运行的操作数据中提取系统运行状况信息，以降低网络对训练样本的信赖，在实际应用中具有重要的价值。

## 4.1.8 径向基神经网络的实现

MATLAB 中提供了相关函数用于实现径向基神经网络，下面直接通过实例来演示这些函数的用法。

**【例 4-1】** 使用 newrb 函数为一组数据点创建径向基网络，并完成 $y = f(x)$ 的曲线拟合。

```
>> clear all;
x=-1:0.1:1;
T=[-0.9602 -0.5770 -0.0729 -0.3771 0.6405 0.6600 0.4609 0.1336 -0.2013 -0.43444 ...
    -0.5000 -0.3930 -0.1647 -0.0988 0.3072 0.3960 0.3449 0.1816 -0.0312 ...
-0.2189 -0.3201];
plot(x,T,'r+');                    %绘制训练样本点
title('训练向量');
xlabel('输入向量 x');ylabel('目标向量 T');
```

运行程序，得到如图 4-6 所示的训练数据散点图。

其目的是找到一个函数能够满足这 21 个数据点的输入/输出关系，其中一个方法就是通过构建径向基函数网络来进行曲线拟合。

设计一个径向基函数网络，隐含层为径向基函数神经元，输出层为线性神经元，代码如下：

```
>> n=-3:.1:3;
a1=radbas(n);
plot(n,a1,'k:');
```

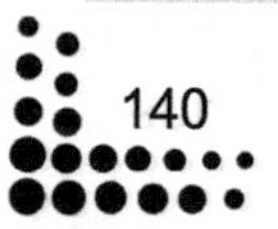

```
        title('径向基传递函数');
        xlabel('输入向量 n');ylabel('输出向量 a1');
```

运行程序，效果如图 4-7 所示。

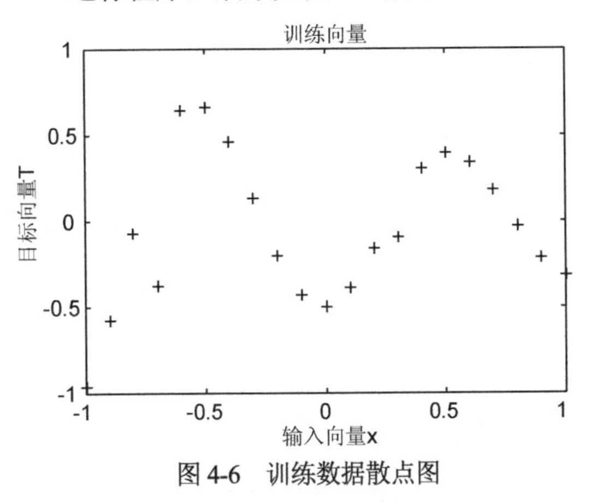


图 4-6　训练数据散点图

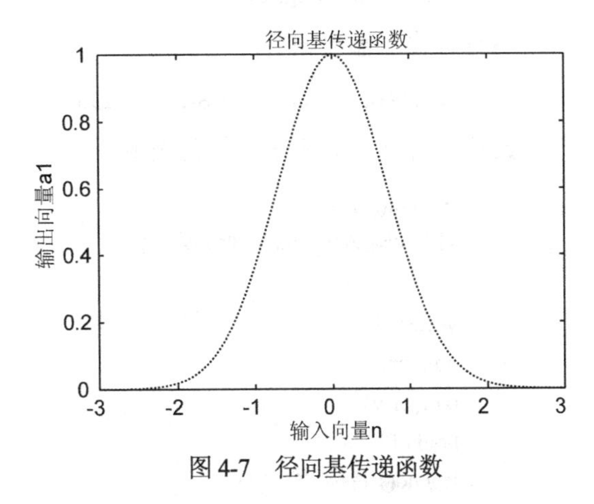


图 4-7　径向基传递函数

定义径向基函数网络权值与阈值的不同宽度，比较各隐含层输出传递函数曲线，代码如下：

```
        >> a2=radbas(n-1.2);
        a3=radbas(n+2);
        a4=a1+1.2*a2+0.6*a3;                              %加权和
        plot(n,a1,'r-',n,a2,'r:',n,a3,'rp',n,a4,'m--');
        title('径向基传递函数的加权和');
        xlabel('输入向量 n');ylabel('输出的各个向量');
        legend('输出向量 a1','输出向量 a2','输出向量 a3');
```

运行程序，效果如图 4-8 所示。

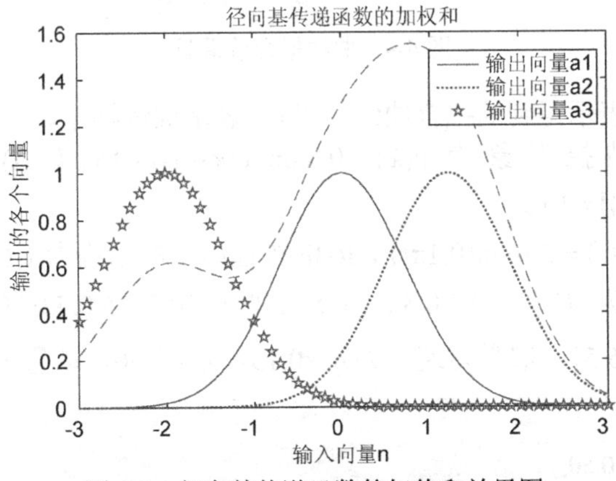


图 4-8　径向基传递函数的权值和效果图

在图 4-8 中，三个径向基函数曲线用“红色”表示，其加权和用“洋红色”表示。还可以看出，如果调整权值和阈值，就可以做到对任何函数曲线的拟合。

快速创建一个接近 $x$ 和 $T$ 的定义除了训练集和目标函数的径向基函数网络，代码如下：

```
>> eg=0.02;
sc=1;
net=newrb(x,T,eg,sc);
```

运行程序，输出如下：

```
NEWRB, neurons = 0, MSE = 0.172961
```

最后实现网络的测试，代码如下：

```
>> plot(x,T,'k+');
xlabel('输入');ylabel('曲线逼近');
x1=-1:.01:1;
y=net(x1);
hold on;
plot(x1,y);
hold off;
legend({'目标','输出'});
```

运行程序，效果如图 4-9 所示。

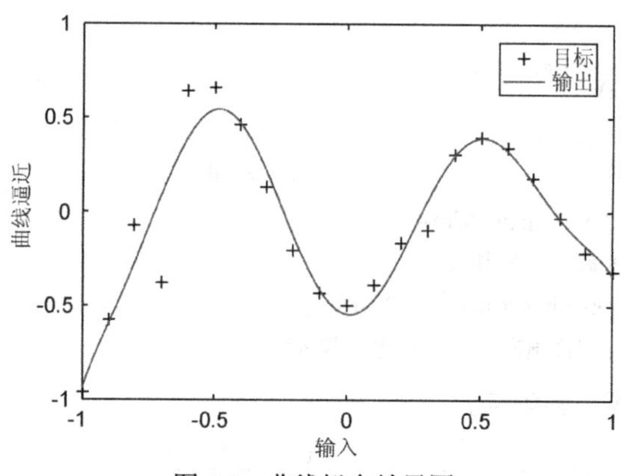


图 4-9　曲线拟合效果图

在图 4-9 中，实线表示得到的拟合曲线，“+”表示训练样本。

【例 4-2】 取被控对象为 $y(k)=0.8\sin(y(k-1))+15u(k-1)$ 。其中， $g[y(k)]=0.8\sin(y(k-1))$ ， $\phi[y(k)]=15$ 。

理想跟踪指令为 $y_d(t)=2.0\sin(0.1\pi t)$ ，RBF 神经网络的结构为 1-6-1，网络的初始权值和高斯函数参数分别设置为 ***W***=[0.5 0.5 0.5 0.5 0.5 0.5]'，***V***=[0.5 0.5 0.5 05 0.5 0.5]'，$\boldsymbol{c}_j$ =[0.5 0.5 0.5 0.5 0.5 0.5]'，***b***=[5 5 5 5 5 5]'。取学习速率为 $\eta_1$=0.15， $\eta_2$=0.50，动量因子为 $\alpha$ =0.05。

```
>> clear all;
xite1=0.15';xite2=0.50;
alfa=0.05;
w=0.5*ones(6,1);
v=0.5*ones(6,1);
cij=0.50*ones(1,6);
```

```
bj=5*ones(6,1);
h=zeros(6,1);
w_1=w;w_2=w_1;
v_1=v;v_2=v_1;
u_1=0;y_1=0;
ts=0.02;
for k=1:5000
    time(k)=k*ts;
    yd(k)=1.0*sin(0.1*pi*k*ts);
        g(k)=0.8*sin(y_1);
    f(k)=15;
    y(k)=g(k)+f(k)*u_1;

    for j=1:1:6
        h(j)=exp(-norm(y(k)-cij(:,j))^2/(2*bj(j)*bj(j)));
    end
    Ng(k)=w'*h;
    Nf(k)=v'*h;
    ym(k)=Ng(k)+Nf(k)*u_1;
    e(k)=y(k)-ym(k);
    d_w=0*w;
    for j=1:6
        d_w(j)=xite1*e(k)*h(j);
    end
    w=w_1+d_w+alfa*(w_1-w_2);
    d_v=0*v;
    for j=1:6
        d_v(j)=xite2*e(k)*h(j)*u_1;
    end
    v=v_1+d_v+alfa*(v_1-v_2);
    u(k)=-Ng(k)/Nf(k)+yd(k)/Nf(k);
        u_1=u(k);
    y_1=y(k);
    w_2=w_1;
    w_1=w;
    v_2=v_1;
    v_1=v;
end
figure;plot(time,yd,'k',time,y,'r:');
xlabel('时间/s');ylabel('位置跟踪');
legend('理想位置信号','位置跟踪信号');
figure;
```

```
plot(time,g,'r',time,Ng,'k:');
xlabel('时间/s');ylabel('g 和 Ng 曲线');
legend('理想 g 曲线','估计 g 曲线');
figure;
plot(time,f,'r',time,Nf,'k:');
xlabel('时间/s');ylabel('f 和 Nf 曲线');
legend('理想 f 曲线','估计 f 曲线');
```

运行程序，得到的仿真结果如图 4-10～图 4-12 所示。

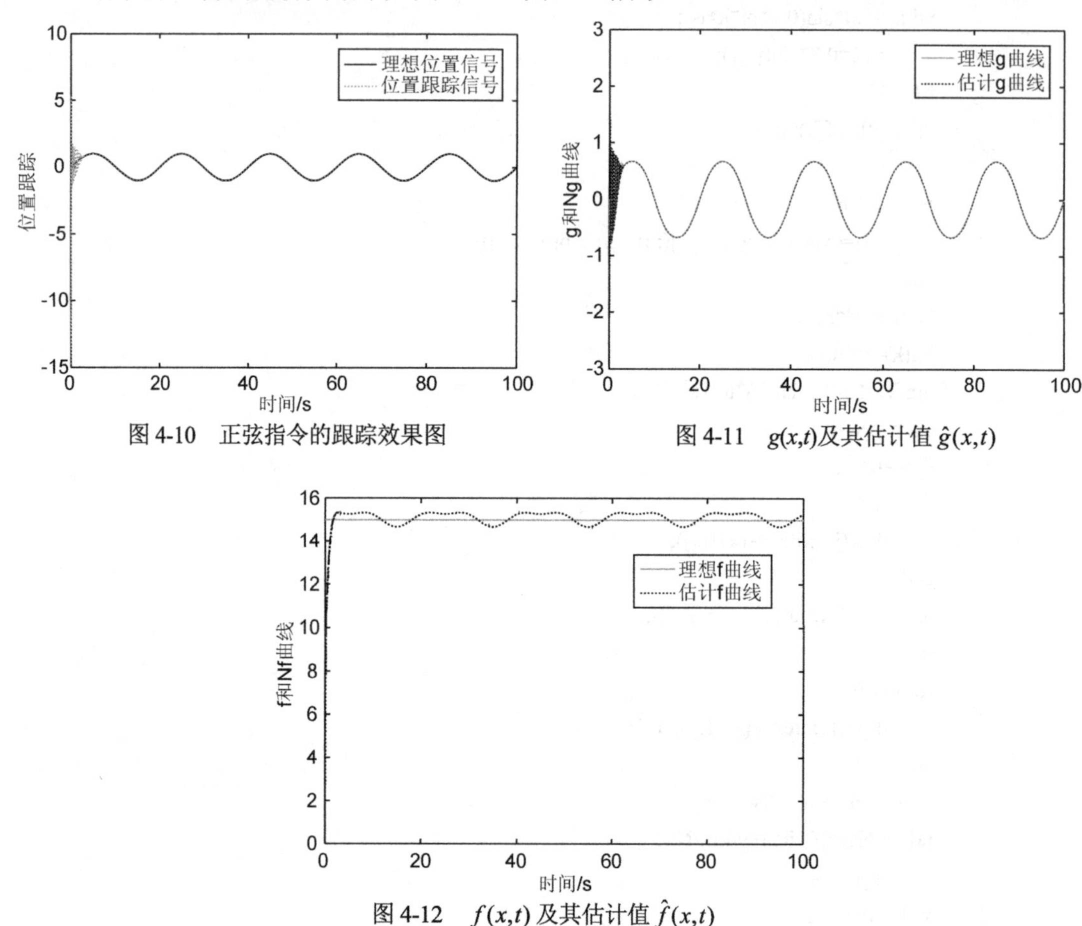


图 4-10　正弦指令的跟踪效果图

图 4-11　$g(x,t)$及其估计值 $\hat{g}(x,t)$

图 4-12　$f(x,t)$ 及其估计值 $\hat{f}(x,t)$

梯度下降法的优点是设计过程简单，但收敛效果取决于初值的选择，采用该方法调整神经网络权值易陷入局部最优，不能保证闭环系统的全局稳定性，因此有很大的局限性。

## 4.2　概率神经网络

概率神经网络于 1989 年由 D. F. Specht 博士首先提出，是一种常用于模式分类的神经网络。概率神经网络是基于统计原理的神经网络模型，在分类功能上与最优 Bayes 分类器等价，

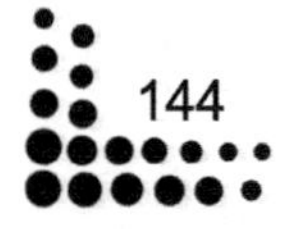

其实质是基于贝叶斯最小风险准则发展而来的一种并行算法，同时它不像传统的多层前向网络那样需要用BP 算法进行反向误差传播的计算，而是完全前向的计算过程。它训练时间短、不易产生局部最优，而且它的分类正确率较高。无论分类问题多么复杂，只要有足够多的训练数据，就可以保证获得贝叶斯准则下的最优解。

概率神经网络主要用于模式分类，它基于贝叶斯策略前馈神经网络。它有着坚实的数学理论基础。

#### 1．贝叶斯决策理论

概率神经网络的理论基础是贝叶斯最小风险准则，即贝叶斯决策理论。

为分析过程简单起见，假设分类问题为二分类：$c=c_1$ 或 $c=c_2$。先验概率为

$$h_1=p(c_1)$$

$$h_2=p(c_2)$$

$$h_1+h_2=1$$

给定输入向量 $\boldsymbol{x}=[x_1,x_2,\cdots,x_N]$ 为得到一组观测结果，进行分类的依据为

$$c=\begin{cases}c_1, & p(c_1\mid\boldsymbol{x})>p(c_2\mid\boldsymbol{x})\\ c_2, & 其他\end{cases}$$

$p(c_1\mid\boldsymbol{x})$ 为 $\boldsymbol{x}$ 发生情况下，类别 $c_1$ 的后验概率。根据贝叶斯公式，后验概率等于

$$p(c_1\mid\boldsymbol{x})=\frac{p(c_1)p(\boldsymbol{x}\mid c_1)}{p(\boldsymbol{x})}$$

分类决策时，应将输入向量分到后验概率较大的那个类别中。实际应用中往往还需要考虑到损失与风险，将 $c_1$ 类的样本错分为 $c_2$ 类的样本所引起的损失往往相差很大，因此需要调整分类规则。定义动作 $\alpha_i$ 为将输入向量指派到 $c_i$ 的动作，$\lambda_{ij}$ 为输入向量属于 $c_j$ 时采取动作 $\alpha_i$ 所造成的损失，则采取动作 $\alpha_i$ 的期望风险为

$$R(\alpha_i\mid\boldsymbol{x})=\sum_{j=1}^{N}\lambda_{ij}p(c_j\mid\boldsymbol{x})$$

假定分类正确的损失为零，将输入归为 $c_1$ 类的期望风险为

$$R(c_1\mid\boldsymbol{x})=\lambda_{12}p(c_2\mid\boldsymbol{x})$$

则贝叶斯判定规则变为

$$c=\begin{cases}c_1, & R(c_1\mid\boldsymbol{x})>p(c_2\mid\boldsymbol{x})\\ c_2, & 其他\end{cases}$$

将其写成概率密度函数的形式，有

$$R(c_i\mid\boldsymbol{x})=\sum_{j=q}^{N}\lambda_{ij}p(c_i)f_i$$

$$c=c_i, i=\arg\min(R(c_i\mid\boldsymbol{x}))$$

式中，$f_i$ 为类别 $c_i$ 的概率密度函数。

#### 2．概率神经网络的结构

概率神经网络由输入层、隐含层、求和层和输出层组成，结构如图 4-13 所示。

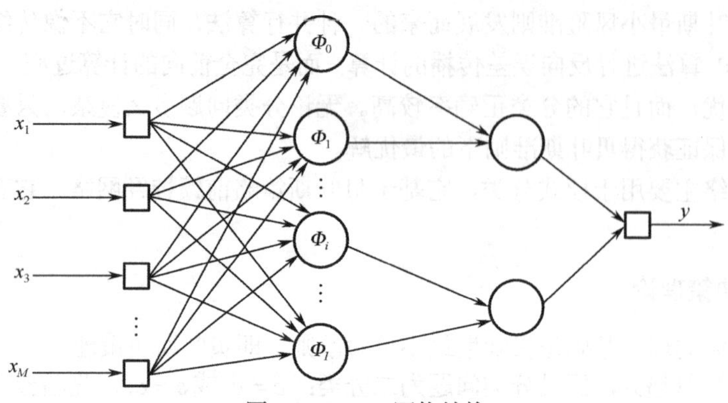


图 4-13　PNN 网络结构

第一层为输入层，用于接收来自训练样本的值，将数据传递给隐含层，神经元个数与输入向量长度相等。第二层为径向基层，每一个隐含层的神经元节点拥有一个中心，该层接收输入层的样本输入，计算输入向量与中心的距离，最后返回一个标量值，神经元个数与输入训练样本个数相同。向量 $\boldsymbol{x}$ 输入到隐含层，隐含层中第 $i$ 类模式的第 $j$ 神经元所确定的输入输出关系由下式定义：

$$\Phi_{ij}(\boldsymbol{x})=\frac{1}{(2\pi)^{\frac{1}{2}}\sigma^{d}}\boldsymbol{e}^{-\frac{(\boldsymbol{x}-\boldsymbol{x}_{ij})(\boldsymbol{x}-\boldsymbol{x}_{ij})^{\mathrm{T}}}{\sigma^{2}}}$$

$i=1,2,\cdots,M$ ， $M$ 为训练总类数。$d$ 为样本空间数据的维数， $x_{ij}$ 为第 $i$ 类样本的第 $j$ 个中心。把隐含层中属于同一类的隐含神经元的个输出做加权平均

$$v_i=\frac{\sum_{j=1}^{L}\Phi_{ij}}{L}$$

$v_i$ 表示第 $i$ 类类别的输出，$L$ 表示第 $i$ 类的神经元个数。求和层的神经元个数与类别数 $M$ 相同。

输出层取求和层中最大的一个作为输出的类别：

$$y=\arg\max(v_i)$$

在实际计算中，输入层的向量先与加权系数相乘，再输入到径向基函数中进行计算：

$$Z_i=x\omega_i$$

假定 $x$ 和 $\omega$ 均已标准化成单位长度，然后对结果进行径向基运算 $\exp\left(\frac{Z_i-1}{\sigma^2}\right)$，这相当于下式

$$\exp\left[-\frac{(\omega_i-x)^{\mathrm{T}}(\omega_i-x)}{2\sigma^2}\right]$$

$\sigma$ 为平滑因子，对网络性能起着至关重要的作用。此处需要注意的是，在求和层中，每一个类别对应于一个神经元。隐含层的每个神经元已被划分到了某个类别。PNN 网络采用有监督学习，这是在训练数据中指定的。求和层中的神经元只与隐含层中对应类别的神经元有连接，与其他神经元则没有连接，这是 PNN 与 RBF 函数网络最大的区别。这样，求和层的

输出与各类基于内核的概率密度的估计成比例，通过输出层的归一化处理，即可得到各类的概念估计。网络的输出层由部分神经元构成，神经元个数与求和层相同，它接收求和层的输出，做简单的阈值辨别，在所有的输出层神经元中找到一个具有最大后验概率密度的神经元，其输出为 1，其余神经元输出为 0。

### 3．概率神经网络的优点

研究表明，概率神经网络具有如下主要优点。

（1）训练快速，其训练时间仅仅略大于读取数据的时间。

（2）无论分类问题多么复杂，只要有足够多的训练数据，就可以保证获得贝叶斯准则下的最优解。

（3）允许增加或减少训练数据而无需重新进行长时间的训练。

### 4．概率神经网络的实现

MATLAB 中提供了相关函数用于实现概率神经网络，下面直接通过实例来演示。

**【例 4-3】**（PNN 进行变量分类）现有 3 组二维输入向量 $\boldsymbol{X}$，以及相对应的 3 个期望类别 $T_c$，构建一个 PNN 网络对输入向量进行正确分类。

```
>>clear all;
%三组二维输入向量 P，以及其相对应的三个类别（期望类别）Tc
P=[1 2;2 2;1 1]';
Tc=[1 2 3];
%绘制输入向量及其相应的类别
plot(P(1,:),P(2,:),'r.','markersize',30)                    %效果如图 4-14 所示
for i=1:3
    text(P(1,i)+0.1,P(2,i),sprintf('class %g',Tc(i)));
end
axis([0 3 0 3])
xlabel('P(1,:)')
ylabel('P(2,:)')
```

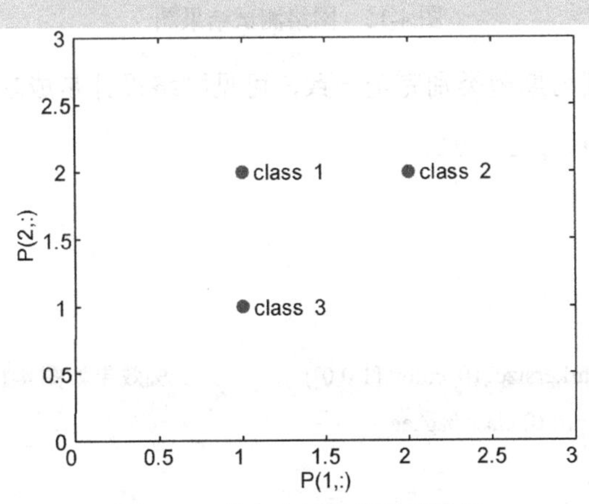


图 4-14　输入向量及类别效果图

```
>> %将期望类别指针 Tc 转换为向量 T，进行网络设计
T=ind2vec(Tc);
spread=1;
net=newpnn(P,T,spread);
%对输入向量进行仿真，并将网络输出向量转换为指针
A=sim(net,P);
Ac=vec2ind(A);
%通过网络仿真得到向量的分类结果
plot(P(1,:),P(2,:),'r.','markersize',30)              %效果如图 4-15 所示
axis([0 3 0 3])
for i=1:3
    text(P(1,i)+0.1,P(2,i),sprintf('class %g',Ac(i)));
end
xlabel('P(1,:)')
ylabel('P(2,:)')
```

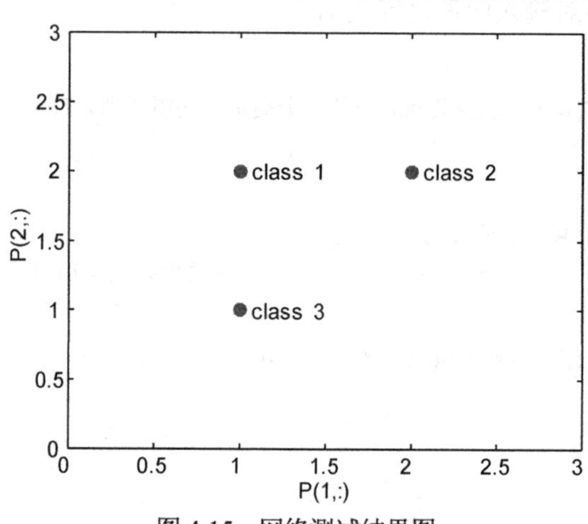


图 4-15　网络测试结果图

从图中可以看出，其与期望类别完全一致，可见网络设计是成功的。

```
>>%再对新输入向量 p 进行测试
p=[2;1.5];
a=sim(net,p);
ac=vec2ind(a);
hold on
plot(p(1),p(2),'*','markersize',10,'color',[1 0 0])              %效果如图 4-16 所示
text(p(1)+0.1,p(2),sprintf('class %g',ac))
hold off
xlabel('p(1,:) 与 p(1)')
ylabel('p(2,:) 与 p(2)')
```

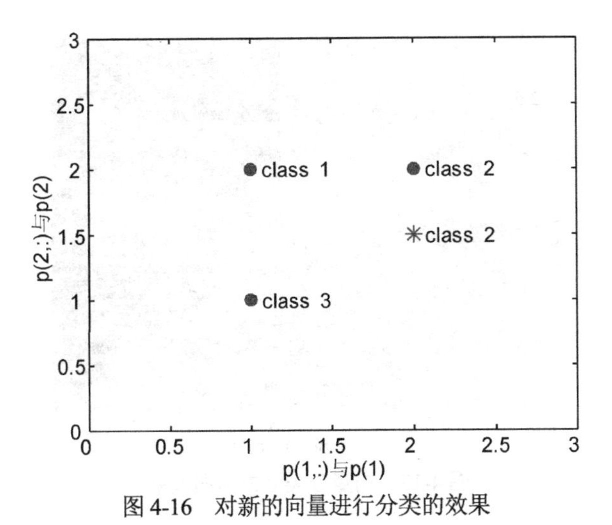


图 4-16　对新的向量进行分类的效果

```
>>%通过立体图显示三个类别所在面的情况，以及新的输入向量对应的类别
p1=0:.05:3;
p2=p1;
[p1,p2]=meshgrid(p1,p2);
pp=[p1(:),p2(:)]';
aa=sim(net,pp);
aa=full(aa);
m=mesh(p1,p2,reshape(aa(1,:),length(p1),length(p2)));
set(m,'facecolor',[0 0.5 1],'linestyle','none');
hold on
m=mesh(p1,p2,reshape(aa(2,:),length(p1),length(p2)));
set(m,'facecolor',[0 0.1 0.5],'linestyle','none');
m=mesh(p1,p2,reshape(aa(3,:),length(p1),length(p2)));
set(m,'facecolor',[0.5 0 1],'linestyle','none');
plot3(p(1,:),p(2,:),[1 1 1]+0.1,'.','markersize',30)
plot3(p(1),p(2),1.1,'*','markersize',10,'color',[1 0 0])          %效果如图 4-17 所示
hold off
view(2)
xlabel('p(1,:) 与 p(1)')
ylabel('p(2,:) 与 p(2)')
set(gcf,'color','w')
```

图 4-17 形象地显示了应用 PNN 进行向量分类的具体实现。

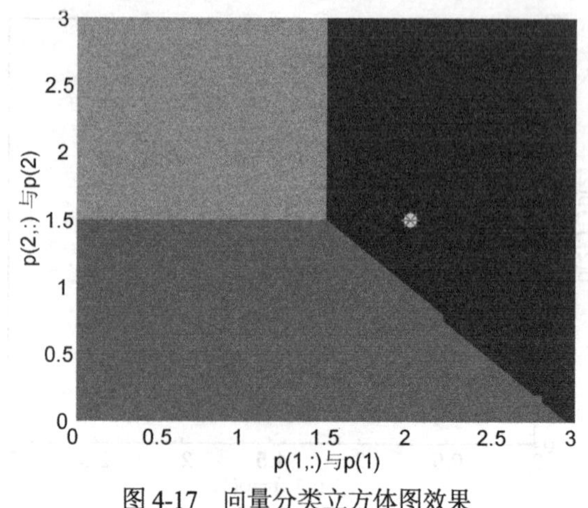

图 4-17　向量分类立方体图效果

## 4.3　广义回归神经网络

广义回归神经网络（General Regression Neural Network，GRNN）是人工神经网络领域中的另一种网络模型，于 1991 年由 Specht 提出。广义回归神经网络建立在非参数核回归基础上，由一个径向网络层和一个线性网络层组成，以样本数据为后验条件，通过执行诸如 Parzen 非参数估计，从观测样本中求得自变量和因变量之间的联结概率密度函数后，直接计算出因变量对自变量的回归值。GRNN 不需要设定模型的形式，但是其隐含回归单元的核函数中有光滑因子，它们的取值对网络有很大影响，需优化取值。在应用过程中，GRNN 的光滑因子有多种选择方案，对所有单元的核函数采用同一个光滑因子，这样 GRNN 的网络训练只需要确定一个参数，训练极为方便快捷，而且便于硬件实现；对各个单元的核函数采用不同的光滑因子，这样降低了对数据格式的要求，从而可以更加方便地对有机分子的特殊属性进行预报；考虑到自变量向量各维的分布往往不同，故自变向量的每维各采用一个光滑因子。

### 4.3.1　广义回归神经网络的理论

假设 $x$、$y$ 两个随机变量的联合概率密度为 $f(x,y)$，如果已知 $x$ 的观测值为 $x_0$，$y$ 对 $x$ 的回归为

$$E(y\mid x_0)=(x_0)=\frac{\int_{-\infty}^{0} yf(x_0,y)\mathrm{d}y}{\int_{-\infty}^{0} f(x_0,y)\mathrm{d}y} \tag{4-10}$$

$y(x_0)$ 即在输入为 $x_0$ 的条件下，$y$ 的预测输出。应用 Parzen 非参数估计，可由样本数据集 $\{x_i,y_i\}_{i=1}^{n}$ 按下式估算密度函数 $f(x_0,y)$：

$$f(x_0,y)=\frac{1}{n(2\pi)^{\frac{p+1}{2}}\sigma^{p+1}}\sum_{i=1}^{n}\mathrm{e}^{-\mathrm{d}(x_0,x_i)}\mathrm{e}^{-\mathrm{d}(x_0,x_i)}$$

$$-\mathrm{d}(x_0,x_i)=\sum_{j=1}^{p}\left[\frac{x_{0j}-x_{ij}}{\sigma}\right]^2$$

$$\mathrm{d}(y,y_i)=[y-y_i]^2$$

式中，$n$ 为样本容量，$p$ 为随机变量 $x$ 的维数，$\sigma$ 为光滑因子，实际上就是高斯函数的标准差。将式（4-10）代入，并交换积分与求和的顺序，会有

$$y(x_0)=\frac{\sum_{i=1}^{n}\left(\mathrm{e}^{-\mathrm{d}(x_0,x_i)}\int_{-\infty}^{+\infty}y\mathrm{e}^{-\mathrm{d}(x_0,x_i)}\mathrm{d}y\right)}{\sum_{i=1}^{n}\left(\mathrm{e}^{-\mathrm{d}(x_0,x_i)}\int_{-\infty}^{+\infty}\mathrm{e}^{-\mathrm{d}(x_0,x_i)}\mathrm{d}y\right)}$$

由于 $\int_{-\infty}^{+\infty}x\mathrm{e}^{-x^2}\mathrm{d}x=0$，化简上式，可得

$$y(x_0)=\frac{\sum_{i=1}^{n}y\mathrm{e}^{-\mathrm{d}(x_0,x_i)}}{\sum_{i=1}^{n}\mathrm{e}^{-\mathrm{d}(x_0,x_i)}}$$

显然，在上式中，分子所有训练样本算得的 $y_i$ 值的加权和，权值为 $e^{-d(x_0,x_i)}$。在此需要注意的是光滑因子 $\sigma$ 的取值。广义回归神经网络不需要训练，但光滑因子的值对网络性能影响很大，需要优化取值。Specht 提出的 GRNN 对所有隐含层神经元的基函数采用相同的光滑因子，因子网络的训练过程只需完成对 $\sigma$ 的一维寻优即可。如果光滑因子取值非常大，$\mathrm{d}(x_0,x_i)$ 趋近于零，$y(x_0)$ 近似于所有样本因变量的平均值。如果光滑因子趋近于零，则 $y(x_0)$ 与训练样本的值非常接近，当需要预测的点在训练样本中时，算得的预测值与样本中的期望输出非常相近，但一旦给定新的输入，预测效果就会急剧变差，使网络失去推广能力，这种现象称为过学习。确定一个适中的光滑因子值时，所有训练样本的因变量都被考虑了进去，但又考虑了不同训练样本点与测试输入样本的距离，离测试样本近的训练样本会被赋予更大的权值。

## 4.3.2　广义回归神经网络的结构

广义回归神经网络由四层构成，分别为输入层、隐含层、加和层和输出层，如图 4-18 所示。

输入层接收样本的输入，神经元个数等于输入向量的维数，其传输函数是简单的线性函数。隐含层是径向基层，神经元个数等于驯良样本个数，基函数一般采用高斯函数，第 $i$ 个神经元的中心向量为 $\boldsymbol{x}_i$。加和层的神经元分为两种：第一种神经元计算隐含层各神经元的代数和，称为分母单元；第二种神经元计算隐含层神经元的加权和，权值为各训练样本的期望输出值，称为分子单元。输出层将加和层的分子单元、分母单元的输出相除，即得 $y$ 的

估计值。

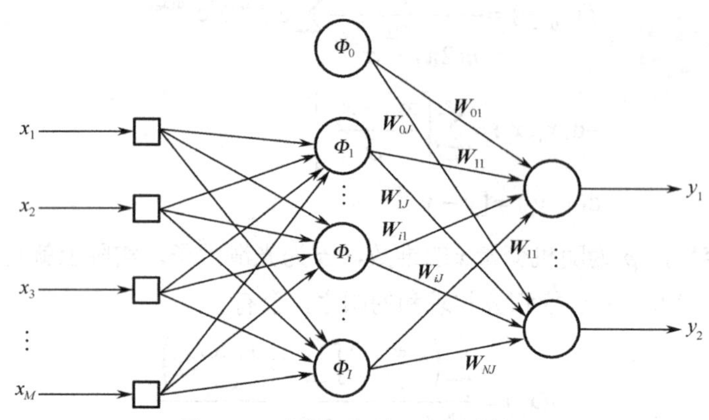


图 4-18 广义回归神经网络结构图

广义神经网络的建立过程比较简单：假设输入的第$k$个样本为$x^k$，样本数量为$K$，则隐含层含有$K$个神经元，且第$k$个神经元的中心等于$x^k$。隐含层每一个神经元对应一个期望输出$y^k$，加和层的第一个神经元的输出值$y_1$等于隐含层输出乘以$y^k$后的和，加和层的第二个神经元的输出值$y_2$等于隐含层输出直接求和。输出层的最终输出等于$\dfrac{y_1}{y_2}$。对于基本的广义神经网络，隐含层的平滑因子采用同一个值，由于网络并不知道样本数据的概率分布，因此不能从样本中求得理想的光滑因子$\sigma$，因此在此采用一维寻优的方式来求取。为了确保网络的推广性能，对参与训练的样本以缺一交叉验证的方式来寻优。具体步骤如下。

（1）设定一个平滑因子值$\sigma$。

（2）从样本中取出一个测试样本，其余样本作为训练样本，用于构建网络。

（3）用构建的网络对该样本做测试，求得绝对误差值。

（4）重复步骤（2）和步骤（3），直到所有样本都曾被设置为测试样本，定义目标函数以求出平均误差：

$$f_{\cos t}(\sigma)=\frac{1}{n}\sum_{i=1}^{n}|\,y(x_i)-y(x_i)\,|$$

这样，就求得了在给定$\sigma$值下的误差值，可以用此目标函数作为衡量$\sigma$性能的标准，寻优时间可以采用简单的黄金分割法或其他搜索算法。

### 4.3.3 广义回归神经网络的优点

相比于 BP 网络，GRNN 具有以下优点。

（1）GRNN 能够以任意精度逼近任意非线性连续函数，且预测效果接近甚至优于 BP 网络。

（2）由于 GRNN 的训练过程不需要迭代，它较 BP 网络的训练过程快得多，更适合在线数据的实时处理。

（3）GRNN 所需的训练样本较 BP 网络少得多，取得同样的预测效果，GRNN 所需样本是 BP 网络的 1%。

### 4.3.4 广义神经网络的实现

MATLAB 中提供了相关函数用于实现广义神经网络，下面直接通过实例来演示。

**【例 4-4】** 系统输入 $x$ 和系统输出 $y$ 如表 4-1 所示。

**表 4-1 函数拟合的数据**

| $x$ | −9 | −8 | −7 | −6 | −5 | −4 | −3 | −2 | −1 | 0 | 1 | 2 | 3 | 4 | 5 | 6 | 7 | 8 |
|---|---|---|---|---|---|---|---|---|---|---|---|---|---|---|---|---|---|---|
| $y$ | 129 | −32 | −118 | −138 | −125 | −97 | −55 | −23 | −4 | 2 | 1 | −31 | −71 | −121 | −142 | −174 | −155 | −77 |

其 MATLAB 代码如下：

```
>> clear all;
x=-9:8;                                         %样本的 x 值
y=[129,-32 -118 -138 -125 -97 -55 -23 -4 2 1 -31 -72 -121 -142 -174 -155 -77];
plot(x,y,'ro');
p=x;
T=y;
tic;                                            %计时开始
net=newrb(p,T,0,2);                             %创建径向基神经网络
toc                                             %计时结束
xx=-9:0.2:8;
yy=sim(net,xx);                                 %径向基神经网络仿真
hold on;
plot(xx,yy);
tic;                                            %计时开始
net2=newgrnn(p,T,0.5);                          %设计广义回归神经网络
toc;                                            %计时结束
yy2=sim(net,xx);                                %广义回归神经网络仿真
plot(xx,yy2,'.-k');
legend('原始数据','径向基拟合','广义回归拟合');
```

运行程序，输出如下，效果如图 4-19 所示。

```
NEWRB, neurons = 0, MSE = 5338.8
时间已过 1.989206 秒。
时间已过 0.289775 秒。
```

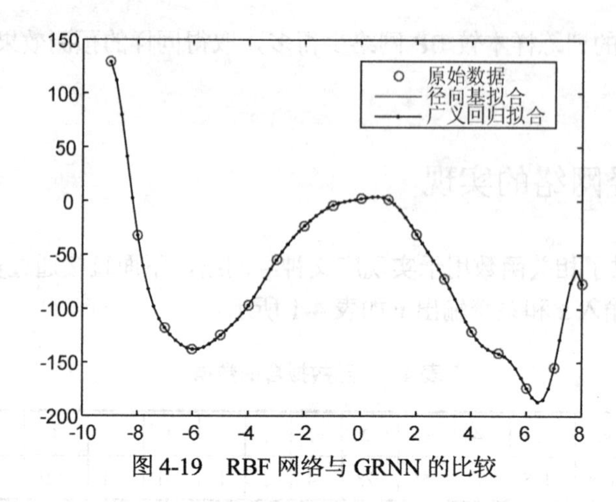


图 4-19　RBF 网络与 GRNN 的比较

# 第5章　模糊系统的算法分析

模糊系统（Fuzzy Theory）是指输入、输出和状态变量定义在模糊集上的系统。模糊系统是确定性系统的一种推广。美国自动控制专家 L. A. Zadeh 1965 年提出模糊子集的概念。此后，模糊系统理论得到发展，并应用于模糊规划、模糊决策、模糊控制，以及人机对话系统、经济信息系统、医疗诊断系统、地震预测系统、天气预报系统等领域。

## 5.1　模糊系统的理论基础

模糊理论是指用到了模糊集合的基本概念或连续隶属度函数的理论。它可分为模糊数学、模糊系统、不确定性和信息、模糊决策、模糊逻辑与人工智能共五个分支，它们并不是完全独立的，它们之间有紧密的联系。例如，模糊控制就会用到模糊数学和模糊逻辑中的概念。从实际应用的观点来看，模糊理论的应用大部分集中在模糊系统上，尤其集中在模糊控制上。也有一些模糊专家系统应用于医疗诊断和决策支持。由于模糊理论从理论和实践的角度看仍然是新生事物。所以，我们期望，随着模糊领域的成熟，将会出现更多可靠的实际应用。

### 5.1.1　模糊系统的研究领域

目前，模糊系统在理论和应用两方面都取得了长足的进步，为包括模糊控制在内的先进技术提供了强有力的理论支撑。模糊系统理论和应用的主要研究领域包括如下几方面。

（1）模糊系统理论基础研究为了开拓更新更多的应用，完善模糊系统理论的理论体系，必须加强以基本概念为核心的模糊系统理论和模糊方法论的研究，其重点在于应用模糊系统理论对人的思维过程和创造力进行理论研究。同时，也要对已有的基础理论中的基本概念，如模糊概念、模糊推理的概念等进行推敲；对模糊推理中的多值理论、统一性理论、推理算法、多变量分析及模糊量化理论等进行研究；对模糊方法论中的模糊集合论、模糊方程、模糊统计和模糊数学，对思维功能与模糊系统的关系、模糊系统评价方法、模糊系统与其他系统，特别是神经网络等相结合的理论问题进行研究。

（2）模糊计算机方面研究的目标是实现具有模糊关系特征的高速推理计算机，并希望在系统小型化、微型化的同时，开发出可以大大提高开发效率的模糊计算机。这方面的研究包括模糊计算机结构、模糊逻辑器件、模糊逻辑存储器、模糊编程语言以及模糊计算机操作系统软件等。

（3）机器智能化研究的目的是实现对模糊信息的理解，对具有渐变特征模糊系统的控制以及对模式识别和决策智能化的研究。它主要包括智能控制、传感器、信息意义理解、评价系统、具有柔性思维和动作性能的机器人、具有语言理解能力的智能通信及具有实时理解能力的图像识别等。

（4）人机工程的研究的目标是实现能高速模糊检索并能对未能预测的输入条件做适当判断的专家系统，以及对人与人之间的界面如何尽量接近人机之间的界面，如何才能满足新系统要求的研究。这方面包括模糊数据库、模糊专家系统、智能接口和对人的自然语言的研究。

（5）人类系统和社会系统的研究的目的在于利用模糊系统理论解决充满不确定性的人的复杂行为、心理分析，社会经济的变化趋势，各种社会现象的模型、预测以及决策支持等。这方面包括对各种危机的预测和完全评价、对有人为失误系统的评价方法、建立不良结构系统的模型、模糊理论在系统故障检测与诊断中的应用、人的行为与心理分析等。

（6）自然系统的研究的目的在于利用模糊系统理论来解决复杂自然现象的模型和解释等。这方面还包括对各种物理、化学现象的进一步解释，对自然环境大气圈、地球生物圈、水圈、地圈的研究。

对待模糊系统理论，学术界一直有两种不同的观点，其中持否定态度的大有人在，客观地说，有如下两个主要原因。

① 推崇模糊系统理论的学者在强调其不依赖于精确的数学模型时过分地夸大了其功效，而正确的观点似乎应该是模糊系统不依赖于被控对象的精确数学模型，当然，它也不应该拒绝有效的数学模型。

② 模糊系统理论的确还有许多不完善之处，如模糊规则的获取和确定、隶属度函数的选择以及模糊系统稳定性问题，至今还未得到完善的解决。

尽管如此，大量的工程系统已经应用了模糊系统理论。其中，模糊控制就是模糊系统理论应用最有效、最广泛的领域。

## 5.1.2 模糊集合

模糊集合是一种边界不分明的集合。对于模糊集合，一个元素可以既属于该集合，又不属于该集合，亦此亦彼，边界不分明。建立在模糊集基础上的模糊逻辑，任何陈述或命题的真实性只是一定程度的真实性。

如果集合 $X$ 包含了所有的事件 $x$，$A$ 是其中的一个子集，那么元素 $x$ 与集合 $X$ 的关系可用一个特征函数来描述，这个函数称为隶属度函数 $\mu(x)$。对于经典的数据集合理论，如果 $x$ 包含于 $A$ 中，则 $\mu(x)$ 取值为 1。如果 $x$ 不是 $A$ 的元素，则 $\mu(x)$ 取值为 0；而对于模糊集合而言，其允许隶属度函数取[0,1]上的任何值。模糊集常被归一化到区间[0,1]上，模糊集的隶属度函数既可以离散表示，又可以借助于函数式来表示。

### 1. 模糊集合的表示方法

模糊集合有很多表示方法，最常用的有以下几种。

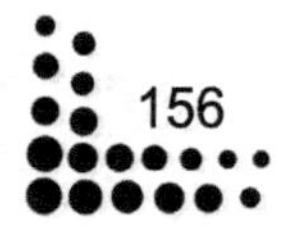

（1）当论域$U$为有限集$\{x_1,x_2,\cdots,x_n\}$时，通常有以下三种表示方式。

① Zadeh 表示法：用论域中的元素$x_i$与其隶属度$\mu_A(x_i)$按下式表示$A$，则

$$A=\frac{\mu_A(x_1)}{x_1}+\frac{\mu_A(x_2)}{x_2}+\cdots+\frac{\mu_A(x_n)}{x_n}$$

式中，$\frac{\mu_A(x_i)}{x_i}$并不表示“分数”，而表示论域中的元素$x_i$与其隶属度$\mu_A(x_i)$之间的对应关系；“+”也不表示“求和”，而表示模糊集合在论域$U$上的整体。在 Zadeh 表示法中，隶属度为零的项可不写入。

② 序偶表示法：用论域中的元素$x_i$与其隶属度$\mu_A(x_i)$构成序偶来表示$A$，则

$$A=\{(x_1,\mu_A(x_1)),(x_2,\mu_A(x_2)),\cdots,(x_n,\mu_A(x_n)\mid x\in U)\}$$

在序偶表示法中，隶属度为零的项可省略。

③ 向量表示法：用论域中元素$x_i$的隶属度$\mu_A(x_i)$构成向量来表示$\boldsymbol{A}$，则

$$\boldsymbol{A}=[\mu_A(x_1),\mu_A(x_2),\cdots,\mu_A(x_n)]$$

在向量表示法中，隶属度为零的项不能省略。

这里设$A$为凸模糊集。凸模糊集实质上就是隶属度函数具有单峰值特性。今后所用的模糊集合一般均指凸模糊集。

### 2. 隶属度函数

隶属度函数是对模糊概念的定量描述，正确地确定隶属度函数是运用模糊集合理论解决实际问题的基础。隶属度函数的确定过程，本质上说应该是客观的，但每个人对于同一个模糊概念的认识理解又有差异，因此，隶属度函数的确定带有主观性。它一般根据经验或统计进行确定，也可由专家、权威人士给出。

以实数域$\boldsymbol{R}$为论域时，称隶属度函数为模糊分布。常见的模糊分布有以下四种。

#### 1）正态型

正态型是最主要也是最常见的一种分布，表示为

$$\mu(x)=\mathrm{e}^{-\left(\frac{x-a}{b}\right)^2},b>0$$

其分布曲线如图 5-1 所示。

#### 2）Γ型

Γ型可表示为

$$\mu(x)=\begin{cases}0, & x<0\\ \left(\dfrac{x}{\lambda v}\right)^v\cdot\mathrm{e}^{v-\frac{x}{\lambda}}, & x\geqslant 0\end{cases}$$

式中，$\lambda>0$，$v>0$。当$x=\lambda v$时，隶属度函数为 1。其分布曲线如图 5-2 所示。

#### 3）戒上型

戒上型可表示为

$$\mu(x)=\begin{cases}\dfrac{1}{1+[a(x-c)]^{b}}, & x>c\\ 1, & x\leqslant c\end{cases}$$

式中，$a>0$，$b>0$。其分布曲线如图 5-3 所示。

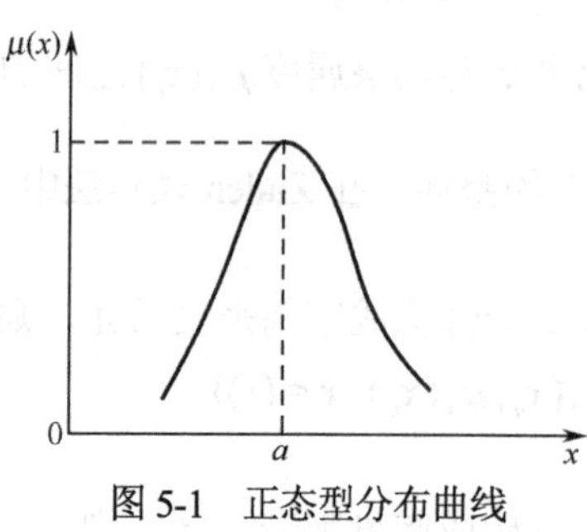


图 5-1　正态型分布曲线

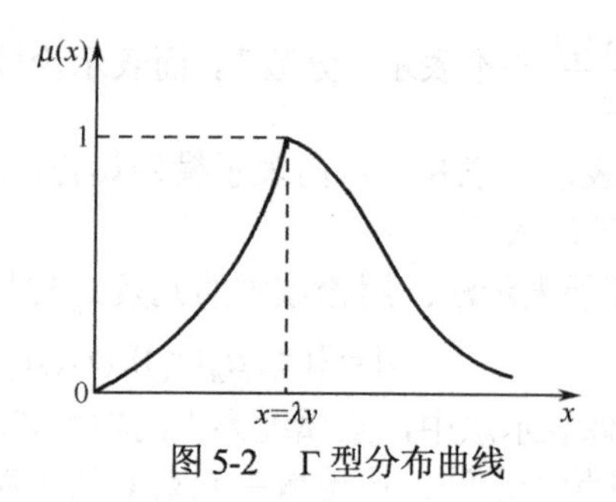


图 5-2　Γ 型分布曲线

4）戒下型

戒下型可表示为

$$\mu(x)=\begin{cases}0, & x<c\\ \dfrac{1}{1+[a(x-c)]^{b}}, & x\geqslant 0\end{cases}$$

式中，$a>0$，$b<0$。其分布曲线如图 5-4 所示。

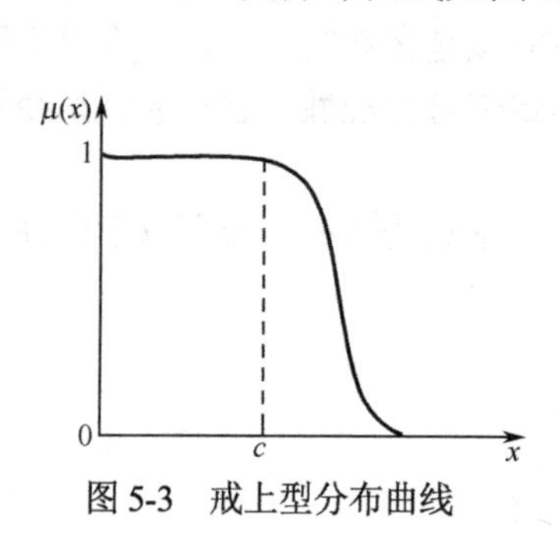


图 5-3　戒上型分布曲线

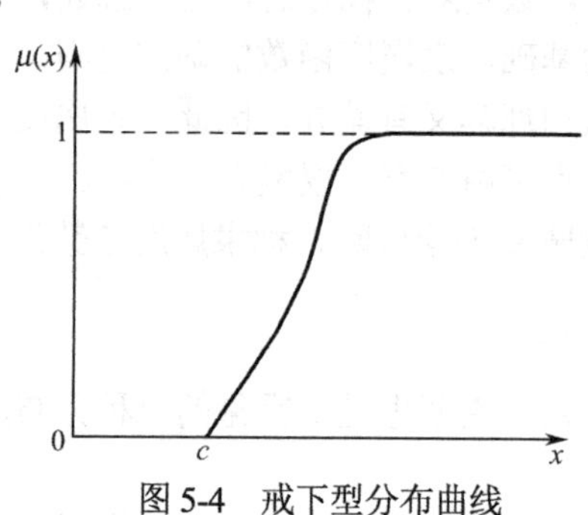


图 5-4　戒下型分布曲线

**3．模糊集合的运算**

与经典的集合理论一样，模糊集也可以通过一定的规则进行运算。实际上，模糊集的运算衍生于经典的集合理论。

1）模糊集合的相等

如果有两个模糊集合 $A$ 和 $B$，对于所有的 $x\in U$，均有 $\mu_A(x)=\mu_B(x)$，则称模糊集合 $A$ 等于模糊集合 $B$，记作 $A=B$。

2）模糊集合的包含关系

如果有两个模糊集合 $A$ 和 $B$，对于所有的 $x\in U$，均有 $\mu_A(x)\leqslant\mu_B(x)$，则称模糊集合 $A$ 包

含于模糊集合 $B$，或 $A$ 是 $B$ 的子集，记作 $A \subseteq B$。

3）模糊空集

如果对于所有的 $x \in U$，均有 $\mu_A(x)=0$，则称模糊集合 $A$ 为空集，记作 $A=\Phi$。

4）模糊集合的并集

如果有三个模糊集合 $A$、$B$ 和 $C$，对于所有的 $x \in U$，均有

$$\mu_C(x)=\mu_A(x) \vee \mu_B(x)=\max[\mu_A(x),\mu_B(x)]$$

则称模糊集合 $C$ 为 $A$ 和 $B$ 的并集，记作 $C=A \cup B$。

5）模糊集合的交集

如果有三个模糊集合 $A$、$B$ 和 $C$，对于所有的 $x \in U$，均有

$$\mu_C(x)=\mu_A(x) \wedge \mu_B(x)=\min[\mu_A(x),\mu_B(x)]$$

则称模糊集合 $C$ 为 $A$ 和 $B$ 的交集，记作 $C=A \cap B$。

6）模糊集合的补集

如果有两个模糊集合 $A$ 和 $B$，对于所有的 $x \in U$，均有

$$\mu_B(x)=1-\mu_A(x)$$

则称 $B$ 为 $A$ 的补集，记作 $B=A^{\mathrm{c}}$。

7）模糊集合的直积

如果有两个模糊集合 $A$ 和 $B$，其论域分别为 $X$ 和 $Y$，则定义在积空间 $X \times Y$ 上的模糊集合 $A \times B$ 称为模糊集合 $A$ 和 $B$ 的直积，即

$$A \times B=\{(a,b) \mid a \in A, b \in B\}$$

上述定义表明，在集合 $A$ 中取一元素 $a$，再在集合 $B$ 中取一元素 $b$，就构成了 $(a,b)$ “序偶”，所有的 $(a,b)$ 又构成一个集合，该集合即为 $A \times B$。其隶属度函数为

$$\mu_{A\times B}(x,y)=\min[\mu_A(x),\mu_B(x)]$$

$$\mu_{A\times B}(x,y)=\mu_A(x)\mu_B(x)$$

直积又称为笛卡儿积或叉积。两个模糊集合直积的概念可以很容易地推广到多个集合。

如果 $\boldsymbol{R}$ 是实数集，即 $\boldsymbol{R}=\{x \mid -\infty<x<+\infty\}$，则 $\boldsymbol{R}\times\boldsymbol{R}=\{(x,y) \mid -\infty<x<+\infty, -\infty<y<+\infty\}$，用 $\boldsymbol{R}^2$ 表示，$\boldsymbol{R}^2=\boldsymbol{R}\times\boldsymbol{R}$ 即为整个平面，这就是二维欧氏空间。同理，$\boldsymbol{R}\times\boldsymbol{R}\times\cdots\times\boldsymbol{R}=\boldsymbol{R}^n$ 称为 $n$ 维欧氏空间。

**4．模糊集合运算的基本性质**

模糊集合具有以下性质。

（1）幂等律：$A \cup A=A$，$A \cap A=A$。

（2）交换律：$A \cup B=B \cup A$，$A \cap B=B \cap A$。

（3）结合律：$(A \cap B) \cap C=A \cap (B \cap C)$，$(A \cup B) \cup C=A \cup (B \cup C)$。

（4）分配律：$A \cap (B \cup C)=(A \cap B) \cup (A \cap C)$，$A \cup (B \cap C)=(A \cup B) \cap (A \cup C)$。

（5）吸收律：$(A\cap B)\cup A=A$，$(A\cup B)\cap A=A$。

（6）同一律：$A\cup\Omega=\Omega$，$A\cap\Omega=A$，$A\cup\Phi=A$，$A\cap\Phi=\Phi$，其中，$\Omega$表示全集；$\Phi$表示空集。

（7）复原律：$(A^c)^c=A$。

（8）对偶律：$(A\cup B)^c=A^c\cap B^c$，$(A\cap B)^c=A^c\cup B^c$。

## 5.1.3 模糊规则

模糊系统理论中的 If…then 规则中 If 部分是前提或前件，then 部分是结论或后件。解释 If…then 规则包括以下三个过程。

**1．输入模糊化**

确定 If…then 规则前提中每个命题或断言为真的程度（即隶属度值）。

**2．应用模糊算子**

如果规则的前提由几部分组成，则利用模糊算子可以确定出整个前提为真的程度（即整个前提的隶属度）。

**3．应用蕴涵算子**

由前提的隶属度和蕴涵算子，可以确定出结论为真的程度（即结论的隶属度）。

## 5.1.4 模糊推理

模糊推理是采用模糊逻辑由给定的输入到输出的映射过程。模糊推理包括以下五个方面。

**1．输入变量模糊化**

输入变量是输入变量论域内的某一个确定的数，输入变量模糊化后，变换为由隶属度表示的 0 和 1 之间的某个数。此过程可由隶属度函数查表求得。

**2．应用模糊算子**

输入变量模糊化后，就可以知道每个规则前提中的每个命题被满足的程度。如果前提不止一个，则需用模糊算子获得该规则前提被满足的程度。

**3．模糊蕴涵**

模糊蕴涵可以看做一种模糊算子，其输入是规则的前提满足的程度，输出是一个模糊集。规则“如果 $x$ 是 $A$，则 $y$ 是 $B$”表示了 $A$ 与 $B$ 之间的模糊蕴涵关系，记为 $A\rightarrow B$。

**4．模糊合成**

模糊合成也是一种模糊算子。该算子的输入是每一个规则输出的模糊集，输出是这些模

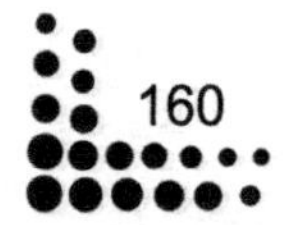

糊集经合成后得到的一个综合输出模糊集。

**5．反模糊化**

反模糊化指把输出的模糊集化为确定数值的输出。常用的反模糊化方法有以下几种。

（1）中心法：取输出模糊集的隶属度函数曲线与横坐标轴围成区域的中心或对应的论域元素值为输出值。

（2）二分法：取输出模糊集的隶属度函数曲线与横坐标轴围成区域的面积均分点对应的元素值为输出值。

输出可以为下列值中的一种。

① 输出模糊集极大值的平均值。

② 输出模糊集极大值的最大值。

③ 输出模糊集极大值的最小值。

**【例 5-1】** 如果人工调节炉温，有如下经验规则：“如果炉温低，则应施加高电压”。试问当炉温为“非常低”时，应施加怎样的电压？

**解析**：设 $x$ 和 $y$ 分别表示模糊语言变量“炉温”和“电压”，并设 $x$ 和 $y$ 的论域为

$$X = Y = \{1,2,3,4,5\}$$

$A$ 表示炉温低的模糊集合：

$$A = \text{“炉温低”} = \frac{1}{1} + \frac{0.8}{2} + \frac{0.6}{3} + \frac{0.4}{4} + \frac{0.2}{5}$$

$B$ 表示高电压的模糊集合：

$$B = \text{“高电压”} = \frac{0.2}{1} + \frac{0.4}{2} + \frac{0.6}{3} + \frac{0.8}{4} + \frac{1}{5}$$

从而模糊规则可表示为“如果 $x$ 是 $A$，则 $y$ 是 $B$”。设 $A'$ 为非常 $A$，则上述问题变为“如果 $x$ 是 $A'$，则 $B'$ 应是什么”。为了便于计算，将模糊集合 $A$ 和 $B$ 写成向量形式：

$$\boldsymbol{A} = [1,0.8,0.6,0.4,0.2], \quad \boldsymbol{B} = [0.2,0.4,0.6,0.8,1]$$

由于该例中 $x$ 和 $y$ 的论域均是离散的，因而模糊蕴涵 $\boldsymbol{R}_c$ 可用如下模糊矩阵来表示：

$$\boldsymbol{R}_c = \boldsymbol{A} \to \boldsymbol{B} = \boldsymbol{A} \times \boldsymbol{B} = \boldsymbol{A}^{\mathrm{T}} \circ \boldsymbol{B} = [1,0.8,0.6,0.4,0.2]^{\mathrm{T}} \cdot [0.2,0.4,0.6,0.8,1]$$

$$= \begin{bmatrix} 1\wedge 0.2 & 1\wedge 0.4 & 1\wedge 0.6 & 1\wedge 0.8 & 1\wedge 1 \\ 0.8\wedge 0.2 & 0.8\wedge 0.4 & 0.8\wedge 0.6 & 0.8\wedge 0.8 & 0.8\wedge 1 \\ 0.6\wedge 0.2 & 0.6\wedge 0.4 & 0.6\wedge 0.6 & 0.6\wedge 0.8 & 0.6\wedge 1 \\ 0.4\wedge 0.2 & 0.4\wedge 0.4 & 0.4\wedge 0.6 & 0.4\wedge 0.8 & 0.4\wedge 1 \\ 0.2\wedge 0.2 & 0.2\wedge 0.4 & 0.2\wedge 0.6 & 0.2\wedge 0.8 & 0.2\wedge 1 \end{bmatrix}$$

$$= \begin{bmatrix} 0.2 & 0.4 & 0.6 & 0.8 & 1 \\ 0.2 & 0.4 & 0.6 & 0.8 & 0.8 \\ 0.2 & 0.4 & 0.6 & 0.8 & 0.6 \\ 0.2 & 0.4 & 0.6 & 0.8 & 0.4 \\ 0.2 & 0.4 & 0.6 & 0.8 & 0.2 \end{bmatrix}$$

当 $\boldsymbol{A}' = \text{“炉温非常低”} = \boldsymbol{A}^2 = [1, 0.64, 0.36, 0.16, 0.04]$时，

$$\boldsymbol{B}'=\boldsymbol{A}'\circ\boldsymbol{R}_c=[1,0.64,0.36,0.16,0.04]\circ\begin{pmatrix}0.2&0.4&0.6&0.8&1\\0.2&0.4&0.6&0.8&0.8\\0.2&0.4&0.6&0.6&0.6\\0.2&0.4&0.4&0.4&0.4\\0.2&0.4&0.2&0.2&0.2\end{pmatrix}=[0.2,0.4,0.6,0.8,1]$$

其中，$\boldsymbol{B}'$ 中的每项元素是根据模糊矩阵的合成规则求出的，如第 1 行第 1 列的元素为

$$\begin{aligned}0.2&=(1\wedge0.2)\vee(0.64\wedge0.2)\vee(0.36\wedge0.2)\vee(0.16\wedge0.2)\vee(0.04\wedge0.2)\\&=0.2\vee0.2\vee0.2\vee0.16\vee0.04\end{aligned}$$

即可推导出 $\boldsymbol{B}'$ 仍为“高电压”。

其 MATLAB 代码如下：

```
>> clear all;
A=[1 0.8 0.6 0.4 0.2]';
B=[0.2 0.4 0.6 0.8 1];
Aa=(A.*A)';
%求模糊蕴含关系 Rc
Rc=zeros(size(A,1),size(B,2));
for i=1:size(A,1)
    for j=1:size(B,2)
        Rc(i,j)=max(min(A(i,:),B(:,j)'));
    end
end
Bb=zeros(size(Aa,1),size(Rc,2));
for i=1:size(Aa,1)
    for j=1:size(Rc,2)
        Bb(i,j)=max(min(Aa(i,:),Rc(:,j)'));
    end
end
Bb
```

运行程序，输出如下：

```
Bb =
    0.2000    0.4000    0.6000    0.8000    1.0000
```

**【例 5-2】** 已知一个双输入单输出的模糊系统，其输入量为 $x$ 和 $y$，输出量为 $z$，其输入输出关系可用如下两条模糊规则描述。

$R_1$：如果 $x$ 是 $A_1$ and $y$ 是 $B_1$，则 $z$ 是 $C_1$。

$R_2$：如果 $x$ 是 $A_2$ and $y$ 是 $B_2$，则 $z$ 是 $C_2$。

现已知输入为“$x$ 是 $A_1$ and $y$ 是 $B_1$”，试求输出量 $z$。此处 $x$、$y$、$z$ 均为模糊语言变量，且已知

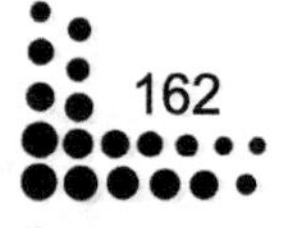

$$A_1=\frac{1}{a_1}+\frac{0.5}{a_2}+\frac{0}{a_3};\ B_1=\frac{1}{b_1}+\frac{0.6}{b_2}+\frac{0.2}{b_3};\ C_1=\frac{1}{c_1}+\frac{0.4}{c_2}+\frac{0}{c_3};$$

$$A_2=\frac{1}{a_1}+\frac{0.5}{a_2}+\frac{1}{a_3};\ B_2=\frac{0.2}{b_1}+\frac{0.6}{b_2}+\frac{1}{b_3};\ C_2=\frac{0}{c_1}+\frac{0.4}{c_2}+\frac{1}{c_3};$$

$$A'=\frac{0.5}{a_1}+\frac{1}{a_2}+\frac{0.5}{a_3};\ B'=\frac{0.6}{b_1}+\frac{1}{b_2}+\frac{0.6}{b_3}。$$

**解析**：由于此处所有模糊集合的元素均为离散量，所以模糊集合可用模糊向量来描述，模糊关系可用模糊矩阵来描述。

（1）求每条规则的模糊蕴涵关系为 $\boldsymbol{R}_i=(\boldsymbol{A}_i \quad \text{and} \quad \boldsymbol{B}_i)\rightarrow \boldsymbol{C}_i \quad (i=1,2)$。

如果此处 $\boldsymbol{A}_i$ and $\boldsymbol{B}_i$ 采用求交运算，蕴涵关系采用最小运算 $\boldsymbol{R}_c$，则

$$\boldsymbol{A}_1 \quad \text{and} \quad \boldsymbol{B}_1=\boldsymbol{A}_1\times\boldsymbol{B}_1=\boldsymbol{A}_1^{\mathrm{T}}\circ\boldsymbol{B}_1=[1 \quad 0.5 \quad 0]^{\mathrm{T}}\cdot[1 \quad 0.6 \quad 0.2]$$

$$=\begin{pmatrix}1\wedge1 & 1\wedge0.6 & 1\wedge0.2\\ 0.5\wedge1 & 0.5\wedge0.6 & 0.5\wedge0.2\\ 0\wedge1 & 0\wedge0.6 & 0\wedge0.2\end{pmatrix}=\begin{pmatrix}1 & 0.6 & 0.2\\ 0.5 & 0.5 & 0.2\\ 0 & 0 & 0\end{pmatrix}$$

为便于进一步的计算，可将 $\boldsymbol{A}_1\times\boldsymbol{B}_1$ 的模糊矩阵表示成如下向量：

$$\overline{\boldsymbol{R}}_{A_1\times B_1}=[1 \quad 0.6 \quad 0.2 \quad 0.5 \quad 0.5 \quad 0.2 \quad 0 \quad 0 \quad 0]$$

则有

$$\boldsymbol{R}_1=(\boldsymbol{A}_1 \quad \text{and} \quad \boldsymbol{B}_1)\rightarrow\boldsymbol{C}_2=\overline{\boldsymbol{R}}_{A_1\times B_1}^{\mathrm{T}}\wedge\boldsymbol{C}_1=\begin{pmatrix}1\\0.6\\0.2\\0.5\\0.5\\0.2\\0\\0\\0\end{pmatrix}\wedge[1 \quad 0.4 \quad 0]=\begin{pmatrix}1 & 0.4 & 0\\0.6 & 0.4 & 0\\0.2 & 0.2 & 0\\0.5 & 0.4 & 0\\0.5 & 0.4 & 0\\0.2 & 0.2 & 0\\0 & 0 & 0\\0 & 0 & 0\\0 & 0 & 0\end{pmatrix}$$

同理可得，

$$\boldsymbol{R}_2=(\boldsymbol{A}_2 \quad \text{and} \quad \boldsymbol{B}_2)\rightarrow\boldsymbol{C}_2=\overline{\boldsymbol{R}}_{A_2\times B_2}^{\mathrm{T}}\wedge\boldsymbol{C}_2=\begin{pmatrix}0 & 0 & 0\\0 & 0 & 0\\0 & 0 & 0\\0 & 0.2 & 0.2\\0 & 0.4 & 0.5\\0 & 0.4 & 0.5\\0 & 0.2 & 0.2\\0 & 0.4 & 0.6\\0 & 0.4 & 1\end{pmatrix}$$

（2）求总的模糊蕴涵关系 $\boldsymbol{R}$ 。

$$\boldsymbol{R}=\boldsymbol{R}_1\cup\boldsymbol{R}_2=\begin{pmatrix}1 & 0.4 & 0\\0.6 & 0.4 & 0\\0.2 & 0.2 & 0\\0.5 & 0.4 & 0.2\\0.5 & 0.4 & 0.5\\0.2 & 0.4 & 0.5\\0 & 0.2 & 0.2\\0 & 0.4 & 0.6\\0 & 0.4 & 1\end{pmatrix}$$

（3）计算输入量的模糊集合。

$$\boldsymbol{A}' \quad \text{and} \quad \boldsymbol{B}'=\boldsymbol{A}'\times\boldsymbol{B}'=\boldsymbol{A}'^{\mathrm{T}}\circ\boldsymbol{B}'=\begin{pmatrix}0.5\\1\\0.5\end{pmatrix}\wedge[0.6 \quad 1 \quad 0.6]=\begin{pmatrix}0.5 & 0.5 & 0.5\\0.6 & 1 & 0.6\\0.3 & 0.5 & 0.5\end{pmatrix}$$

（4）计算输出量的模糊集合。

$$\boldsymbol{C}'=(\boldsymbol{A}' \quad \text{and} \quad \boldsymbol{B}')\circ\boldsymbol{R}=\overline{\boldsymbol{R}}_{\boldsymbol{A}'\times\boldsymbol{B}'}\circ\boldsymbol{R}$$

$$=[0.5 \quad 0.5 \quad 0.5 \quad 0.6 \quad 1 \quad 0.6 \quad 0.5 \quad 0.5 \quad 0.5]\circ\begin{pmatrix}1 & 0.4 & 0\\0.6 & 0.4 & 0\\0.2 & 0.2 & 0\\0.5 & 0.4 & 0.2\\0.5 & 0.4 & 0.5\\0.2 & 0.4 & 0.5\\0 & 0.2 & 0.2\\0 & 0.4 & 0.6\\0 & 0.4 & 1\end{pmatrix}$$

$$=[0.5 \quad 0.4 \quad 0.5]$$

最后，求得的输出量 $z$ 的模糊集合为

$$\boldsymbol{C}'=\frac{0.5}{c_1}+\frac{0.4}{c_2}+\frac{0.5}{c_3}$$

其 MATLAB 代码如下：

```
>> clear all;
A1=[1 0.5 0]';
B1=[1 0.6 0.2];
C1=[1 0.4 0];
A2=[0 0.5 1]';
B2=[0.2 0.6 1];
C2=[0 0.4 1];
Aa=[0.5 1 0.5]';
```

```
Bb=[0.6 1 0.6];
%求每条规则的模糊蕴含关系 R1,R2
Rr1=zeros(size(A1,1),size(B1,2));
for i=1:size(A1,1)
    for j=1:size(B1,2)
        Rr1(i,j)=max(min(A1(i,:),B1(:,j)'));
    end
end
Rr1=Rr1'; Rr1=Rr1(:);
R1=zeros(size(Rr1,1),size(C1,2));
for i=1:size(Rr1,1)
    for j=1:size(C1,2)
        R1(i,j)=max(min(Rr1(i,:),C1(:,j)'));
    end
end
R1
Rr2=zeros(size(A2,1),size(B2,2));
for i=1:size(A2,1)
    for j=1:size(B2,2)
        Rr2(i,j)=max(min(A2(i,:),B2(:,j)'));
    end
end
Rr2=Rr2'; Rr2=Rr2(:);
R2=zeros(size(Rr2,1),size(C2,2));
for i=1:size(Rr2,1)
    for j=1:size(C2,2)
        R2(i,j)=max(min(Rr2(i,:),C2(:,j)'));
    end
end
R2
%求总的模糊蕴含关系 R
R=max(R1,R2)
%计算输入量的模糊集合
Ra=zeros(size(Aa,1),size(Bb,2));
for i=1:size(Aa,1)
    for j=1:size(Bb,2)
        Ra(i,j)=max(min(Aa(i,:),Bb(:,j)'));
    end
end
Ra=Ra';Ra=Ra(:);Ra=Ra';
%计算输出量的模糊集合
Cc=zeros(size(Ra,1),size(R,2));
```

```
for i=1:size(Ra,1)
    for j=1:size(R,2)
        Cc(i,j)=max(min(Ra(i,:),R(:,j)'));
    end
end
Cc
```

运行程序，输出如下：

```
R1 =
    1.0000    0.4000         0
    0.6000    0.4000         0
    0.2000    0.2000         0
    0.5000    0.4000         0
    0.5000    0.4000         0
    0.2000    0.2000         0
         0         0         0
         0         0         0
         0         0         0
R2 =
         0         0         0
         0         0         0
         0         0         0
         0    0.2000    0.2000
         0    0.4000    0.5000
         0    0.4000    0.5000
         0    0.2000    0.2000
         0    0.4000    0.6000
         0    0.4000    1.0000
R =
    1.0000    0.4000         0
    0.6000    0.4000         0
    0.2000    0.2000         0
    0.5000    0.4000    0.2000
    0.5000    0.4000    0.5000
    0.2000    0.4000    0.5000
         0    0.2000    0.2000
         0    0.4000    0.6000
         0    0.4000    1.0000
Cc =
    0.5000    0.4000    0.5000
```

由结果可看出，输出值与理论值相一致。

# 5.2 模糊逻辑工具箱

针对模糊逻辑尤其是模糊控制的迅速推广及应用，MathWorks 公司在其 MATLAB 中添加了 Fuzzy Logic 工具箱。该工具箱由长期从事模糊逻辑和模糊控制研究与开发的有关专家和技术人员编制而成。MATLAB 的 Fuzzy Logic 工具箱以其功能强大和方便易用的特点得到了用户的广泛欢迎。

## 5.2.1 模糊逻辑工具箱的功能和特点

模糊逻辑工具箱具有如下功能和特点。

### 1. 易于使用

模糊逻辑工具箱提供了建立和测试模糊逻辑系统的一整套功能函数，包括定义语言变量及其隶属度函数、输入模糊推理规则、整个模糊推理系统的管理以及交互式地观察模糊推理的过程和输出结果。

### 2. 提供图形化的系统设计界面

在模糊逻辑工具箱中包含五个图形化的系统设计工具，这五个设计工具介绍如下。

（1）模糊推理系统编辑器。该编辑器用于建立模糊逻辑系统的整体框架，包括输入与输出数目、去模糊化方法等。

（2）隶属度函数编辑器，用于通过可视化手段建立语言变量的隶属度函数。

（3）模糊推理规则编辑器。

（4）系统输入输出特性曲面浏览器。

（5）模糊推理过程浏览器。

### 3. 支持模糊逻辑中的高级技术

（1）自适应神经模糊推理系统（Adaptive Neural Fuzzy Inference System，ANFIS）。

（2）用于模式识别的模糊聚类技术。

（3）模糊推理方法的选择，用户可在广泛采用的 Mamdani 型推理方法和 Takagi-Sugeno 型推理方法之间进行选择。

### 4. 集成的仿真和代码生成功能

模糊逻辑工具箱不但能够实现 Simulink 的无缝连接，而且通过 Real-Time Workshop 能够生成 ANSI C 源代码，从而易于实现模糊系统的实时应用。

### 5. 独立运行的模糊推理机

在用户完成模糊逻辑系统的设计后，可以将设计结果以 ASCII 码文件保存起来。利用模糊逻辑工具箱提供的模糊推理机，可以实现模糊逻辑系统的独立运行或作为其他应用的一部分运行。

### 5.2.2 模糊推理系统的基本类型

在模糊推理系统中，模糊模型的表示主要有两类：一类是模糊规则的后件是输出量的某一模糊集合，如NB、PB等，由于这种表示比较常用且首次由Mamdani采用，因而称它为模糊系统的标准模型表示或Mamdani模型表示；另一类是模糊规则的后件是输入语言变量的函数，典型的情况是输入变量的线性组合。由于该方法是日本学者高木（Takagi）和关野（Sugeno）首次提出来的，因此通常称它为模糊系统的高木-关野（Takagi-Sugeno）模型表示或简称Sugeno模型表示。

#### 1. Mamdani模型系统

在标准模型模糊逻辑系统中，模糊规则的前件和后件均为模糊语言值，即具有如下形式

$$\text{IF } x_1 \text{ is } A_1 \text{ and } x_2 \text{ is } A_2 \text{ and } \cdots \text{ and } x_n \text{ is } A_n \text{ THEN } y \text{ is } B$$

式中，$A_i(i=1,2,\cdots,n)$是输入模糊语言值；$B$是输出模糊语言值。

基于标准模型的模糊逻辑系统的原理如图5-5所示。图中的模糊规则库由若干“If-then”规则构成。模糊推理在模糊推理系统中起着核心作用，它将输入模糊集合按照模糊规则映射成输出模糊集合。它提供了一种量化专家语言信息和在模糊逻辑原则下系统地利用这类语言信息的一般化模式。

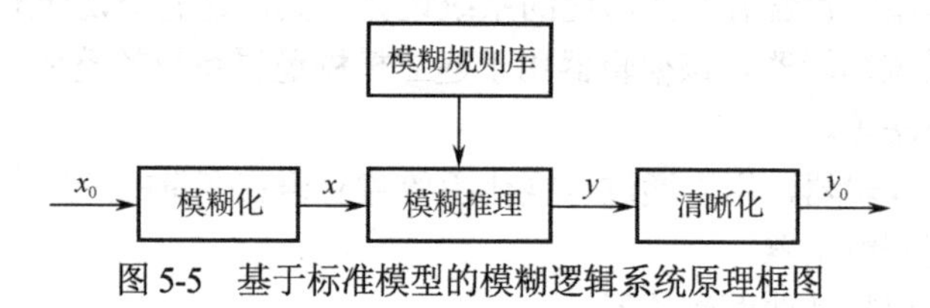


图5-5　基于标准模型的模糊逻辑系统原理框图

#### 2. Sugeno模型系统

Sugeno模型系统是一类较为特殊的模糊逻辑系统，其模糊规则不同于一般的模糊规则形式。在Sugeno模糊逻辑系统中，采用如下形式的模糊规则：

$$\text{IF } x_1 \text{ is } A_1 \text{ and } x_2 \text{ is } A_2 \text{ and } \cdots \text{ and } x_n \text{ is } A_n \text{ THEN } y=\sum_{i=1}^{n} c_i x_i$$

式中，$A_i(i=1,2,\cdots,n)$为输入模糊语言值；$c_i(i=1,2,\cdots,n)$为真值参数。

对于Sugeno模糊逻辑系统，推理规则后项结论中的输出变量的隶属度函数只能是关于输入的线性或常值函数。当输出变量的隶属度函数为线性函数时，称该系统为1阶Sugeno型系统；当输出变量的隶属度函数为常值函数时（如$y=k$），称该系统为0阶系统。

可看出，Sugeno模糊逻辑系统的输出量是精确值。这类模糊逻辑系统的优点是输出量可用输入值的线性组合来表示，因而能够利用参数估计方法来确定系统的参数$c_i$；同时，可以应用线性控制系统的分析方法来近似分析和设计模糊逻辑系统。其缺点是规则的输出部分不

具有模糊语言值的形式，因而不能充分利用专家的控制知识，模糊逻辑的各种不同原则在这种模糊逻辑系统中应用的自由度也会受到限制。

## 5.2.3 模糊逻辑系统的构成

前面讨论了模糊逻辑系统的基本类型，其中标准模型模糊逻辑系统的应用最为广泛。在MATLAB 模糊逻辑工具箱中，主要针对这一类型的模糊逻辑系统提供了分析和设计手段，但同时也对高木-关野模糊逻辑系统提供了一些相关函数。下面将以标准模型模糊逻辑系统作为主要讨论对象。

构造一个模糊逻辑系统，首先必须明确其主要组成部分。一个典型的模糊逻辑系统主要由如下几部分组成。

（1）输入与输出语言变量，包括语言值及其隶属度函数。

（2）模糊规则。

（3）输入量的模糊化方法和输出变量的去模糊化方法。

（4）模糊推理算法。

针对模糊逻辑系统的以上主要构成，在 MATLAB 模糊逻辑工具箱中构造一个模糊推理系统有如下步骤。

（1）模糊推理系统对应的数据文件，其后缀为.fis，用于对该模糊系统进行存储、修改和管理。

（2）确定输入/输出语言变量及其语言值。

（3）确定各语言值的隶属度函数，包括隶属度函数的类型与参数。

（4）确定各种模糊运算方法，包括模糊推理方法、模糊化方法、去模糊化方法等。

## 5.2.4 模糊逻辑系统的实现

模糊逻辑工具箱中提供的函数可用于实现模糊逻辑系统，下面直接通过实例来演示各个函数的用法。

**【例 5-3】** 假设一单输入单输出系统，输入为表征饭店侍者服务好坏的值（0～10），输出为客人付给的小费（0～30）。其中规则有如下三条：

IF 服务 差　THEN 小费 低

IF 服务 好　THEN 小费 中等

IF 服务 很好 THEN 小费 高

适当选择服务和小费的隶属度函数后，设计一个基于 Mamdani 模型的模糊逻辑系统，并绘制输入/输出曲线。

其 MATLAB 代码如下：

```
>> clear all;
fisMat=newfis('M5_3');
fisMat=addvar(fisMat,'input','服务',[0 10]);
```

```
fisMat=addvar(fisMat,'output','小费',[0 30]);
fisMat=addmf(fisMat,'input',1,'差','gaussmf',[1.8 0]);
fisMat=addmf(fisMat,'input',1,'好','gaussmf',[1.8 5]);
fisMat=addmf(fisMat,'input',1,'很好','gaussmf',[1.8 10]);
fisMat=addmf(fisMat,'output',1,'低','trapmf',[0 0 5 15]);
fisMat=addmf(fisMat,'output',1,'中等','trimf',[5 15 25]);
fisMat=addmf(fisMat,'output',1,'高','trapmf',[15 25 30 30]);
rulelist=[1 1 1 1;2 2 1 1;3 3 1 1];
fisMat=addrule(fisMat,rulelist);
subplot(3,1,1);plotmf(fisMat,'input',1);
xlabel('服务');ylabel('输入隶属度');title('vb')
subplot(3,1,2);plotmf(fisMat,'output',1);
xlabel('小费');ylabel('输出隶属度');
subplot(3,1,3);gensurf(fisMat);
xlabel('服务');ylabel('小费');
```

运行程序，效果如图 5-6 所示。

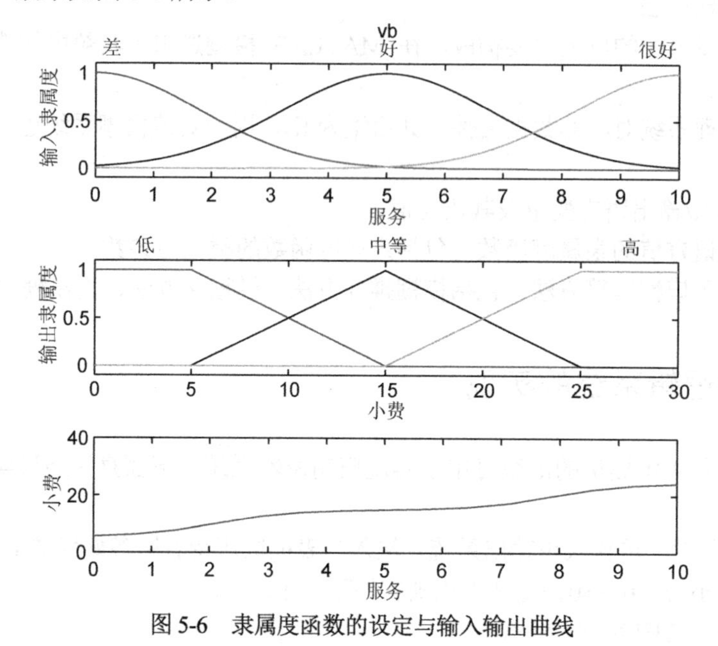


图 5-6　隶属度函数的设定与输入输出曲线

**【例 5-4】** 某一工业过程要根据测量的温度和压力来确定阀门开启的角度。假设输入温度∈[0,30] 时模糊化成两组：冷和热。压力∈[0,3] 时模糊化成两级：高和正常。输出阀门开启角度的增量∈[−10,10] 模糊化成三级：正、负和零。模糊控制规则如下。

IF 温度 is 冷 and 压力 is 高　THEN 阀门角度增量 is 正

IF 温度 is 热 and 压力 is 高　THEN 阀门角度增量 is 负

IF 温度 is 正常 and　压力 is 正常 THEN 阀门角度增量 is 零

适当选择隶属度函数后，设计一基于 Mamdani 模型的模糊逻辑系统，计算当温度和压力分别为 5 和 1.5、11 和 2 时阀门开启的角度增量，并绘制输入输出曲面图。

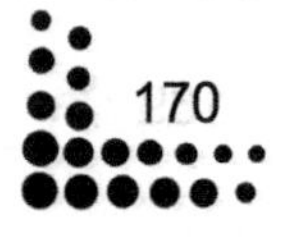

其 MATLAB 代码如下

```
>> fisMat=newfis('M11_3');
fisMat=addvar(fisMat,'input','温度',[0 30]);
fisMat=addvar(fisMat,'input','压力',[0 3]);
fisMat=addvar(fisMat,'output','阀增量',[-10 10]);
fisMat=addmf(fisMat,'input',1,'冷','trapmf',[0 0 10 20]);
fisMat=addmf(fisMat,'input',1,'热','trapmf',[10 20 30 30]);
fisMat=addmf(fisMat,'input',2,'正常','trimf',[0 1 2]);
fisMat=addmf(fisMat,'input',2,'高','trapmf',[1 2 3 3]);
fisMat=addmf(fisMat,'output',1,'负','trimf',[-10 -5 0]);
fisMat=addmf(fisMat,'output',1,'零','trimf',[-5 0 5]);
fisMat=addmf(fisMat,'output',1,'正','trimf',[0 5 10]);
rulelist=[1 2 3 1 1;2 2 1 1 1;0 1 2 1 0];
fisMat=addrule(fisMat,rulelist);
gensurf(fisMat);
in=[5 1.5;11 2];
out=evalfis(in,fisMat)
```

运行程序，输出如下，效果如图 5-7 所示。

```
out =
    2.5000
    3.3921
```

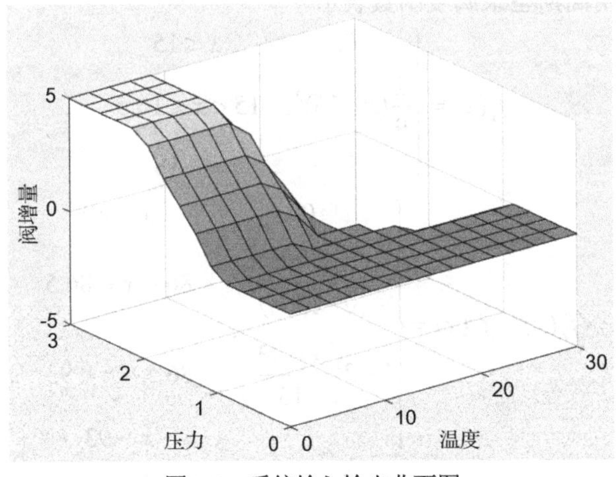


图 5-7　系统输入输出曲面图

**【例 5-5】** 利用模糊理论综合评价污水处理厂运行管理效果。设城市污水处理厂的运行效果主要考虑因素集$U=[u_1,u_2,u_3,u_4,u_5]$。

$u_1$：产量——每天处理污水量（千吨/日）。

$u_2$：质量——$BOD_5$去除率（%）。

$u_3$：质量——SS 去除率（%）。

$u_4$：气水比——处理每吨污水消耗的空气量（$m^3/t$）。

$u_5$：单耗——去除每千克$BOD_5$的耗电量（度/千克）。

评价结果分为五等级：$V$ =[很好，好，中，差，很差]= $[v_1, v_2, v_3, v_4, v_5]$。

其中，等级划分标准如表 5-1 所示。

**表 5-1　等级划分标准**

| 标准 $V$ / $U$ | 很好 | 好 | 中 | 差 | 很差 |
|---|---|---|---|---|---|
| $u_1$ | 18 以上 | 17～18 | 16～17 | 15～16 | 15 以下 |
| $u_2$ | 93 以上 | 89～93 | 85～89 | 80～85 | 80 以下 |
| $u_3$ | 93 以上 | 89～93 | 85～89 | 80～85 | 80 以下 |
| $u_4$ | 7 以下 | 7～8 | 8～9 | 9～10 | 10 以上 |
| $u_5$ | 0.9 以下 | 0.9～1.0 | 1.0～1.1 | 1.1～1.2 | 1.2 以上 |

请根据每天的运行结果，判断管理情况。

**解析**：根据题意，为模糊系统设计五个输入，即处理水量、$BOD_5$去除率、SS 去除率、气水比和耗电量；一个输出，即评价结果。

五个输入分别设有五个等级，即有五个隶属度函数，具体表达式按等级划分标准所构建的下列隶属度函数进行“修饰词”计算而得到，如“很好”的隶属度函数为$f^2$。一个输出有五个等级，每一等级用高斯型隶属度函数表示。

$$f_1(x)=\begin{cases}0, & x\leqslant 15\\ \dfrac{2}{9}(x-15)^2, & 15<x\leqslant 16.5\\ 1, & x>18\end{cases}$$

$$f_2(x)=f_3(x)=\begin{cases}0, & x\leqslant 80\\ 2\left(\dfrac{x-80}{13}\right)^2, & 80<x\leqslant 86.5\\ 1-2\left(\dfrac{x-93}{13}\right)^2, & 86.5<x\leqslant 93\\ 1, & x>93\end{cases}$$

$$f_4(x)=\begin{cases}1, & x\leqslant 7\\ 1-2\left(\dfrac{x-7}{3}\right)^2, & 7<x\leqslant 8.5\\ 2\left(\dfrac{x-10}{3}\right)^2, & 8.5<x\leqslant 10\\ 0, & x>10\end{cases}$$

$$f_5(x)=\begin{cases}1, & x\leqslant 0.9\\ 1-2\left(\dfrac{x-0.9}{0.3}\right)^2, & 0.9<x\leqslant 1.05\\ 2\left(\dfrac{x-1.2}{0.3}\right)^2, & 1.05<x\leqslant 1.7\\ 0, & x>1.2\end{cases}$$

构建隶属度函数后，即可设计模糊推理系统。其 MATLAB 代码如下：

```
>> clear all;
fisMat=newfis('M5_5');
fisMat=addvar(fisMat,'input','water',[0 20]);
fisMat=addvar(fisMat,'input','BOD',[0 100]);
fisMat=addvar(fisMat,'input','SS',[0 100]);
fisMat=addvar(fisMat,'input','gas',[0 10]);
fisMat=addvar(fisMat,'input','ele',[0 1.5]);
fisMat=addvar(fisMat,'output','q',[0 1]);
%对每个变量添加隶属度函数，其中输入变量的隶属度函数为自定义的
fisMat=addmf(fisMat,'input',1,'mid','sigmf',[0 20]);
fisMat=addmf(fisMat,'input',1,'good','sigmf',[0 20]);
fisMat=addmf(fisMat,'input',1,'verygood','sigmf',[0 20]);
fisMat=addmf(fisMat,'input',1,'bad','sigmf',[0 20]);
fisMat=addmf(fisMat,'input',1,'verybad','sigmf',[0 20]);

fisMat=addmf(fisMat,'input',2,'mid','sigmf',[0 100]);
fisMat=addmf(fisMat,'input',2,'good','sigmf',[0 100]);
fisMat=addmf(fisMat,'input',2,'verygood','sigmf',[0 100]);
fisMat=addmf(fisMat,'input',2,'bad','smf',[0 100]);
fisMat=addmf(fisMat,'input',2,'verybad','sigmf',[0 100]);

fisMat=addmf(fisMat,'input',3,'mid','sigmf',[0 100]);
fisMat=addmf(fisMat,'input',3,'good','sigmf',[0 100]);
fisMat=addmf(fisMat,'input',3,'verygood','sigmf',[0 100]);
fisMat=addmf(fisMat,'input',3,'bad','zmf',[0 100]);
fisMat=addmf(fisMat,'input',3,'verybad','sigmf',[0 100]);

fisMat=addmf(fisMat,'input',4,'mid','sigmf',[0 10]);
fisMat=addmf(fisMat,'input',4,'good','sigmf',[0 10]);
fisMat=addmf(fisMat,'input',4,'verygood','sigmf',[0 10]);
fisMat=addmf(fisMat,'input',4,'bad','sigmf',[0 10]);
fisMat=addmf(fisMat,'input',4,'verybad','sigmf',[0 10]);

fisMat=addmf(fisMat,'input',5,'mid','zmf',[0 1.5]);
```

```
fisMat=addmf(fisMat,'input',5,'good','zmf',[0 1.5]);
fisMat=addmf(fisMat,'input',5,'verygood','zmf',[0 1.5]);
fisMat=addmf(fisMat,'input',5,'bad','smf',[0 1.5]);
fisMat=addmf(fisMat,'input',5,'verybad','zmf',[0 1.5]);

fisMat=addmf(fisMat,'output',1,'verygood','gaussmf',[0.1062 1]);
fisMat=addmf(fisMat,'output',1,'good','gaussmf',[0.1062 0.75]);
fisMat=addmf(fisMat,'output',1,'mid','gaussmf',[0.1062 0.5]);
fisMat=addmf(fisMat,'output',1,'bad','gaussmf',[0.1062 0.25]);
fisMat=addmf(fisMat,'output',1,'verybad','gaussmf',[0.1062 0]);
%设立规则
rulelist=[1 1 1 1 1 1 1 1;2 2 2 2 2 2 1 1;3 3 3 3 3 3 1 1;4 4 4 4 4 4 1 1;5 5 5 5 5 5 1 1];
fisMat=addrule(fisMat,rulelist);    %添加规则
```

根据设计的模糊系统以及每天的运行数据，就可以判断其运行情况。

```
evalfis([12 85 91 8.1 1.0],fisMat)
ans =
    0.5144                  %运行情况不十分理想
evalfis([17 92 91 7.1 0.9],fisMat)
ans =                       %运行情况相对理想
    0.5231
```

**【例 5-6】** 假设某一工业过程可等效成二阶系统$G(s)=\dfrac{20}{8s^2+6s+1}$，设计一个模糊控制器，使其能自动建立模糊规则库，保证系统输出尽快跟随系统输入。采样时间$T=0.01$；系统输入$r(t)=1.0$。

**解析**：当模糊控制器的输入输出取相同的论域时，模糊控制规则如表 5-2 所示，这种规则可表示为

$$U=\text{fix}\left(\frac{E+\text{DE}}{2}\right)=\text{fix}(\alpha\cdot E+(1-\alpha)\text{DE})$$

式中，fix 为取整函数；$E$ 为误差的模糊集；DE 为误差导数的模糊集；$\alpha$ 为常数。

**表 5-2 模糊规则**

| u \ e<br>de/df | NB | NS | ZR | PS | PB |
|---|---|---|---|---|---|
| NB | PB | PB | PS | PS | ZR |
| NS | PB | PS | PS | ZR | ZR |
| ZR | PS | PS | ZR | ZR | NS |
| PS | PS | ZR | ZR | NS | NS |
| PB | ZR | ZR | NS | NS | NB |

这样表示的模糊控制系统可通过改变$\alpha$值方便地修改如表 5-2 所示的模糊控制规则，从而自动建立系统的模糊规则库。

适当选择$\alpha$后，利用以下 MATLAB 代码实现设计：

```
>> clear all;
%被控系统建模
num=20; den=[8 6 1];
[A,b,c,d]=tf2ss(num,den);
%系统参数
T=0.01; h=T;
N=500; R=1.0*ones(1,N);
uu=zeros(1,N); yy=zeros(3,N);
ka=1;
for alpha=[0.45 0.75 0.90];
    %定义输入输出变量及其隶属度函数
    fisMat=newfis('M11_6');
    fisMat=addvar(fisMat,'input','e',[-6,6]);
    fisMat=addvar(fisMat,'input','de',[-6,6]);
    fisMat=addvar(fisMat,'output','u',[-6,6]);
    fisMat=addmf(fisMat,'input',1,'NB','trapmf',[-6 -6 -5 -3]);
    fisMat=addmf(fisMat,'input',1,'NS','trapmf',[-5 -3 -2 0]);
    fisMat=addmf(fisMat,'input',1,'ZR','trimf',[-2 0 2]);
    fisMat=addmf(fisMat,'input',1,'PS','trapmf',[0 2 3 5]);
    fisMat=addmf(fisMat,'input',1,'PB','trapmf',[3 5 6 6]);
    fisMat=addmf(fisMat,'input',2,'NB','trapmf',[-6 -6 -5 -3]);
    fisMat=addmf(fisMat,'input',2,'NS','trapmf',[-5 -3 -2 0]);
    fisMat=addmf(fisMat,'input',2,'ZR','trimf',[-2 0 2]);
    fisMat=addmf(fisMat,'input',2,'PS','trapmf',[0 2 3 5]);
    fisMat=addmf(fisMat,'input',2,'PB','trapmf',[3 5 6 6]);
    fisMat=addmf(fisMat,'output',1,'NB','trapmf',[-6 -6 -5 -3]);
    fisMat=addmf(fisMat,'output',1,'NS','trapmf',[-5 -3 -2 0]);
    fisMat=addmf(fisMat,'output',1,'ZR','trimf',[-2 0 2]);
    fisMat=addmf(fisMat,'output',1,'PS','trapmf',[0 2 3 5]);
    fisMat=addmf(fisMat,'output',1,'PB','trapmf',[3 5 6 6]);
    %模糊规则矩阵
    for i=1:5
        for j=1:5
            rr(i,j)=round(alpha*i+(1-alpha)*j);
        end
    end
    rr=6-rr;
    r1=zeros(prod(size(rr)),3);
    k=1;
```

```
for i=1:size(rr,1)
    for j=1:size(rr,2)
        r1(k,:)=[i,j,rr(i,j)];
        k=k+1;
    end
end
[r,s]=size(r1);
r2=ones(r,2);
rulelist=[r1 r2];
fisMat=addrule(fisMat,rulelist);
%模糊控制系统仿真
Ke=30; Kd=0.2;
Ku=1.0; x=[0;0];
e=0; de=0;
for k=1:N
    e1=Ke*e;
    de1=Kd*de;
    %将模糊控制器的输入变量变换到论域
    if e1>=6
        e1=6;
    elseif e1<=-6
        e1=-6;
    end
    if de1>=6;
        de1=6;
    elseif de1<=-6
        de1=-6;
    end
    %计算模糊控制器的输出
    in=[e1 de1];
    uu(1,k)=Ku*evalfis(in,fisMat);
    u=uu(1,k);
    %利用四阶龙格-库塔法计算系统输出
    K1=A*x+b*u;
    K2=A*(x+h*K1/2)+b*u;
    K3=A*(x+h*K2/2)+b*u;
    K4=A*(x+h*K3)+b*u;
    x=x+(K1+2*K2+2*K3+K4)*h/6;
    y=c*x+d*u;
    yy(ka,k)=y;
    %计算误差和误差微分
    e1=e;e=y-R(1,k);
```

```
            de=(e-e1)/T;
        end
        ka=ka+1;
    end
    %绘制结果曲线
    kk=[1:N]*T;
    plot(kk,yy(1,:),'r:',kk,yy(2,:),'k-.',kk,yy(3,:),'b--',kk,R,'m');
    xlabel('时间');ylabel('输出');
    legend('alpha=0.45','alpha=0.75','alpha=0.90');
    grid on;
```

运行程序，得到系统阶跃响应与 $\alpha$ 的关系曲线，如图 5-8 所示。

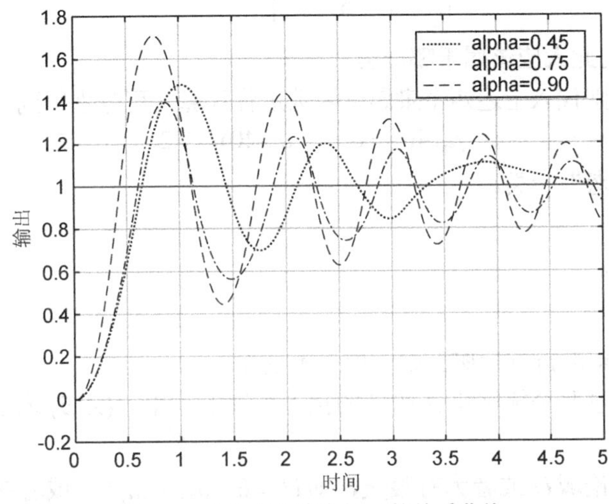


图 5-8　系统阶跃响应与 $\alpha$ 的关系曲线

## 5.3　模糊模式识别的方法

模糊模式识别大致有两种方法：一种是直接方法，按“最大隶属原则”进行归类；另一种是间接方法，按“择近原则”进行归类。前者主要应用于个体样本的识别；后者一般应用于群体模式的识别。

### 5.3.1　最大隶属度原则

直接由计算样本的隶属度来判断其归属的方法，即为模式识别的最大隶属度原则。这种分类方式的效果十分依赖于建立已知模式类隶属度函数的技巧。

设 $\underline{A}_1,\underline{A}_2,\cdots\underline{A}_m\in F(U)$， $x$ 是 $U$ 中的一个元素，如果

$$\mu_{\underline{A}_i}(x)>\mu_{\underline{A}_j}(x),\quad j=1,2,\cdots,m,i\neq j$$

则 $x$ 隶属于 $\underset{\sim}{A_i}$，即将 $x$ 判属于第 $i$ 类。

**【例 5-7】** 以人的年龄作为论域 $U=(0,100]$，则“年轻”可以表示为 $U$ 上的模糊集，其隶属度函数为

$$\mu_1(u)=\begin{cases}1, & 0<u<25\\ \left[1+\left(\dfrac{u-25}{5}\right)^2\right]^{-1}, & 25<u\leqslant 100\end{cases}$$

“年老”也可以表示为 $U$ 上的一个模糊集，其隶属度函数为

$$\mu_1(u)=\begin{cases}0, & 0<u<50\\ \left[1+\left(\dfrac{u-25}{5}\right)^2\right]^{-1}, & 50<u\leqslant 100\end{cases}$$

如果某人有 40 岁，问此人应该属于哪一类？

**解**：将 $u=40$ 分别代入上述两个隶属度函数进行计算，可分别得到

$$\mu_1(40)=0.1,\quad \mu_2(40)=0.2$$

所以其应该属于“年老”一类。

## 5.3.2　选择原则

选择原则就是利用贴近度的概念来实现分类操作。

贴近度是用来衡量两个模糊集 $\underset{\sim}{A}$ 和 $\underset{\sim}{B}$ 的接近程度的，用 $N(\underset{\sim}{A},\underset{\sim}{B})$ 表示。贴近度越大，表明两者越接近。

在模式识别中，论域 $U$ 或者为有限集，即 $U=\{u_1,u_2,\cdots,u_n\}$，或者在一定的区间内，即 $U=[a,b]$。常用的贴近度有以下三种。

### 1．海明贴近度

海明贴近度可表示为

$$N(\underset{\sim}{A},\underset{\sim}{B})=1-\frac{1}{n}\sum_{i=1}^{n}|\underset{\sim}{A}(u_i)-\underset{\sim}{B}(u_i)|$$

或者

$$N(\underset{\sim}{A},\underset{\sim}{B})=1-\frac{1}{b-a}\int_a^b|\underset{\sim}{A}(u_i)-\underset{\sim}{B}(u_i)|\mathrm{d}u$$

### 2．欧几里得贴近度

欧几里得贴近度可表示为

$$N(\underset{\sim}{A},\underset{\sim}{B})=1-\frac{1}{\sqrt{n}}\left\{\sum_{i=1}^{n}[\underset{\sim}{A}(u_i)-\underset{\sim}{B}(u_i)]^2\right\}^{\frac{1}{2}}$$

或者

$$N(\underset{\sim}{A},\underset{\sim}{B})=1-\frac{1}{\sqrt{b-a}}\left\{\int_a^b[\underset{\sim}{A}(u_i)-\underset{\sim}{B}(u_i)]^2\mathrm{d}u\right\}^{\frac{1}{2}}$$

**3．格贴近度**

格贴近度可表示为

$$N(\underset{\sim}{A},\underset{\sim}{B})=(A\circ B)\wedge(\underset{\sim}{A}^{\mathrm{C}}\circ\underset{\sim}{B}^{\mathrm{C}})$$

式中，$\underset{\sim}{A}^{\mathrm{C}}$ 为 $A$ 的余，$A\circ B$ 为 $\underset{\sim}{A}$、$\underset{\sim}{B}$ 的内积：

$$\underset{\sim}{A}\circ\underset{\sim}{B}=\bigvee_{i=1}^{n}(A(u_i)\wedge B(u_i))$$

**【例 5-8】** 设某产品的质量等级有 5 种评判因素：$u_1,u_2,u_3,u_4,u_5$。每一等级的模糊集为

$$\underset{\sim}{B_1}=\{0.5,0.5,0.6,0.4,0.3\}$$
$$\underset{\sim}{B_2}=\{0.3,0.3,0.4,0.2,0.2\}$$
$$\underset{\sim}{B_3}=\{0.2,0.2,0.3,0.1,0.1\}$$
$$\underset{\sim}{B_4}=\{0.1,0.1,0.2,0.1,0\}$$
$$\underset{\sim}{B_5}=\{0.1,0.1,0.1,0.1,0\}$$

假如某产品各判断因素的值为 $\underset{\sim}{A}=\{0.4,0.3,0.2,0.1,0.2\}$，问该产品属于哪个等级？

**解：** 编写求各种贴近度的 MATLAB 函数。

```
function y=fuz_cing(x,y,type)
n=length(x);
switch type
    case 1
        y=1-sum(abs(x-y))/n;                          %海明贴近度
    case 2
        y=1-(sum(x-y).^2)^(1/2)/sqrt(n);              %欧几里得贴近度
    case 3
        y1=max(min(fuzinv(x),fuzinv(y)));
        y2=max(min(x,y));
        y=min(y1,y2);                                 %格贴近度
end
```

可求得样本与各等级的格贴近度分别为 0.5、0.3、0.2、0.1、0.1，所以可认为该产品属于 $B_1$ 等级。

# 5.4　模糊神经网络

模糊神经网络就是模糊理论同神经网络相结合的产物，它汇集了神经网络与模糊理论的优点，集学习、联想、识别、信息处理于一体。

## 5.4.1 模糊神经网络的发展动向

模糊理论和神经网络技术是近几年来人工智能研究较为活跃的两个领域。人工神经网络是模拟人脑结构的思维功能，具有较强的自学习和联想功能，人工干预少，精度较高，对专家知识的利用也较好。但缺点是它不能处理和描述模糊信息，不能很好地利用已有的经验知识，特别是学习及问题的求解具有黑箱的特性，其工作不具有可解释性，同时它对样本的要求较高；模糊系统相对于神经网络而言，具有推理过程容易理解、专家知识利用较好、对样本的要求较低等优点，但它同时又存在人工干预多、推理速度慢、精度较低等缺点，很难实现自适应学习的功能，而且如何自动生成和调整隶属度函数和模糊规则，是一个棘手的问题。如果将二者有机结合起来，可起到互补的效果。

## 5.4.2 Mamdani 模型的模糊神经网络

在模糊系统中，模糊模型的表示主要有两种：一种是模糊规则的后件是输出量的某一模糊集合，称它为模糊系统的标准模型或 Mamdani 模型；另一种是模糊规则的后件是输入语言变量的函数，典型的情况是输入变量的线性组合，称它为模糊系统的 Takagi-Sugeno 模型。

Mamdani 用了两个双输入单输出 F 控制器：一个 F 控制器输入蒸汽压力及其变化率，用输出去调节锅炉的加热量；另一个 F 控制器输入蒸汽机活塞转速及其变化率，用输出去调节蒸汽机进气阀门开度，这个开度不仅影响蒸汽机，也影响锅炉的蒸汽压力。联合控制的结果保证了蒸汽机活塞速度的恒定，圆满地完成了控制任务。在研究控制这个系统过程中，发现这种控制器具有需要信息少、无超调、响应快、出错少等优点，而且这种控制方式具有普遍性，1974 年发表了此研究成果，开创了模糊控制应用的先河。

每个 Mamdani 控制器的基本组成原理都如图 5-9 所示：左边输入清晰值变量 $e$ 及其变化率 $\mathrm{d}e/\mathrm{d}t$，右边输出精确值变量 $u$。这里使用的 F 控制器是后来用得最广泛、工程应用中获得成功最多的一种 F 控制器，通常称为 Mamdani 型模糊控制器，是一种典型的二维 F 控制器。

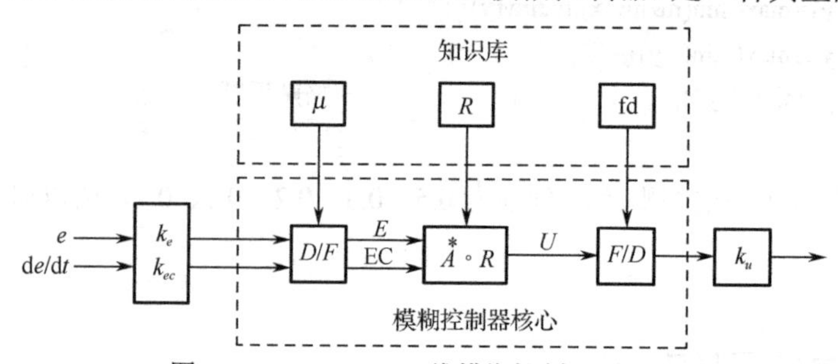


图 5-9 Mammdani 二维模糊控制器原理图

图 5-9 中“知识库”框内中的 $\mu$ 隶属度函数库，存储把数字量转换成模糊量时使用的隶属度函数；$R$ 为控制规则库，存储进行近似推理的 F 条件语句及近似推理的算法；fd 为清晰化方法库，存储对模糊量进行清晰化处理时使用的算法。

图 5-9 中最左边由 $k_e$ 和 $k_{ec}$ 构成“量化因子”模块；最右边的 $k_u$ 是“比例因子”模块。这两个模块对模糊控制器输入输出的清晰值信号具有比例缩放作用，是模糊控制器的输入输出接口，它们除了使其前后模块匹配之外，还有改善模糊控制器某些性能的作用。

图 5-9 中下面的“模糊控制器核心”框内的几个模块 $D/F$、$\circ R$ 和 $F/D$ 的作用分别如下：模糊化模块 $D/F$ 用于完成清晰量转换成模糊量的运算；$A^* \circ R$ 用于完成根据输入模糊量 $A^*$（由两个模糊分量 $E$ 和 EC 构成）进行近似推理运算，得出模糊量 $U$；清晰化（或反模糊化）模块 $F/D$ 用于完成把模糊量 $U$ 转换成清晰量的运算。

模糊逻辑控制器由三个核心部分组成：模糊化 $(D/F)$ 模块、近似推理 $(\circ R)$ 模块和清晰化 $(F/D)$ 模块。为了使它们和输入输出的清晰量相匹配，在模糊化模块之前设有“量化因子”模块，在清晰化模块之后设有“比例因子”模块。

### 5.4.3 Takagi–Sugeno 模型的模糊神经网络

模糊逻辑与神经网络的结合，是近年来计算智能学科的一个重要研究方向。两者结合形成的模糊神经网络，同时具有模糊逻辑易于表达人类知识和神经网络的分布式信息存储以及学习能力的优点，对于复杂系统的建模和控制，它提供了有效的工具。

#### 1. Takagi-Sugeno 模型

设输入向量 $\boldsymbol{x}=[x_1,x_2,\cdots,x_n]^{\mathrm{T}}$，每个分量 $x_i$ 均为模糊语言变量，并设

$$T(x_i)=\{A_i^1,A_i^2,\cdots,A_i^{m_i}\},i=1,2,\cdots,n$$

式中，$A_i^j(j=1,2,\cdots,m_i)$ 是 $x_i$ 的第 $j$ 个语言变量值，它是定义在论域 $U_i$ 上的一个模糊集合。相应的隶属度函数为 $\mu_{A_i^j}(x_i)(i=1,2,\cdots,n;j=1,2,\cdots,m_i)$。

Takagi-Sugeno 所提出的模糊规则后件是输入变量的线性组合，即

$R_j$：如果 $x_1$ 是 $A_1^j$ and $x_2$ 是 $A_2^j$ and…and $x_n$ 是 $A_n^j$，则 $y_j=p_{j0}+p_{j1}x_1+\cdots+p_{jn}x_n$ 式中，$j=1,2,\cdots,m,m\leqslant\prod_{i=1}^{n}m_i$。

如果输入量采用了单点模糊集合的模糊化方法，则对于给定的输入 $\boldsymbol{x}$，可以求得对于每条规则的适应度为

$$\alpha_j=\mu_{A_1^j}(x_1)\wedge\mu_{A_2^j}(x_2)\wedge\cdots\wedge\mu_{A_n^j}(x_n)$$

或者

$$\alpha_j=\mu_{A_1^j}(x_1)\mu_{A_2^j}(x_2)\cdots\mu_{A_n^j}(x_n)$$

模糊系统的输出量为每条规则的输出量的加权平均，即

$$y=\frac{\sum_{j=1}^{m}\alpha_j y_j}{\sum_{j=1}^{m}\alpha_j}=\sum_{j=1}^{m}\bar{\alpha}_j y_j$$

式中，$\bar{\alpha}_j = \dfrac{\alpha_j}{\sum_{j=1}^{m}\alpha_j}$。

**2. 学习算法**

假设各输入分量的模糊分割数是预先确定的，那么需要学习的参数主要是后件网络的连接权 $p_{ji}^1(j=1,2,\cdots,m$；$i=1,2,\cdots,n$；$l=1,2,\cdots,r)$，以及前件网络第二层各节点隶属度函数的中心值 $c_{ij}$ 和宽度 $\sigma_{ij}(i=1,2,\cdots,m;\ \ j=1,2,\cdots,m_i)$。

设取误差代价函数为

$$E=\frac{1}{2}\sum_{i=1}^{r}(t_i-y_i)^2$$

式中，$t_i$ 和 $y_i$ 分别表示期望输出和实际输出。

对于上面介绍的两种模糊神经网络，当给定一个输入时，网络（或前件网络）第三层的 $\boldsymbol{\alpha}=[\alpha_1,\alpha_2,\cdots,\alpha_m]^{\mathrm{T}}$ 中只有少量元素非 0，其余大部分元素均为 0。因此，从 $x$ 到 $\alpha$ 的映射与 RBF 神经网络的非线性映射非常类似。该模糊神经网络也是局部逼近网络。其中，第二层的隶属度函数类似于基函数。

模糊神经网络虽然也是局部逼近网络，但是它是按照模糊系统模型建立的，网络中的各个节点及所有参数均有明显的物理意义，因此这些参数的初值可以根据系统的模糊或定性的知识来加以确定，然后利用上述的学习算法可以很快收敛到要求的输入输出关系，这是模糊神经网络比前面的单纯的神经网络的优点所在。同时，由于它具有神经网络的结构，因此参数的学习和调整比较容易，这是它与单纯的模糊逻辑系统相比的优势所在。

基于 Takagi-Sugeno 模型的模糊神经网络可以从另一角度来认识它的输入输出映射关系，如果各输入分量的分割是精确的，即相当于隶属度函数为互相拼接的超矩形函数，则网络的输出相当于是原光滑函数的分段线性近似，即相当于用许多块超平面来拟合一个光滑曲面。网络中的 $p_{ji}^l$ 参数便是这些超平面方程的参数，分割越精细，拟合越准确。实际上，在此的模糊分割是互相重叠的，因此即使模糊分割数不多，也能获得光滑和准确的曲面拟合。基于上面的理解，可以帮助选取网络参数的初值。例如，如果根据样本数据或根据其他先验知识已知输出曲面的大致形状，则可根据这些形状来进行模糊分割。如果某些部分曲面较平缓，则相应部分的模糊分割可粗些；如果某些部分曲面变化剧烈，则相应部分的模糊分割需要精细些。在各分量的模糊分割确定后，可根据各分割子区域所对应的曲面形状以一个超平面来近似，这些超平面方程的参数即作为 $p_{ji}^l$ 的初值。由于网络还要根据给定样本数据进行学习和训练，因而初值参数的选择并不要求很精确。但是根据上述的先验知识所做的初步选择是非常重要的，它可避免陷入不希望的局部极值并大大提高收敛的速度，这一点对于实时控制是尤为重要的。

### 5.4.4 模糊神经系统的实现

MATLAB 中提供了相应的函数用于实现模糊神经系统，下面直接通过实例来演示。

【例 5-9】 利用模糊神经系统对下列非线性函数进行逼近。

$$f(x)=0.5\sin(\pi x)+0.3\sin(3\pi x)+0.1\sin(5\pi x)$$

其 MATLAB 代码如下：

```
>> clear all;
%产生输入输出数据
numPts=51;                                              %数据点个数为 51
x=linspace(-1,1,numPts);                                %输入数据
y=0.5*sin(pi*x)+0.3*sin(3*pi*x)+0.1*sin(5*pi*x);        %输出数据
data=[x',y'];                                           %整个数据集
trnData=data(1:2:numPts,:);                             %训练数据集
chkData=data(2:2:numPts,:);                             %检验数据集
%绘制训练和检验数据的分布曲线
subplot(2,2,1);plot(trnData(:,1),trnData(:,2),'o',chkData(:,1),chkData(:,2),'x');
legend('训练数据','检验数据');
title('训练和检验数据的分布曲线');
xlabel('(1)');
%采用 genfis1 函数直接由训练数据生成 Takagi-Sugeno 模糊逻辑系统
numMFs=5;                                               %输入隶属度函数个数
mfType='gbellmf';                                       %输入隶属度函数的类型
fisMat=genfis1(trnData,numMFs,mfType);                  %初始模糊逻辑系统
%绘制由函数 genfis1 生成的模糊逻辑系统的初始输入变量的隶属度函数曲线
[x1,mf]=plotmf(fisMat,'input',1);
subplot(2,2,2);plot(x1,mf);
title('系统训练前的隶属度函数');
xlabel('(2)');
%根据给定的训练数据利用函数 anfis 训练自适应神经模糊系统
epochs=40;                                              %训练次数为 40
trnOpt=[epochs,NaN,NaN,NaN,NaN];
dispOpt=[];
[Fis,error,stepsize,chkFis,chkEr]=anfis(trnData,fisMat,trnOpt,dispOpt,chkData);
%绘制模糊逻辑系统由函数 anfis 训练后的输入变量的隶属度函数曲线
[x1,mf]=plotmf(Fis,'input',1);
subplot(2,2,3);plot(x1,mf);
title('系统训练后的隶属度函数');
xlabel('(3)');
%计算训练后神经模糊系统的输出与训练数据的均方根误差 trnRMSE
trnOut1=evalfis(trnData(:,1),Fis);                      %训练后神经模糊系统的输出
trnOut2=evalfis(trnData(:,1),chkFis);
trnRMSE1=norm(trnOut1-trnData(:,2))/sqrt(length(trnOut1))
trnRMSE2=norm(trnOut1-trnData(:,2))/sqrt(length(trnOut2))
%计算和绘制神经模糊逻辑系统的输出曲线
anfis_y1=evalfis(x,Fis);
```

```
anfis_y2=evalfis(x,chkFis);
subplot(2,2,4);plot(x,y,'k-',x,anfis_y1,'x',x,anfis_y2,'ro');
title('函数输出和 ANFIS 系统输出');
xlabel('(4)');
legend('原函数的输出','ANFIS-1 的输出','ANFIS-2 的输出');
```

运行程序，运行过程及输出结果如下，效果如图 5-10 所示。

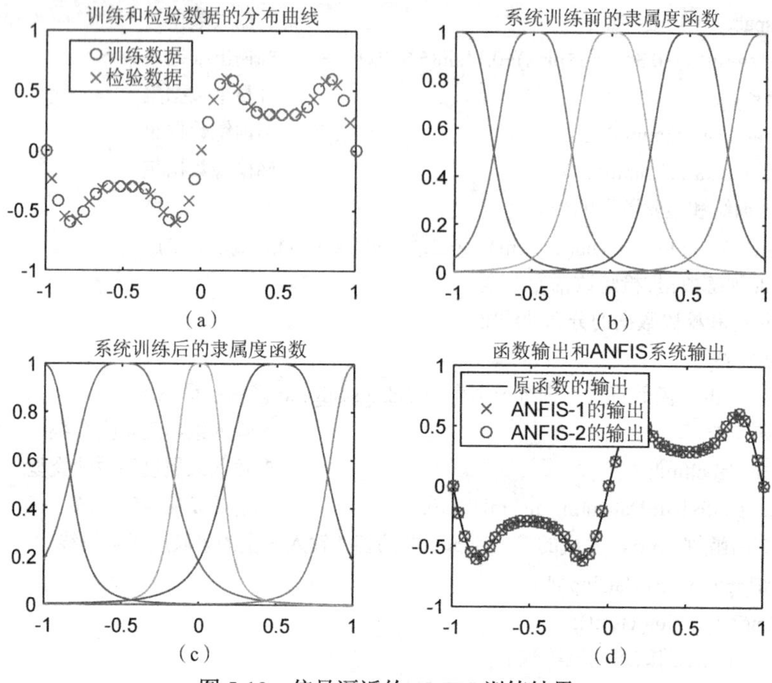


图 5-10　信号逼近的 ANFIS 训练结果

```
ANFIS info:
    Number of nodes: 24
    Number of linear parameters: 10
    Number of nonlinear parameters: 15
    Total number of parameters: 25
    Number of training data pairs: 26
    Number of checking data pairs: 25
    Number of fuzzy rules: 5
Start training ANFIS ...
  1      0.057731   0.0557879
  2      0.0546881      0.0528481
  3      0.0516226      0.049877
  4      0.0485008      0.0468384
  5      0.0452957      0.0437035
Step size increases to 0.011000 after epoch 5.
  6      0.0419879      0.0404533
```

```
7         0.038217        0.0367378
8         0.0343036       0.032887
9         0.0302586       0.0289427
Step size increases to 0.012100 after epoch 9.
10        0.0261194       0.0249911
11        0.0215719       0.0208249
12        0.0173367       0.0172062
13        0.014141        0.0147223
Step size increases to 0.013310 after epoch 13.
14        0.0129949       0.0139072
15        0.012726        0.0134258
16        0.0125409       0.0135443
17        0.0123318       0.0130398
Step size increases to 0.014641 after epoch 17.
18        0.0121495       0.0131535
19        0.0122123       0.01286
20        0.011852        0.012839
21        0.0119288       0.0126007
22        0.0116069       0.0125733
Step size decreases to 0.013177 after epoch 22.
23        0.0116978       0.0123892
24        0.0111827       0.0121721
25        0.0114771       0.0121925
26        0.0110242       0.0119924
Step size decreases to 0.011859 after epoch 26.
27        0.0113009       0.0120335
28        0.0107217       0.0117043
29        0.0111253       0.0118779
30        0.0106145       0.011577
Step size decreases to 0.010673 after epoch 30.
31        0.0109878       0.0117535
32        0.0103953       0.0113665
33        0.0108441       0.0116253
34        0.0103199       0.0112721
Step size decreases to 0.009606 after epoch 34.
35        0.0107339       0.0115242
36        0.0101592       0.0111158
37        0.0106129       0.0114144
38        0.0101042       0.0110425
Step size decreases to 0.008645 after epoch 38.
39        0.0105222       0.0113293
40        0.00998502      0.0109246
```

```
Designated epoch number reached --> ANFIS training completed at epoch 40.
trnRMSE1 =
    0.0100
trnRMSE2 =
    0.0100
```

在实例中，不但提供了训练数据，而且提供了检验数据，两种数据在输入空间均匀采样，如图 5-10（a）所示。图 5-10（b）显示了由函数 genfis1 根据训练数据生成的模糊推理系统的初始隶属度函数曲线。从曲线可以看出，函数 genfis1 按照均匀覆盖输入空间的原则，构造了训练前模糊逻辑系统的初始输入变量的隶属度函数。系统训练后模糊逻辑系统的输入变量的隶属度函数曲线，如图 5-10（c）所示。从图中可以看出，经过学习后的模糊逻辑系统提取了训练数据的局部特征。图 5-10（d）显示了原函数的输出与神经模糊逻辑系统的输出曲线。神经模糊逻辑系统训练数据和检验数据的均匀方根误差均为 0.01，这是这两种数据在整个输入空间均匀分布的必然结果。另外，如果在 MATLAB 工作空间中再次利用以下命令，便可得到训练数据和检验数据的误差变化过程曲线，如图 5-11 所示，可以看出它们非常接近，几乎重合。

```
>> figure;plot(error);hold on;plot(chkEr,'r');
>> grid on;
```

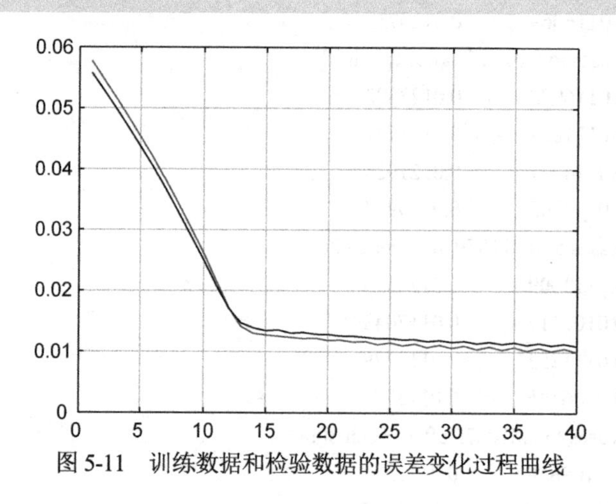


图 5-11　训练数据和检验数据的误差变化过程曲线

**【例 5-10】** 非线性系统为

$$y(k+1)=0.3y(k)+0.6sy(k-1)+f(u(k))$$

式中，$f(\cdot)$ 为未知非线性函数。利用模糊逻辑系统对非线性函数 $f(\cdot)$ 进行逼近。假设非线性函数 $f(\cdot)$ 为例 5-9 所示的下列函数

$$f(x)=0.5\sin(\pi u)+0.3\sin(3\pi u)+0.1\sin(5\pi u)$$

其 MATLAB 代码如下：

```
>> clear all;
fisMat=readfis('M5_9');                %将系统从磁盘文件 M5_9.fis 装载到矩阵 fisMat 中
%产生输入输出数据
u1=sin(2*pi*[1:300]/250);
```

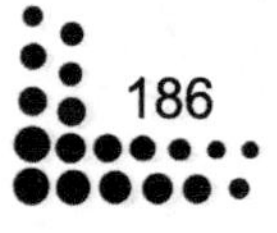

```
u2=sin(pi*[301:600]/50);
uu=[u1,u2];
N=length(uu);
%系统仿真
y=0;y1=0;
yc=0;yc1=0;
out=zeros(N,4);
for k=1:N
    u=uu(k);
    %模糊模型逼近未知函数时的系统输出
    fc=evalfis(u,fisMat);
    yc2=yc1;yc1=yc;
    yc=0.3*yc1+0.6*yc2+fc;
    %未知函数采用实际输出时的系统输出
    f=0.5*sin(pi*u)+0.3*sin(3*pi*u)+0.1*sin(5*pi*u);
    y2=y1; y1=y;
    y=0.3*y1+0.6*y2+f;
    %保存未知函数和系统的实际与逼近输出
    out(k,:)=[f,fc,y,yc];
end
%绘制系统的输出曲线
k=1:N;
subplot(2,1,1);plot(k,out(:,1),'k-',k,out(:,2),'rx');
legend('函数实际输出','函数逼近输出');
subplot(2,1,2);plot(k,out(:,3),'k-',k,out(:,4),'rx');
legend('函数实际输出','函数逼近输出');
```

运行程序，效果如图 5-12 所示。

从图 5-12 所示的函数和系统的实际输出与逼近输出中可以看出，模型输出非常逼近于实际输出。

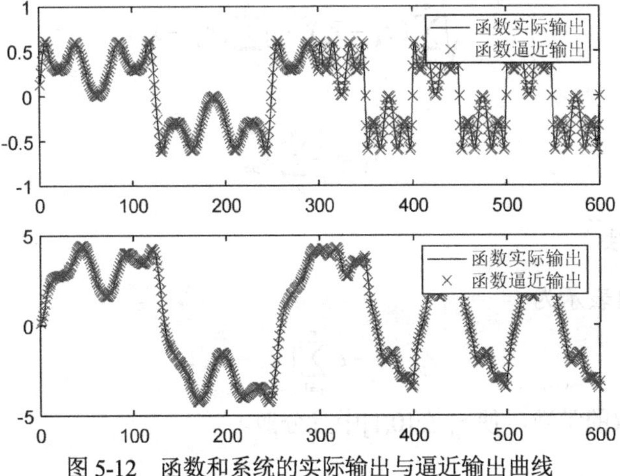


图 5-12　函数和系统的实际输出与逼近输出曲线

## 5.5 模糊聚类分析

模糊聚类分析是利用模糊等价关系来实现的。基于模糊等价关系的聚类分析可分为如下三步。

### 1. 建立模糊相似矩阵

建立模糊相似矩阵是实现模糊聚类的关键。设 $S=\{X^1,X^2,\cdots,X^N\}$ 是待聚类的全部样本，每一个样本都由 $n$ 个特征表示：

$$X^i=(x_1^i,x_2^i,\cdots,x_n^i)$$

第一步是求任意两个样本 $X_i$ 与 $X_j$ 之间的相关系数 $r_{ij}$，进而构造模糊相似矩阵 $\underline{\boldsymbol{R}}=(r_{ij})_{N\times N}$。求相关系数的方法有很多，可以根据需要选择以下方法中的一种。

1）数量积法

数量积法可表示为

$$r_{ij}=\begin{cases}1, & i=j\\ \dfrac{1}{M}\sum\limits_{k=1}x_{ik}x_{jk}, & i\neq j\end{cases}$$

式中，$M$ 为一适当的正数，满足以下条件。

$$M\geqslant\max_{i,j}\left(\sum_{i=1}^{n}x_{ik}x_{jk}\right)$$

2）相关系数法

相关系数法可表示为

$$r_{ij}=\frac{\sum\limits_{i=1}^{n}(|x_{ik}-\overline{x}_k|\cdot|x_{jk}-\overline{x}_k|)}{\sqrt{\sum\limits_{i=1}^{n}(x_{ik}-\overline{x}_k)^2}\cdot\sqrt{\sum\limits_{k=1}^{n}(x_{jk}-\overline{x}_k)^2}}$$

式中，

$$\overline{x}_k=\frac{1}{n}\sum_{p=1}^{n}x_{pk}$$

3）绝对值减数法

绝对值减数法可表示为

$$r_{jk}=1-\alpha\sum_{i=1}^{n}|x_{ik}-x_{jk}|$$

式中，$\alpha$ 为适当选取的常数，使 $r_{jk}$ 在[0,1]中且分散。

4）夹角余弦法

夹角余弦法可表示为

$$r_{ij}=\frac{(\boldsymbol{x}_j)^{\mathrm{T}}\boldsymbol{x}_j}{\|\boldsymbol{x}_i\|\cdot\|\boldsymbol{x}_j\|}$$

如果 $r_{ij}$ 出现负值，则需要用下式进行调整：

$$r'_{ij}=\frac{r_{ij}+1}{2}$$

5）最大最小法

最大最小法可表示为

$$r_{ij}=\frac{\sum_{k=1}^{n}\min(x_{ik},x_{jk})}{\sum_{k=1}^{n}\max(x_{ik},x_{jk})}$$

6）算术平均法

算术平均法可表示为

$$r_{ij}=\frac{\sum_{k=1}^{n}\min(x_{ik},x_{jk})}{\frac{1}{2}\sum_{k=1}^{n}(x_{ik}+x_{jk})}$$

### 2. 改造相似关系为等价关系

第一步建立的模糊矩阵在一般情况下是模糊相似矩阵，即只满足对称性和自反性，不满足传递性，还需要将其改造成模糊等价矩阵。

### 3. 聚类

对求得的模糊等价矩阵求 $\lambda$ 截集，即可求得在一定条件下的分类情况。

**【例 5-11】** $X=[I,II,III,IV,V]$为一个区域的集合，每个区域的环境污染情况由空气、水、土壤、噪声等四类污染物在区域中含量的超限度来描写，污染数据如下：

$$I=(5,5,3,2)$$
$$II=(2,3,4,5)$$
$$III=(5,5,2,4)$$
$$IV=(1,5,3,1)$$
$$V=(2,4,5,1)$$

请对这一个区域的污染情况进行聚类分析。

**解析**：可以用两种方法求解。第一种是根据模糊聚类的原理，自编写相应的函数。函数的源代码如下：

```
function y=fuz_dist(x,type)
```

```
[r,c]=size(x);
for i=1:r
    for j=1:r
        switch type
            case 1                                      %欧氏距离
                y(i,j)=0;
                for k=1:c;
                    y(i,j)=y(i,j)+(x(i,k)-x(j,k))^2;
                end
            case 2                                      %数量积法
                if i==j
                    y(i,j)=1;
                else
                    y(i,j)=0;
                    for k=1:c;
                        y(i,j)=y(i,j)+x(i,k)*x(j,k);
                    end
                end
            case 3                                      %相关系数
                m=mean(x);
                a1=0;a2=0;a3=0;
                for k=1:c
                    a1=a1+abs(x(i,k)-m(k))*abs((x(j,k)-m(k)));
                    a2=a2+sqrt((x(i,k)-m(k))^2);
                    a3=a3+sqrt((x(j,k)-m(k))^2);
                    y(i,j)=a1/(a2*a3);
                end
            case 4                                      %最大最小法
                a1=0; a2=0;
                for k=1:c
                    a1=a1+min(x(i,k),x(j,k));
                    a2=a2+max(x(i,k),x(j,k));
                    y(i,j)=a1/a2;
                end
            case 5                                      %几何平均法
                a1=0; a2=0;
                for k=1:c
                    a1=a1+min(x(i,k),x(j,k));
                    a2=a2+sqrt(x(i,k)*x(j,k));
                    y(i,j)=a1/a2;
                end
            case 6                                      %绝对值指数法
```

```
                y(i,j)=exp(-sum(abs(x(i,:)-x(j,:))));
            case 7                              %绝对值减数法
                if i==j
                    y(i,j)=1;
                else
                    y(i,j)=1-0.1*sum(abs(x(i,:)-x(j,:)));    %0.1 可以改变
                end
        end
    end
end
for i=1:r;
    for j=1:r
        a=max(max(y));
        switch type
            case 1
                y(i,j)=1-sqrt(y()i,j)/a;
            case 2
                if i==j
                    continue;
                else
                    y(i,j)=y(i,j)/a;
                end
        end
    end
end
```

根据此函数，可求得按绝对值减数法确定的相关系数，并由此组成相似矩阵：

$$\underline{\boldsymbol{R}}=\begin{bmatrix} 1.0000 & 0.1000 & 0.8000 & 0.5000 & 0.3000 \\ 0.1000 & 1.0000 & 0.1000 & 0.2000 & 0.4000 \\ 0.8000 & 0.1000 & 1.0000 & 0.3000 & 0.1000 \\ 0.5000 & 0.2000 & 0.3000 & 1.0000 & 0.6000 \\ 0.3000 & 0.4000 & 0.1000 & 0.6000 & 1.0000 \end{bmatrix}$$

例如，当$0.6<\lambda<0.8$时，可分为四类：$\{x_1,x_3\},\{x_2\},\{x_4\},\{x_6\}$。

对于这类问题，也可以用 MATLAB 的函数 fcm 进行求解。此函数采用的是模糊 C 均值聚类法，调用格式如下。

[center,U,obj]=fcm(data,cluster_n)：其中 data 为要聚类的数据集合；cluster_n 为聚类数；center 为最终的聚类中心矩阵；$\boldsymbol{U}$ 为最终的模糊分区矩阵（或称为隶属度函数矩阵）；obj 为迭代过程中的目标函数。

调用 fcm 函数实现的 MATLAB 代码如下：

```
>> data=[5 5 3 2;2 3 4 5;5 5 2 3;1 5 3 1;2 4 5 1];
[center,U,obj]=fcm(data,2);                    %分为两个聚类中心
```

```
maxU=max(U);
index1=find(U(1,:)==maxU);                    %第一类
index2=find(U(2,:)==maxU);                    %第二类
data(index1,:)                                %第一类中的样本数据
%迭代过程
Iteration count = 1, obj. fcn = 18.572679
Iteration count = 2, obj. fcn = 16.586215
Iteration count = 3, obj. fcn = 16.426545
Iteration count = 4, obj. fcn = 16.187678
Iteration count = 5, obj. fcn = 15.693061
Iteration count = 6, obj. fcn = 14.735248
Iteration count = 7, obj. fcn = 13.493563
Iteration count = 8, obj. fcn = 12.712942
Iteration count = 9, obj. fcn = 12.444958
Iteration count = 10, obj. fcn = 12.364866
Iteration count = 11, obj. fcn = 12.340388
Iteration count = 12, obj. fcn = 12.332801
Iteration count = 13, obj. fcn = 12.330432
Iteration count = 14, obj. fcn = 12.329690
Iteration count = 15, obj. fcn = 12.329456
Iteration count = 16, obj. fcn = 12.329383
Iteration count = 17, obj. fcn = 12.329360
Iteration count = 18, obj. fcn = 12.329353
ans =                                         %I、III 为一类
     2     3     4     5
     1     5     3     1
     2     4     5     1
>> data(index2,:)                             %第二类中的样本数据
ans =                                         %II、IV、V 为一类
     5     5     3     2
     5     5     2     3
```

如果分成三类聚类中心，则有：

```
>> [center,U,obj]=fcm(data,3);
maxU=max(U);
index1=find(U(1,:)==maxU);                    %第一类
index2=find(U(2,:)==maxU);                    %第二类
index3=find(U(3,:)==maxU);                    %第三类
data(index1,:)                                %第一类中的样本数据
Iteration count = 1, obj. fcn = 11.662265
Iteration count = 2, obj. fcn = 5.288259
Iteration count = 3, obj. fcn = 3.585253
Iteration count = 4, obj. fcn = 3.544134
```

```
Iteration count = 5, obj. fcn = 3.541362
Iteration count = 6, obj. fcn = 3.540769
Iteration count = 7, obj. fcn = 3.540599
Iteration count = 8, obj. fcn = 3.540548
Iteration count = 9, obj. fcn = 3.540533
Iteration count = 10, obj. fcn = 3.540528
ans =
     5     5     3     2
     5     5     2     3
>> data(index2,:)                          %第二类中的样本数据
ans =
     1     5     3     1
     2     4     5     1
>> data(index3,:)                          %第三类中的样本数据
ans =
     2     3     4     5
```

用类似的方法，可以将评价区域分成四个、五个聚类中心的集合。

**【例 5-12】** 利用模糊减聚类方法将一组随机给定的二维数据分为两类。

```
>> clear all;
x=rand(100,2);
plot(x(:,1),x(:,2),'k+');
radii=0.3;
[C,S]=subclust(x,radii);                   %模糊减法聚类
N=length(C);
hold on;
for i=1:N;
    plot(C(i,1),C(i,2),'ro');
end
title('模糊减法聚类 radii=0.3');
```

运行程序，效果如图 5-13 所示。

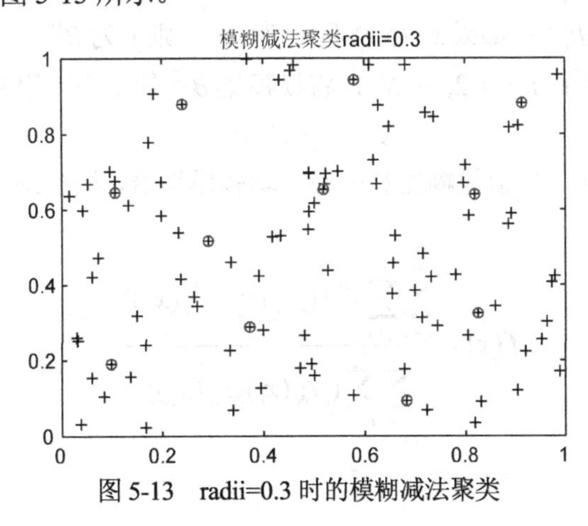


图 5-13　radii=0.3 时的模糊减法聚类

在图 5-13 中，模糊聚类的中心用圆圈表示。当 radii=0.3 时，产生了 12 个模糊聚类中心；当 radii=0.5 时，仅产生了 6 个模糊聚类中心，如图 5-14 所示。

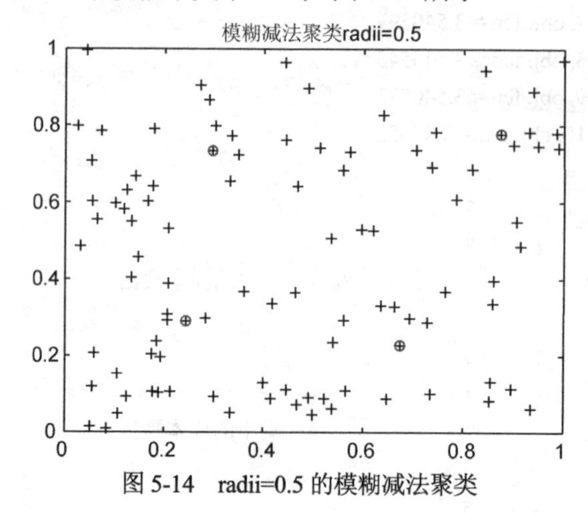


图 5-14　radii=0.5 的模糊减法聚类

**提示：**由于数据是随机给定的，因此每次所求聚类中心的数量及位置不一定相同。

## 5.6　模糊逼近

### 5.6.1　模糊系统的设计

设二维模型系统 $g(x)$ 为集合 $U=[\alpha_1,\beta_1]\times[\alpha_2,\beta_2]\subset \boldsymbol{R}^2$ 上的一个函数，其解析形式未知。假设对任意一个 $x\in U$，都能得到 $g(x)$，则可设计一个逼近 $g(x)$ 的模糊系统。模糊系统的主要设计步骤如下。

（1）在 $[\alpha_i,\beta_i]$ 上定义 $N_i(i=1,2)$ 个标准的、一致的和完备的模糊集 $A_i^1,A_i^2,\cdots,A_i^{N_i}$。

（2）组建 $M=N_1\times N_2$ 条模糊集 If-then 规则，即

$R_u^{i_1i_2}$：如果 $x_1$ 为 $A_1^{i_1}$ 且 $x_2$ 为 $A_1^{i_2}$，则 $y$ 为 $B^{i_1i_2}$。

其中，$i_1=1,2,\cdots,N_1$；$i_2=1,2,\cdots,N_2$，将模糊集 $B^{i_1i_2}$ 的中心（用 $\overline{y}^{i_1i_2}$ 表示）选择为

$$\overline{y}^{i_1i_2}=g(e_1^{i_1},e_2^{i_2}) \tag{5-1}$$

（3）采用乘法推理机、单值模糊器和中心平均解模糊器，根据 $M=N_1\times N_2$ 条规则来构造模糊系统 $f(x)$：

$$f(x)=\frac{\sum_{i_1=1}^{N_1}\sum_{i_2=1}^{N_2}\overline{y}^{i_1i_2}(\mu_{A_1}^{i_1}(x_1)\mu_{A_2}^{i_2}(x_2))}{\sum_{i_1=1}^{N_1}\sum_{i_2=1}^{N_2}(\mu_{A_1}^{i_1}(x_1)\mu_{A_2}^{i_2}(x_2))} \tag{5-2}$$

## 5.6.2 模糊系统的逼近精度

万能逼近定理：令 $f(x)$ 为式（5-2）中的二维模糊系统，$g(x)$ 为式（5-1）中的未知函数，如果 $g(x)$ 在 $U=[\alpha_1,\beta_1]\times[\alpha_2,\beta_2]$ 上是连续可微的，则

$$\|g-f\|_\infty \leqslant \left\|\frac{\partial g}{\partial x_1}\right\|_\infty h_1+\left\|\frac{\partial g}{\partial x_2}\right\|_\infty h_2 \tag{5-3}$$

模糊系统的逼近精度为

$$h_i=\max_{1\leqslant j\leqslant N_i-1}|e_i^{j+1}-e_i^j|,(i=1,2) \tag{5-4}$$

式中，无穷维范数 $\|\cdot\|_\infty$ 定义为 $\|d(x)\|_\infty=\sup_{x\in U} h_1|d(x)|$。

由式（5-4）可知：假设 $x_i$ 的模糊集的个数为 $N_i$，其变化范围的长度为 $L_i$，则模糊系统的逼近精度满足 $h_i=\dfrac{L_i}{N_i-1}$，即 $N_i=\dfrac{L_i}{h_i}+1$。

由该定义可得出以下结论。

（1）形如式（5-3）的模糊系统是万能逼近器，对于任意给定的 $\varepsilon>0$，都可将 $h_1$ 和 $h_2$ 选择得足够小，使 $\left\|\dfrac{\partial g}{\partial x_1}\right\|_\infty h_1+\left\|\dfrac{\partial g}{\partial x_2}\right\|_\infty h_2<\varepsilon$ 成立，从而保证 $\sup_{x\in U}|g(x)-f(x)|=\|g-f\|_\infty<\varepsilon$。

（2）通过对每个 $x_i$ 定义更多的模糊集可以得到更为准确的逼近器，即规则越多，所产生的模糊系统越有效。

（3）为了设计一个具有预定精度的模糊系统，必须知道 $g(x)$ 关于 $x_1$ 和 $x_2$ 的导数边界，即 $\left\|\dfrac{\partial g}{\partial x_1}\right\|_\infty h_1$ 和 $\left\|\dfrac{\partial g}{\partial x_2}\right\|_\infty h_2$。同时，在设计过程中，还必须知道 $g(x)$ 在 $x=(e_1^{i_1},e_2^{i_2})$，$i_1=1,2,\cdots,N_1$；$i_2=1,2,\cdots,N_2$ 处的值。

## 5.6.3 模糊逼近的实现

下面通过一个例子来演示模糊逼近的应用。

**【例 5-13】** 针对一维函数 $g(x)$，设计一个模糊系统 $f(x)$，使之一致地逼近定义在 $U=[-3,3]$ 上的连续函数 $g(x)=\sin(x)$，所需精度为 $\varepsilon=0.2$，即 $\sup_{x\in U}|g(x)-f(x)|<\varepsilon$。

由于 $\left\|\dfrac{\partial g}{\partial x}\right\|_\infty=\|\cos(x)\|_\infty=1$，由式（5-3）可知，$\|g-f\|_\infty\leqslant\left\|\dfrac{\partial g}{\partial x}\right\|_\infty h=h$，因此取 $h\leqslant 0.2$ 满足精度要求。取 $h=0.2$，则模糊集的个数为 $N=\dfrac{L}{h}+1=31$。在 $U=[-3，3]$上定义 31 个具有三角形隶属度函数的模糊集 $A^j$。

所设计的模糊系统为

$$f(x)=\frac{\sum_{j=1}^{31}\sin(e^j)\mu_A^j(x)}{\sum_{j=1}^{31}\mu_A^j(x)}$$

其 MATLAB 代码如下：

```
>> clear all;
L1=-3; L2=3;
L=L2-L1;
h=0.2;
N=L/h+1;
T=0.01;
x=L1:T:L2;
for i=1:N
    e(i)=L1+L/(N-1)*(i-1);
end
c=0; d=0;
for j=1:N
    if j==1
        u=trimf(x,[e(1),e(1),e(2)]);                %第一条 MF
    elseif j==N
        u=trimf(x,[e(N-1),e(N),e(N)]);              %最后一条 MF
    else
        u=trimf(x,[e(j-1),e(j),e(j+1)]);
    end
    hold on;
    plot(x,u);
    c=c+sin(e(j))*u;
    d=d+u;
end
    xlabel('x');ylabel('隶属度函数');
    for k=1:L/T+1
        f(k)=c(k)/d(k);
    end
    y=sin(x);
    figure;plot(x,f,'k',x,y,'r');
    xlabel('x');ylabel('模糊逼近');
    figure;plot(x,f-y,'k');
    xlabel('x');ylabel('模糊逼近误差');
```

运行程序，得到的效果如图 5-15～图 5-17 所示。

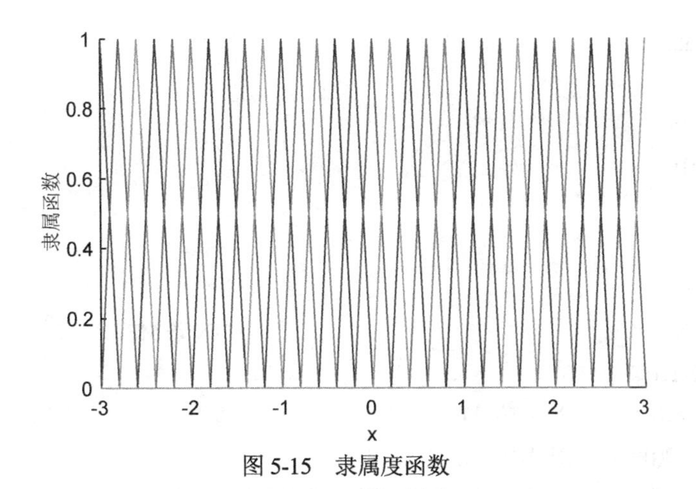


图 5-15 隶属度函数

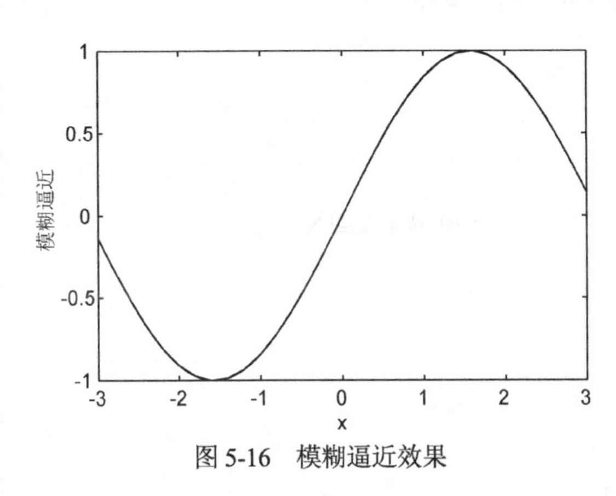


图 5-16 模糊逼近效果

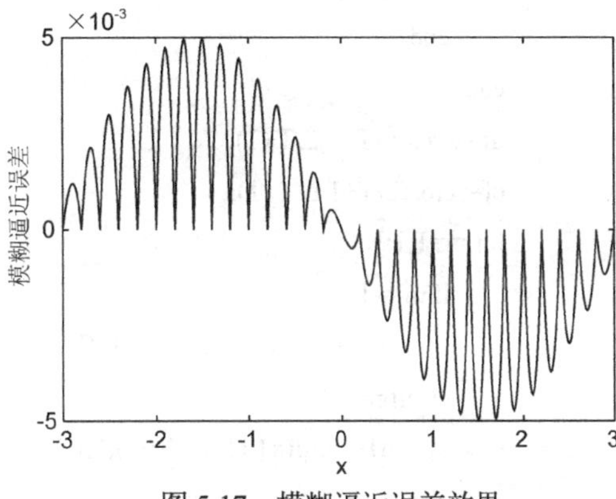


图 5-17 模糊逼近误差效果

针对二维函数 $f(x)$，使之一致地逼近定义在 $U=[-1,1]\times[-1,1]$ 上的连续函数 $g(x)=0.52+0.1x_1+0.28x_2-0.06x_1x_2$，所需精度为 $\varepsilon=0.1$。

由于 $\left\|\dfrac{\partial g}{\partial x_1}\right\|_\infty=\sup\limits_{x\in U}|0.1-0.06x_2|=0.16$，$\left\|\dfrac{\partial g}{\partial x_2}\right\|_\infty=\sup\limits_{x\in U}|0.28-0.06x_1|=0.34$，由式（5-3）可知，取 $h_1=0.2$，$h_2=0.2$ 时，有 $\|g-f\|\leqslant 0.16\times0.2+0.34\times0.2=0.1$，满足精度要求。由于 $L=2$，此时模糊集的个数为 $N=\dfrac{L}{h}+1=11$，即 $x_1$ 和 $x_2$ 分别在 $U=[-1,1]$ 上定义了 11 个具有三角形隶属度函数的模糊集 $A^j$。

所设计的模糊系统为

$$f(x)=\frac{\sum_{i_1=1}^{11}\sum_{i_2=1}^{11}g(e_1^{i_1},e_2^{i_2})\mu_A^{i_1}(x_1)\mu_A^{i_2}(x_2)}{\sum_{i_1=1}^{11}\sum_{i_2=1}^{11}\mu_A^{i_1}(x_1)\mu_A^{i_2}(x_2)}$$

该模糊系统由 $11\times11=121$ 条规则来逼近函数 $g(x)$。

其 MATLAB 代码如下：

```
>> clear all;
T=0.1;
x1=-1:T:1;
x2=-1:T:1;
L=2;
h=0.2;
N=L/h+1;
for i=1:1:N                                                %N 条 MF
    for j=1:1:N
        e1(i)=-1+L/(N-1)*(i-1);
        e2(j)=-1+L/(N-1)*(j-1);
        gx(i,j)=0.52+0.1*e1(i)^3+0.28*e2(j)^3-0.06*e1(i)*e2(j);
    end
end
df=zeros(L/T+1,L/T+1);
cf=zeros(L/T+1,L/T+1);
for m=1;1:N                                                %u1 从 1 变到 N
    if m==1
        u1=trimf(x1,[-1,-1,-1+L/(N-1)]);                   %u1=1
    elseif m==N
        u1=trimf(x1,[1-L/(N-1),1,1]);                      %u1=1
    else
        u1=trimf(x1,[e(m-1),e1(m),e1(m+1)]);
    end
    figure(1); plot(x1,u1,'k');
    hold on;
    xlabel('x1');ylabel('隶属度函数');

    for n=1:1:N                                            %u2 从 1 变到 N
        if n==1
            u2=trimf(x2,[-1,-1,-1+L/(N-1)]);       %u2=1;
        elseif n==N
            u2=trimf(x2,[1-L/(N-1),1,1]);                  %u2=N
        else
            u2=trimf(x2,[e2(n-1),e2(n),e2(n+1)]);
        end
        figure(2);hold on;
        plot(x2,u2,'r');
```

```
            xlabel('x2');ylabel('隶属度函数');
            for i=1:L/T+1
                for j=1:L/T+1
                    d=df(i,j)+u1(i)*u2(j);
                    df(i,j)=d;
                    c=cf(i,j)+gx(m,n)*u1(i)*u2(j);
                    cf(i,j)=c;
                end
            end
        end
    end

    for i=1:L/T+1
        for j=1:L/T+1
            f(i,j)=cf(i,j)/df(i,j);
            y(i,j)=0.52+0.1*x1(i)^3+0.28*x2(j)^3-0.06*x1(i)*x2(j);
        end
    end
    figure(3)
    subplot(2,1,1);surf(x1,x2,f);
    title('f(x)');
    subplot(2,1,2);surf(x1,x2,y);
    title('g(x)');
    figure(4);surf(x1,x2,f-y);
    title('逼近误差');
```

运行程序，效果如图 5-18～图 5-21 所示。

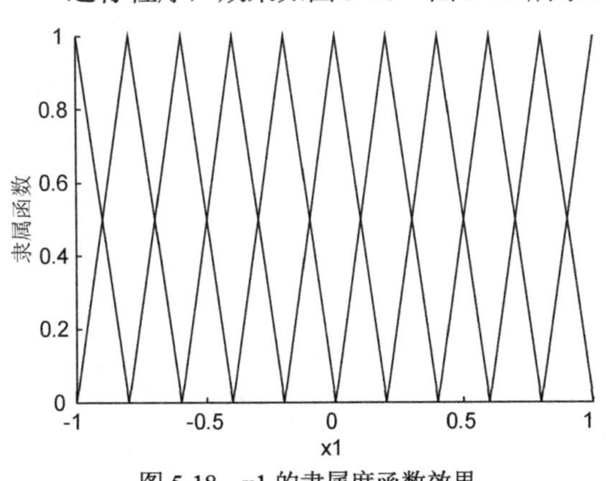

图 5-18　x1 的隶属度函数效果

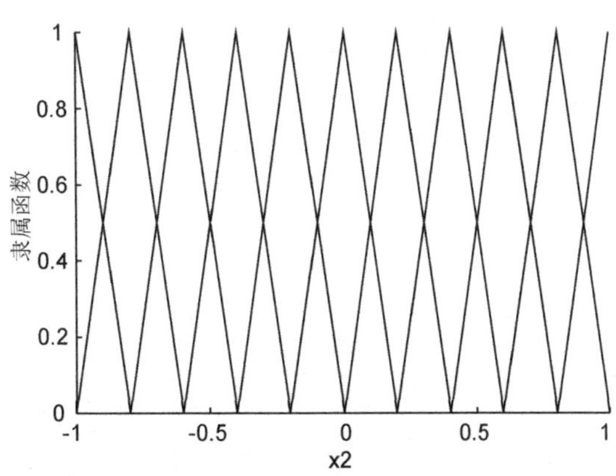

图 5-19　x2 的隶属度函数效果

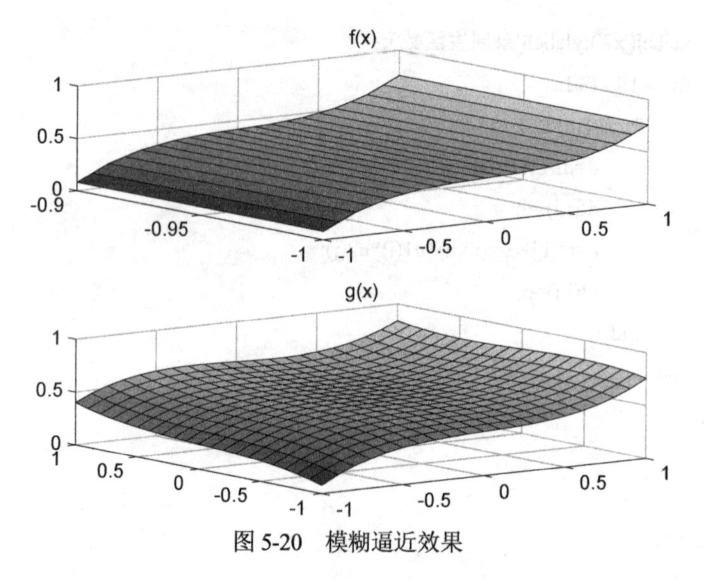


图 5-20　模糊逼近效果

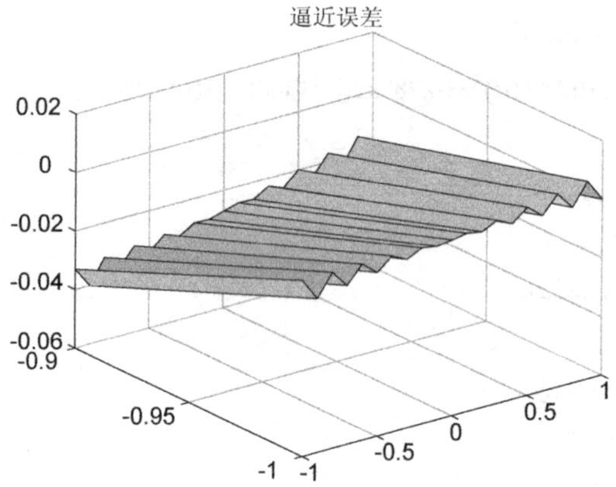

逼近误差

图 5-21　逼近误差效果

# 第6章　判别函数的算法分析

核函数方法（Kernel Function Methods，KFM）是一类新的机器学习算法，它与统计学习理论和以此为基础的支持向量机制的研究及发展密不可分。随着科学技术的迅速发展和研究对象的日益复杂，高维数据的统计分析方法显得越来越重要。直接对高维数据进行处理会遇到许多困难，特别是“维数灾难”问题，即当维数较高时，即使数据的样本点很多，散布在高维空间中的样本点仍显得很稀疏，许多在低维时应用成功的数据处理方法，在高维中不能应用。因此，在多元统计分析过程中降维是非常重要的。

然而，常见的降维方法是建立在正态分布这一假设基础上的线性方法，显得过于简化，因而并不能满足现实中的需要，而基于核函数的方法可以解决这个问题。

作为一种由线性到非线性的桥梁，核函数方法的相关研究早在1964年Aizermann等在势函数方法的研究中就将该技术引入了机器学习领域，但是直到1992年Vapnik等利用该技术成功地将线性SVMs推广到非线性SVMs时，其潜力才得以充分挖掘。而核函数的理论更为古老，Mercer定理可以追溯到1909年，再生核希尔伯特空间（Reproducing Kernel Hilbert Space，RKHS）研究是在20世纪40年代开始的。

## 6.1　核函数方法

根据模式识别理论，低维空间线性不可分的模式通过非线性映射到高维特征空间则可能实现线性可分，但是如果直接采用这种技术在高维空间进行分类或回归，则存在确定非线性映射函数的形式和参数、特征空间维数等问题，而最大的障碍则是在高维特征空间运算时存在的“维数灾难”。采用核函数技术可以有效地解决这种问题。

### 1．核函数方法概述

从具体操作过程来看，核函数方法首先采用非线性映射将原始数据由数据空间映射到特征空间，进而在特征空间进行对应的线性操作，如图6-1所示。由于运用了非线性映射，且这种非线性映射往往是非常复杂的，因此大大增强了非线性数据的处理能力。

从本质上讲，核函数方法实现了数据空间、特征空间和类别空间之间的非线性变换。设$x_i$和$x_j$为数据空间中的样本点，数据空间到特征空间的映射函数为$\boldsymbol{\Phi}$。核函数方法的基础是实现向量的内积变换：

$$(x_i, x_j) \to K(x_i, x_j) = \boldsymbol{\Phi}(x_i) \cdot \boldsymbol{\Phi}(x_j)$$

通常非线性变换函数$\boldsymbol{\Phi}(\cdot)$是相当复杂的，而运算过程中实际用到的核函数$K(\cdot,\cdot)$则相对简单得多，这也正是核函数方法最吸引人的地方。

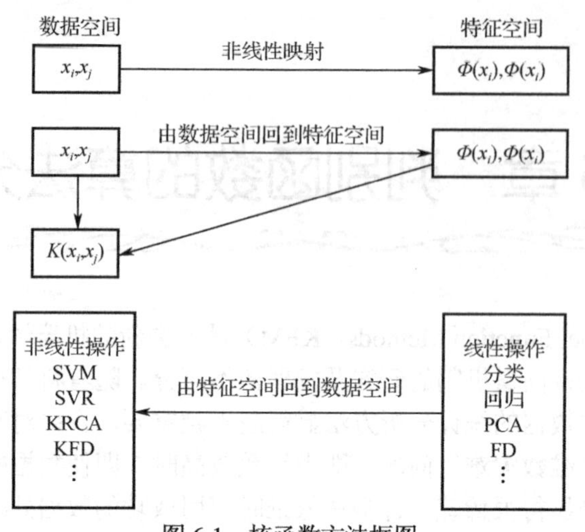


图 6-1 核函数方法框图

在进行内积变换时，核函数必须满足 Mercer 条件，即对于任意给定的对称函数 $K(x,y)$，它是某个特征空间中的内积运算的充分必要条件；对于任意的不恒为 0 的函数 $g(x)$，且 $\int g(x)^2 \mathrm{d}x < \infty$，有

$$\int K(x,y)g(x)g(y)\mathrm{d}x\mathrm{d}y \geqslant 0$$

这一条件并不难满足。假设输入空间数据

$$x_i \in R^{d_L} \ (i=1,2,\cdots,N)$$

对任意对称、连续且满足 Mercer 条件的函数 $K(x_i,x_j)$，存在一个 Hilbert 空间 $H$，对映射 $R^{d_L} \to H$ 有

$$K(x_i,x_j)=\sum_{n=1}^{d_F}\Phi_n(x_i)\Phi_n(x_j)$$

式中，$d_F$ 是 $H$ 空间的维数。

实际上，输入空间的核函数与特征空间的内积等价。在核函数方法的各种实际应用中，只需应用特征空间的内积，而不需要了解映射 $\Phi$ 的具体形式。也就是说，在使用核函数方法时，只需考虑怎样选定一个适当的核函数，而不需要关心与之对应的映射 $\Phi$ 可能具有复杂的表达式和很高的维数。

### 2. 核函数的特点

核函数方法的广泛应用是与其特点分不开的，核函数具有如下特点。

（1）核函数的引入避免了“维数灾难”，大大减小了计算量。而输入空间的维数 $n$ 对核函数矩阵无影响，因此，核函数方法可以有效地处理高维输入。

（2）无须知道非线性变换函数 $\Phi$ 的形式和参数。

（3）核函数的形式和参数的变化会隐式地改变从输入空间到特征空间的映射，进而对特征空间的性质产生影响，最终改变各种核函数方法的性能。

（4）核函数方法可以和不同的算法相结合，形成多种不同的基于核函数技术的方法，且这两部分的设计可以单独进行，并可以为不同的应用选择不同的核函数和算法。

### 3．常见核函数

核函数的确定并不困难，满足 Mercer 定理的函数都可以作为核函数。常用的核函数可分为两类，即内积核函数和平移不变核函数。

（1）线性核函数 $K(x,x_i)=x\cdot x_i$。

（2）$p$ 阶多项式核函数 $K(x,x_i)=[(x\cdot x_i)+1]^p$。

（3）高斯径向基函数（RBF）核函数 $K(x,x_i)=\exp\left(-\dfrac{\|x-x_i\|^2}{\sigma^2}\right)$。

（4）多层感知器（MLP）核函数 $K(x,x_i)=\tan h[v(x\cdot x)+c]$。

### 4．核函数方法的实施步骤

核函数方法是一种模块化（Modularity）方法，它可分为核函数设计和算法设计两个部分，具体如下。

（1）收集和整理样本，并进行标准化。

（2）选择或构造核函数。

（3）用核函数将样本变换成核函数矩阵，这一步相当于将输入数据通过非线性函数映射到高维特征空间。

（4）在特征空间对核函数矩阵实施各种线性算法。

（5）得到输入空间中的非线性模型。

显然，将样本数据核化成核函数矩阵是核函数方法中的关键。注意到核函数矩阵是 l×l 的对称矩阵，其中 l 为样本数。

### 5．核函数在模式识别中的应用

核函数在模式识别中的应用主要有以下两方面。

（1）新方法：主要用在基于结构风险最小化（Structural Risk Minimization，SRM）的 SVM 中。

（2）传统方法改造：如核主元分析（Kernel PCA）、核主元回归（Kernel PCR）、核部分最小二乘法（Kernel PLS）、核 Fisher 判别分析（Kernel Fisher Discriminator，KFD）、核独立主元分析（Kernel Independent Component Analysis，KICA）等，这些方法在模式识别等不同领域的应用中都表现出了很好的性能。

## 6.2　基于核的主成分分析方法

在模式分类问题中，过高的数据维数不仅会增加数据采集难度，还会增加存储空间及数据噪声，从而影响分类器的性能。特征选择和特征提取从不同的角度尽可能地克服这些问题带来的负面影响。特征选择的任务就是从初步选出的特征集中进一步筛选能实现分类性能最大化的最小特征子集，以降低数据采集难度和数据噪声。而特征提取的任务是通过某种数学变换，将数据投影到一个低维空间，以减少存储空间的开销，同时降低数据噪声，提高分类器性能。

### 6.2.1 主成分分析

主成分分析（Principal Component Analysis，PCA）是一种古老的多元统计分析技术。Pearcon 于 1901 年首次引入主成分分析的概念，Hotelling 在 20 世纪 30 年代对主成分分析进行了扩展。在计算机出现后，主成分分析得到了广泛的应用。

**1. 主成分分析的基本原理**

主成分分析是数学上对数据降维的一种方法。其基本思想是设法将原来众多的具有一定相关性的指标 $X_1,X_2,\cdots,X_p$（如 $p$ 个指标），重新组合成一组个数较少的互不相关的综合指标 $F_m$ 来代替原来的指标。那么综合指标应该怎样去提取，使其既能最大限度地反映原变量 $X_p$ 所代表的信息，又能保证新指标之间互不相关（信息不重叠）呢？

设 $F_1$ 表示原变量的第一个线性组合所形成的主成分指标，即 $F_1=a_{11}X_1+a_{21}X_2+\ \ a_{p1}X_p$，由数学知识可知，每一个主成分所提取的信息量可用其方差来度量，其方差 $\mathrm{Var}(F_1)$ 越大，表示 $F_1$ 包含的信息越多。常常希望第一主成分 $F_1$ 所包含信息量最大，因此在所有的线性组合中选取的 $F_1$ 应该是 $X_1,X_2,\cdots,X_p$ 的所有线性组合中方差最大的，因此称 $F_1$ 为第一主成分。如果第一主成分不足以代表原来 $p$ 个指标的信息，再考虑选取第二个主成分指标 $F_2$，为有效地反映原信息，$F_1$ 已有的信息不需要再出现在 $F_2$ 中，即 $F_2$ 与 $F_1$ 要保持独立、不相关。用数学语言表达就是其协方差 $\mathrm{Cov}(F_1,F_2)=0$，所以 $F_2$ 是 $F_1$ 不相关的 $X_1,X_2,\cdots,1,X_p$ 的所有线性组合中方差最大的，因此称 $F_2$ 为第 2 主成分。以此类推构造出的 $F_1,F_2,\cdots,F_m$ 为原变量指标 $X_1,X_2,\cdots,1,X_p$ 的第 1、第 2……第 $m$ 个主成分，即

$$\begin{cases} F_1=a_{11}X_1+a_{12}X_2+a_{1p}X_p \\ F_2=a_{21}X_1+a_{22}X_2+a_{2p}X_p \\ \qquad\cdots \\ F_m=a_{m1}X_1+a_{m2}X_2+a_{mp}X_p \end{cases}$$

根据以上分析可知：

① $F_i$ 与 $F_j$ 互不相关，即 $\mathrm{Cov}(F_i,F_j)=0$，并有 $\mathrm{Var}(F_i)=a_i^{\mathrm{T}}\sum a_i$，其中 $\sum$ 为 $X$ 的协方差阵；

② $F_1$ 是 $X_1,X_2,\cdots,X_p$ 的一切线性组合（系数满足上述要求）中方差最大的，即 $F_m$ 是与 $F_1,F_2,\cdots,F_{m-1}$ 都不相关的 $X_1,X_2,\cdots,X_p$ 的所有线性组合中的方差最大者。

$F_1,F_2,\cdots,F_m(m\leqslant p)$ 为构造的新变量指标，即原变量指标的第 1、第 2……第 $m$ 个主成分。

由以可知，主成分分析的主要任务有以下两点。

（1）确定各主成分 $F_i(i=1,2,\cdots,m)$ 关于原变量 $X_j(j=1,2,\cdots,p)$ 的表达式，即系数

$a_{ij}(i=1,2,\cdots,m; j=1,2,\cdots,p)$。从数学上可以证明，原变量协方差矩阵的特征根是主成分的方差，所以前 $m$ 个较大特征根就代表前 $m$ 个较大的主成分方差值；原变量协方差矩阵前 $m$ 个较大的特征值 $\lambda_i$（这样选取才能保证主成分的方差依次最大）所对应的特征向量就是相应主成分 $F_i$ 表达式的系数 $a_i$，为了加以限制，系数 $a_i$ 启用的是 $\lambda_i$ 对应的单位化的特征向量，即有 $a_i^{\mathrm{T}} a_i = 1$。

（2）计算主成分载荷，主成分载荷反映了主成分 $F_i$ 与原变量 $X_j$ 之间的相互关联程度：

$$P(Z_k, x_i) = \sqrt{\lambda_k a_{ki}}(i=1,2,\cdots,m; k=1,2,\cdots,p)$$

### 2. 主成分分析的特点

主成分分析以最少的信息丢失为前提，将众多的原有变量综合成较少的几个综合指标，通常综合指标（主成分）有以下特点。

（1）主成分个数远远少于原有变量的个数：原有变量综合成少数几个因子之后，因子将可以替代原有变量参与数据建模，这将大大减少分析过程中的计算工作量。

（2）主成分能够反映原有变量的绝大部分信息：因子并不是原有变量的简单取舍，而是原有变量重组后的结果，因此不会造成原有变量信息的大量丢失，并能够代表原有变量的绝大部分信息。

（3）主成分之间应该互不相关：通过主成分分析得出的新的综合指标（主成分）之间互不相关，因子参与数据建模能够有效地解决变量信息重叠、多重共线性等给分析应用带来的诸多问题。

（4）主成分具有命名解释性：主成分分析法是研究怎样以最少的信息丢失将众多原有变量浓缩成少数几个因子，如何使因子具有一定的命名解释性的多元统计分析方法。

### 3. 主成分分析的具体实现步骤

主成分分析的具体步骤如下。

1）计算协方差矩阵

计算样本数据的协方差矩阵 $\Sigma = (\boldsymbol{s}_{ij})$，其中，

$$\boldsymbol{s}_{ij} = \frac{1}{n-1}\sum_{k=1}^{n}(x_{ki} - \overline{x}_i)(x_{kj} - \overline{x}_j), i, j = 1,2,\cdots,p$$

2）求出 $\Sigma$ 的特征值 $\lambda_i$ 及相应的正交化单位特征向量 $\boldsymbol{a}_i$。

$\Sigma$ 的前 $m$ 个较大的特征值 $\lambda_1 \geqslant \lambda_2 \geqslant \cdots \geqslant \lambda_m > 0$，就是前 $m$ 个主成分对应的方差，$\lambda_i$ 对应的单位特征向量 $\boldsymbol{a}_i$ 就是主成分 $F_i$ 的关于原变量的系数，则原变量的第 $i$ 个主成分是

$$F_i = \boldsymbol{a}_i^{\mathrm{T}} X$$

主成分的方差（信息）贡献率用来反映信息量的大小，即

$$\boldsymbol{a}_i = \frac{\lambda_i}{\sum_{i=1}^{m} \lambda_i}$$

3）选择主成分

最终要选择几个主成分，即 $F_1,F_2,\cdots,F_m$ 中 $m$ 的确定是通过方差（信息）累计贡献率 $G(m)$ 来确定的：

$$G(m)=\frac{\sum_{i=1}^{m}\lambda_i}{\sum_{k=1}^{p}\lambda_k}$$

当累积贡献率大于85%时，就认为能足够反映原来变量的信息了，对应的 $m$ 就是抽取的前 $m$ 个主成分。

4）计算主成分载荷

主成分载荷反映了主成分 $F_i$ 与原变量 $X_j$ 之间的相互关联程度，原来变量 $X_j(j=1,2,\cdots,p)$ 在诸主成分 $F_i(i=1,2,\cdots,m)$ 上的载荷为 $l_{ij}(i=1,2,\cdots,m;j=1,2,\cdots,p)$。

$$l(Z_i,Z_j)=\sqrt{\lambda_i a_{ij}}$$

5）计算主成分得分

计算样品在 $m$ 个主成分上的得分：

$$F_i=a_{1i}X_1+a_{2i}X_2+\cdots+a_{pi}X_p,\quad i=1,2,\cdots,m$$

实际应用时，指标的量纲往往不同，所以在主成分计算之前应先消除量纲的影响。消除数据的量纲有很多方法，常用方法是将原始数据标准化，即做如下数据变换：

$$x_{ij}^*=\frac{x_{ij}-\bar{x}_j}{s_j},\quad i=1,2,\cdots,n;j=1,2,\cdots,p$$

式中，$\bar{x}_j=\frac{1}{n}\sum_{i=1}^{m}x_{ij}$，$s_j^2=\frac{1}{n-1}\sum_{i=1}^{m}(x_{ij}-\bar{x}_j)^2$。

根据数学公式知道：

① 任何随机变量对其做标准化变换后，其协方差与其相关系数是一回事，即标准化后的变量协方差矩阵就是其相关系数矩阵；

② 根据协方差的公式可以推得标准化后的协方差就是原变量的相关系数，即标准化后的变量的协方差矩阵就是原变量的相关系数矩阵。也就是说，在标准化前后变量的相关系数矩阵不会变化。

## 6.2.2 基于核的主成分分析

由于经典的主成分分析是一种线性算法，不能抽取出数据中非线性的结构，即对非线性数据不能降维，此时可用核主成分分析（KPCA）方法。KPCA 用非线性变换将输入数据空间映射到高维特征空间，使非线性问题转化为线性问题，然后在高维空间中使用 PCA 方法提取主成分，在保持原数据信息量的基础上达到降维的目的。

设数据集 $x=(x_1,x_2,\cdots,x_l), x_k\in R^N, \sum_{k=1}^{l}x_k=0$，其样本协方差矩阵为

$$C=\frac{1}{l}\sum_{j=1}^{l}x_j\boldsymbol{x}_j^{\mathrm{T}} \quad (6\text{-}1)$$

一般主成分分析通过求该矩阵的特征向量和相应的特征值，并根据特征值的大小通过特征向量的线性组合来提取数据中的主成分。

基于核的主分析是一种非线性特征提取方法，它通过一个非线性映射将数据从输入空间映射特征空间，然后在特征空间中进行通常的主成分分析，其中的内积运算采用一个核函数来代替。设非线性映射为

$$\boldsymbol{\Phi}_x\to F$$

因此，$F$ 由 $\boldsymbol{\Phi}(x_1),\boldsymbol{\Phi}(x_2),\cdots,\boldsymbol{\Phi}(x_l)$ 生成。假设映射已经中心化，即

$$\boldsymbol{\Phi}(x_1),\boldsymbol{\Phi}(x_2),\cdots,\boldsymbol{\Phi}(x_l)\sum_{k=1}^{l}\boldsymbol{\Phi}(x_k)=0 \quad (6\text{-}2)$$

则特征空间中的协方差矩阵为

$$\bar{C}=\frac{1}{l}\sum_{j=1}^{l}\boldsymbol{\Phi}(x_j)\boldsymbol{\Phi}(\boldsymbol{x}_j)^{\mathrm{T}} \quad (6\text{-}3)$$

因此，特征空间中的 PCA 的求解方程

$$\lambda\boldsymbol{V}=\overline{\boldsymbol{CV}} \quad (6\text{-}4)$$

中的特征值 $\lambda$ 和特征向量 $\boldsymbol{V}\in F\{0\}$。由于 $\boldsymbol{V}$ 属于 $\boldsymbol{\Phi}(x_1),\boldsymbol{\Phi}(x_2),\cdots,\boldsymbol{\Phi}(x_l)$ 的生成空间，因此有

$$\lambda\{\boldsymbol{\Phi}(x_k)\cdot\boldsymbol{V}\}=\{\boldsymbol{\Phi}(x_k)\cdot\overline{\boldsymbol{CV}}\},\ k=1,2,\cdots,l \quad (6\text{-}5)$$

并且存在参数 $\alpha(i=1,2,\cdots,l)$，使得 $\boldsymbol{V}$ 由 $\boldsymbol{\Phi}(x_k)$，$k=1,2,\cdots,l$ 线性表示出来，即

$$\boldsymbol{V}=\sum_{i=1}^{l}\alpha\boldsymbol{\Phi}(x_i) \quad (6\text{-}6)$$

合并式（6-5）和式（6-6），并定义一个 $(l\times l)$ 矩阵 $\boldsymbol{K}$，

$$\boldsymbol{K}_{ij}=(\boldsymbol{\Phi}(x_i)\cdot\boldsymbol{\Phi}(x_j)) \quad (6\text{-}7)$$

于是可得式（6-4）的等价形式：

$$l\lambda\boldsymbol{\alpha}=\boldsymbol{K\alpha} \quad (6\text{-}8)$$

其中，$\boldsymbol{\alpha}=(\alpha_1,\alpha_2,\cdots,\alpha_T)^{\mathrm{T}}$。

由于差一个常数系数对求解特征向量没有影响，因此只要求出 $\boldsymbol{K}$ 的特征值和特征向量，就可以求出式（6-4）的解。

设 $\boldsymbol{K}$ 的特征值为 $\lambda_1\leqslant\lambda_2\leqslant\cdots\leqslant\lambda_l$，相应的特征向量为 $\boldsymbol{\alpha}^1,\boldsymbol{\alpha}^2,\cdots,\boldsymbol{\alpha}^l$，并设 $\lambda_p$ 为第一个不为零的特征值。由于 $F$ 中的特征向量需要规范化，即

$$(\boldsymbol{V}^k\cdot\boldsymbol{V}^k)=I,k=p,p+1,\cdots,l \quad (6\text{-}9)$$

因此根据式（6-6）和式（6-7）得

$$\boldsymbol{I}=\sum_{i,j=1}^{l}\boldsymbol{\alpha}_i^k\boldsymbol{\alpha}_j^k(\boldsymbol{\Phi}(x_i)\cdot\boldsymbol{\Phi}(x_j))=\sum_{i,j=1}^{l}\boldsymbol{\alpha}_i^k\boldsymbol{\alpha}_j^k\boldsymbol{K}_{ij}=(\boldsymbol{\alpha}^k\cdot\boldsymbol{K\alpha}^k)=\lambda_k(\boldsymbol{\alpha}^k\cdot\boldsymbol{\alpha}^k) \quad (6\text{-}10)$$

式中，$k=p,p+1,\cdots,l$。

主成分提取的目的就是计算特征向量$V_k(k=1,2,\cdots,l)$上的映射。设$x$是一个特征样本点，在$F$中的映射为$\boldsymbol{\Phi}(x)$，则

$$(\boldsymbol{V}^k\cdot\boldsymbol{\Phi}(x))=\sum_{i=1}^{l}\boldsymbol{\alpha}_l^k(\boldsymbol{\Phi}(x_i)\cdot\boldsymbol{\Phi}(x))=\sum_{i=1}^{l}\boldsymbol{\alpha}_l^k\boldsymbol{K}(x_i,x) \tag{6-11}$$

众所周知，一般 PCA 提取主成分的个数最多为输入向量的维数$N$，而在 KPCA 中，如果样本数量超过输入维数，则主成分提取个数可以超过输入维数。

当假设式（6-2）不成立时，需要对映射进行调整，设

$$\tilde{\boldsymbol{\Phi}}(x_i)=\boldsymbol{\Phi}(x_i)-\frac{1}{l}\sum_{j=1}^{l}\boldsymbol{\Phi}(x_j),i=1,2,\cdots,l \tag{6-12}$$

经过变换，假设式（6-2）成立，定义矩阵$\tilde{\boldsymbol{K}}$，其中，

$$\tilde{\boldsymbol{K}}_{ij}=(\tilde{\boldsymbol{\Phi}}(x_i)\cdot\tilde{\boldsymbol{\Phi}}(x_j))=\boldsymbol{K}_{ij}-\frac{1}{l}\sum_{p=1}^{l}\boldsymbol{K}_{ip}-\frac{1}{l}\sum_{q=1}^{l}\boldsymbol{K}_{qj}+\frac{1}{l^2}\sum_{p,q=1}^{l}\boldsymbol{K}_{pq} \tag{6-13}$$

于是有

$$\tilde{\boldsymbol{K}}=\boldsymbol{K}-\boldsymbol{I}_l\boldsymbol{K}-\boldsymbol{K}\boldsymbol{I}_l+\boldsymbol{I}_l\boldsymbol{K}\boldsymbol{I}_l \tag{6-14}$$

其中，$\boldsymbol{I}_l$为一个$(l\times l)$矩阵，

$$(\boldsymbol{I}_l)_{ij}=\frac{1}{l} \tag{6-15}$$

### 6.2.3 核主成分分析的实现

MATLAB 中提供了相关函数实现主成分及核主成分的分析，下面直接通过实例来演示。

**【例 6-1】** 在制定服装标准的过程中，对 128 名成年男子的身材进行了测量，每人测了 6 项指标：身高（x1）、坐高（x2）、胸围（x3）、手臂长（x4）、肋围（x5）和腰围（x6）。样本相关系数矩阵如表 6-1 所示，试根据样本相关系数矩阵进行主成分分析。

**表 6-1 128 名成年男子身材的 6 项指标的样本相关系数矩阵**

| 变　量 | 身高（x1） | 坐高（x2） | 胸围（x3） | 手臂长（x4） | 肋围（x5） | 腰围（x6） |
|---|---|---|---|---|---|---|
| 身高（x1） | 1 | 0.79 | 0.36 | 0.76 | 0.25 | 0.51 |
| 坐高（x2） | 0.79 | 1 | 0.31 | 0.55 | 0.17 | 0.35 |
| 胸围（x3） | 0.36 | 0.31 | 1 | 0.35 | 0.64 | 0.58 |
| 手臂长（x4） | 0.76 | 0.55 | 0.35 | 1 | 0.16 | 0.38 |
| 肋围（x5） | 0.25 | 0.17 | 0.64 | 0.16 | 1 | 0.63 |
| 腰围（x6） | 0.51 | 0.35 | 0.58 | 0.38 | 0.63 | 1 |

其 MATLAB 代码如下：

```
>> clear all;
PHO=[1    0.79  0.36  0.76  0.25  0.51;0.79   1      0.31  0.55  0.17  0.35;...
     0.36  0.31  1     0.35  0.64  0.58;0.76  0.55  0.35  1     0.16  0.38;...
```

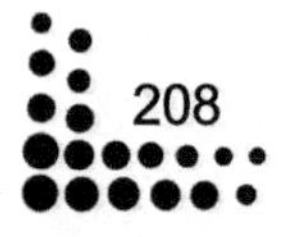

```
    0.25   0.17  0.64  0.16  1       0.63;0.51    0.35  0.58  0.38  0.63  1];
%利用 pcacov 函数根据相关系数矩阵做主成分分析，返回主成分表达式的系数
%矩阵 COEFF，返回相关系数矩阵的特征值向量 latent 和主成分贡献率向量 explained
[COEFF,latent,explained] = pcacov(PHO)
COEFF =
    0.4689   -0.3648   -0.0922    0.1224    0.0797    0.7856
    0.4037   -0.3966   -0.6130   -0.3264   -0.0270   -0.4434
    0.3936    0.3968    0.2789   -0.6557   -0.4052    0.1253
    0.4076   -0.3648    0.7048    0.1078    0.2346   -0.3706
    0.3375    0.5692   -0.1643    0.0193    0.7305   -0.0335
    0.4268    0.3084   -0.1193    0.6607   -0.4899   -0.1788
latent =
    3.2872
    1.4062
    0.4591
    0.4263
    0.2948
    0.1263
explained =
   54.7867
   23.4373
    7.6516
    7.1057
    4.9133
    2.1054
%为了更加直观，以元胞数组形式显示结果：
>> S(1,:)={'特征值','差值','贡献率','累积贡献率'};
S(2:7,1)=num2cell(latent);
S(2:6,2)=num2cell(-diff(latent));
S(2:7,3:4)=num2cell([explained,cumsum(explained)])
S =
    '特征值'      '差值'        '贡献率'        '累积贡献率'
    [3.2872]     [1.8810]     [54.7867]     [   54.7867]
    [1.4062]     [0.9471]     [23.4373]     [   78.2240]
    [0.4591]     [0.0328]     [ 7.6516]     [   85.8756]
    [0.4263]     [0.1315]     [ 7.1057]     [   92.9813]
    [0.2948]     [0.1685]     [ 4.9133]     [   97.8946]
    [0.1263]           []     [ 2.1054]     [  100.0000]
%以元胞数组形式显示前 3 个主成分表达式
H={'标准化变量';'x1：身高';'x2：坐高';'x3：胸围';'x4：手臂长';'x5：肋围';'x6：腰围'};
S1(:,1)=H;
S1(1,2:4)={'Prin1','Prin2','Prin3'};
```

```
S1(2:7,2:4)=num2cell(COEFF(:,1:3))
S1 =
    '标准化变量'    'Prin1'     'Prin2'      'Prin3'
    'x1：身高'     [0.4689]    [-0.3648]    [-0.0922]
    'x2：坐高'     [0.4037]    [-0.3966]    [-0.6130]
    'x3：胸围'     [0.3936]    [ 0.3968]    [ 0.2789]
    'x4：手臂长'   [0.4076]    [-0.3648]    [ 0.7048]
    'x5：肋围'     [0.3375]    [ 0.5692]    [-0.1643]
    'x6：腰围'     [0.4268]    [ 0.3084]    [-0.1193]
```

从 S 的结果来看，前 3 个主成分的累积贡献达到了 85.8756%，因此可以只用前 3 个主成分进行后续的分析；这样做虽然会有一定的信息损失，但是损失不大，不影响大局。S1 中列出了前 3 个主成分的相关结果，可知前 3 个主成分的表达式分别为

$$y_1 = 0.4689x_1^* + 0.4037x_2^* + 0.3936x_3^* + 0.4076x_4^* + 0.3375x_5^* + 0.4268x_6^*$$

$$y_2 = -0.3648x_1^* - 0.3966x_2^* + 0.3968x_3^* - 0.3648x_4^* + 0.5692x_5^* + 0.3084x_6^*$$

$$y_3 = -0.0922x_1^* - 0.6130x_2^* + 0.2789x_3^* + 0.7048x_4^* - 0.1643x_5^* - 0.1193x_6^*$$

从第一主成分 $y_1$ 的表达式来看，它在每个标准化变量上有相近的负载荷，说明每个标准化变量对 $y_1$ 的重要性都差不多。当一个人的身材“五大三粗”，也就是说又高又胖，即 $x_1^*, x_2^*, L, x_6^*$ 都比较大时，$y_1$ 的值就比较大；当一个人又矮又瘦时，$x_1^*, x_2^*, L, x_6^*$ 都比较小，此时 $y_1$ 的值就比较小，所以可以认为第一主成分 $y_1$ 是身材的综合成分（或魁梧成分）。

从第二主成分 $y_2$ 的表达式来看，它在标准化变量 $x_1^*$、$x_2^*$ 和 $x_4^*$ 上有相近的负载荷，在 $x_3^*$、$x_5^*$ 和 $x_6^*$ 上有相近的正负载荷，说明当 $x_1^*$、$x_2^*$ 和 $x_4^*$ 增大时，$y_2$ 的值减小；当 $x_3^*$、$x_5^*$ 和 $x_6^*$ 增大时，$y_2$ 的值增大。当一个的身材瘦高时，$y_2$ 的值比较小；当一个人的身材矮胖时，$y_2$ 的值比较大，所以可以认为第二主成分 $y_2$ 是身材的高矮和胖瘦的协调成分。

从第三主成分 $y_3$ 的表达式来看，它在标准化变量 $x_2^*$ 上有比较大的正载荷，在 $x_4^*$ 上有比较大的负载荷，在其他变量上的载荷比较小，说明 $x_2^*$（坐高）和 $x_4^*$（手臂长）对 $y_3$ 的影响比较大，也就是说，$y_3$ 反映了坐高（上半身）与手臂长之间的协调关系，这对做长袖上衣时制定衣服和袖子的长短提供了参考。所以可认为第三主成分 $y_3$ 是臂长成分。

后 3 个主成分的贡献率比较小，分别只有 7.1057%、4.9133%及 2.1054%，可以不用对它们做出解释。最后一个主成分的贡献率非常小，它提示了标准化变量之间的如下共线性关系：

$$0.7856x_1^* - 0.4434x_2^* + 0.1253x_3^* - 0.3706x_4^* - 0.0335x_5^* - 0.1788x_6^* = c$$

**【例 6-2】** 为了系统分析某 IT 类企业的经济效益，选择了 8 个不同的利润指标，对 15 家企业进行了调研，并得到如表 6-2 所示的数据。请根据这些数据对这 15 家企业进行综合实力排序。

**表 6-2　企业综合实力评价数据**

| 企业序号 | 净利润率（%） | 固定资产利润率（%） | 总产值利润率（%） | 收入利润率（%） | 成本利润率（%） | 物耗利润率（%） | 人均利润/（千元/人） | 流动资金利润率/（%） |
|---|---|---|---|---|---|---|---|---|
| 1 | 40.4 | 24.7 | 7.2 | 6.1 | 8.2 | 8.7 | 2.442 | 20 |

续表

| 企业序号 | 净利润率（%） | 固定资产利润率（%） | 总产值利润率（%） | 收入利润率（%） | 成本利润率（%） | 物耗利润率（%） | 人均利润/（千元/人） | 流动资金利润率/（%） |
|---|---|---|---|---|---|---|---|---|
| 2 | 25 | 12.7 | 11.2 | 11 | 12.9 | 20.2 | 3.542 | 9.1 |
| 3 | 13.2 | 3.3 | 3.9 | 4.3 | 4.4 | 5.5 | 0.578 | 3.6 |
| 4 | 22.3 | 6.7 | 5.6 | 3.7 | 6 | 7.4 | 0.176 | 7.3 |
| 5 | 34.3 | 11.8 | 7.1 | 7.1 | 8 | 8.9 | 1.726 | 27.5 |
| 6 | 35.6 | 12.5 | 16.4 | 16.7 | 22.8 | 29.3 | 3.017 | 26.6 |
| 7 | 22 | 7.8 | 9.9 | 10.2 | 12.6 | 17.6 | 0.847 | 10.6 |
| 8 | 48.4 | 13.4 | 10.9 | 9.9 | 10.9 | 13.9 | 1.772 | 17.8 |
| 9 | 40.6 | 19.1 | 19.8 | 19 | 29.7 | 39.6 | 2.449 | 35.8 |
| 10 | 24.8 | 8 | 9.8 | 8.9 | 11.9 | 16.2 | 0.789 | 13.7 |
| 11 | 12.5 | 9.7 | 4.2 | 4.2 | 4.6 | 6.5 | 0.874 | 3.9 |
| 12 | 1.8 | 0.6 | 0.7 | 0.7 | 0.8 | 1.1 | 0.056 | 1 |
| 13 | 32.3 | 13.9 | 9.4 | 8.3 | 9.8 | 13.3 | 2.126 | 17.1 |
| 14 | 38.5 | 9.1 | 11.3 | 9.5 | 12.2 | 16.4 | 1.327 | 11.6 |
| 15 | 26.2 | 10.1 | 5.6 | 15.6 | 7.7 | 30.1 | 0.126 | 25.9 |

实例中涉及 8 个指标，这些指标间的关联关系并不明确，且各指标数值的数量级也有差异，所以先借助主成分分析方法对指标体进行降维处理，然后根据主成分分析打分结果实现对企业的综合实力的排序。

其 MATLAB 代码如下：

```
>> clear all;
%评价数据
A=[40.4 24.7 7.2 6.1 8.3 8.7 2.442 20;25 12.7 11.2 11 12.9 20.2 3.542 9.1;...
    13.2 3.3 3.9 4.3 4.4 5.5 0.578 3.6;22.3 6.7 5.6 3.7 6 7.4 0.176 7.3;...
    34.3 11.8 7.1 7.1 8 8.9 1.726 27.5;35.6 12.5 16.4 16.7 22.8 29.3 3.017 26.6;...
    22 7.8 9.9 10.2 12.6 17.6 0.847 10.6;48.4 13.4 10.9 9.9 10.9 13.9 1.772 17.8;...
    40.6 19.1 19.8 19 29.7 39.6 2.449 35.8;24.8 8 9.8 8.9 11.9 16.2 0.789 13.7;...
    12.5 9.7 4.2 4.2 4.6 6.5 0.874 3.9;1.8 0.6 0.7 0.7 0.8 1.1 0.056 1;...
    32.3 13.9 9.4 8.3 9.8 13.3 2.126 17.1;38.5 9.1 11.3 9.5 12.2 16.4 1.327 11.6;...
    26.2 10.1 5.6 15.6 7.7 30.1 0.126 25.9];
%数据标准化
a=size(A,1);
b=size(A,2);
for i=1:b
    SA(:,i)=(A(:,i)-mean(A(:,i)))/std(A(:,i));
end
%计算相关系数矩阵的特征值和特征向量
CM=corrcoef(SA);                    %计算相关系数矩阵
```

```
[V,D]=eig(CM);                              %计算特征值和特征向量
for j=1:b
    DS(j,1)=D(b+1-j,b+1-j);                 %对特征值按降序进行排序
end
for i=1:b
    DS(i,2)=DS(i,1)/sum(DS(:,1));           %贡献率
    DS(i,3)=sum(DS(1:i,1))/sum(DS(:,1));    %累积贡献率
end
%选择主成分及对应的特征向量
T=0.9;                                      %主成分信息保留率
for k=1:b
    if DS(k,3)>=T
        com_m=k;
        break;
    end
end
%提取主成分对应的特征向量
for j=1:com_m
    PV(:,j)=V(:,b+1-j);
end
%计算各评价对象的主成分得分
new_s=SA*PV;
for i=1:a
    total_s(i,1)=sum(new_s(i,:));
    total_s(i,2)=i;
end
result_r=[new_s,total_s];                   %将各主成分得分与总分放在同一个矩阵中
result_r=sortrows(result_r,-4);             %按总分降序排序
%输出模型及结果报告
disp('特征值及其贡献率、累计贡献率：')
DS
disp('信息保留率 T 对应的主成分数与特征向量：')
com_m
PV
disp('主成分得分及排序（按第 4 列的总分进行降序排序，前 3 列为各主成分得分，第 5 列为企业编号）')
result_r
```

运行程序，输出如下：

```
特征值及其贡献率、累计贡献率：
DS =
    5.7361    0.7170    0.7170
    1.0972    0.1372    0.8542
```

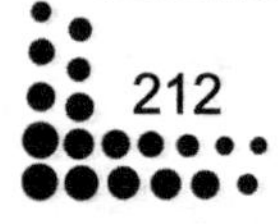

```
    0.5896    0.0737    0.9279
    0.2858    0.0357    0.9636
    0.1456    0.0182    0.9818
    0.1369    0.0171    0.9989
    0.0060    0.0007    0.9997
    0.0027    0.0003    1.0000
信息保留率 T 对应的主成分数与特征向量：
com_m =
     3
PV =
    0.3334    0.3788    0.3115
    0.3063    0.5562    0.1871
    0.3900   -0.1148   -0.3182
    0.3780   -0.3508    0.0888
    0.3853   -0.2254   -0.2715
    0.3616   -0.4337    0.0696
    0.3026    0.4147   -0.6189
    0.3596   -0.0031    0.5452
主成分得分及排序（按第 4 列的总分进行降序排序，前 3 列为各主成分得分，第 5 列为企业编号）
result_r =
    5.1936   -0.9793    0.0207    4.2350    9.0000
    0.7662    2.6618    0.5437    3.9717    1.0000
    1.0203    0.9392    0.4081    2.3677    8.0000
    3.3891   -0.6612   -0.7569    1.9710    6.0000
    0.0553    0.9176    0.8255    1.7984    5.0000
    0.3735    0.8378   -0.1081    1.1033   13.0000
    0.4709   -1.5064    1.7882    0.7527   15.0000
    0.3471   -0.0592   -0.1197    0.1682   14.0000
    0.9709    0.4364   -1.6996   -0.2923    2.0000
   -0.3372   -0.6891    0.0188   -1.0075   10.0000
   -0.3262   -0.9407   -0.2569   -1.5238    7.0000
   -2.2020   -0.1181    0.2656   -2.0545    4.0000
   -2.4132    0.2140   -0.3145   -2.5137   11.0000
   -2.8818   -0.4350   -0.3267   -3.6435    3.0000
   -4.4264   -0.6180   -0.2884   -5.3327   12.0000
```

从结果可知，第 9 家企业的综合实力最强，第 12 家企业的综合实力最弱。结果还给出了各主成分的权重信息（贡献率）及与原始变量的关联关系（特征向量），这样就可以根据实际问题做进一步的分析。

## 6.3 基于核的 Fisher 判别方法

在第 2 章中已经对 Fisher 判别方法进行了介绍。对于两类 $d$ 维样本集 $\Xi$，包含 $N$ 个样本 $x_1,x_2,\cdots,x_N$，其中 $N_1$ 个属于 $\omega_1$ 类，记为 $\Xi_1$，$N_2$ 个属于 $\omega_2$ 类，记为 $\Xi_2$。Fisher 判别方法讨论怎样将样本投影到一条直线上，形成一维空间，使样本的投影能分得最好。

### 6.3.1 Fisher 判别方法

两类样本的均值向量 $\boldsymbol{m}_i$ 为

$$\boldsymbol{m}_i=\frac{1}{N_i}\sum_{x\in E_i}x,(i=1,2)$$

样本类内离散度矩阵 $\boldsymbol{S}_i$ 和总类内离散度矩阵 $\boldsymbol{S}_\omega$ 分别为

$$\boldsymbol{S}_i=\sum_{x\in E_i}(x-\boldsymbol{m}_i)(x-\boldsymbol{m}_i)^{\mathrm{T}},(i=1,2)$$

$$\boldsymbol{S}_\omega=\boldsymbol{S}_1+\boldsymbol{S}_2$$

样本类间离散度矩阵 $\boldsymbol{S}_b$ 为

$$\boldsymbol{S}_b=(\boldsymbol{m}_1-\boldsymbol{m}_2)(\boldsymbol{m}_1-\boldsymbol{m}_2)^{\mathrm{T}}$$

设投影直线的方向为 $\omega$，则投影后应有

$$\max J_F(\omega)=\frac{\omega^{\mathrm{T}}\boldsymbol{S}_b\omega}{\omega^{\mathrm{T}}\boldsymbol{S}_\omega\omega}$$

$J_F(\omega)$ 称为 Fisher 准则函数。利用 Lagrange 乘子法求解可得最优投影方向 $\boldsymbol{\omega}^*$：

$$\boldsymbol{\omega}^*=\boldsymbol{S}_\omega^{-1}(\boldsymbol{m}_1-\boldsymbol{m}_2)$$

$x$ 在 $\boldsymbol{\omega}^*$ 上的投影为 $y=(\boldsymbol{\omega}^*)^{\mathrm{T}}x$。

利用先验知识确定分界阈值点，并进而判别未知样本的类别，这就是 Fisher 线性判别方法。

### 6.3.2 基于核的 Fisher 算法的应用

下面以两分类为例简单总结核的 Fisher 算法的步骤。

（1）计算各类样本的均值向量 $\boldsymbol{m}_i$，$N_i$ 是类 $\omega_i$ 的样本个数：

$$\boldsymbol{m}_i=\frac{1}{N_i}\sum_{X\in\omega_i}\boldsymbol{X},i=1,2$$

（2）计算样本类内离散度矩阵 $\boldsymbol{S}_i$ 和总类内离散矩阵 $\boldsymbol{S}_\omega$：

$$\boldsymbol{S}_i=\sum_{X\in\omega_i}(\boldsymbol{X}-\boldsymbol{m}_i)(\boldsymbol{X}-\boldsymbol{m}_i)^{\mathrm{T}},i=1,2$$

$$S_\omega = S_1 + S_2$$

（3）计算样本类间离散度矩阵 $S$：

$$S_b = (m_1 - m_2)(m_1 - m_2)^{\mathrm{T}}$$

（4）求向量 $\omega^*$。为此定义 Fisher 准则函数：

$$J_F(W) = \frac{\omega^{\mathrm{T}} S_b \omega}{\omega^{\mathrm{T}} S_\omega \omega}$$

使得 $J_F(W)$ 取的最大值为 $\omega^* = S_\omega^{-1}(m_1 - m_2)$。

（5）将训练集内所有样本进行投影：

$$y = (\omega^*)^{\mathrm{T}} X$$

（6）计算在投影空间上的分割阈值 $y_0$。阈值的选取可以有不同的方案，比较常用的一种为

$$y_0 = \frac{N_1 \tilde{m}_1 + N_2 \tilde{m}_2}{N_1 + N_2}$$

另一种为

$$y_0 = \frac{\tilde{m}_1 + \tilde{m}_2}{2} + \frac{\ln \dfrac{p(\omega_1)}{p(\omega_2)}}{N_1 - N_2 - 2}$$

其中，$\tilde{m}_i$ 为在一维空间各样本的均值，即

$$\tilde{m}_i = \frac{1}{N_1} \sum_{y \in \omega_i} y$$

样本的内类离散度和总类离散度 $\tilde{s}_\omega$ 分别为

$$\tilde{s}_i^2 = \sum_{y \in \omega_i} (y - \tilde{m}_i), i = 1, 2$$

$$\tilde{s}_\omega = \tilde{s}_1^2 + \tilde{s}_2^2$$

（7）对于给定的 $X$，计算它在 $\omega^*$ 上的投影点 $y$，即

$$y = (\omega^*)^{\mathrm{T}} X$$

（8）根据决策规则分类，有

$$\begin{cases} y > y_0 \Rightarrow X \in \omega_1 \\ y < y_0 \Rightarrow X \in \omega_2 \end{cases}$$

用 Fisher 函数解决多分类问题时，首先实现两类 Fisher 分类，然后根据返回的类别与新的类别做两类 Fisher 分类，又能够得到比较接近的类别，以此类推，最后得出未知样本的类别。

下面直接通过实例来演示核函数的 Fisher 判别方法。

**【例 6-3】** 为了解某河段 As、Pb 的污染状况，设在甲、乙两地监测，采样测得这两种元素在水中和底泥中的浓度，如表 6-3 所示。依据这些数据判别未知样本是从哪个区域采得的。

表 6-3　两组已知样品数据

| 地　　点 | 样 品 号 | 水　体 | | 底　泥 | |
| --- | --- | --- | --- | --- | --- |
| | | As | Pb | As | Pb |
| 甲地 | 1 | 2.79 | 7.8 | 13.85 | 49.6 |
| | 2 | 4.67 | 12.31 | 22.31 | 47.8 |
| | 3 | 4.63 | 16.81 | 28.82 | 62.15 |
| | 4 | 3.54 | 7.58 | 15.29 | 43.2 |
| | 5 | 4.9 | 16.12 | 28.29 | 58.7 |
| 乙地 | 1 | 1.06 | 1.22 | 2.18 | 20.6 |
| | 2 | 08 | 4.06 | 3.85 | 27.1 |
| | 3 | 0 | 3.5 | 11.4 | 0 |
| | 4 | 2.42 | 2.14 | 3.66 | 15 |
| | 5 | 0 | 5.68 | 12.1 | 0 |
| 样本 | 1 | 2.4 | 14.3 | 7.9 | 33.2 |
| | 2 | 5.1 | 4.43 | 22.4 | 54.6 |

其 MATLAB 代码如下：

```
>> clear all;
X=[2.79 7.8 13.85 49.6;4.67 12.31 22.31 47.8;4.63 16.81 28.82 62.15;3.54 7.58 15.29 ...
43.2;4.9 16.12 28.29 58.7;1.06 1.22 2.18 20.6;0.8 4.06 3.85 27.1;0 3.5 11.4 0;2.42 2.14...
 3.66 15;0 5.68 12.1 0; 2.4 14.3 7.9 33.2;5.1 4.43 22.4 54.6];
x1=X(1:5,:);
x2=X(6:10,:);
sample=X(11:12,:);
y=fisher(x1,x2,sample)
```

运行程序，输出如下：

```
y =
     1     0
```

假设把甲地类标签设为 0，乙地设为 1，实验结果可以得出第一个未知样本来自乙地，第二个来自甲地。

在以上程序中，调用到自定义编写的实现利用核函数 Fisher 方法的 fisher.m 函数，源代码如下：

```
function y=fisher(x1,x2,sample)
%Fisher 函数
%x1,x2,sample 分别为两类训练样本及待测数据集，其中行为样本数，列为特征数
r1=size(x1,1);r2=size(x2,1);
r3=size(sample,1);
```

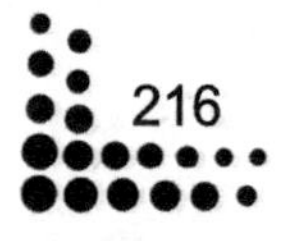

```
a1=mean(x1)';a2=mean(x2)';
s1=cov(x1)*(r1-1);s2=cov(x2)*(r2-1);
sw=s1+s2;%求出协方差矩阵
w=inv(sw)*(a1-a2)*(r1+r2-2);
y1=mean(w'*a1);
y2=mean(w'*a2);
y0=(r1*y1+r2*y2)/(r1+r2);
for i=1:r3
   y(i)=w'*sample(i,:)';
     if y(i)>y0
          y(i)=0;
     else
          y(i)=1;
     end
end
```

## 6.4　基于核的投影寻踪法

投影寻踪（Projection Pursuit，PP）是处理和分析高维数据的一类新兴的统计方法，其基本思想是将高维数据投影到低维（1～3 维）子空间上，寻找出反映原高维数据的结构或特征的投影，以达到研究和分析高维数据的目的。1974 年，美国斯坦福大学的 Friedman 和 Tukey 首次将该方法命名为 Projection Pursuit，即投影寻踪。

### 6.4.1　投影寻踪法

传统的数据分析方法对于高维非正态、非线性数据分析很难收到很好的效果，其原因在于它过于形式化、数学化，难以适应千变万化的客观世界，无法找到数据的内在规律和特征，远不能满足高维非正态分布数据的需要。投影追踪方法就是在这种形势下应运而生的。

#### 1．投影寻踪的分析

投影寻踪是用来分析和处理高维数据，尤其是来自非正态总体的高维数据的一类统计方法。其基本思想如下：利用计算机技术，把高维数据通过某种组合投影到低维子空间上，并通过极小化某个投影指标，寻找出能反映原高维数据结构或特征的投影，在低维空间上对数据结构进行分析，以达到研究和分析高维数据的目的。

它的一般方法如下。

（1）选定一个分布模型作为标准（一般是正态分布），认为它是最不感兴趣的结构。

（2）将数据投影到低维空间上，找出数据与标准模型相差最大的投影，这表明在投影中含有标准模型没有反映出来的结构。

（3）将上述投影中包含的结构从原数据中剔除，得到改进了的新数据。

（4）对数据重复步骤（2）和步骤（3），直到数据与标准模型在任何投影空间都没有明显差别为止。

### 2．投影寻踪的特点

PP 方法的主要特点如下。

（1）PP 方法能够在很大程度上减少维数祸根的影响，这是因为它对数据的分析是在低维子空间上进行的，对 1～3 维的投影空间来说，高维空间中稀疏的数据点就足够密了，足以发现数据在投影空间中的结构特征。

（2）PP 方法可以排除与数据结构和特征无关，或关系很小的变量的干扰。

（3）PP 方法为使用一维统计方法解决高维问题开辟了途径，因为 PP 方法可以将高维数据投影到一维子空间，再对投影后的一维数据进行分析，比较不同一维投影的分析结果，找出好的投影。

（4）与其他非参数方法一样，PP 方法可以用来解决某些非线性问题。PP 虽然是以数据的线性投影为基础的，但它找的是线性投影中的非线性结构，因此它可以用来解决一定程度的非线性问题，如多元非线性回归。

### 3．PP 的分类

PP 包括手工 PP 和机械 PP 两类。

1）手工 PP

手工 PP 主要是利用计算机图像显示系统在终端屏幕上显示出高维数据在二维平面上的投影，并通过调节图像输入装置连续地改变投影平面，使屏幕上的图像也相应变化，显示出高维数据在不同平面上投影的散点图像。使用者通过观察图像来判断投影是否能反映原数据的某种结构或特征，并通过不断地调整投影平面来寻找这种有意义的投影平面。

2）机械 PP

机械 PP 是模仿手工 PP，用数值计算方法在计算机上自动找出高维数据的低维投影，即让计算机按数值法求极大解的最优化问题的方法，自动地找出使指标达到最大的投影。它要求对一个 $P$ 维随机微量 $X$，寻找一个 $K(K<p)$ 维投影矩阵 $\boldsymbol{A}$，使定义在某个 $K$ 维分布函数集合 $F_k$ 上的实值函数 $Q$（投影指标），满足 $Q(\boldsymbol{A}x_1,\boldsymbol{A}x_2,\cdots,\boldsymbol{A}x_k)=Q(\boldsymbol{A}x)=\mathrm{Max}$。如果原数据确有某种结构或特征，指标又选得恰当，那么在所找到的某些方向上，一定含有数据的结构或特征。

有些传统的多元分析方法可以看作机械投影寻踪的特例。例如，主成分分析、判别分析等，但是主成分分析方法是用主成分来描述或逼近原始数据的，所反映的是数据的全局特征或宏观特征，这样显然就有可能会漏掉主要的局部特征或细节特征。下面以主成分分析为例具体说明机械投影寻踪方法。

设 $\boldsymbol{X}=\{x_1,x_2,\cdots,x_n\}$ 是 $n$ 个 $p$ 维向量，其分布函数记为 $F_x$。设 $\boldsymbol{\alpha}\in R^p$ 为一方向向量，满足 $\boldsymbol{\alpha}^{\mathrm{T}}\boldsymbol{\alpha}=1$；$\boldsymbol{X}$ 在 $\boldsymbol{\alpha}$ 方向上的投影为 $\boldsymbol{Y}$，则 $\boldsymbol{Y}=\boldsymbol{\alpha}^{\mathrm{T}}\boldsymbol{X}$。对于投影方向 $\boldsymbol{\alpha}$，投影数据 $\boldsymbol{\alpha}^{\mathrm{T}}\boldsymbol{X}$ 的投影指标记为 $Q(\boldsymbol{Y})$ 或 $Q(\boldsymbol{\alpha}^{\mathrm{T}}\boldsymbol{X})$，它有三种类型。

第 I 类指标是位移、尺度同变的，即对任何 $\alpha$、$\beta \in R$，有

$$Q(\alpha \boldsymbol{Y}+\beta)=\alpha Q(\boldsymbol{Y})+\beta$$

第 II 类指标是位移不变、尺度同变的，即

$$Q(\alpha \boldsymbol{Y}+\beta)=|\alpha| Q(\boldsymbol{Y})$$

第 III 类指标是投影不变的，即

$$Q(\alpha \boldsymbol{Y}+\beta)=Q(\boldsymbol{Y})$$

### 4．PP 的指标

PP 的出发点是度量投影分布所含信息的多少，而我们知道高维数据集合的线性投影几乎是正态的，并且正态分布通常为无信息分布的代表。从而寻求与正态分布差异最大的线性投影分布，即含信息最多的投影分布，成为 PP 方法的常用方式之一。

1）*方差指标*

方差指标可表示为

$$Q(\boldsymbol{\alpha}^{\mathrm{T}} \boldsymbol{X})=\operatorname{Var}(\boldsymbol{\alpha}^{\mathrm{T}} \boldsymbol{X})$$

设 $(x_1,x_2,\cdots,x_n)$ 是总体 $\boldsymbol{X}$ 的独立同分布的样本，方差指标的样本形式为 $Q(\boldsymbol{\alpha}^{\mathrm{T}} \boldsymbol{X})=\frac{1}{n}\sum_{i=1}^{n}(\boldsymbol{\alpha}^{\mathrm{T}} x_i-E(\boldsymbol{\alpha}^{\mathrm{T}} \boldsymbol{X}))^2$。如果求 $\max Q(\boldsymbol{\alpha}^{\mathrm{T}} \boldsymbol{X})$，得到的 $\hat{\boldsymbol{\alpha}}$ 就是样本散布最大的方向。主成分分析就是取样本方差为投影指标的 PP 方法。

2）Friedman 指标

设有 Legendre 多项式

$$Q_0(r)=1,\quad Q_1(R)=R,\quad Q_j=\frac{1}{j}[(2j-1)RQ_{j-1}-(j-1)Q_{j-2}], j=2,3,\cdots$$

设 $\boldsymbol{X}$ 为 $P$ 维随机向量，协方差阵 $\Sigma$ 的正交分解 $\Sigma=\mathrm{UDU}^{\mathrm{T}}$，$\boldsymbol{U}$ 是标准正交阵，$\boldsymbol{D}$ 是对角阵。$(x_1,x_2,\cdots,x_n)$ 是 $\boldsymbol{X}$ 的 $n$ 个样本，$p_n$ 是其经验分布。为了达到 PP 的主要目的，并减少计算量，要求 PP 指标对 $P$ 维数据的任何非奇异偏射变换保持不变。为此，对 $\boldsymbol{X}$ 及它的子样进行球面化，即令 $z=\boldsymbol{D}^{-\frac{1}{2}}\boldsymbol{U}^{\mathrm{T}}(\boldsymbol{X}-E\boldsymbol{X})$，如果 $\Sigma$ 未知，则使用样本的协方差 $\Sigma_n$ 的正交分解 $\Sigma_n=\boldsymbol{U}_n\boldsymbol{D}_n\boldsymbol{U}_n^{\mathrm{T}}$ 的 $\boldsymbol{U}_n$，$\boldsymbol{D}_n$ 代替 $\boldsymbol{U}$、$\boldsymbol{D}$。设 $\boldsymbol{\Phi}(x)$ 为标准正态分布函数，则 Friedman 指标为 $I(a,p)=\frac{1}{2}\sum_{i=1}^{J}(2j+1)[E^{P}Q_j(2\boldsymbol{\Phi}(\boldsymbol{\alpha}^{\mathrm{T}}z)-1)]^2$。其中，$P$ 是 $X$ 的分布函数。

样本形式为 $I_n(\alpha)=\frac{1}{2}\sum_{i=1}^{J}(2j+1)[E^{P_n}Q_j(2\boldsymbol{\Phi}(\boldsymbol{\alpha}^{\mathrm{T}}z)-1)]^2$。

3）*偏度指标和峰度指标*

偏度是用来衡量分布非对称性的统计指标，峰度是用来衡量分布平坦性的统计指标，它们都对离散群点非常敏感。因此可以用作投影指标来寻找离群点。设原随机变量为 $\boldsymbol{X}$，投影方向为 $\boldsymbol{\alpha}$，偏度指标和峰度指标分别为

$$I_1(\boldsymbol{\alpha})=Q_1(\boldsymbol{\alpha}^{\mathrm{T}}\boldsymbol{X})=k_3^2 \text{ 和 } I_2(\boldsymbol{\alpha})=Q_2(\boldsymbol{\alpha}^{\mathrm{T}}\boldsymbol{X})=k_4^2$$

以及两者混合产生的指标，即

$$I_3(\boldsymbol{\alpha})=Q_3(\boldsymbol{\alpha}^{\mathrm{T}}\boldsymbol{X})=\frac{k_3^2+k_4^2}{12} \text{ 和 } I_4(\boldsymbol{\alpha})=Q_4(\boldsymbol{\alpha}^{\mathrm{T}}\boldsymbol{X})=k_3^2\cdot k_4^2$$

这类指标对于检测噪声背景下的比较细小的特征目标有较好的效果。

4）信息散度指标

一般认为服从正态分布的数据含有的有用信息最少，因而我们感兴趣的是与正态分布差别大的结构。多元正态分布的任何一维线性投影都服从正态分布，因此，如果一个数据在某个方向上的投影与正态分布差别较大，那么它就一定含有非正态结构，这是我们关心的。高维数据在不同方向上的一维投影与正态分布的差别是不一样的，它显示了在这一方向上含有的有用信息的多少，因此可以用投影数据的分布与正态分布的差别来作为投影指标。人们已经设计出许多具有这种特点的指标，信息散度指标就是其中之一。设 $f$ 是一维密度函数，$g$ 是一维标准正态分布密度函数，$f$ 对 $g$ 的相对熵为 $d(f\,\|\,g)=\int_{-\infty}^{+\infty}g(x)\cdot\log\frac{f(x)}{g(x)}\mathrm{d}x$。

信息散度指标定义为

$$Q(f)=|d(f\,\|\,g)|+|d(g\,\|\,f)|$$

当 $f=g$ 时，$d(f\,\|\,g)=0$；$f$ 偏离 $g$ 越远，$d(f\,\|\,g)$ 的值就越大，因此 $d(f\,\|\,g)$ 刻画了 $f$ 到 $g$ 的偏离程度。由于根据样本估计 $f$ 是很麻烦的，因此更简便有效的方法是用离散化的概率分布 $p$ 和 $q$ 分别代替连续的密度函数 $f$ 和 $g$，此时指标变为 $Q(p,q)=D(p\,\|\,q)+D(q\,\|\,p)$，其中，$D(p\,\|\,q)=\sum q\cdot\log\left(\frac{p}{q}\right)$。投影指标的值越大，意味着它越偏离正态分布，因而是我们感兴趣的方向。

## 6.4.2 基于核的投影寻踪分析

从上面的讨论可看出，PP 方法主要包括两个方面：一是寻找投影方式，一般使用线性投影；二是选定 PP 指标，使各样本点的投影值在 PP 指标下是最优的。

类似地，基于核的 PP 方法也可以采用两种方法进行：一是将核函数方法应用到投影过程中，即采用非线性投影方式，而 PP 指标采用一般的指标；二是设置基于核的 PP 指标，在此之前的可以采用线性的投影方式。下面对第二种方法进行研究。

对于 $d(d>2)$ 维的观察数据集合 $\Xi_1=\{X_1,X_2,\cdots,X_{N1}\}$ 和 $\Xi_2=\{X_{N1+1},X_{N2+2},\cdots,X_{N1+N2}\}$，$\Xi_1$ 和 $\Xi_2$ 分别对应于两类样本集合，$\Xi=\Xi_1+\Xi_2$，$N=N_1+N_2$，设存在投影方向 $\boldsymbol{b}_1$，有

$$\boldsymbol{y}_{1i}=\boldsymbol{b}_1^{\mathrm{T}}\cdot X_i,\quad (i=1,2,\cdots,N)$$

同时存在投影方向 $\boldsymbol{b}_2$，并满足 $\boldsymbol{b}_1\perp\boldsymbol{b}_2$，则有

$$\boldsymbol{y}_{2i}=\boldsymbol{b}_2^{\mathrm{T}}\cdot X_i,\quad (i=1,2,\cdots,N)$$

对于分类而言，选择合适的核函数，应使样本集 $\{(y_{1i},y_{2i})^{\mathrm{T}}\}\ (i=1,2,\cdots,N)$ 具有最小的分类误差。这实际上是设计一个支持向量机模型。投影指标可设定为

$$\min J(\boldsymbol{b}_1,\boldsymbol{b}_2)=C\sum_{i=1}^{N}\varepsilon_i$$

其中，$C$ 为惩罚函数；$\varepsilon$ 为由于分类错误而引入的松弛因子，对于正确的分类，$\varepsilon_i=0$。

如果进一步考虑到错分样本和泛化能力的折中，可进一步将投影指标设定为

$$\min J(\boldsymbol{b}_1,\boldsymbol{b}_2)=\left(C\sum_{i=1}^{N}\varepsilon_i\right)+\frac{1}{2}(w\cdot w)$$

由于待优化的参数太多，使得上述的优化问题难以进行。为了使问题简化，可以将上述问题化为两个独立的过程——投影过程和分类过程。在投影过程中，第一个由 Fisher 法获得，此时的投影指标为

$$\frac{\boldsymbol{b}_1^{\mathrm{T}}S_b\boldsymbol{b}_1}{\boldsymbol{b}_1^{\mathrm{T}}S_w\boldsymbol{b}_1}=\max\left(\frac{\boldsymbol{b}_1^{\mathrm{T}}S_b\boldsymbol{b}_1}{\boldsymbol{b}_1^{\mathrm{T}}S_w\boldsymbol{b}_1}\right)$$

第二个方向不妨选为 PCA 的第一个投影方向。这样选择的好处是充分考虑了分类和特征值离散程度较大的要求。

下面通过一个例子来演示投影寻踪的用法。

【例 6-4】 确定城市防洪标准，就是综合考虑政治、社会、经济、文化和环境等众多不确定影响因素，选取城市所防御洪水的合适频率或重现期。有一城市，非农业人口不少于 368 万人，1915 年曾发生过 80 年一遇的特大洪水，现需从 20 年、30 年、50 年和 80 年一遇 4 个城市防洪标准方案进行优选。各方案评价指标的优属度值如表 6-4 所示，试用 PPC 模型对该方案集进行优选。

**表 6-4　城市防洪标准方案集及其各参数值**

| 方案 | 评价指标的相对优属度 | | | | | | | | | | | |
|---|---|---|---|---|---|---|---|---|---|---|---|---|
| 序号 | x1 | x2 | x3 | x4 | x5 | x6 | x7 | x8 | x9 | x10 | x11 | x12 |
| 1 | 0.182 | 0.143 | 0.192 | 0.167 | 0.200 | 0.357 | 0.143 | 0.389 | 0.444 | 0.333 | 0.143 | 0.318 |
| 2 | 0.227 | 0.214 | 0.231 | 0.222 | 0.233 | 0.286 | 0.214 | 0.389 | 0.444 | 0.286 | 0.214 | 0.273 |
| 3 | 0.273 | 0.286 | 0.270 | 0.278 | 0.267 | 0.214 | 0.286 | 0.191 | 0.112 | 0.238 | 0.286 | 0.227 |
| 4 | 0.318 | 0.357 | 0.307 | 0.333 | 0.300 | 0.143 | 0.357 | 0.031 | 0.000 | 0.143 | 0.357 | 0.182 |

**注意：**

x1——对国际交往改革开放的影响；

x2——对国际投资环境的影响；

x3——对稳定社会的影响；

x4——促进社会经济发展的影响；

x5——保护人民生命财产安全；

x6——施工占地居民搬迁及安置问题；

x7——土地增加对城市发展的影响；

x8——经济效用费用比；

x9——投资影回收期；

x10——贷款偿还年限；

x11——对改善美化环境的影响；

x12——对维持生态平衡的影响。

优化方法采用遗传算法，首先编写优化目标函数 M6_4a，代码如下：

```
function q=M6_4a
x=[0.182 0.143 0.192 0.167   0.200   0.357   0.143   0.389   0.444   0.333   0.143...
  0.318 0.227   0.214   0.231   0.222   0.233   0.286   0.214   0.389   0.444 ...
  0.286   0.214   0.273 0.273   0.286   0.270   0.278   0.267   0.214   0.286 ...
  0.191   0.112   0.238   0.286   0.227 0.318   0.357   0.307   0.333   0.300 ...
0.143   0.357   0.031   0.000   0.143   0.357   0.182];
[m,n]=size(x);
a1=max(x);
b=min(x);
for i=1:m                %归一化处理，其中第 6、9 个指标为越小越优
  for j=1:n
      if j==6||j==9
          x1(i,j)=(a1(j)-x(i,j))/(a1(j)-b(j));
      else
          x1(i,j)=(x(i,j)-b(j))/(a1(j)-b(j));
      end
  end
end
for i=1:m                %求 z 序列
    z(i)=0;
    for j=1:n
        z(i)=z(i)+a(j)*x1(i,j);
    end
end
s=std(z);                %求 SZ
for i=1:m                %求 r
    for j=1:m
        r(i,j)=abs(z(i)-z(j));
    end
end
r_max=max(max(r));
R=r_max+n/2;             %求窗口 R
d=0;
for i=1:m                %求 DZ
    for j=1:m
        if R-r(i,j)>=0
            d=d+(R-r(i,j));
        else
```

```
                d=d;
            end
        end
    end
    q=-s*d;                    %将最大化转化为最小化
```

再编写约束文件 M6_4b，代码如下：

```
    function [c,ceq]=M6_4b
    c=[a(1)^2+a(2)^2+a(3)^2+a(4)^2+a(5)^2+a(6)^2+a(7)^2+a(8)^2+...
        a(9)^2+a(10)^2+a(11)^2+a(12)^2-1];
    ceq=[];
```

在 MATLAB 工作空间中输入下列命令：

```
    optimtool('ga')
```

打开遗传算法的 GUI，在 Fitness function 窗口中输入@M6_4a，在 Number of variables 窗口中输入变量数目 12，在约束条件的 Bounds 的 Lower 窗口中输入 zeros(1,12)，在 Upper 窗口中输入 ones(1,12)，在 Nonlinear constraint function 窗口中输入@M6_4b。其余条件可以采用默认值，也可以做相应调整，效果如图 6-2 所示。单击 Start 按钮，即可进行相应的计算。计算后得到的最佳投影方向 $\boldsymbol{a}^*$ 为

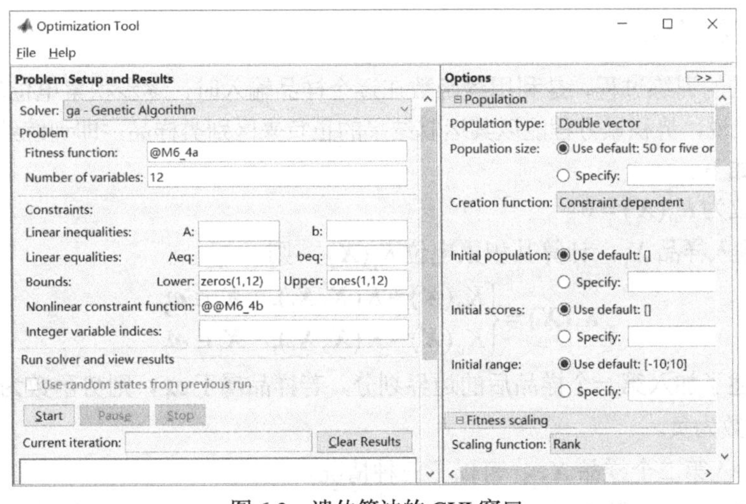


图 6-2　遗传算法的 GUI 窗口

$\boldsymbol{a}^*$ = (0.3237 0.3275 0.3310 0.3344 0.3274 0.3387 0.3219 3.0341e−007 0.3726 2.7653e− 006 0.3217 1.3927e−006)

计算出各方案的投影值为

$$z^* = (0.0000\ 0.8722\ 2.0367\ 2.9971)$$

根据 $z^*$ 值可以得到最佳方案为方案 4，即城市防洪标准取 80 年一遇，此外，最佳方案与次优方案的投影值相差较大，有利于决策，这一点使模糊综合优选模型优于其他方法。

## 6.5 势函数法

势函数法是非线性分类器中常用的一种方法，它借用电场的概念来解决模式的分类问题。在势函数法中，把属于一类的样品看做正电荷，而属于另一类的样品看做负电荷，从而把模式的分类转变为正负电荷的转换，电位为 0 的等位线即为判别界线。

势函数在选择时应同时满足以下三个条件：

$K(\boldsymbol{X}_k,\boldsymbol{X})=K(\boldsymbol{X},\boldsymbol{X}_k)$，当且仅当 $\boldsymbol{X}=\boldsymbol{X}_k$ 时，达到最大值；

当向量 $\boldsymbol{X}$ 与 $\boldsymbol{X}_k$ 的距离趋于无穷大时，$K(\boldsymbol{X},\boldsymbol{X}_k)$ 趋于 0；

$K(\boldsymbol{X}_k,\boldsymbol{X})$ 是光滑函数，且是 $\boldsymbol{X}_k$ 与 $\boldsymbol{X}$ 之间距离的单调减小函数。

通常选择的函数有

$$K(\boldsymbol{X},\boldsymbol{X}_k)=\exp(-\alpha|\boldsymbol{X}-\boldsymbol{X}_k|^2)$$

$$K(\boldsymbol{X},\boldsymbol{X}_k)=\frac{1}{1+\alpha|\boldsymbol{X}-\boldsymbol{X}_k|^2}$$

$$K(\boldsymbol{X},\boldsymbol{X}_k)=\left|\frac{\sin\alpha|\boldsymbol{X}-\boldsymbol{X}_k|^2}{\alpha|\boldsymbol{X}-\boldsymbol{X}_k|^2}\right|$$

### 1. 势函数迭代算法

势函数算法的训练过程，是利用势函数在逐个样品输入时，逐步积累电位的过程。例如，对于两类问题来说，势积累方程能以其运算结果的正负来区别类样品，即训练结束。

算法过程如下。

设初始电位为 $K_0(\boldsymbol{X})=0$。

步骤 1：输入样品 $X_1$，计算其积累电位 $K_1(\boldsymbol{X})$，则

$$K_1(\boldsymbol{X})=\begin{cases}K_0(\boldsymbol{X})+K(\boldsymbol{X},\boldsymbol{X}_1), & \boldsymbol{X}_1\in\boldsymbol{\omega}_1\\ K_0(\boldsymbol{X})-K(\boldsymbol{X},\boldsymbol{X}_1), & \boldsymbol{X}_1\in\boldsymbol{\omega}_2\end{cases}$$

$K_1(\boldsymbol{X})$ 描述了加入第一个样品后的边界划分，若样品属于 $\boldsymbol{\omega}_1$，则势函数为正；若样品属于 $\boldsymbol{\omega}_2$，则势函数为负。

步骤 2：输入第二个样品 $\boldsymbol{X}_2$，有以下三种情况。

（1）如果 $\boldsymbol{X}_2\in\boldsymbol{\omega}_1$，且 $K_1(\boldsymbol{X}_2)>0$ 或 $\boldsymbol{X}_2\in\boldsymbol{\omega}_2$，且 $K_1(\boldsymbol{X}_2)<0$，表示分类正确，势函数不变，即

$$K_2(\boldsymbol{X})=K_1(\boldsymbol{X})$$

（2）如果 $\boldsymbol{X}_2\in\boldsymbol{\omega}_1$，但 $K_1(\boldsymbol{X}_2)\leqslant 0$，则修改势函数，令

$$K_2(\boldsymbol{X})=K_1(\boldsymbol{X})+K(\boldsymbol{X},\boldsymbol{X}_2)$$

（3）如果 $\boldsymbol{X}_2\in\boldsymbol{\omega}_2$，但 $K_1(\boldsymbol{X}_2)\geqslant 0$，则应修改势函数，令

$$K_2(\boldsymbol{X})=K_1(\boldsymbol{X})-K(\boldsymbol{X},\boldsymbol{X}_2)$$

可以看出，以上（2）、（3）两种情况属于错分，即如果 $\boldsymbol{X}_2$ 处于 $K_1(\boldsymbol{X})$ 所定义的边界的

错误一边，则当 $\boldsymbol{X}_2 \in \omega_1$ 时，积累势函数 $K_2(\boldsymbol{X})$ 要加上 $K(\boldsymbol{X},\boldsymbol{X}_2)$；反之，当 $\boldsymbol{X}_2 \in \omega_2$ 时，积累势函数要减去 $K(\boldsymbol{X},\boldsymbol{X}_2)$。

步骤 $i+1$：此时已输入 $i$ 个训练样品 $\boldsymbol{X}_1,\boldsymbol{X}_2,\cdots,\boldsymbol{X}_i$，这时的积累势函数会有以下三种情形。

（1）如果 $\boldsymbol{X}_{i+1} \in \omega_1$，且 $K_i(\boldsymbol{X}_{i+1})>0$，或 $\boldsymbol{X}_{i+1} \in \omega_2$，且 $K_i(\boldsymbol{X}_{i+1})<0$，则

$$K_{i+1}(\boldsymbol{X}) = K_i(\boldsymbol{X}) \tag{6-16}$$

（2）如果 $\boldsymbol{X}_{i+1} \in \omega_1$，且 $K_i(\boldsymbol{X}_{i+1}) \leqslant 0$，则

$$K_{i+1}(\boldsymbol{X}) = K_i(\boldsymbol{X}) + K(\boldsymbol{X},\boldsymbol{X}_{i+1}) \tag{6-17}$$

（3）如果 $\boldsymbol{X}_{i+1} \in \omega_2$，且 $K_i(\boldsymbol{X}_{i+1}) \geqslant 0$，则

$$K_{i+1}(\boldsymbol{X}) = K_i(\boldsymbol{X}) - K(\boldsymbol{X},\boldsymbol{X}_{i+1}) \tag{6-18}$$

这三种情况可以归纳为一个方程，即

$$K_{i+1}(\boldsymbol{X}) = K_i(\boldsymbol{X}) + r_{i+1}K(\boldsymbol{X},\boldsymbol{X}_{i+1}) \tag{6-19}$$

式中，$r_{i+1}$ 的取值如表 6-5 所示。

**表 6-5　势函数算法系数 $r_{i+1}$ 的取值**

| $\boldsymbol{X}_{i+1}$ 类别 | $K_i(\boldsymbol{X}_{i+1})$ | $r_{i+1}$ |
|---|---|---|
| $\omega_1$ | >0 | 0 |
| $\omega_2$ | <0 | 0 |
| $\omega_1$ | ≤0 | 1 |
| $\omega_2$ | ≥0 | −1 |

如果从所给的训练样品集 $\{\boldsymbol{X}_1,\boldsymbol{X}_2,\cdots,\boldsymbol{X}_i,\cdots\}$ 中省略那些并不使积累势函数发生变化的样品，则可得一简化的样品序列 $\{\boldsymbol{X}_1,\boldsymbol{X}_2,\cdots,\boldsymbol{X}_j,\cdots\}$，它们完全是校正错误的模式样品，由式（6-17）和式（6-18）可以归纳为

$$K_{i+1}(\boldsymbol{X}) = \sum_{X_j} \alpha_j K(\boldsymbol{X},\boldsymbol{X}_j)$$

式中，

$$\alpha_j = \begin{cases} 1, & \boldsymbol{X}_j \in \omega_1 \\ -1, & \boldsymbol{X}_j \in \omega_2 \end{cases}$$

即由 $i+1$ 个样品产生的积累势函数，等于 $\omega_1$ 和 $\omega_2$ 两者中的校正错误样品的总位势之差。

由此算法可看出，积累势函数不必做任何修改即可用做判别函数。设有一个两类问题，取 $d(\boldsymbol{X}) = K(\boldsymbol{X})$，则由式（6-17）可得

$$d_{i+1}(\boldsymbol{X}) = d_i(\boldsymbol{X}) + r_{i+1}K(\boldsymbol{X},\boldsymbol{X}_{i+1})$$

式中，系数取值由表 6-5 决定。

**2．实例说明**

设有 4 个样品分为两类，如图 6-3 所示。

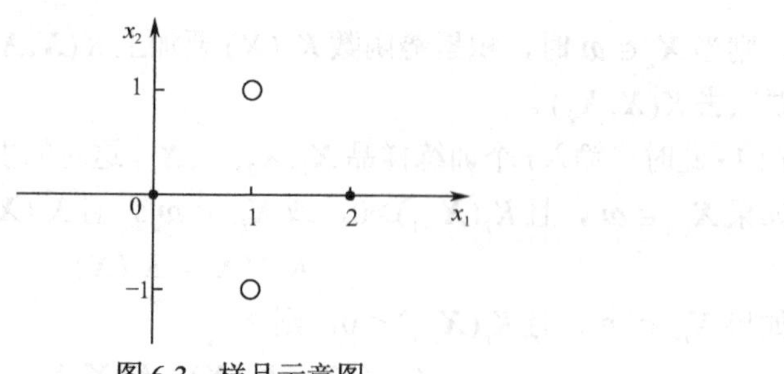


图 6-3　样品示意图

$\boldsymbol{\omega}_1$：$(0,0)^{\mathrm{T}}$，$(2,0)^{\mathrm{T}}$

$\boldsymbol{\omega}_2$：$(1,1)^{\mathrm{T}}$，$(1,-1)^{\mathrm{T}}$

显然，这两类样品不是线性可分的。势函数取

$$K(\boldsymbol{X},\boldsymbol{X}_k)=\exp\{-\alpha[(x_1-x_{k1})^2+(x_2-x_{k2})^2]\}$$

取$\alpha=1$，势函数实现分类方法如下。

（1）输入$\boldsymbol{X}_1=(0,0)^{\mathrm{T}}$，$\boldsymbol{X}_1\in\boldsymbol{\omega}_1$，则

$$K_1(\boldsymbol{X})=K(\boldsymbol{X},\boldsymbol{X}_1)=\exp\{-(x_1^2+x_2^2)\}$$

（2）输入$\boldsymbol{X}_2=(2,0)^{\mathrm{T}}$，$\boldsymbol{X}_2\in\boldsymbol{\omega}_1$，$K_1(\boldsymbol{X}_2)=\mathrm{e}^{-4}>0$，分类正确，不需修正，则

$$K_2(\boldsymbol{X})=K_1(\boldsymbol{X})=K(\boldsymbol{X},\boldsymbol{X}_1)=\exp\{-(x_1^2+x_2^2)\}$$

（3）输入$\boldsymbol{X}_3=(1,1)^{\mathrm{T}}$，$\boldsymbol{X}_3\in\boldsymbol{\omega}_2$，$K_2(\boldsymbol{X}_3)=\mathrm{e}^{-2}\nless 0$，分类错误，需要修正，则

$$K_3(\boldsymbol{X})=K_2(\boldsymbol{X})-K(\boldsymbol{X},\boldsymbol{X}_3)=\exp\{-(x_1^2+x_2^2)\}-\exp\{-[(x_1-1)^2+(x_2-1)^2]\}$$

（4）输入$\boldsymbol{X}_4=(1,-1)^{\mathrm{T}}$，$\boldsymbol{X}_4\in\boldsymbol{\omega}_2$，$K_3(\boldsymbol{X}_4)=\mathrm{e}^{-2}-\mathrm{e}^{-4}\nless 0$，则

$$\begin{aligned}K_4(\boldsymbol{X})&=K_3(\boldsymbol{X})-K(\boldsymbol{X},\boldsymbol{X}_4)\\&=\exp\{-(x_1^2+x_2^2)\}-\exp\{-[(x_1-1)^2+(x_2-1)^2]\}\\&\quad-\exp\{[(x_1-1)^2+(x_2+1)^2]\}\end{aligned}$$

（5）再次输入$\boldsymbol{X}_1=(0,0)^{\mathrm{T}}$，$\boldsymbol{X}_1\in\boldsymbol{\omega}_1$，$K_4(\boldsymbol{X}_1)=\mathrm{e}^0-\mathrm{e}^{-2}-\mathrm{e}^{-2}>0$，不需修正，则

$$K_5(\boldsymbol{X})=K_4(\boldsymbol{X})$$

（6）再次输入$\boldsymbol{X}_2=(2,0)^{\mathrm{T}}$，$\boldsymbol{X}_2\in\boldsymbol{\omega}_1$，$K_5(\boldsymbol{X}_2)=\mathrm{e}^{-4}-2\mathrm{e}^{-2}\ngtr 0$，则

$$\begin{aligned}K_6(\boldsymbol{X})&=K_5(\boldsymbol{X})+K(\boldsymbol{X},\boldsymbol{X}_4)\\&=\exp\{-(x_1^2+x_2^2)\}-\exp\{-[(x_1-1)^2+(x^2-1)^2]\}\\&\quad-\exp\{[-(x_1-1)^2+(x_2+1)^2]\}+\exp\{-[(x_1-2)^2+x_2^2]\}\end{aligned}$$

（7）再次输入$\boldsymbol{X}_3=(1,1)^{\mathrm{T}}$，$\boldsymbol{X}_3\in\boldsymbol{\omega}_2$，$K_6(\boldsymbol{X}_3)=2\mathrm{e}^{-2}-1-\mathrm{e}^{-4}<0$，不需修正，则

$$K_7(\boldsymbol{X})=K_6(\boldsymbol{X})$$

（8）再次输入$\boldsymbol{X}_4=(1,-1)^{\mathrm{T}}$，$\boldsymbol{X}_4\in\boldsymbol{\omega}_2$，$K_7(\boldsymbol{X}_4)=-\mathrm{e}^{-2}-\mathrm{e}^{-2}-1+\mathrm{e}^{-4}<0$，不需修正，则

$$K_8(\boldsymbol{X})=K_7(\boldsymbol{X})$$

（9）再次令$\boldsymbol{X}_1=(0,0)^{\mathrm{T}}$，$\boldsymbol{X}_1\in\boldsymbol{\omega}_1$，$K_8(\boldsymbol{X}_1)=\mathrm{e}^0-\mathrm{e}^{-2}-\mathrm{e}^{-2}+\mathrm{e}^4>0$，不需修正，则

$$K_9(\boldsymbol{X})=K_8(\boldsymbol{X})$$

（10）再次输入$\boldsymbol{X}_2=(2,0)^{\mathrm{T}}$，$\boldsymbol{X}_2\in\boldsymbol{\omega}_1$，$K_9(\boldsymbol{X}_2)=\mathrm{e}^{-4}-\mathrm{e}^{-2}-\mathrm{e}^{-2}+\mathrm{e}^0>0$，不需修正，则

$$K_{10}(\boldsymbol{X})=K_9(\boldsymbol{X})$$

至此为止，所有的训练样品都能被正确分类，可以得到非线性判别函数为

$$d(\boldsymbol{X}) = K_{10}(\boldsymbol{X}) = \exp\{-(x_1^2 + x_2^2)\} - \exp\{-[(x_1-1)^2 + (x^2-1)^2]\}$$
$$-\exp\{-[(x_1-1)^2 + (x_2+1)^2]\} + \exp\{-[(x_1-2)^2 + x_2^2]\}$$

由势函数的迭代公式可知，它具有很强的分类能力，但当修正次数增多时，势函数方程的项数增多，使计算机的计算量大增。

下面通过一个例子来演示势函数的应用。

**【例 6-5】** 利用势函数叠加法实现流体−流场模拟。

```
>> clear all;
x=-5:0.1:5;            %x 变量 x 的范围
y=-5:0.1:5;            %y 变量 y 的范围
ps=0;                  %点源的强度，因流畅的合成不涉及点源，故直接用偶极流进行叠加
psx=0;                 %点源的 x 坐标
psy=0;                 %点源的 y 坐标
k=5.0;                 %偶极子强度
xk=0;                  %偶极子 x 坐标
yk=0;                  %偶极子 y 坐标
Gamma=0i;              %点涡强度
xgamma=0;              %点涡中心 x 坐标
ygamma=0;              %点涡中心 y 坐标
U=5.0;                 %均匀直线流流速
x0=0;                  %坐标原点 x
y0=0;                  %坐标原点 y
%赋值代码，可调
%点源
rm=sqrt((x).^2+(y).^2);
thetam=atan2(y-0.,x-2.);
phim=ps*log(rm)/(2*pi);
Psim=ps*thetam/(2*pi);
%偶极子
rk=sqrt((x-xk).^2+(y-yk).^2);
thetak=atan2(y-xk,x-yk) ;
phik=k*cos(thetak)/rk;
psik=-k*sin(thetak)/rk;
%点涡
rgamma=sqrt((x-xgamma).^2+(y-ygamma).^2);
thetagamma=atan2(y-xgamma,x-ygamma) ;
%均匀场
phiu=U*x;
psiu=U*y;
%绘图代码
[x,y,z1]=simpyfuild('doublet',5,0,-1);
```

```
[x,y,z2]=simpyfuild('vortex',8*pi,0,-1);
[x,y,z3]=simpyfuild('uniform',5,0,0);              %此时的 x0,y0 赋任意值
contour(x,y,z1+z2+z3,-20:20)
```

运行程序，得到如图 6-4 所示的效果图。

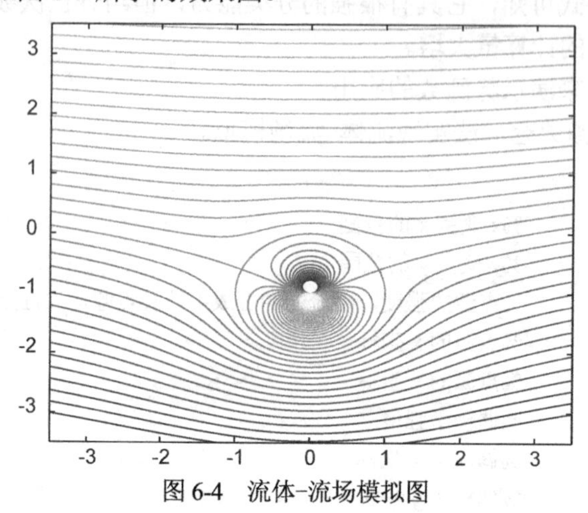

图 6-4　流体-流场模拟图

在程序中调用自定义编写的 simpyfuild 函数，实现各种简单流场的叠加，源代码如下：

```
function [x,y,streamfun]=simpyfuild(ftype,strense,x0,y0)
close all
nx=1000;xmin=-3.5;xmax=3.5;
ny=1000;ymin=-3.5;ymax=3.5;
[x,y]=meshgrid(linspace(xmin,xmax,nx),linspace(ymin,ymax,ny));
radius=inline('sqrt((x-x0).^2+(y-y0).^2)','x','y','x0','y0');
r=radius(x,y,x0,y0);
theta=atan2(y-y0,x-x0);
switch ftype
        case 'uniform'                    %均匀来流
              streamfun=strense*y;
case 'source'                             %源汇
              streamfun=strense*theta/(2*pi);
        case 'doublet'                    %偶极子
              streamfun=-strense*sin(theta)./r;
        case 'vortex'                     %点涡
              streamfun=-strense*log(r)/(2*pi);
end
figure('name',ftype,'numbertitle','off')
levmax=max(max(streamfun));
levmin=min(min(streamfun));
lev=linspace(levmin,levmax,100);
contour(x,y,streamfun,lev)
```

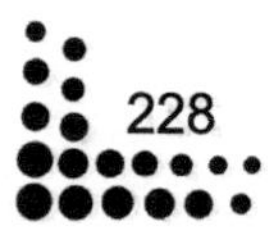

```
title(['the figure of ' ftype]);
axis equal
xlabel('x')
ylabel('y')
```

## 6.6 支持向量机

支持向量机（Support Vector Machines，SVM）是一种二类分类模型，它的基本模型是定义在特征空间上的间隔最大的线性分类器，间隔最大使它有别于感知机；支持向量机还包括核技巧，这使它成为实质上的非线性分类器，支持向量机的学习策略就是间隔最大化，可形式化为一个求解凸二次规则（Convex Quadratic Programming）的问题，也等价于正则化的全页损失函数的最小化问题。支持向量机的学习算法是求解凸二次规则的最优化算法。

支持向量机学习方法包含构建由简至繁的模型：线性可分支持向量机（Linear Support Vector Machine in Linearly Separable Case）、线性支持向量机（Linear Support Vector Machine）及非线性支持向量机（Non-linear Support Vector Machine）。简单模型是复杂模型的基础，也是复杂模型的特殊情况，当训练数据线性可分时，通过硬间隔最大化（Hard Margin Maximization），学习一个线性的分类器，即线性可分支持向量机，又称为软间隔支持向量机；当训练数据线性不可分时，通过使用核技巧（Kemel Trick）及软间隔最大化，学习非线性支持向量机。

当输入空间为欧氏空间或出离散集合、特征空间为希伯特空间时，核函数（Kemel Function）表示将输入从输入空间映射到特征空间得到的特征向量之间的内积。通过使用核函数可以学习非线性支持向量机，等价于隐式地在高维的特征空间中学习线性支持向量机。这样的方法称为核技巧。核方法（Kemel Method）是比支持向量机的更为一般的机器学习方法。

### 1．支持向量机的支持技术

支持向量机是由 Vapnik 领导的 AT&T Bell 实验室研究小组在 1995 年提出的一种新的非常有潜力的分类技术，SVM 是一种基于统计学习理论的模式识别方法，主要应用于模式识别领域。由于当时这些研究尚不十分完善，在解决模式识别问题中往往趋于保守，且数学上比较艰涩，因此这些研究一直没有得到充分的重视。

直到 20 世纪 90 年代，统计学习理论（Statistical Learning Theory，SLT）的实现和由于神经网络等较新兴的机器学习方法的研究遇到一些重要的困难，例如如何确定网络结构的问题、过学习与欠学习问题、局部极小点问题等，使得 SVM 迅速发展和完善，在解决小样本、非线性及高维模式识别问题中表现出许多特有的优势，并能够推广应用到函数拟合等其他机器学习问题中，而迅速发展起来，SVM 已经在许多领域（生物信息学、文本和手写识别等）都取得了成功的应用。

在地球物理反演当中解决非线性反演也有显著成效，如支持向量机在预测地下水涌水量上的应用。已知该算法被应用的领域主要有：石油测井中利用测井资料预测地层孔隙度及粘粒含量、天气预报等。

支持向量机中的一大亮点是在传统的最优化问题中提出了对偶理论，主要有最大最小对偶及拉格朗日对偶。

SVM 的关键在于核函数。低维空间向量集通常难以划分，解决的方法是将它们映射到高维空间。但这个办法带来的困难就是计算复杂度的增加，而核函数正好巧妙地解决了这个问题。也就是说，只要选用适当的核函数，就可以得到高维空间的分类函数。在 SVM 理论中，采用不同的核函数将导致不同的 SVM 算法。

在确定了核函数之后，由于确定核函数的已知数据也存在一定的误差，考虑到推广性问题，因此引入了松弛系数及惩罚系数两个参变量来加以校正。在确定了核函数的基础上，再经过大量对比实验等将这两个系数取定，该项研究就基本完成了，适合相关学科或业务内应用，且有一定能力的推广性。当然，存在误差是绝对的，不同学科、不同专业的要求不一。

**2．理论基础**

SVM 是建立在统计学理论的 VC 维理论和结构风险最小原理基础上的，能较好地解决小样本、非线性、高维数和局部极小点等实际问题，已成为机器学习界的研究热点之一，并成功地应用于分类、函数逼近和时间序列预测等方面。

1）线性最优分类超平面

支持向量机的研究最初针对的是模式识别中的两类线性可分问题。设线性可分样本集，$(\boldsymbol{X}_i, y_i)\ (i=1,2,\cdots,N; \boldsymbol{X}\in R^n; y\in\{-1,1\})$，根据类别 $y$ 不同分为正样本子集 $\boldsymbol{X}^+$ 和负样本子集 $\boldsymbol{X}^-$，这两个子集对于超平面可分的条件是，存在一个单位向量 $\boldsymbol{\phi}(\|\boldsymbol{\phi}\|=1)$ 和常数 $c$，使式（6-20）成立，其中·是向量内积运算。

$$\begin{cases}\{\boldsymbol{X}^+\cdot\boldsymbol{\phi}\}>c\\ \{\boldsymbol{X}^-\cdot\boldsymbol{\phi}\}<c\end{cases} \tag{6-20}$$

对于任何单位向量 $\boldsymbol{\phi}$，确定以下两个值：

$$\begin{cases}c_1(\boldsymbol{\phi})=\min\{\boldsymbol{X}^+\cdot\boldsymbol{\phi}\}\\ c_2(\boldsymbol{\phi})=\min\{\boldsymbol{X}^-\cdot\boldsymbol{\phi}\}\end{cases} \tag{6-21}$$

找到一个 $\boldsymbol{\phi}_0$，使式（6-22）最大化。

$$\gamma(\boldsymbol{\phi})=\frac{c_1(\boldsymbol{\phi})-c_2(\boldsymbol{\phi})}{2},\|\boldsymbol{\phi}\|=1 \tag{6-22}$$

由约束式（6-20）和最大化函数式（6-22）得到向量 $\boldsymbol{\phi}_0$ 与常数 $c_0$。

$$c_0=\frac{c_1(\boldsymbol{\phi}_0)-c_2(\boldsymbol{\phi}_0)}{2} \tag{6-23}$$

确定一个超平面，将两类样本集分开，并具有最大间隔，参见式（6-22），这样的超平面为最大间隔超平面，也称最优分类超平面。

我们的目标是找到构造最优分类超平面的方法。考虑问题的一种等价表述如下：找到一个向量 $\boldsymbol{W}^*$ 和常数 $b^*$，使它们满足以下约束条件。

$$\begin{cases}\{\boldsymbol{X}^+\cdot\boldsymbol{W}^*\}+b^*\geqslant 1\\ \{\boldsymbol{X}^-\cdot\boldsymbol{W}^*\}+b^*\leqslant -1\end{cases} \tag{6-24}$$

且向量$\boldsymbol{W}^*$具有最小范数，即

$$\min \rho(\boldsymbol{W}) = \frac{1}{2}\|\boldsymbol{W}^*\|^2 \tag{6-25}$$

此时的判别函数为

$$f(\boldsymbol{X}) = \boldsymbol{W}^* \cdot \boldsymbol{X} + b^*$$
$$\begin{cases} \text{如果} f(\boldsymbol{X}) > 0, \quad \text{则} \boldsymbol{X} \in \boldsymbol{X}^+ \\ \text{如果} f(\boldsymbol{X}) < 0, \quad \text{则} \boldsymbol{X} \in \boldsymbol{X}^- \end{cases} \tag{6-26}$$

在满足式（6-24）的条件下，最小化式（6-25）所得到的向量$\boldsymbol{W}^*$与构成最优分类超平面的向量之间的关系是

$$\boldsymbol{\phi}_0 = \frac{\boldsymbol{W}^*}{\|\boldsymbol{W}^*\|} \tag{6-27}$$

最优分类超平面与分类向量之间的间隔$\gamma_0$为

$$\gamma(\phi_0) = \sup \frac{1}{2}(c_1(\phi_0) - c_2(\phi_0)) = \frac{1}{\|\boldsymbol{W}^*\|} \tag{6-28}$$

因此，具有最小范数且满足约束式（6-24）的向量$\boldsymbol{W}^*$定义了最优分类超平面。

为了简化符号，将约束式（6-24）改写成如下形式：

$$y_i(<\boldsymbol{X}_i \cdot \boldsymbol{W}^*> + b^*) \geqslant 1, i = 1, 2, \cdots, N \tag{6-29}$$

因此，为了得到最优分类超平面，必须求解二次规则问题，在线性约束式（6-29）条件下最小化二次型。经典的求解方法是用 Lagrange 乘子法求解，Lagrange 方程为

$$L(\boldsymbol{W}, a, b) = \frac{1}{2}\|\boldsymbol{W}\|^2 - \sum_{i=1}^{N} \boldsymbol{a}_i \{y_i(<\boldsymbol{X}_i \cdot \boldsymbol{W}> + b) - 1\} \tag{6-30}$$

其中，$a_i \geqslant 0$为 Lagrange 乘子。对$W$和$b$求偏微分，得到如下条件：

$$\begin{cases} \dfrac{\partial L(W, a, b)}{\partial W} = W - \sum\limits_{i=1}^{N} y_i \boldsymbol{a}_i X_i = 0 \\ \dfrac{\partial L(W, a, b)}{\partial b} = -\sum\limits_{i=1}^{N} y_i \boldsymbol{a}_i = 0 \end{cases} \tag{6-31}$$

得到以下关系式：

$$\boldsymbol{W} = \sum_{i=1}^{N} y_i \boldsymbol{a}_i \boldsymbol{X}_i \tag{6-32}$$

$$0 = \sum_{i=1}^{N} y_i \boldsymbol{a}_i \tag{6-33}$$

将上式代入式（6-30），可得到：

$$\max H(\boldsymbol{a}) = \sum_{i=1}^{N} \boldsymbol{a}_i - \frac{1}{2}\sum_{i=1}^{N}\sum_{j=1}^{N} y_i y_j \boldsymbol{a}_i \boldsymbol{a}_j <\boldsymbol{X}_i \cdot \boldsymbol{X}_j> \tag{6-34}$$

因为上式只涉及向量$\boldsymbol{a}$的求解，因此把$L(W, a, b)$改成$H(\boldsymbol{a})$，此式也称为原问题的对偶问题。为了构造最优化超平面，在$\boldsymbol{a}_i \geqslant 0, i = 1, 2, \cdots, N$且满足式（6-33）条件下，对式（6-34）求解得到$\boldsymbol{a}_i^* \geqslant 0$，$i = 1, 2, \cdots, N$，代入式（6-32）可得到向量

$$W^* = \sum_{i=1}^{N} y_i \boldsymbol{a}_i^* \boldsymbol{X}_i \qquad (6\text{-}35)$$

在求解此优化问题中，Karush-Kuhn-Tuchker 互补条件提供了关于解结构的有用信息。根据 KKT 条件，最优解 $\boldsymbol{a}^*$ 必须满足

$$\boldsymbol{W}^* \boldsymbol{a}^* [y_i(<\boldsymbol{W}^* \cdot \boldsymbol{X}_i> + b^*) - 1] = 0,\ i = 1, 2, \cdots, N \qquad (6\text{-}36)$$

这意味着仅仅是函数间隔为 1 的样本向量 $\boldsymbol{X}_i$，也就是最靠近超平面的点对应的 $\boldsymbol{a}_i^*$ 非零，称这样的向量为支持向量。所有其他样本向量对应的 $\boldsymbol{a}_i^*$ 为零。因此，在计算权重向量的表达式（6-35）中，实际上只有这些支持向量包含在内。

最优解 $\boldsymbol{a}^*$ 和 $\boldsymbol{W}^*$ 可由二次规则算法求得。选取一个支持向量 $\boldsymbol{X}_i$，可求得

$$b^* = y_i - <\boldsymbol{X}_i \cdot \boldsymbol{W}^*> \qquad (6\text{-}37)$$

最优判别函数具有如下形式：

$$f(X) = \sum_{i=1}^{N} y_i \boldsymbol{a}_i^* <\boldsymbol{X}_i \cdot \boldsymbol{X}> + b^* \qquad (6\text{-}38)$$

2）支持向量机模型

前面介绍了线性可分的支持向量机最优超平面的求解，而对于线性不可分的分类问题，必须对最优化问题做一些改动。可以通过非线性变换把样本输入空间转化为某个高维空间中的线性问题，在高维空间中求线性最优分类超平面，这样的高维空间也称为特征空间或高维特征空间（Hilbert 空间）。这种变换可能比较复杂，且高维特征空间的转换函数也很难显式地表达出来，因此这种思路在一般情况下不易实现。但是可以注意到，在线性情况下的对偶问题中，不管化为寻优目标函数（6-34）还是判别函数（6-38），都只涉及训练样本之间的内积运算 $<\boldsymbol{X}_i \cdot \boldsymbol{X}_j>$。

假设有非线性映射 $\boldsymbol{\Phi}: R^n \to H$ 将输入空间的样本映射到高维（可能是无穷维）的特征空间 $H$ 中。当在特征空间 $H$ 中构造最优超平面时，训练算法仅使用空间中的点积，即 $<\boldsymbol{\Phi}(\boldsymbol{X}_i), \boldsymbol{\Phi}(\boldsymbol{X}_j)>$，而没有单独的 $\boldsymbol{\Phi}(\boldsymbol{X}_i)$ 出现。因此，如果能够找到一个函数 $k$ 使得 $k(\boldsymbol{X}_i, \boldsymbol{X}_j) = <\boldsymbol{\Phi}(\boldsymbol{X}_i), \boldsymbol{\Phi}(\boldsymbol{X}_j)>$，则在高维特征空间中实际上只需进行内积运算，而这种内积运算可以用输入空间中的某些特殊函数来实现，甚至没有必要知道变换 $\boldsymbol{\Phi}$ 的具体形式。这些特殊的函数 $k$ 称为核函数。只要核函数 $k(x_i, x_j)$ 满足 Mercer 条件，它就会对应某一变换空间中的内积。

此时，目标函数变为

$$\max H(\boldsymbol{a}) = \sum_{i=1}^{N} \boldsymbol{a}_i - \frac{1}{2} \sum_{i=1}^{N} \sum_{j=1}^{N} y_i y_j \boldsymbol{a}_i \boldsymbol{a}_j k(\boldsymbol{X}_i \cdot \boldsymbol{X}_j)$$

$$\text{subject to} \sum_{i=1}^{N} y_i \boldsymbol{a}_i = 0, \boldsymbol{a}_i \geqslant 0, i = 1, 2, \cdots, N$$

相应的判别函数变为

$$f(\boldsymbol{X}) = \sum_{i=1}^{N} y_i \boldsymbol{a}_i^* k(\boldsymbol{X}_i \cdot \boldsymbol{X}) + b^*$$

这就是支持向量机。

支持向量机利用输入空间的核函数取代了高维特征空间中的内积运算，解决了算法可能导致的“高维灾难”问题：在构造判别函数时，不是对输入空间的样本做非线性变换，然后在特征空间中求解；而是先在输入空间中比较向量（如求内积或某种距离），对结果再做非线性变换。这样，大的工作量将在输入空间而不是在高维特征空间中完成。

支持向量机判别函数形式上类似于一个神经网络，输出是 $M$ 个中间节点的线性组合，每个中间节点对应一个支持向量，如图 6-5 所示。

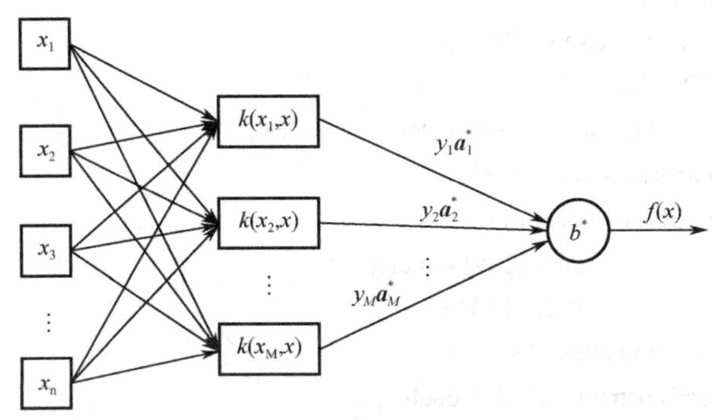


图 6-5　支持向量机的网络结构

3）特征空间与核函数

Mercer 定理将核解释为特征空间的内积，核函数的思想是将原本在高维特征空间中的计算，通过核函数在输入空间中完成，而无须知道高维变换的显式公式。为了避免高维灾难，许多学习算法都是通过“降维”的方式，将高维原始空间变换到较低维的特征空间的，这容易损失一些有用的特征，导致学习性能的下降；而基于核的方法却恰好相反，它将低维向量向高维映射，却不需要过多地考虑维数对学习机器性能的影响。核函数是支持向量机的重要组成部分。根据 Hilbert-Schmidt 定理，只要变换 $\Phi$ 满足 Mercy 条件，就可用于构建核函数，Mercy 条件如下：给定对称函数 $k(x,y)$ 和任意函数 $\varphi(x)\neq 0$，满足以下约束：

$$\begin{cases}\int_{-\infty}^{+\infty}\varphi^2(x)\mathrm{d}x<0\\ \iint_{-\infty}^{+\infty}k(x,y)\varphi(x)\varphi(y)\mathrm{d}x\mathrm{d}y>0\end{cases}$$

目前，常用的核函数主要有线性核函数、二次核函数、多项式核函数、径向基核函数、多层感知器等。

### 3．支持向量机的实现

MATLAB 中提供了相关函数 fitcsvm 来支持向量机；而 svmtrain 及 swmclassify 函数也可用于向量机的训练、分类，但这两个函数将会被替换。下面直接通过实例来演示这几个函数的用法。

**【例 6-6】** 利用 fitcsvm 函数对 MATLAB 内置的数据 fisheriris 进行支持向量机的模式识别。

```
>> clear all;
load fisheriris                                    %加载 Fisher 的虹膜数据集
```

```
%去除萼片的长度和宽度，以及所有观察到的海带虹膜
inds = ~strcmp(species,'setosa');
X = meas(inds,3:4);
y = species(inds);
%使用 SVM 分类器处理的数据集训练
SVMModel = fitcsvm(X,y)
SVMModel =
  ClassificationSVM
              ResponseName: 'Y'
     CategoricalPredictors: []
                ClassNames: {'versicolor'    'virginica'}
            ScoreTransform: 'none'
           NumObservations: 100
                     Alpha: [24×1 double]
                      Bias: -14.4149
          KernelParameters: [1×1 struct]
            BoxConstraints: [100×1 double]
           ConvergenceInfo: [1×1 struct]
           IsSupportVector: [100×1 logical]
                    Solver: 'SMO'
  Properties, Methods
>> %命令窗口中显示的 SVMModel 是经过训练的 ClassificationSVM 分类器和属性列表。
%显示 SVMModel 的属性，例如，通过使用点符号来确定类顺序
classOrder = SVMModel.ClassNames
classOrder =
  2×1 cell array
    'versicolor'
    'virginica'
>> %第一类（'versicolor'）是负面类，第二类（“virginica”）是积极的类
%可以通过使用'ClassNames'名称-值对参数在训练过程中更改类顺序
%绘制数据的散点图并循环支持向量
sv = SVMModel.SupportVectors;
figure
gscatter(X(:,1),X(:,2),y);
hold on
plot(sv(:,1),sv(:,2),'ko','MarkerSize',10);          %效果如图 6-6 所示
legend('versicolor','virginica','Support Vector');
```

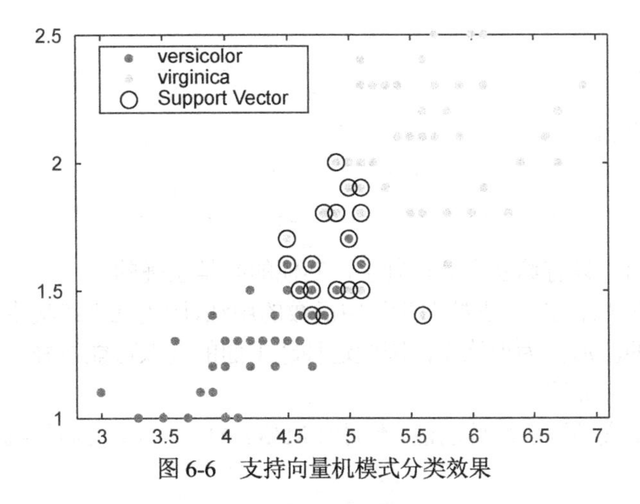

图 6-6　支持向量机模式分类效果

【例 6-7】 利用支持向量机方法对给定的数据进行模式识别。

```
>> clear;
N=10;
%下面的数据是实际项目中的训练样例（样例中有 8 个属性）
correctData=[0,0.2,0.8,0,0,0,2,2];
errorData_ReversePharse=[1,0.8,0.2,1,0,0,2,2];
errorData_CountLoss=[0.2,0.4,0.6,0.2,0,0,1,1];
errorData_X=[0.5,0.5,0.5,1,1,0,0,0];
errorData_Lower=[0.2,0,1,0.2,0,0,0,0];
errorData_Local_X=[0.2,0.2,0.8,0.4,0.4,0,0,0];
errorData_Z=[0.53,0.55,0.45,1,0,1,0,0];
errorData_High=[0.8,1,0,0.8,0,0,0,0];
errorData_CountBefore=[0.4,0.2,0.8,0.4,0,0,2,2];
errorData_Local_X1=[0.3,0.3,0.7,0.4,0.2,0,1,0]; sampleData=[correctData;errorData_
ReversePharse;errorData_CountLoss;errorData_X;...
errorData_Lower;errorData_Local_X;errorData_Z;errorData_High;...
errorData_CountBefore;errorData_Local_X1];%训练样例
type1=1;%正确的波形的类别，即第一组波形是正确的波形，类别号用 1 表示
%不正确的波形的类别，即第 2～10 组波形都是有故障的波形，类别号用-1 表示
type2=-ones(1,N-2);
groups=[type1 ,type2]'; %训练所需的类别号
j=1;
%由于没有测试数据，因此将错误的波形数据轮流从训练样例中取出作为测试样例
for i=2:10
    tempData=sampleData;
    tempData(i,:)=[];
     svmStruct = svmtrain(tempData,groups);
     species(j) = svmclassify(svmStruct,sampleData(i,:));
     j=j+1;
```

```
end
species
```

运行程序，输出如下：

```
species =
    -1    -1    -1    -1    -1    -1    -1    1    -1
```

从结果可以看出，只有第 9 个被误判了，其他的都是正确的。

此例中说明了 MATLAB 中支持向量机中函数的用法，因为在训练集中只用了一个正确的波形和九组有故障的波形作为训练集，因此这种超平面的选取可能不好。但是，在实际的项目中，是需要用到许多训练集的。

下面是使用自定义函数实现此功能，不调用 MATLAB 中的支持向量机的函数。代码如下：

```
>> clear all;
C = 10;
kertype = 'linear';
%训练样本
n = 50;
randn('state',6);          %可以保证每次产生的随机数一样
x1 = randn(2,n);           %2 行 N 列矩阵
y1 = ones(1,n);            %1*N 个 1
x2 = 5+randn(2,n);         %2*N 矩阵
y2 = -ones(1,n);           %1*N 个-1
figure;
plot(x1(1,:),x1(2,:),'bx',x2(1,:),x2(2,:),'k.');
axis([-3 8 -3 8]);
xlabel('x 轴');ylabel('y 轴');
hold on;
X = [x1,x2];
%训练样本 d*n 矩阵，n 为样本个数，d 为特征向量个数，此处的 X 为一个 2*100 的数组
Y = [y1,y2];
%训练目标 1*n 矩阵，n 为样本个数，值为+1 或-1，此处的 Y 为一个 1*100 的数组
svm = svmTrain(X,Y,kertype,C);
plot(svm.Xsv(1,:),svm.Xsv(2,:),'ro');
%测试
[x1,x2] = meshgrid(-2:0.05:7,-2:0.05:7);   %x1 和 x2 都是 181*181 的矩阵
[rows,cols] = size(x1);
nt = rows*cols;
Xt = [reshape(x1,1,nt);reshape(x2,1,nt)];
Yt = ones(1,nt);
result = svmTest(svm, Xt, Yt, kertype);
Yd = reshape(result.Y,rows,cols);
contour(x1,x2,Yd,'m');
```

运行程序，效果如图 6-7 所示。

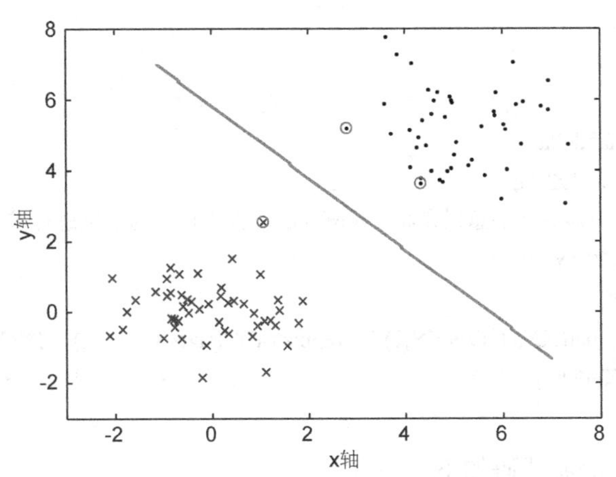


图 6-7 支持向量机的模式识别效果图

在以上代码中，调用到了自定义编写的几个函数，分别介绍如下。

训练集函数 svmTrain 的源代码如下：

```
function svm = svmTrain(X,Y,kertype,C)
options = optimset;                 % options 是用来控制算法的选项参数的向量
options.LargeScale = 'off';         %LargeScale 指大规模搜索，off 表示在规模搜索模式下关闭
options.Display = 'off';            %这样设置意味着没有输出
n = length(Y);                      %数组 Y 的长度
H = (Y'*Y).*kernel(X,X,kertype); %调用 kernel 函数
f = -ones(n,1); %f 为 1*n 个-1，f 相当于 Quadprog 函数中的 c
A = [];
b = [];
Aeq = Y;                                    %相当于 Quadprog 函数中的 A1、b1
beq = 0;
lb = zeros(n,1);                            %相当于 Quadprog 函数中的 LB、UB
ub = C*ones(n,1);
a0 = zeros(n,1);                            % a0 是解的初始近似值
[a,fval,eXitflag,output,lambda] = quadprog(H,f,A,b,Aeq,beq,lb,ub,a0,options);
epsilon = 1e-8;
sv_label = find(abs(a)>epsilon);            %0<a<a(max)认为 x 为支持向量
svm.a = a(sv_label);
svm.Xsv = X(:,sv_label);
svm.Ysv = Y(sv_label);
svm.svnum = length(sv_label);
```

核函数 kernel 的源代码如下：

```
function K = kernel(X,Y,type)
%X 维数*个数
switch type
```

```
    case 'linear'
        K = X'*Y;
    case 'rbf'
        delta = 5;
        delta = delta*delta;
        XX = sum(X'.*X',2);
    %sum(a,2)代码中参数 2 的意思是将 a 矩阵 a 的值按“行”为单位进行求和
        YY = sum(Y'.*Y',2);
        XY = X'*Y;
        K = abs(repmat(XX,[1 size(YY,1)]) + repmat(YY',[size(XX,1) 1]) - 2*XY);
        K = exp(-K./delta);
    end
```

测试函数 svmTest 的源代码如下：

```
function result = svmTest(svm, Xt, Yt, kertype)
temp = (svm.a'.*svm.Ysv)*kernel(svm.Xsv,svm.Xsv,kertype);
total_b = svm.Ysv-temp;
b = mean(total_b);
w = (svm.a'.*svm.Ysv)*kernel(svm.Xsv,Xt,kertype);
result.score = w + b;
Y = sign(w+b);
result.Y = Y;
result.accuracy = size(find(Y==Yt))/size(Yt);
```

**【例 6-8】** 该实例用于显示如何使用 fitcsvm 函数自动优化超参数，实例中使用了电离层数据。

```
>>clear all;
>> load ionosphere     %载入数据
>> rng default
Mdl = fitcsvm(X,Y,'OptimizeHyperparameters','auto',...
    'HyperparameterOptimizationOptions',struct('AcquisitionFunctionName',...
    'expected-improvement-plus'))
```

运行程序，输出如下，效果如图 6-8 和图 6-9 所示。

```
|==========================================================================================|
| Iter| Eval| Objective| Objective | BestSoFar  | BestSoFar | BoxConstrain-| KernelScale |
|     |result |         | runtime   | (observed) | (estim.)  |      t       |             |
|==========================================================================================|
| 1 |   Best | 0.12536 |    17.319 |   0.12536 |    0.12536 |      0.42371 |    0.006703 |
| 2 | Accept | 0.13675 |   0.21247 |   0.12536 |     0.1261 |      0.71122 |      4.9578 |
| 3 | Accept |  .21652 |    19.323 |   0.12536 |    0.12539 |       462.63 |    0.018515 |
| 4 | Accept | 0.35897 |   0.14441 |   0.12536 |    0.12539 |    0.0016958 |      247.22 |
| 5 | Accept | 0.35897 |   0.20845 |   0.12536 |    0.12538 |        0.135 |      132.56 |
```

```
| 6 | Accept |    0.2735 |    20.199 |  0.12536 |  0.12538 |      95.908 |      0.0023573 |
| 7 | Accept | 0.35897 |   0.14497 |   0.12536 |     0.12538 |   0.0069987 |       2.6816 |
| 8 | Accept |   0.12536 |   12.386 |   0.12536 |  0.12528 |         0.52847 |       0.014683 |
| 9 | Accept |   0.35897 |   0.10033 |   0.12536 |   0.12534 |      2.0474 |        879.61 |
| 10 | Accept | 0.12821 | 0.1605 |   0.12536 |       0.12534 |       1.7613 |        0.69491 |
|11 | Accept |   0.12821 |   0.13124 |   0.12536 |   0.12535 |    0.47128 |      0.43288 |
| 12 | Accept |   0.1567 |   19.178 | 0.12536 |      0.12536 |      0.04877 |    0.0010584 |
| 13 | Best   |   0.12251 |     5.6955 |   0.12251 |   0.12252 |      0.16279 |    0.016783 |
| 14 | Accept |   0.13105 |   0.40233 |     0.12251 |   0.12252 |       208.84 |      3.8431 |
| 15 | Accept |   0.1339 |   0.11033 |   0.12251 |   0.12252 |        19.339 |       3.7217 |
| 16 | Accept |   0.12821 |   0.10283 |   0.12251 |   0.12252 |        959.66 |          39.084 |
| 17 | Accept |   0.13105 |   0.55323 |   0.12251 |   0.12252 |    977.45 |        4.8142 |
| 18 | Accept |   0.35897 |   0.084188 |     0.12251 |   0.12251 |        992.08 |        952.45 |
|19 | Best    |   0.12251 |   0.095476 |   0.12251 |   0.12248 |       256.08 |      16.048 |
| 20 | Accept |   0.12821 |    0.12795 | 0.12251 |   0.12251 |          956.89 |          15.294 |
|=====================================================================================|
| Iter| Eval| Objective| Objective | BestSoFar    | BestSoFar | BoxConstrain-| KernelScale |
|     |result |              | runtime    | (observed)   |   (estim.)   |      t         |              |
|=====================================================================================|
| 21 | Accept | 0.12536 |    0.79661 |    0.12251 |    0.12251 |        0.79058 |         0.10722 |
| 22 | Accept |      0.12536 |        13.418 |      0.12251 |   0.12251 |       982.01 |      0.49936 |
| 23 | Accept |    0.13105 |    0.086198 |    0.12251 |    0.12252 |         2.0421 |          2.8928 |
| 24 | Accept |    0.12251 |       6.3993 |    0.12251 |    0.12252 |         90.994 |          0.33821 |
| 25 | Accept |    0.12536 |       1.0559 |    0.12251 |    0.12249 |   0.0010059 |        0.002966 |
| 26 | Best     |    0.11966 |     4.5254 |    0.11966 |    0.11966 |     0.013267 |      0.0058439 |
| 27 | Accept |    0.13675 |    0.19184 |    0.11966 |    0.11965 |     0.0010515 |    0.010737 |
| 28 | Accept |    0.12251 |       5.1861 |    0.11966 |    0.11965 |          9.2533 |         0.13956 |
| 29 | Accept |      0.12251 |      9.4148 |      0.11966 |    .1197 |   0.069371 |     0.006475 |
| 30 | Accept |    0.1339 | 0.082525 |    0.11966 |    0.1197 |          17.72 |          15.424 |

__________________________________________________________

Optimization completed.
MaxObjectiveEvaluations of 30 reached.
Total function evaluations: 30
Total elapsed time: 161.5934 seconds.
Total objective function evaluation time: 137.8359
Best observed feasible point:
    BoxConstraint      KernelScale
    _____________      ___________
      0.013267          0.0058439
Observed objective function value = 0.11966
Estimated objective function value = 0.1197
Function evaluation time = 4.5254
```

```
Best estimated feasible point (according to models):
    BoxConstraint    KernelScale
    _____________    ___________
    0.013267         0.0058439
Estimated objective function value = 0.1197
Estimated function evaluation time = 4.5153
Mdl =
  ClassificationSVM
                         ResponseName: 'Y'
                CategoricalPredictors: []
                           ClassNames: {'b'    'g'}
                       ScoreTransform: 'none'
                      NumObservations: 351
    HyperparameterOptimizationResults: [1×1 BayesianOptimization]
                                Alpha: [71×1 double]
                                 Bias: -20.5315
                     KernelParameters: [1×1 struct]
                       BoxConstraints: [351×1 double]
                      ConvergenceInfo: [1×1 struct]
                      IsSupportVector: [351×1 logical]
                               Solver: 'SMO'
  Properties, Methods
```

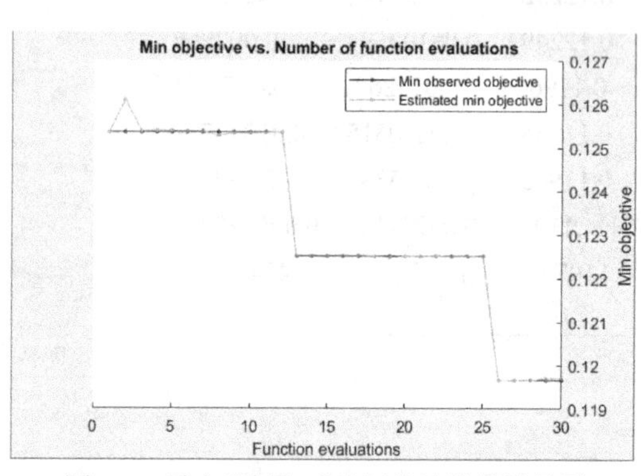


图 6-8　最小目标与功能评估的数量效果图

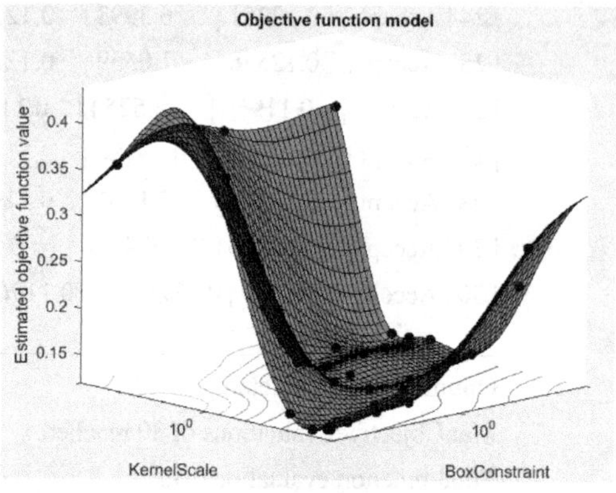


图 6-9　目标函数模型网格图

# 第 7 章　最优化的智能计算

在如今“优化”这个词汇日趋热门的时代，在发展宏观经济时讲究的是怎样实现资源的优化配置，在进行企业经营管理时要求的是怎样优化生产计划，在研究新产品的过程中强调的是怎样提升优化性价比。即使在日常生活中优化问题也比比皆是，在日常消费中，大家都期望能够以尽可能少的钱买到尽可能多且实用的东西，在安排出行时需要考虑怎样搭乘交通工具以寻求交通费和搭乘时间之间的平衡点，等等。最优化问题的来源十分广泛，涉及科学、工程、经济、军事、工业等领域。

（1）生产计划中，在有限的人力、机器、原材料和资金限制条件下，怎样安排生产，使生产成本达到最低？

（2）工程施工中，要铺设一条从 $A$ 地到 $B$ 地的输油管道，中间要经过 $n$ 个中间站，而对于每个中间站又有 $m_i$ 个可选方案，如果各个方案在不同两点间所需的经费已知，怎样选择一条最佳路线，使得总费用最低？

（3）金融投资中，怎样选择和设计证券组合或者投资项目组合，以便在可以接受的风险限度内获得尽可能大的投资回报？

（4）机械设计中，怎样在满足工作条件、载荷和工艺要求下，并在强度、刚度、使用寿命、尺寸范围及其他技术要求的限制条件下，寻找一组参数，以获得设计指标达到最优的设计方案？

（5）针对化学过程或者机械装置，怎样设计控制方案，才能既优化其性能，又能保证其鲁棒性？

（6）在电力分配中，由 $N$ 个火力发电厂 $0,1,\cdots,N-1$ 组成一个供电网，要求输出总负荷为 $S$，怎样分配每个发电厂的发电量，在满足每个电厂电量约束的条件下，使得总的生产消耗最小？

上述各类问题尽管限制条件与目标不同，但规划的目的就是使这些资源最大限度地发挥作用，也就是资源的最优利用问题。总而言之，所有类似的这种课题统称为最优化问题，研究解决这些问题的科学一般总称为最优化理论和方法。

## 7.1　最优问题的数学描述

最优化问题涉及的领域非常广泛，形式也千变万化，各自有不同的机理和解决方法，但是它们可以用统一的数学形式表达。简单来说，均可以转化为最小（或最大）化一个 $n$ 维变量 $x$ 的实函数 $f(x)$，其中对变量含有多种约束。一般情况下，最优化问题的数学模型可表达为

$$\begin{cases} \min f(x) \\ \text{s.t.} \quad \begin{matrix} h_i(x)=0, & i=1,2,\cdots,p;p<n \\ g_j(x)\leqslant 0, & j=1,2,\cdots,m \end{matrix} \end{cases}$$

要获得最优化问题的数学描述，就必须对最优化问题中的要素进行分析，通过对各要素的逐步推导和设计来实现最优化问题的数学建模。在最优化问题中，最重要的三要素为设计变量、目标函数和约束条件。

#### 1．设计变量

在优化设计过程中，都有一些可变的并且对优化目标有影响的变量，这些变量的数值在优化设计过程中是可以被调整和优选的，并且这些变量能够描述问题的结构特性，被称为设计变量（或决策变量）。在数学中把它们用由 $x_1,x_2,\cdots,x_n$ 一组数组成的向量 $\boldsymbol{x}$ 来表示，即

$$\boldsymbol{x}=[x_1,x_2,\cdots,x_n]$$

$n$ 是设计变量的个数，称为维数。对不同的问题选取变量的内容是不一样的，变量选取越多，求解的难度就越大。需要注意的是，能作为优化设计问题的设计变量不能与其他变量之间存在确定的数学关系，选取变量的原则是变量之间要线性独立。

在选择独立变量时，需要根据实际需求考虑如下几个问题。

（1）要区分变量中哪些是可变的，哪些是由已有条件决定的、不可控的，只有可变的参量才可以作为优化的元素，而凡是能由其他设计变量导出的量不能作为设计变量。

（2）建模时应当考虑所有影响系统运行的重要变量，将这些因素均加入到性能指标中，如果遗漏了某些独立变量，可能导致方案的次优解。

（3）在选择变量时应当分清主次，在考虑所有独立变量的过程中，挑选出关键的、对我们的需求（性能指标）有决定性影响的，而剔除那些次要的、琐碎的细节，适当地对优化进行简化。

#### 2．目标函数

优化设计的目的，就是要在所有可行的设计方案中找出一个最合适和满意的答案，因此优化设计首先要建立一个由各个设计变量组成的可以评价设计方案好坏程度的函数，称为目标函数，也称为评价函数。目标函数以设计变量为自变量，以所要达到的某种目标为因变量，按照一定的关系建立数学关系式，其数学表达式为

$$f(x)=f(x_1,x_2,\cdots,x_n)$$

目标函数的建立直接影响优化方案的质量和优化计算过程，所追求的目标根据实际需求可以是利润最大、效率最高、成本最低、控制精度最高、某项性能最优，等等。优化设计就是要使目标函数的值极大化或极小化，通常为 $\max f(x)$ 或者 $\min f(x)$ 。

#### 3．约束条件

优化过程中必须满足的限制条件称为约束条件。优化设计的约束一般可以分为边界约束和性能约束两大类。边界约束是指设计变量的取值范围，性能约束是指由于工作性能要求所提出的一些限制条件，如工程设计中齿轮的接触强度和弯曲强度条件等。优化设计的约束条件在数学上是关于设计变量的不等式或者等式约束函数。

不等式约束表达：　$g_j(x) \leqslant 0; j=1,2,\cdots,m$。

等式约束表达：$h_i(x)=0; i=1,2,\cdots,p$。

在等式约束中，一般满足 $p<n$，否则就失去了设计的自由度，问题就要转化为其他形式了。

## 7.2　线性规划智能计算

线性规划（Linear Programming，LP）是最优化理论和方法中的重要领域之一。人们在生产实践中，经常会涉及有限资源的最佳分配问题，从生产能力对产品的分配到国家资源对需求的分配，从生产计划的安排到物资的调运等。此类问题构成了最优化理论与方法中运筹学的一个分支——数学规则，而线性规划则是数学规划的一个重要组成部分，与理论上的完整性、方法上的有效性及应用上的广泛性，较运筹学的其他分支都成熟得多。同时，很多运筹学中的实际问题都可以转化为线性规划来解决。

利用向量或矩阵符号，线性规划问题用矩阵形式可表示为

$$\begin{cases} \max f = \boldsymbol{cx} \\ \text{s.t.} \begin{matrix} \boldsymbol{Ax}=\boldsymbol{b} \\ \boldsymbol{x} \geqslant 0 \end{matrix} \end{cases} \tag{7-1}$$

如果需要求解上述线性规划问题，实际上就是要求出向量 $\boldsymbol{x}=[x_1,x_2,\cdots,x_n]^{\mathrm{T}}$，使得其既能满足约束条件 $\boldsymbol{Ax}=\boldsymbol{b}$，又能满足 $\boldsymbol{x} \geqslant 0$，且能使目标函数 $f$ 达到最大。这个向量称为线性规划问题的求解。

当求解 $\boldsymbol{Ax}=\boldsymbol{b}$ 时，假设独立方程的个数为 $m$ 个，设计变量的维数为 $n$，根据线性代数的知识，如果 $m=n$，则方程有唯一解，无优化的自由度；如果 $m>n$，方程个数大于未知数的个数，则有些约束可能不能满足。上述两类问题不在我们探讨的范围内，即本书仅讨论 $m<n$ 的情况，在这个前提下，方程将有无穷多组解，直接从这无穷多组解中找出一个非负解使得目标函数取得最大值是很难的。下面将分步骤详细分析怎样获得这个线性规划问题的解。

### 1．基本解

可以证明，如果线性规划问题的解存在，则它必定是在满足 $\boldsymbol{Ax}=\boldsymbol{b}$ 的有限多个“基本解”中选出的，那么第一个任务就是找出满足方程 $\boldsymbol{Ax}=\boldsymbol{b}$ 的基本解。

在这个问题的探讨中，已知独立方程的个数为 $m$ 个，因此约束方程组 $\boldsymbol{Ax}=\boldsymbol{b}$ 的系数矩阵 $\boldsymbol{A}$ 的秩为 $m$，于是 $\boldsymbol{A}$ 中必有 $m$ 个列向量是线性无关的。不妨假设 $\boldsymbol{A}$ 中的前 $m$ 个列向量线性无关，则这 $m$ 个列向量可以构成矩阵 $\boldsymbol{A}$ 的 $m$ 阶奇异子矩阵，用矩阵 $\boldsymbol{B}$ 表示，如式（7-2）所示：

$$\boldsymbol{B}=\begin{bmatrix} a_{11} & a_{12} & \cdots & a_{1m} \\ a_{21} & a_{22} & \cdots & a_{2m} \\ \cdots & \cdots & \ddots & \cdots \\ a_{m1} & a_{m2} & \cdots & a_{mm} \end{bmatrix}=[\boldsymbol{P}_1 \quad \boldsymbol{P}_2 \quad \cdots \quad \boldsymbol{P}_m] \tag{7-2}$$

$\boldsymbol{B}=(\boldsymbol{P}_1 \quad \boldsymbol{P}_2 \quad \cdots \quad \boldsymbol{P}_m)$是一个$m$阶的满秩方阵，我们把这个满秩方阵$\boldsymbol{B}$称为线性规划问题的一个基矩阵，简称基。基矩阵$\boldsymbol{B}$的每一个列向量$\boldsymbol{P}_j(j=1,2,\cdots,m)$称为基向量，基向量所对应的设计变量称为基变量，记为

$$\boldsymbol{x}_{\boldsymbol{B}}=[x_1 \quad x_2 \quad \cdots \quad x_m]^{\mathrm{T}}$$

$\boldsymbol{A}$中其余$n-m$个列向量所构成的$m\times(n-m)$维矩阵称为非基矩阵，记为

$$\boldsymbol{N}=[\boldsymbol{P}_{m+1} \quad \boldsymbol{P}_{m+2} \quad \cdots \quad \boldsymbol{P}_n]^{\mathrm{T}}$$

非基矩阵$\boldsymbol{N}$的每一个列向量称为非基向量，非基向量所对应的设计变量称为非基变量，记为

$$\boldsymbol{x}_N=[x_{m+1} \quad x_{m+2} \quad \cdots \quad x_N]^{\mathrm{T}}$$

根据以上分析和转化，约束方程组$\boldsymbol{Ax}=b$可转化为如下形式：

$$[\boldsymbol{B} \quad \boldsymbol{N}]\begin{bmatrix} x_B \\ x_N \end{bmatrix}=b$$

也就是

$$\boldsymbol{Bx_B}+\boldsymbol{Nx_N}=b$$

由于$\boldsymbol{B}$为满秩方阵，因此$\boldsymbol{B}$的逆矩阵存在，为$\boldsymbol{B}^{-1}$，上式两边乘以$\boldsymbol{B}^{-1}$，可得

$$\boldsymbol{x_B}+\boldsymbol{B}^{-1}\boldsymbol{Nx}_N=\boldsymbol{B}^{-1}b$$

上式称为方程组$\boldsymbol{Ax}=b$的“典范式”，如果令非基变量$\boldsymbol{x}_N=0$，可得

$$\boldsymbol{x_B}=\boldsymbol{B}^{-1}b$$

因此式（7-3）成立。

$$\boldsymbol{x}=\begin{bmatrix} \boldsymbol{x_B} \\ \boldsymbol{x_N} \end{bmatrix}=\begin{bmatrix} \boldsymbol{B}^{-1}b \\ 0 \end{bmatrix} \tag{7-3}$$

式（7-3）称为约束方程组$\boldsymbol{Ax}=b$的一个基本解，一般来说，如果线性规划问题中有$n$个设计变量，在$\boldsymbol{Ax}=b$中有$m$个约束方程（$n>m$），则基本解的数量小于或等于$C_n^m$。

值得注意的是，基本解不是线性规划问题的解，而是仅满足约束方程组的解。

**2．可行解、可行域**

上面仅考虑约束方程组$\boldsymbol{Ax}=b$，下面进一步考虑线性规划问题的非负约束。我们称既满足约束方程组$\boldsymbol{Ax}=b$、又满足非负约束$x\geqslant 0$的解为线性规划问题的可行解，即可行解满足线性规划问题的所有约束。可行解的集合称为可行域，记为

$$D=\{\boldsymbol{X} \mid \boldsymbol{Ax}=b, x\geqslant 0\}$$

**3．基本可行解**

如果线性规划问题的基本解能够满足线性规则问题中的非负约束，即$\boldsymbol{x_B}-\boldsymbol{B}^{-1}b\geqslant 0$，则称该解为基本可行解，简称基可行解，称$\boldsymbol{B}$为可行基。基可行解的数量不会超过$C_n^m$个。显然，基本可行解一定是可行解，基可行解是可行域中一种特殊的解。

**4．最优解**

能使得线性规划问题的目标函数达到最大的可行解称为最优解。线性规划问题中的最优

解一定可以在基可行解中找到，而基可行解的数量是有限的，因此，就在理论上保证了可以在有限的步骤之内求出线性规划问题的最优解。

### 7.2.1 线性规划问题的求解

在这一节的内容中将介绍线性规划问题的求解方法，主要有图形解法和单纯形解法。图形解法主要应用于二维问题的求解，在此讲述图形解法的原因是让读者直观地了解线性规划问题的解的类型；在此基础上介绍单纯形算法，它也是 MATLAB 中采用算法的基础。

**1．图形解法**

**【例 7-1】** 用图解法求解如下二维线性规划问题。

$$\begin{cases} \max f = x_1 + x_2 \\ \qquad x_1 - 2x_2 \leqslant 4 \\ \text{s.t.} \quad x_1 + 2x_2 \leqslant 8 \\ \qquad x_1, x_2 \geqslant 0 \end{cases}$$

引入平面直角坐标系，以 $x_1$ 作为横轴，以 $x_2$ 作为纵轴，由于线性规则问题满足非负条件 $x_1, x_2 \geqslant 0$，因此问题的探讨局限在平面直角坐标系的第一象限。

分析约束条件 $x_1 - 2x_2 \leqslant 4$，取等式 $x_1 - 2x_2 = 4$，这是一条直线，如图 7-1 所示。这条直线将平面分成两个区域，其中直线上的点和直线以上的区域满足不等式 $x_1 - 2x_2 \leqslant 4$，为可行的区域；同样，对于约束条件 $x_1 + 2x_2 \leqslant 8$，取等式 $x_1 + 2x_2 = 8$ 作一条直线。由图 7-1 可见，直线上的点和直线以下的区域为满足不等式 $x_1 + 2x_2 \leqslant 8$ 的可行区域。同时，问题的讨论局限在第一象限，因而可以根据以上分析得出该线性规划问题的可行区域，即两条直线的可行区域在第一象限的部分。由图 7-1 可以看出，假设平面直角坐标系的原点为 $O$，直线 $x_1 - 2x_2 = 4$ 与 $x_1$ 轴的交点为 $A$，直线 $x_1 + 2x_2 = 8$ 与 $x_2$ 轴的交点为 $B$，两条直线的交点为 $C$，则该问题的可行域为四边形 $ACBO$ 内的区域（包括边界上的点），在图中用阴影表示出来。该区域即线性规划的可行域，该可行域中的每一个点可以看做线性规划问题的一个可行解，均满足线性规划问题的约束条件。

在找到了线性规划问题的可行域后，为了找到线性规划问题的最优解，可分析目标函数 $f = x_1 + x_2$，可以将其改写为 $x_2 = -x_1 + f$，会发现改写后的方程是以 $f$ 为参量、以−1 为斜率的一簇平行的直线，此时可以令目标函数 $f$ 的值等于一系列的常数，作出目标函数的等值线。例如，如果取 $f_1 = 3$，则有 $x_2 = -x_1 + f_1 = -x_1 + 3$，如图 7-1 所示。按照类似的方法，可以作出一系列的平行线，在作直线的过程中可以发现，这些平行线越向右上方移动，离原点越远，对应的目标函数值就越大。但是平行线不能无限远离原点，因为问题还受到可行域的限制，当直线运动到点 $C$ 时，不能继续向上移动，否则将脱离线性规划问题的可行域，因此线性规划问题在点 $C$ 达到最大值，此时的直线在图 7-1 上表示为 $f_2 = x_1 + x_2$，即 $x_2 = -x_1 + 7$，此时有 $x_1$=6，$x_2 = 1$，目标函数的值为 $f_2 = 7$。同时，进一步总结可看出，该线性规划问题的可行域为 $ACBO$ 包围成的凸四边形，且目标函数的极值在凸四边形的顶点处取得。

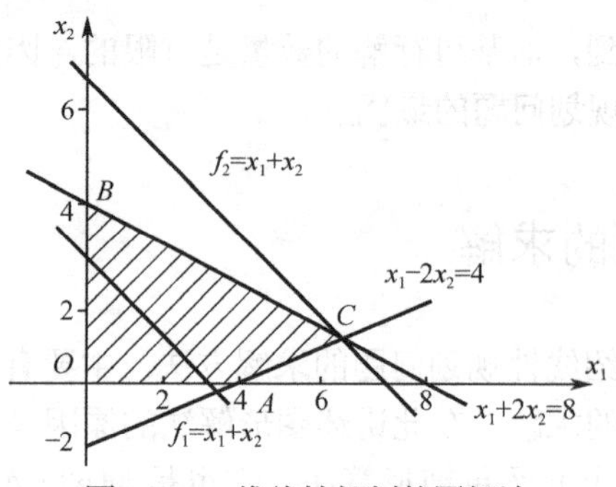


图 7-1　二维线性规划的图解法

在上面的问题中，求得的最优解是唯一的，但是在不同的目标函数和约束条件下，线性规划问题的可行域还可能出现其他的情况。例如，$R$可能是空集也可能是非空集合，当$R$非空时，$R$既可能是有界区域，也可能是无界区域。在$R$非空时，线性规划既可以存在有限最优解，也可以不存在有限最优解，即线性规划问题的目标函数值无界。当$R$非空且线性规划问题有有限最优解时，最优解可以唯一或有无穷多个。

**2．单纯形法**

当线性规划的决策变量只有两个时，可以用图解法求解，但是一般线性规划问题常用单纯形法求解。

对于标准形式的线性规划问题：

$$\min f(x)=\boldsymbol{c}^{\mathrm{T}}x$$

$$\text{s.t.}\begin{cases}\boldsymbol{Ax}\leqslant b\\ \boldsymbol{x}\geqslant 0\end{cases}$$

如果有有限最优值，则目标函数的最优值必在某一基本可行解处达到，因此要在基本可行解中寻找最优解。这就使我们有可能用穷举法来求得线性规划问题的最优解，但当变量很多时计算量很大，有时行不通。单纯形法的基本思想就是先找到一个基本可行解，检验是否为最优解或判断问题无解。否则，再转换到另一个使目标函数值减小的基可行解上，重复上述过程，直到求到问题的最优解或指出问题无解为止。

设找到初始基本可行解$\boldsymbol{x}^*$，可行基为$\boldsymbol{B}$，非基矩阵为$\boldsymbol{N}$，即可写$\boldsymbol{A}=(\boldsymbol{B},\boldsymbol{N})$。于是$\boldsymbol{x}^*=\begin{pmatrix}\boldsymbol{B}^{-1}b\\0\end{pmatrix}=\begin{pmatrix}b^*\\0\end{pmatrix}$。相应地，目标函数值为$f^*=\boldsymbol{cx}^*=(\boldsymbol{c_B},\boldsymbol{c_N})\begin{pmatrix}b^*\\0\end{pmatrix}=\boldsymbol{c_B}b^*$，其中$\boldsymbol{c_B}$是$\boldsymbol{c}$中与基变量$\boldsymbol{x_B}$对应的分量组成的$m$维行向量。

再设任意可行解$\boldsymbol{x}=\begin{pmatrix}\boldsymbol{x_B}\\\boldsymbol{x_N}\end{pmatrix}$，由$\boldsymbol{Ax}=b$得

$$\boldsymbol{x_B}=\boldsymbol{B}^{-1}b-\boldsymbol{B}^{-1}\boldsymbol{N}\boldsymbol{x_N}=b^*-\boldsymbol{B}^{-1}\boldsymbol{N}\boldsymbol{x_N}$$

相应的目标函数值为

$$f=\boldsymbol{c}\boldsymbol{x}=\boldsymbol{c_B}b^*-(\boldsymbol{c_B}\boldsymbol{B}^{-1}\boldsymbol{N}-\boldsymbol{c_N})\boldsymbol{x_N}$$

若记$\boldsymbol{A}=(a_1,a_2,\cdots,a_n)$，则有

$$f-f^*-\sum_{j\in \boldsymbol{N}_B}(\boldsymbol{c}_B\boldsymbol{B}^{-1}a_j-c_j)x_j$$

其中，$\boldsymbol{N}_B$ 为非基变量的指标集。记

$$z_j-c_j=\boldsymbol{c}_B\boldsymbol{B}^{-1}a_j-c_j$$

为检验数，于是有

$$f-f^*-\sum_{j\in \boldsymbol{N}_B}(z_j-c_j)x_j$$

变换后的问题为

$$\begin{cases}\min f(x)=f^*-\sum_{j\in \boldsymbol{N}_B}(z_j-c_j)x_j \\ \quad \boldsymbol{x}_B+\boldsymbol{B}^{-1}\boldsymbol{N}\boldsymbol{x}_N\leqslant b^* \\ \text{s.t.}\ \ x_j\geqslant 0\end{cases} \tag{7-2}$$

其中，$f^*$ 为基本可行解 $x^*$ 所对应的目标函数值。

若基本可行解的所有基变量都取正值，则称它为非退化的；若有取零值的基变量，则称它为退化的。称所有基本可行解非退化的线性规划为非退化的。

对于非退化的线性规划（7-2），有下列结论。

（1）如果所有 $z_j-c_j\leqslant 0$，则 $x^*$ 为最优解，记为 $x^*$。

（2）如果 $z_k-c_k>0$，$k\in \boldsymbol{N}_B$，且相应的 $\boldsymbol{B}^{-1}a_k\leqslant 0$，则无有界最优解。

（3）如果 $z_k-c_k>0$，$k\in \boldsymbol{N}_B$，且 $a_k^*=\boldsymbol{B}^{-1}a_k$ 至少有一个正分量，则能找到基本可行解 $\hat{x}$，使目标数值下降，有 $\boldsymbol{c}\hat{x}<\boldsymbol{c}x^*$。

对于标准形式的线性规划问题，单纯形算法如下。

（1）找初始可行基 $\boldsymbol{B}$ 和初始基本可行解。

（2）求出 $\boldsymbol{x}_B=\boldsymbol{B}^{-1}b=b^*$，计算目标函数值 $f=\boldsymbol{c}_B\boldsymbol{x}_B$。

（3）计算检验数 $z_j-c_j$，$j=1,2,\cdots,n$，并按

$$z_k-c_k=\max\{z_j-c_j\mid j=1,2,\cdots,n\}$$

确定下标 $k$，取 $x_k$ 为进基变量。

（4）如果 $z_k-c_k\leqslant 0$，则停止，此时基本可行解 $\boldsymbol{x}=\begin{pmatrix}\boldsymbol{x}_B\\ \boldsymbol{x}_N\end{pmatrix}=\begin{pmatrix}b^*\\ 0\end{pmatrix}$ 是最优解，目标函数最大值为 $f=\boldsymbol{c}_B b^*$；否则，执行下一步。

（5）计算 $a_k^*=\boldsymbol{B}^{-1}a_k$，若 $a_k^*\leqslant 0$，则停止。此时问题无有界解；否则执行下一步。

（6）求最小比

$$\frac{b_r^*}{a_{rk}^*}=\min\left\{\frac{b_i^*}{a_{ik}^*}\mid a_{ik}^*>0\right\}$$

确定下标 $r$，取 $x_{B_r}$ 为离基变量。

（7）以 $a_k$ 代替 $a_{B_r}$ 得到新基，并令 $x_k=\dfrac{b_r^*}{a_{rk}^*}$，再返回步骤（2）。

**3．修正单纯形法**

在单纯形算法中，每步都需要计算基矩阵 $\boldsymbol{B}$ 的逆，而逆矩阵的计算是很花时间的。修正单纯形法通过对旧的矩阵 $\boldsymbol{B}$ 的逆做行变换，来得到新的矩阵 $\boldsymbol{B}$ 的逆，因此只需要在迭代的初始计算矩阵 $\boldsymbol{B}$ 的逆，然后通过行变换来求逆，这样就缩短了求解时间。

修正单纯形法的思想是计算出下式后

$$\frac{\overline{b_s}}{y_{sk}}=\min\left(\frac{\overline{b_i}}{y_{ik}}\mid y_{ik}>0\right)$$

再对原来的 $\boldsymbol{B}^{-1}$ 做如下行变换，设 $\boldsymbol{B}^{-1}=[\tilde{b}_{ij}]$，令

$$\tilde{b}_{ij}=\tilde{b}_{ij}-\frac{y_{ik}}{y_{sk}}\tilde{b}_{sj},i\neq s$$

$$\tilde{b}_{sj}=\frac{\tilde{b}_{sj}}{y_{sk}}$$

这样即可得到新的逆矩阵。

## 7.2.2 线性规划的智能计算的实现

MATLAB 中提供了相关函数用于求解线性规划问题，在此直接通过实际的应用来演示这些函数的用法。

**【例 7-2】**（投资选择问题）某投资者有 50 万元资金可用于长期投资，可供选择的投资品种包括购买国债、公司债券、股票、银行储蓄与投资房地产。各种投资方式的投资期限、年收益率、风险系数、增长潜力的具体参数如表 7-1 所示。若投资者希望投资组合的平均年限不超过 5 年，平均的期望收益率不低于 12.5%，风险系数不超过 3.5，收益的增长潜力不低于 10%。问在满足上述要求的条件下，投资者该如何进行组合投资选择以使平均年收益率达到最高？

**表 7-1 各种投资方式的投资期限、年收益率、风险系数、增长潜力**

| 序　号 | 投资方式 | 投资年限/年 | 年收益率（%） | 风险系数 | 增长潜力（%） |
|---|---|---|---|---|---|
| 1 | 国债 | 3 | 11 | 1 | 0 |
| 2 | 公司债券 | 8 | 14 | 3 | 16 |
| 3 | 房地产 | 5 | 21 | 9 | 30 |
| 4 | 股票 | 3 | 24 | 8 | 24 |
| 5 | 短期储蓄 | 1 | 6 | 0.5 | 2 |
| 6 | 长期储蓄 | 4 | 15 | 1.5 | 4 |

首先，建立目标函数。设决策变量为 $x_1,x_2,x_3,x_4,x_5,x_6$，其中 $x_i$ 为第 $i$ 种投资方式在总投资中占的比例，由于决策的目标是使投资组合的平均年收益率最高，因此目标函数为

$$\max f(x)=11x_1+14x_2+21x_3+24x_4+6x_5+15x_6$$

其次，根据题意建立约束条件，即

$$\text{s.t.}\begin{cases}3x_1+8x_2+5x_3+3x_4+x_5+4x_6\leqslant 5\\ 11x_1+14x_2+21x_3+24x_4+6x_5+15x_6\geqslant 12.5\\ x_1+3x_2+9x_3+8x_4+0.5x_5+1.5x_6\leqslant 3.5\\ 16x_2+30x_3+24x_4+2x_5+4x_6\geqslant 10\\ x_1+x_2+x_3+x_4+x_5+x_6=1\\ x_1,x_2,x_3,x_4,x_5,x_6\geqslant 0\end{cases}$$

即其数学模型为

$$\max f(x)=11x_1+14x_2+21x_3+24x_4+6x_5+15x_6$$

$$\text{s.t.}\begin{cases}3x_1+8x_2+5x_3+3x_4+x_5+4x_6\leqslant 5\\ 11x_1+14x_2+21x_3+24x_4+6x_5+15x_6\geqslant 12.5\\ x_1+3x_2+9x_3+8x_4+0.5x_5+1.5x_6\leqslant 3.5\\ 16x_2+30x_3+24x_4+2x_5+4x_6\geqslant 10\\ x_1+x_2+x_3+x_4+x_5+x_6=1\\ x_1,x_2,x_3,x_4,x_5,x_6\geqslant 0\end{cases}$$

最后，根据 linprog 函数的要求将数学模型改为

$$\min f(x)=-11x_1-14x_2-21x_3-24x_4-6x_5-15x_6$$

$$\text{s.t.}\begin{cases}3x_1+8x_2+5x_3+3x_4+x_5+4x_6\leqslant 5\\ -11x_1-14x_2-21x_3-24x_4-6x_5-15x_6\leqslant -12.5\\ x_1+3x_2+9x_3+8x_4+0.5x_5+1.5x_6\leqslant 3.5\\ -16x_2-30x_3-24x_4-2x_5-4x_6\leqslant -10\\ x_1+x_2+x_3+x_4+x_5+x_6=1\\ x_1,x_2,x_3,x_4,x_5,x_6\geqslant 0\end{cases}$$

其 MATLAB 代码如下：

```
>> clear all;
c=[-11 -14 -21 -24 -6 -15];
A=[3 8 5 3 1 4;-11 -14 -21 -24 -6 -15;1 3 9 8 0.5 1.5;0 -16 -30 -24 -2 -4];
b=[5 -12.5 3.5 -10]';
lb=zeros(6,1);
Aeq=ones(1,6);
beq=1;
[x,fval]=linprog(c,A,b,Aeq,beq,lb)
```

运行程序，输出如下：

```
Optimization terminated.
x =
    0.0000
    0.0000
    0.0000
```

```
        0.3077
        0.0000
        0.6923
fval =
    -17.7692
```

运行结果表明，投资组合选择的决策是长期储蓄占投资总额的 69.23%，股票投资占总额的 30.77%。其年收益为 17.7692 万元。

【例 7-3】（运输问题）设有两个建材厂 $C_1$ 和 $C_2$，每年沙石的产量分别为 35 万吨和 55 万吨，这些沙石需要供应到 $W_1$、$W_2$ 和 $W_3$ 三个建筑工地，每年建筑工地对沙石的需求量分别为 26 万吨、35 万吨和 26 万吨，各建材厂到建筑工地之间的运费（万元/万吨）如表 7-2 所示，问应当怎么调运才能使总运费最少？

表 7-2　建材厂到建筑工地之间的运费

| 分配量（万吨）/ 工地 / 建材厂 | $W_1$ | $W_2$ | $W_3$ |
|---|---|---|---|
| $C_1$ | 10 | 12 | 9 |
| $C_2$ | 8 | 11 | 13 |

假设 $x_{ij}$ 代表建材厂 $C_i$ 运往建筑工地 $W_j$ 的数量（万吨），则各建材厂和工地之间的运送分配方案可用表 7-3 来表示。

表 7-3　建材运送分配方案

| 分配量（万吨）/ 工地 / 建材厂 | $W_1$ | $W_2$ | $W_3$ | 输出总量 |
|---|---|---|---|---|
| $C_1$ | $x_{11}$ | $x_{12}$ | $x_{13}$ | 35 |
| $C_2$ | $x_{21}$ | $x_{22}$ | $x_{23}$ | 35 |
| 接收总量 | 26 | 38 | 26 | 90 |

即总运费为 $f=10x_{11}+12x_{12}+9x_{13}+8x_{21}+11x_{22}+13x_{23}$。

因此，整个运输问题可写成如下形式：

$$\min f=10x_{11}+12x_{12}+9x_{13}+8x_{21}+11x_{22}+13x_{23}$$

$$\text{s.t.}\begin{cases}x_{11}+x_{12}+x_{13}=35\\x_{21}+x_{22}+x_{23}=55\\x_{11}+x_{21}=26\\x_{12}+x_{22}=38\\x_{13}+x_{23}=26\\x_{ij}\geqslant 0(i=1,2;\ j=1,2,3)\end{cases}$$

也就是求满足约束条件的设计变量 $x_{ij}$ 的值，使总运费 $f$ 最小。

调用 linprog 函数求解线性规划问题，代码如下：

```
>> clear all;
%目标函数
c=[10 12 9 8 11 13]';
%线性等式约束
Aeq=[1 1 1 0 0 0;0 0 0 1 1 1;1 0 0 1 0 0;0 1 0 0 1 0;0 0 1 0 0 1];
beq=[35 55 26 38 26];
%设置变量的边界约束，无上界约束
lb=[0 0 0 0 0 0]';
ub=[inf inf inf inf inf inf]';
%求最优解 x 和目标函数值 fval，由于无等式约束，因此设置 A=[],b=[]
[x,fval,exitflag]=linprog(c,[],[],Aeq,beq,lb,ub)
```

运行程序，输出如下：

```
Optimization terminated.
x =        %最优解向量 x
    0.0000
    9.0000
   26.0000
   26.0000
   29.0000
    0.0000
fval =          %最优解向量 x 处的目标函数值
  869.0000
exitflag =
     1
```

## 7.3　整数规划智能计算

整数规划（Integer Programming，IP）是在 1958 年由 R. E. Gomory 提出割平面法之后形成独立分支的。之后在该领域虽然也发展出很多解决此类问题的方法，如目前比较成功又流行的分枝定界法和割平面法。但它仍是数学规划中稍弱的一个分支，目前的方法仅适合解中等规模的整数线性规划问题使用。

整数规划问题根据对设计变量的取值要求的不同可以分为如下几类。

（1）纯整数规划——全部设计变量均取整数。

（2）混合整数规划——部分设计变量取整数。

（3）0-1 规划——设计变量仅取 0 或 1 两个值。

## 7.3.1 整数规划的数学模型

现实中许多具体问题都和整数密切相关，此时就必须用整数规划来表达。事实上，在设计变量的取值比较大时，整数规划的问题可以用线性规划来近似描述。对应地，在设计变量取值较小时，实际问题就必须用整数规划描述，如每年仅造几艘战舰的生产计划安排问题等。

### 1．整数规划智能计算的数学模型

在整数规划中有许多典型的问题，如分派问题、旅行商问题、下料问题等，这些问题均可归结为如下一般形式：

$$\begin{cases} \max f = \boldsymbol{cx} \\ \text{s.t.} \quad \begin{matrix} \boldsymbol{Ax} = \boldsymbol{b} \\ \boldsymbol{x} \geqslant 0 \end{matrix} \end{cases} \tag{7-3}$$

上述形式是依照线性规划中的标准型给出的，其中设计变量 $\boldsymbol{x}$ 为 $n$ 维的列向量，$\boldsymbol{c}$ 为 $n$ 维的行向量，$\boldsymbol{A}$ 为 $m \times n$ 的矩阵，且 $\boldsymbol{A}$ 行满秩，$\boldsymbol{b}$ 为 $m$ 维列向量。

在式（7-3）中，$f = \boldsymbol{cx}$ 可以是最大化也可以是最小化；对于约束 $\boldsymbol{Ax} = \boldsymbol{b}$，可以是等式的形式也可以是不等式的形式。对于对设计变量的约束 $\boldsymbol{x} \geqslant 0$，如果要求 $\boldsymbol{x}$ 全部分量为整数，则为纯整数规划；如果要求 $\boldsymbol{x}$ 的部分分量为整数，则为混合整数规则；如果要求 $\boldsymbol{x}$ 分量的取值只能为 0 和 1，则为 0-1 规划。

### 2．整数规划的求解

在对整数规划进行求解前，为了掌握利用分解技术求解此类问题的思想，下面先给出如下几个有关概念。

#### 1）分解

对于任何整数规划问题 $P$，令 $F(P)$ 表示 $P$ 的可行域。对于问题 $P$ 的子问题 $P_1,\cdots,P_m$，如果满足条件 $\bigcup_{i=1}^{m} F(P_i) = F(P)$，$F(P_i) \cap F(P_j) = \phi (1 \leqslant i \leqslant m, 1 \leqslant j \leqslant m, i \neq j)$，则称 $P$ 问题被分解成为子问题 $P_1,\cdots,P_m$ 之和。

最常用的分解方法就是两分法，例如，如果 $x_j$ 为 $P$ 的 0-1 变量，则问题 $P$ 可以按照条件 $x_j = 0$ 和 $x_j = 1$ 分解为两个问题之和。

#### 2）松弛

对于任何整数规划问题，凡是放弃 $P$ 的某些约束条件后所得到的问题 $Q$ 都称为 $P$ 的松弛问题。最常用的松弛方式是放弃设计变量的整数约束，如果 $P$ 是一个整数规划，则 $Q$ 是一个线性规划。

由于对于 $P$ 的任何松弛问题 $Q$，都有 $F(P) \subset F(Q)$，因此问题 $P$ 与其松弛问题 $Q$ 之间的关系如下。

① 如果 $Q$ 没有可行解，则 $P$ 也没有可行解。

② 对于最大化的目标函数而言，$P$ 的最大值小于或者等于 $Q$ 的最大值了对于最小化的目标函数而言，$P$ 的最小值大于或等于 $Q$ 的最小值。

③ 如果 $Q$ 的一个最优解 $x$ 也是 $P$ 的一个最优解。

3）探测

假设按照某种规则，已经将问题 $P$ 分解为子问题 $P_1,\cdots,P_m$ 之和，$P_i$ 对应的松弛问题为 $Q_i$，且问题需要最大化目标函数，则有如下结论。

① 如果 $Q_i$ 没有可行解，则 $P_i$ 也无可行解，因此可将 $P_i$ 从 $P$ 的分解表上删除。

② 假设已知 $P$ 的一个可行解 $x^*$，其对应的目标函数值为 $f^*$，如果 $Q_i$ 的目标函数的最大值小于或等于 $f^*$，则说明 $P_i$ 中没有比 $x^*$ 更好的可行解，因此可将 $P_i$ 从 $P$ 的分解表上删除。

③ 如果已得 $Q_i$ 的最优解的可行解，则已求得 $P_i$ 的最优解，因此无须进一步考虑 $P_i$，可从表上删除，如果 $P_i$ 的最优解比 $x^*$ 好，则以 $P_i$ 的最优解代替 $x^*$。

④ 如果分解表上各个 $Q_i$ 的目标函数值均不大于 $x^*$，则 $x^*$ 便是 $P$ 的一个最优解。

第①条通常被称为可行性探测，后面三条称为最优性探测。

按照上述分析，求解一个整数规划的最优解为 $P$ 的可行解，其也是 $P$ 的最优解。如果 $Q$ 无可行解，则 $P$ 也无可行解，如果 $Q$ 的最优解为 $P$ 的可行解，则其也是 $P$ 的最优解。如果 $Q$ 的最优解不是 $P$ 的可行解，则要么以一种更好的方式确定松弛问题 $Q$，继续探测 $P$，要么将 $P$ 分解成几个子问题之和，然后逐个探测，当某个子问题已被探明时，就从表中删除，否则继续对子问题进行分解。

求解 ILP 问题时，如果可行域是有界的，则理论上是可以用穷举法求解，对于变量不太多时此法可行，当变量很多时这种穷举法往往是行不通的。

分枝定界法是 20 世纪 60 年代初由 Land、Doig 和 Dakin 等人提出的可用于求解纯整数或混合整数线性规划问题的算法。分枝定界法比穷举法优越，它仅在一部分可行解的整数解中寻求最优解，计算量比穷举法小。当然，若变量数目很大，其计算工作量也是相当可观的。

分枝定界法求解整数规划（最小化）问题的步骤如下。

初始，将要求解的整数规划问题称为 IL，将与它相应的线性规划问题称为问题 L。

（1）解问题 L，可能得到以下情况之一。

① L 没有可行解，这时 IL 也没有可行解，则停止。

② L 有最优解，并且解变量都是整数，因而它也是 IL 的最优解，停止。

③ L 有最优解，但不符合 IL 中的整数条件，此时记它的目标函数值为 $f_0$。

此时如果记 $f$ 为 IL 的最优目标函数值，则必有 $f \geqslant f_0$。

（2）迭代。

① 分枝：在 L 的最优解中任选一个不符合整数条件的变量 $x_j$，设其值为 $l_j$，构造两个约束条件：$x_j \leqslant [l_j]$ 和 $x_j \geqslant [l_j]+1$，将这两个条件分别加入问题 $L$，将 $L$ 分成两个后继问题 $L_1$ 和 $L_2$。不考虑整数条件要求，求解 $L_1$ 和 $L_2$。

② 边界。以每个后继子问题为一分枝并标明求解的结果，与其他问题的解的结果一样，找出最优目标函数值最小者作为新的下界，替换 $f_0$，从已符合整数条件的各分枝中，找出目

标函数值最小者作为新的上界 $f^*$，即有 $f^* \geqslant f \geqslant f_0$。

③ 比较与剪枝。各分枝的最优目标函数中若有大于 $f^*$ 者，则剪掉这一枝（即这一枝所代表的子问题已无继续分解的必要）；如果小于 $f^*$，且不符合整数条件，则重复步骤①，一直到最后得到最优目标函数值 $f = f^*$ 为止，从而得到最优整数解 $x_j^*, j = 1,2,\cdots,n$。

如果选择分枝的节点和分枝变量对分枝定界法的搜索效率有着显著的影响，则一般有如下方法可供选择。

（1）分枝节点的方法。

① 深度优先搜索：先选择最后的还没有求解过的子问题并剪去那些目标函数值小于新下界的子问题。在搜索的过程中，如果某子节点的上界小于当前原问题的某一可行解的值，则将该子节点删除不再进行分枝。该方法可以较早实现剪枝的过程，能很快搜索到分枝树的较底层并找到一个整数解，且存储空间小，缺点是未顾及其他分枝，找到的整数解的质量未必高。

② 广度优先搜索：始终选择最大目标函数值的子问题继续向下分枝，在搜索的过程中，如果某子节点的上界小于当前原问题的某一可行解的值，则将该子节点删除不再进行分枝。因为它每次都以最大上界的子问题进行处理，因此用该搜索方法找到整数解的质量较高，缺点是该方法要在整个分枝树上搜索，因此存储空间比深度优先搜索大，求解时间也较长。

③ 预估法：利用一些先验知识和相关技巧预先估计还未求解过的子问题的最好可能整数解，并选择最好预估值的子问题向下分枝，该方法是上述两种方法的折中选择。

（2）分枝变量的选择。

① 选择目标函数中对应系数绝对值最大的设计变量进行分枝。

② 选择与整数值相差最大整数变量进行分枝。

③ 按人为给定的顺序选择。

综合以上分析，可以描述分枝定界法的算法如下。

步骤 1：求 $P$ 的松弛线性规划问题 $Q$，如果 $Q$ 无可行解，则 $P$ 也无可行解，算法结束；如果其最优解符合整数条件，则找到最优解，算法结束，如果不满足，则转到步骤 3 中的②。

步骤 2：按照分枝节点和分枝变量的原则选择不符合整数约束条件的设计变量 $x_i = b_i$，令 $[b_i]$ 为 $b_i$ 的整数部分（向下取整），构造两个互斥的约束条件 $x_i \leqslant [b_i]$ 和 $x_i \geqslant [b_i]+1$，形成两个整数规划子问题 $P_1$ 和 $P_2$，转到步骤 3。

步骤 3：求解 $P_1$ 和 $P_2$ 的松弛线性规划问题 $Q_1$ 和 $Q_2$，根据如下情况进一步求解。

① $Q_1$ 无可行解，$Q_2$ 无可行解，则整数规划 $P$ 无可行解，算法结束；

② $Q_1$ 无可行解，$Q_2$ 有整数解，则该解为 $P$ 的最优解，算法结束；

③ $Q_1$ 无可行解，$Q_2$ 有非整数解，则对 $Q_2$ 进行分枝，转到步骤 2；

④ $Q_1$ 有整数解，$Q_2$ 有整数解，则较优的一个为 $P$ 的最优解，算法结束；

⑤ $Q_1$ 有整数解且目标函数值优于 $Q_2$，$Q_2$ 有非整数解，则 $Q_1$ 的整数解为 $P$ 的最优解；

⑥ $Q_1$ 有整数解，$Q_2$ 也有非整数解且目标函数值优于 $Q_1$，则 $Q_1$ 停止分枝，其整数解为新的界，对 $Q_2$ 转到步骤 2；

⑦ $Q_1$ 无整数解，$Q_2$ 也无整数解，可以按照设定的规则选取一枝先进行分枝计算，其中一枝如果计算得到的最优解为整数解，且最优值优于另一枝，则所得的整数解就是 $P$ 的最优

解，无须对另一枝进行分枝；如果得到的最优值劣于另一枝，则对另一枝进行分枝，转到步骤2。

### 4．隐枚举法

在用隐枚举法求解0-1规划时，需要将0-1规划模型转化为相应的标准型：

$$\min f=\sum_{j=1}^{n}c_jx_j(c_j\geqslant 0)$$

$$\text{s.t.}\begin{cases}\sum_{j=1}^{n}a_{ij}x_j\leqslant b_i(i=1,2,\cdots,m)\\ x_j=0\text{或}1(j=1,2,\cdots,n)\end{cases}$$

值得特别注意的是，在此标准型中需要满足$c_j\geqslant 0$，且约束的形式必须为“≤”。如果根据实际问题建立的0-1规划模型与标准型不一致，则可以通过相应的方法，将非标准型转化为标准型。

1）目标函数求最大

如果原问题为求$\max f$，则可令$f'=-f$，将问题转化为$\min f'$；或者不改变求最值的属性，将全1作为0-1规划的初始试探解。

2）目标函数中对应的某个设计变量$x_j$的系数$c_j$为负数

当某个系数$c_j<0$时，可令$x_j'=1-x_j$，把目标函数中各设计变量前面的系数变成正数，此时有$c_jx_j=c_j-c_jx_j'$，取$c_j'=-c_j$，可知$c_j'>0$，于是原目标函数变为$f=\sum_{i\neq j}^{n}c_ix_i+c_j'x'+c_j$。

由于变量代换而产生的常数项可以从目标函数中分离出去，并不影响原问题的最优解，只是在最后确定原问题在最优解处的最优函数值时需要考虑到这个常数项。

3）当某个约束为“≥”形式时

只需将不等式两端乘以（-1），即可将不等式约束形式变为“≤”形式。

4）当某个约束为“=”形式时

一个等式约束其实相当于两个不等式约束，如果0-1规划中所有的等式约束可以用矩阵形式表达为$\boldsymbol{Ax}=\boldsymbol{b}$，则可将其转化为两个不等式$\boldsymbol{Ax}\geqslant\boldsymbol{b}$和$\boldsymbol{Ax}\leqslant\boldsymbol{b}$，然后将$\boldsymbol{Ax}\geqslant\boldsymbol{b}$转化成$-\boldsymbol{Ax}\leqslant-\boldsymbol{b}$，即通过加入两个不等式约束$\boldsymbol{Ax}\leqslant\boldsymbol{b}$和$\boldsymbol{Ax}\leqslant-\boldsymbol{b}$将其转化成标准型。

在此值得说明的是，在用隐枚举法设计变量分枝时，同样面临选取分支节点和分枝变量的问题。在选择分枝节点时，如果没有先验考察，则常按照目标函数中设计变量的系数从小到大排列进行顺序分枝（如果是求最大值，则按照从大到小的顺序分枝）。除此之外，还可以按照自然序列或人为设定的序列选取。

根据上述标准型，隐枚举的求解过程和分枝定界法类似，可以采用枚举树来表示，用该方法求解0-1规划问题的一般步骤如下。

（1）将$P$转化为标准型。

（2）令所有设计变量均为自由变量，且均为0，即初始试探解为$x=0$，检验该解是否为$P$的可行解，即是否满足$P$的各个约束条件。如果为可行解，则$x=0$为$P$的最优解，算法结束；否则，转步骤（3）。

（3）按照既定的法则选取一个自由变量$x_k$，将其转化为固定变量进行分枝，加入互斥的条件$x_k=0$和$x_k=1$，将$P$分为两个子问题，其他的自由变量取值不变，仍为0。再针对各个分枝进行试探，转步骤（4）。

（4）检查已有的子问题，如果有某一个子问题满足下列条件之一，即可对该子问题进行剪枝，即该子问题停止向下分枝，可以在分枝树中用相应的符号来表示，如$\Delta$。此时继续检查其他子问题，转步骤（3）。

① 试探解为自由变量均取0值、固定变量取设定的值，一起代入约束条件方程，如果满足所有约束条件，则为可行解，该解对应的目标函数值为$P$的目标函数值的一个上界，同时该子问题停止向下分枝。

② 如果该子问题所有试探解均不是可行解，即自由变量任取0和1时，都不能满足某一个或者多个约束条件，则该子问题无可行解，也停止向下分枝。例如，将子问题固定变量的值代入约束条件方程，令不等式左端的自由变量当系数为负时取值为1，系数为正时取值为0，此时不等式左端的值为能取到的最小值，如果此最小值大于不等式右端的值，则说明此子问题无可行解。

③ 设自由变量均取0值，与固定变量的值一起代入目标函数，得到的目标值为$f$，此时对应的自由变量的系数为列向量$\boldsymbol{c}$。如果$f$与$\boldsymbol{c}$中任一分量的和大于已经记录的上界中的最小值，则说明在该子问题中固定任何自由变量都不可能对$P$的最优值有所改善，已无更好的可行解，则该子问题被剪枝，停止向下分枝。

④ 试探解不是$P$的可行解，且此时所有变量均已设为固定变量，则该子问题也应该被剪枝，停止向下分枝。

直到所有子问题检查完毕，转步骤（5）。

（5）在探明所有的分枝之后算法终止。比较记录下来的可行解的上界，其中最小者所对应的可行解即为$P$的最优解，相应的目标函数值即为最优目标值。如果该问题没有记录任何上界，则说明$P$无可行解，即该0-1规划无解。

### 7.3.2 整数规划的智能计算实现

MATLAB中提供了相关函数用于实现整数规划智能计算，下面直接通过实例来演示。

**【例7-4】**（资金分配问题）某企业在今后3年内有5项工程考虑施工，每项工程的期望收入和年度费用如表7-4所示。假定每一项已经批准的工程要在整个3年内完成。企业应怎样选择工程，使企业总收入最大？

表 7-4　数据

| 工　程 | 费用/千元 | | | 收入/千元 |
| --- | --- | --- | --- | --- |
| | 第1年 | 第2年 | 第3年 | |
| 1 | 5 | 1 | 8 | 20 |
| 2 | 4 | 7 | 10 | 40 |
| 3 | 3 | 9 | 2 | 20 |
| 4 | 7 | 4 | 1 | 15 |
| 5 | 8 | 6 | 10 | 30 |
| 最大可用基金数 | 25 | 25 | 25 | |

设决策变量为$x_1,x_2,x_3,x_4,x_5$，根据所述问题，建立如下数据模型。

$$\max z=20x_1+40x_2+20x_3+15x_4+30x_5 \text{（企业总收入最大）}$$

$$\text{s.t.}\begin{cases}5x_1+4x_2+3x_3+7x_4+8x_5\leqslant 25 \text{（可用基金限制）}\\ x_1+7x_2+9x_3+4x_4+6x_5\leqslant 25 \text{（可用基金限制）}\\ 8x_1+10x_2+2x_3+x_4+10x_5\leqslant 25 \text{（可用基金限制）}\\ x_i=0\text{或}1(i=1,2,3,4,5)\end{cases}$$

为了利用 0-1 规划，将问题改为以下形式：

$$\min f=-20x_1-40x_2-20x_3-15x_4-30x_5$$

$$\text{s.t.}\begin{cases}5x_1+4x_2+3x_3+7x_4+8x_5\leqslant 25\\ x_1+7x_2+9x_3+4x_4+6x_5\leqslant 25\\ 8x_1+10x_2+2x_3+x_4+10x_5\leqslant 25\\ x_i=0\text{或}1(i=1,2,3,4,5)\end{cases}$$

利用 bintprog 函数求解 0-1 规划问题，代码如下：

```
>> clear all;
f=-[20 40 20 15 30]';
a=[5 4 3 7 8;1 7 9 4 6;8 10 2 1 10];
b=[25 25 25]';
[x,fval,exitflag]=bintprog(f,a,b,[],[])
```

运行程序，输出如下：

```
Optimization terminated.
x =
     1
     1
     1
     1
     0
fval =
```

```
    -95
exitflag =
     1
```

由以上结果可知，企业选择第 1 期、第 2 期、第 3 期、第 4 期工程，能获得最大收入 95 千元。

【例 7-5】（平衡指派问题）4 个工人被分派做 4 项工作，规定每人只能做一项工作，现设每个工人做每项工作所消耗的时间如表 7-5 所示，求总耗时最少的分派方案。

表 7-5　工作时间表

| 姓名 | 工作 1 | 工作 2 | 工作 3 | 工作 4 |
|---|---|---|---|---|
| 工人 1 | 15 | 18 | 21 | 24 |
| 工人 2 | 19 | 23 | 22 | 18 |
| 工人 3 | 26 | 17 | 16 | 1919 |
| 工人 4 | 19 | 21 | 23 | 17 |

这是一个平衡指派问题，其整数规划智能计算代码如下：

```
>> clear all;
e=[15 18 21 24;19 23 22 18;26 17 16 19;19 21 23 17];
a=e';          %效率函数
f=a(:);        %目标函数
o=ones(1,4);
z=zeros(1,4);
y=eye(4);
aeq=[o,z,z,z;z,o,z,z;z,z,o,z;z,z,z,o];
aeq=[aeq;y,y,y,y];
beq=ones(8,1);
lb=zeros(16,1);
[x,fval,exitflag,output]=linprog(f,[],[],aeq,beq,lb);
xv=reshape(x,4,4);
xx=xv'  %指派方阵
Optimal solution found.
xx =
     0     1     0     0
     1     0     0     0
     0     0     1     0
>> fv=sum(sum(e.*xx))     %总耗时
fv =
    70
```

最终结果如下：把工作 1 给工人 2，工作 2 给工人 1，工作 3 给工人 3，工作 4 给工人 4，且总的消耗时间为 70 小时。

# 7.4　非线性规划智能计算

非线性规划（Nonlinear Programming）是最优化理论和方法中的一个重要分支，主要研究极值问题和约束极值问题的理论和算法，自从 1951 年 H. W. Kuhn 及 A. W. Tucher 探讨了非线性规划解的最优性条件，为非线性规划奠定了理论基础后，非线性规划逐渐形成了一门十分重要且比较活跃的新兴学科，出现了许多解非线性规划问题的有效算法。从 20 世纪 70 年代开始，该分支得到迅速发展。在理论方面，非线性规划借鉴了数学理论中其他分支的成果，逐步形成了自身的学科特色；在应用方面，非线性规划为系统的优化和管理提供了有力的工具。

## 7.4.1　非线性规划的数学模型

在科学研究和工程设计中，很多实际问题的目标函数或约束条件中包含了设计变量的非线性函数，下面对非线性规划的数学模型进行介绍。

非线性规划问题实际上就是求一个 $n$ 维变量 $x$ 的实函数 $f(x)$ 的最大值或最小值问题，同时受到一组约束的限制，这些约束可以是等式约束，也可以是不等式约束，其形式可以表达为

$$\begin{cases}\min f(\boldsymbol{x}) \\ \text{s.t.} \begin{array}{l} h_i(\boldsymbol{x})=0 \quad i=1,2,\cdots,p;p<n \\ g_j(\boldsymbol{x})\leqslant 0 \quad j=1,2,\cdots,m \end{array}\end{cases}$$

式中，设计变量 $\boldsymbol{x}=[x_1,x_2,\cdots,x_n]^{\mathrm{T}}$ 是 $n$ 维欧氏空间 $R^n$ 中的向量，$f(\boldsymbol{x})$ 为目标函数，$h_i(\boldsymbol{x})=0$、$g_j(\boldsymbol{x})\leqslant 0$ 为约束条件。非线性规划要求目标函数 $f(\boldsymbol{x})$ 和约束条件 $h_i(\boldsymbol{x})$、$g_j(\boldsymbol{x})$ 中至少有一个是 $\boldsymbol{x}$ 的非线性函数。如果令 $D$ 为非线性规划问题的可行解集合，即满足所有约束关系的解的集合，则上式可写成

$$\begin{cases}\min f(\boldsymbol{x}) \\ \text{s.t.} \quad D=[\boldsymbol{x}\mid h_i(\boldsymbol{x})=0,i=1,2,\cdots,p,p<n;g_j(\boldsymbol{x})\leqslant 0,j=1,2,\cdots,m]\end{cases}$$

## 7.4.2　求解非线性规划智能计算的方法

在研究了非线性规划问题的极值条件下，可以进一步探讨求解非线性规划问题的算法。通常情况下，涉及非线性函数的问题均比线性函数的问题复杂和难求解，对于最优化问题也是如此。

### 1. 一维搜索

当用迭代法求函数的极小点时，常常要用到一维搜索，即沿某一已知方向求目标函数的极小点。

1）一维搜索法

在非线性规划的算法步骤中，一维搜索有极其重要的作用。大多数非线性规划的算法可以归结为一个基本格式：从某个初始点 $x^{(0)}$ 出发，沿某个适当选择的方向（通常是目标函数的下降方法）$p^{(0)}$ 进行一维搜索，得到目标值较小的点 $x^{(0)}$；再从 $x^{(1)}$ 出发，沿选择的方向 $p^{(1)}$ 进行一维搜索，得到目标函数值更小的点 $x^{(2)}$……如此进行下去，在每次寻求下一点 $x^{(k+1)}$ 时，都需在已经确定的搜索方向 $p^{(k)}$ 上求一个步长因子 $\lambda_k$，使得新点的目标函数值下降最多，即 $f(x^{(k+1)})<f(x^{(k)})$，这样的步长因子被称为最优步长因子。求解最优步长因子实质上是求单变量 $\lambda_k$ 的极值问题，这是一个求解一元函数的极值问题，即

$$f(x^{(k)}+\lambda_k p^{(k)})=\min_{\lambda} f(x^{(k)}+\lambda_k p^{(k)})=\min \phi(\lambda)$$

上式的含义为沿着确定的方向求目标函数的极小点，这个过程被称为一维搜索。实际上，在大多数非线性规划的算法中，主要的工作其实就是两点：一是寻找适当的搜索方向，二是进行一维搜索。由于每次迭代都要进行一次一维搜索，所以一维搜索贯穿于整个迭代过程，每次一维搜索就是对函数 $\varphi(\lambda)$ 进行一次求极值，极值 $\lambda^*$ 就是本次迭代的最优步长 $\lambda^{(k)}$，由此来确定下一个点 $x^{(k+1)}$。因此，求多元函数 $f(x)=f(x_1,x_2,\cdots,x_n)$ 的极值点问题常常要化为一系列沿逐次确定的直线求极值点的问题。

由上述过程可知，要研究多元函数的优化设计问题，首先需要研究一维优化搜索方法。同时，由实际问题抽象出来的数学模型很多也只有一个变量，因此一维搜索也可以用于一维函数的寻优函数。

一维函数的寻优问题可描述为

$$\min f(x), x\in[a,b]$$

解决上述优化问题的一维搜索方法的基本思想如下。

（1）确定一维搜索问题 $\varphi(\lambda)$ 的搜索区间（单峰区间），即确定函数极值点所在的区间。

（2）利用逐步缩小区间或函数逼近法，确定函数的极值点。

基于上述思想的一维搜索方法有很多，常见的算法有以下几种。

① 试探法，如斐波那契（Fibonacci）法、0.618 法等。

② 插值法，如抛物线插值法、三次插值法等。

③ 微积分中的求根法，如牛顿法、二分法等。

2）黄金分割法

该算法的做法是选择 $x_1$ 和 $x_2$ 使得两点在区间[a,b]上的位置是对称的，这样新的搜索区间 $[a,x_2]$ 和 $[x_1,b]$ 的长度相等，即满足关系式 $x_2-a=b-x_1$，则首先插入时点 $x_1$ 和 $x_2$ 的坐标可表示为

$$x_1=a+\lambda(b-a)$$
$$x_2=b-\lambda(b-a)$$

再次缩短搜索区间时，所取的新点 $x_3$ 要求与区间内的已有点相对于搜索区间也是对称的。黄金分割法还要求在保留下来的区间内再插入一点，所形成的新三段与原来区间的三段具有相同的比例分布。以此方法不断缩短搜索区间。为了求出 $\lambda$，进一步分析上述迭代过程。

由图 7-2 假设原区间$[a,b]$长度为 1，且有$f(x_1)<f(x_2)$（同理可分析$f(x_1)>f(x_2)$的情况），则保留下来的区间为$[a,x_2]$，其长度为$\lambda$。

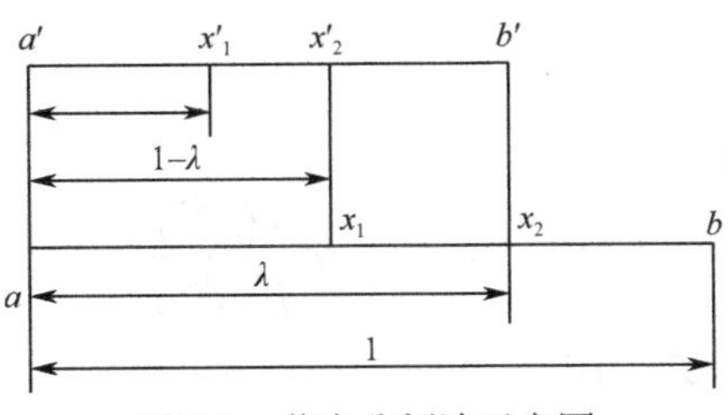


图 7-2 黄金分割法示意图

在下一轮的迭代中，上一次缩小区间后保留下来的点$x_1$成为新点$x_2'$，为了保持相同的比例分布，新插入的点$x_1'$就在$\lambda(1-\lambda)$上，$x_2'$在原区间的$(1-\lambda)$的位置，由比例相同可得，

$$\frac{\lambda}{1}=\frac{1-\lambda}{\lambda}$$

即得到关于$\lambda$的一个一元二次方程$\lambda^2+\lambda-1=0$，取其正根，得

$$\lambda=\frac{\sqrt{5}-1}{2}\approx 0.618$$

如果保留下来的区间为$[x_1,b]$，根据插入点的对称性，也可推导出相同的结果。使用此方法，使得两次相邻的搜索缩短率为 0.618，因此该法被称为 0.618 法，由于在工程中 0.618 是一个经常被使用的数字，称为黄金分割数，因此该寻优方法也被称为黄金分割法。

3）牛顿法

考虑目标函数$f$在点$x^k$处的二次逼近式：

$$f(x)\approx Q(x)=f(x^k)+\nabla f(x^k)^T(x-x^k)+\frac{1}{2}(x-x^k)^T\nabla^2 f(x^k)(x-x^k)$$

假设 Hesse 阵

$$\nabla^2 f(x^k)=\begin{bmatrix}\dfrac{\partial^2 f(x^k)}{\partial x_1^2} & \cdots & \dfrac{\partial^2 f(x^k)}{\partial x_1\partial x_n}\\ \vdots & \ddots & \vdots\\ \dfrac{\partial^2 f(x^k)}{\partial x_n\partial x_1} & \cdots & \dfrac{\partial^2 f(x^k)}{\partial x_n^2}\end{bmatrix}$$

正定。

由于$\nabla^2 f(x^k)$正定可知，函数$Q$的稳定点$x^{k+1}$是$Q(x)$的最小点。为求此最小，令

$$\nabla Q(x^{k+1})=\nabla f(x^k)+\nabla^2 f(x^k)(x^{k+1}-x^k)=0$$

即可解得

$$x^{k+1}=x^k-[\nabla^2 f(x^k)]^{-1}\nabla f(x^k)$$

可知从点$x^k$出发沿搜索方向，即

$$p^k=x^k-[\nabla^2 f(x^k)]^{-1}\nabla f(x^k)$$

取步长$t_k=1$即可得$Q(x)$的最小点$x^{k+1}$。通常，把方向$p^k$称为从点$x^k$出发的 Newton 方

向。从一初始点开始，每一轮从当前迭代点出发，沿 Newton 方向并取步长为 1 的求解方法，称为 Newton 法。

4）抛物线法

在牛顿法中，迭代公式采用

$$x^{(k+1)}=x^{(k)}-\alpha\frac{f(x^{(k)})}{f'(x^{(k)})}$$

而在抛物线法中，迭代公式采用

$$x^{(k)}=\frac{\boldsymbol{A}}{2\boldsymbol{B}}$$

$$\boldsymbol{A}=((x^{k-1})^2-(x^{(k-2)})^2)f(x^{(k-3)})+((x^{(k-3)})^2-(x^{k-1})^2)f(x^{(k-2)})+ ((x^{(k-2)})^2-(x^{(k-3)})^2)f(x^{k-1})$$

$$\boldsymbol{B}=((x^{k-1})-(x^{(k-2)}))f(x^{(k-3)})+((x^{(k-3)})-(x^{k-1}))f(x^{(k-2)})+ ((x^{(k-2)})-(x^{(k-3)}))f(x^{k-1})$$

当函数具有比较好的解析性质时，牛顿法与抛物线法通常比 0.618 法的效果更好。

## 2. 多维搜索

多维无约束优化问题是指在没有任何限制条件下寻求目标函数的极小点，其表达式为

$$\min_{x\in R^n} f(x)$$

从最优理论和方法可以知道，对于一般的工程优化设计问题，都是在一定的约束条件下追求某一指标为最小（或最大）的优化设计问题，所以它们都属于有约束优化问题。

1）最速下降法

最速下降法由法国数学家 Cauchy 于 1947 年首先提出。该算法在每次迭代中，沿最速下降方向（负梯度方向）进行搜索，每步沿负梯度方向取最优步长，因此这种方法也称为最优梯度法。最速下降法方法简单，只以一阶梯度的信息确定下一步的搜索方向，收敛速度慢；越是接近极值点，收敛越慢；它是其他许多无约束、有约束最优化方法的基础。该方法一般用于最优化开始的几步搜索。

为了求得 $f(x)$ 的最小值，一个很自然的想法就是从初始点 $x^{(0)}$ 出发，使其在该点附近下降最快，则现在的问题就是要确定这个下降最快的方向。由泰勒公式知

$$f(x+\lambda p)=f(x)+\lambda\boldsymbol{\Lambda}^{\mathrm{T}}(x)p+o(\lambda\|p\|)(\lambda>0)$$

由于 $\boldsymbol{\Lambda}^{\mathrm{T}}(x)p=-\|\boldsymbol{\Lambda}(x)\|\|p\|\cos\theta$，其中 $\theta$ 为 $p$ 与 $-\boldsymbol{\Lambda}(x)$ 的夹角，当 $\lambda$ 和 $\|p\|$ 固定时，取 $\cos\theta=1$ 可使 $\boldsymbol{\Lambda}^{\mathrm{T}}(x)p$ 达到最小，从而 $f(x)$ 下降最多，即当 $\theta=0$ 时，$f(x)$ 下降最快，此时有 $p=-\nabla f(x)$。

此时，算法的搜索方向 $p^{(k)}$ 应为该点的负梯度方向 $-\nabla f(x)$，这将使函数值在该点附近的范围内下降速度最快，因此算法的迭代形式为

$$x^{(k+1)}=x^{(k)}-\lambda_k\nabla f(x^{(k)})$$

2）牛顿法

为了寻找收敛速度快的无约束最优方法，考虑在每次迭代时，用适当的二次函数去近似目标函数 $f$，并用迭代点指向近似二次函数极小点的方向来构造搜索方向，然后精确地求出近似二次函数的极小点，以该极小点作为 $f$ 的极小点的近似值。

假设非线性规划问题中的目标函数具有二阶连续偏导数，$x^{(k)}$ 是 $f$ 的极小点的第 $k$ 次近似，将 $f$ 在 $x^{(k)}$ 处做 Taylor 展开，并取二阶近似，得

$$f(x) \approx \varphi(x) = f(x^{(k)}) + \boldsymbol{\Lambda}(x^{(k)})^{\mathrm{T}}(x - x^{(k)}) + \frac{1}{2}(x - x^{(k)})^{\mathrm{T}} \boldsymbol{H}(x^{(k)})(x - x^{(k)})$$

由假设条件可知，$\nabla^2 f(x^{(k)})$ 是对称矩阵，因此 $\varphi(x)$ 是二次函数，容易求得

$$\nabla \varphi(x) = \boldsymbol{\Lambda}(x^{(k)}) + \boldsymbol{H}(x^{(k)})(x - x^{(k)})$$

为求 $\varphi(x)$ 的极小值，可令 $\nabla \varphi(x) = 0$，即

$$\boldsymbol{\Lambda}(x^{(k)}) + \boldsymbol{H}(x^{(k)})(x - x^{(k)}) = 0$$

如果 $f$ 在点 $x^{(k)}$ 处的 Hessian 矩阵 $\boldsymbol{H}(x^{(k)})$ 正定，则上式解出的 $\varphi(x)$ 的驻点就是 $\varphi(x)$ 的极小点，以它作为 $f$ 的极小点的第 $k+1$ 次近似，记为 $x^{(k+1)}$，即

$$x^{(k+1)} = x^{(k)} - \boldsymbol{H}^{-1}(x^{(k)})\boldsymbol{\Lambda}(x^{(k)})$$

这就是牛顿法的迭代公式。

3）共轭方向法

牛顿法可以很快地收敛于极值点 $x^*$，但计算逆矩阵 $\boldsymbol{H}^{-1}(x^{(k)})$ 很困难，最速下降法虽然计算较简单，但收敛速度较慢。结合这两种算法的优点，人们提出了共轭梯度法。

在使用共轭方向法的过程中，如果选取不同的初始线性无关向量组 $\boldsymbol{v}_i$，则可得到不同的 $\boldsymbol{A}$——共轭向量组。而共轭梯度法是将目标函数在各点的负梯度 $-\boldsymbol{\Lambda}(x^{(i)})(i = 0,1,2,\cdots, n-1)$ 作为共轭方向法中的线性无关向量组 $\boldsymbol{v}_i(i = 0,1,2,\cdots,n-1)$，从而构成 $\boldsymbol{A}$ 的共轭向量组 $\boldsymbol{p}_i(i = 0,1,2,\cdots,n-1)$。因为该方法在共轭方向的计算中使用了梯度信息，因此称为共轭梯度法。

用共轭梯度法求解函数的极值的迭代步骤如下。

① 选取初始点 $x^{(0)}$，确定允许误差 $\varepsilon$，令 $k=0$；

② 计算 $\boldsymbol{\Lambda}(x^{(0)})$，令 $p^{(0)} = -\boldsymbol{\Lambda}(x^{(0)})$；

③ 一维搜索，计算 $\lambda_k$，满足

$$f(x^{(k)} + \lambda_k p^{(k)}) = \min_{\lambda>0} f(x^{(k)} + \lambda p^{(k)})$$

并计算得到下一个迭代点，即

$$x^{(k+1)} = x^{(k)} + \lambda_k p^{(k)}$$

④ 令 $k = k+1$，计算 $\boldsymbol{\Lambda}(x^{(k)})$；

⑤ 收敛性检查，如果 $\|\boldsymbol{\Lambda}(x^{(k)})\| \leqslant \varepsilon$，则 $x^* = x^{(k)}$，终止计算，否则继续；

⑥ 循环变量检查，如果 $k = n$，则转到步骤⑧，否则继续；

⑦ 计算 $p^{(k)}=-\boldsymbol{\Lambda}(x^{(k)})+\frac{(\boldsymbol{\Lambda}(x^{(k)}))^{\mathrm{T}}\boldsymbol{A}p^{(k-1)}}{(p^{(k-1)})^{\mathrm{T}}\boldsymbol{A}p^{(k-1)}}p^{(k-1)}$，转到步骤③；

⑧ 开始下一轮迭代，令 $x^{(0)}=x^{(n)}$，$p^{(0)}=-\boldsymbol{\Lambda}(x^{(0)})$，转到步骤③。

假如将步骤⑦中的计算式改写为

$$p^{(k)}=-\boldsymbol{\Lambda}(x^{(k)})+\beta_{k-1}p^{(k-1)}$$

经过推导，可得到 Fletcher-Reeves（FR）公式为

$$\beta_{k-1}=\frac{(\boldsymbol{\Lambda}(x^{(k)}))^{\mathrm{T}}\boldsymbol{\Lambda}(x^{(k-1)})}{(\boldsymbol{\Lambda}(x^{(k-1)}))^{\mathrm{T}}\boldsymbol{\Lambda}(x^{(k-1)})}=\frac{\|\boldsymbol{\Lambda}(x^{(k)})\|^2}{\|\boldsymbol{\Lambda}(x^{(k-1)})\|^2}$$

4）Powell 算法

Powell 算法在搜索的每一阶段先依次沿 $n$ 个已知的方向搜索，得到下一次搜索的基点，然后沿相邻两个基点的连线方向搜索得到新的基点，并用这个方向取代前面的 $n$ 个方向之一，对于二维极值问题，Powell 算法图解如图 7-3 所示。

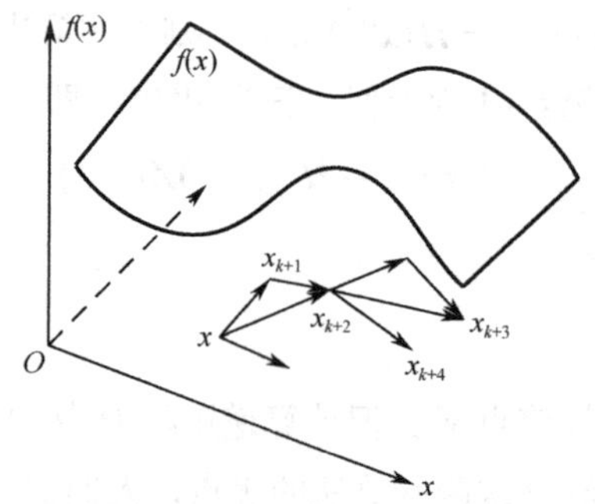


图 7-3　Powell 算法图解

在图 7-3 中，先在基点 $x_k$ 处依次沿 $n$ 个已知的方向搜索，从一个方向搜索得到 $x_{k+1}$，再以 $x_{k+1}$ 为出发点沿另一个方向搜索得到 $x_{k+2}$，于是以 $x_{k+2}$ 为基点，搜索方向之一变为 $x_k$ 与 $x_{k+2}$ 的连线方向。

### 7.4.3　非线性规划智能计算的实现

MATLAB 中提供了相关函数用于实现非线性规划智能计算，下面直接通过实例来演示。

**【例 7-6】**（选址问题）设某城市有某种物品的 10 个需求点，第 $i$ 个需求点 $P_i$ 的坐标为 $(a_i,b_i)$，道路网与坐标轴平行，彼此正交。现打算建一个该物品的供应中心，且由于受到城市某些条件的限制，该供应中心只能设在 $x$ 界于[5,8]、$y$ 界于[5,8]的范围之内。$P$ 点的坐标如表 7-6 所示。问该中心应建在何处？

表 7-6　P 点的坐标

| $a_i$ | 1 | 4 | 3 | 5 | 9 | 12 | 6 | 20 | 17 | 8 |
|---|---|---|---|---|---|---|---|---|---|---|
| $b_i$ | 2 | 10 | 8 | 18 | 1 | 4 | 5 | 10 | 8 | 9 |

根据已知，可建立数学模型为

$$\min_{x,y}\max_{1\leqslant i\leqslant m}\{|x-a_i|+|y-b_i|\}$$

$$\text{s.t.}\begin{cases}x\geqslant 5\\x\geqslant 8\\y\geqslant 5\\y\leqslant 8\end{cases}$$

根据需要，编写非线性不等式约束 M 文件，代码如下：

```
function f=funmin(x)
a=[1 4 3 5 9 12 6 20 17 8];
b=[2 10 8 18 1 4 5 10 5 9];
f(1)=abs(x(1)-a(1))+abs(x(2)-b(1));
f(2)=abs(x(1)-a(2))+abs(x(2)-b(2));
f(3)=abs(x(1)-a(3))+abs(x(2)-b(3));
f(4)=abs(x(1)-a(4))+abs(x(2)-b(4));
f(5)=abs(x(1)-a(5))+abs(x(2)-b(5));
f(6)=abs(x(1)-a(6))+abs(x(2)-b(6));
f(7)=abs(x(1)-a(7))+abs(x(2)-b(7));
f(8)=abs(x(1)-a(8))+abs(x(2)-b(8));
f(9)=abs(x(1)-a(9))+abs(x(2)-b(9));
f(10)=abs(x(1)-a(10))+abs(x(2)-b(10));
```

调用 fminimax 函数求解最小最大问题，代码如下：

```
>> clear all;
x0=[6;6];              %给定的初始值
AA=[-1 0;1 0;0 -1;0 1];
bb=[-5 8 -5 8]';
[x,fval,exitflag]=fminimax(@finmin,x0,AA,bb)
```

运行程序，输出如下：

```
x =
     8
     8
fval =
    13     6     5    13     8     8     5    14    12     1
exitflag =
    14
```

**【例 7-7】**（证券投资组合问题）设金融市场上有两种风险证券 A 和 B，它们的期望收益率分别为 $r_{\mathrm{A}}=12\%$，$r_{\mathrm{B}}=18\%$，方差分别为 $\sigma_{\mathrm{A}}^2=10$，$\sigma_{\mathrm{B}}^2=1$，$\sigma_{\mathrm{AB}}=0$。同时，市场上还有一种无风险证券，其收益率为 $r_f=6\%$，设计一种投资组合方案，使风险最小。

投资者把资金投放于有价证券以期获得一定收益的行为就是证券投资。它的主要形式是股票投资和债券投资，证券投资的目的就是价值增值。这是证券投资的收益特性，通常可用收益率指标表示证券的收益特性。证券预期收益率的不确定性使证券投资具有风险特性。具有投资风险的证券称为风险证券。无风险证券投资指把资金投放于收益确定的债券，如购买国库券。若无风险投资的收益率为$r_f$，则$r_f$是常数。一般而言，风险证券投资往往有超过$r_f$的预期收益率，风险证券的预期收益率越高，其投资风险就越大。为了避免或分散投资风险，获取较高的预期收益率，证券投资可以按不同的投资比例对无风险投资和多种风险证券进行有机组合，即所谓的证券投资组合。

对了一个证券组合，用$R=(r_1,r_2,\cdots,r_n)'$表示这$n$种证券的收益率，$\sigma_{ij}$表示证券$i$和证券$j$的收益率之间的协方差，$i,j=1,2,\cdots,n$，$X=(x_1,x_2,\cdots,x_n)'$表示证券组合的投资权重，若同时投资于无风险证券，并设其收益率为$r_f$，则投资决策模型为

$$\min\sigma_p^2=\sum_{i=1}^{n}\sum_{j=1}^{n}x_i\sigma_{ij}x_j=X^{\mathrm{T}}\boldsymbol{W}X$$

$$\text{s.t.}\begin{cases}\displaystyle\sum_{i=1}^{n}x_ir_i+\left(1-\sum_{i=1}^{n}x_i\right)r_f=x_p\\ \displaystyle\sum_{i=1}^{n}x_i=1\end{cases}$$

其中，$\sigma_p^2$为投资组合收益的方差，代表投资组合的风险，$x_p$表示投资组合的期望收益率，$\boldsymbol{W}$为协方差矩阵。

设分别以比例$x_1$购买股票A，比例$x_2$购买股票B，以比例$x_3$购买无风险债券，则可建立单目标规划问题：

$$\min\sigma_p^2=X^{\mathrm{T}}\boldsymbol{W}X$$

$$\text{s.t.}\begin{cases}x_1r_{\mathrm{A}}+x_2r_{\mathrm{B}}+x_3r_f=r_p\\ x_1+x_2+x_3=1,\quad x_1\geqslant 0,x_2\geqslant 0\end{cases}$$

假定期望收益率$r_p=10\%$，解决最优问题的程序如下。

首先，定义目标函数M文件，代码如下：

```
function f=zqfun(x)
v=zeros(3,3);
v(1,1)=10;
v(2,2)=1;
f=x'*v*x;
```

其次，调用fmincon函数实现问题的求解，代码如下：

```
>>clear all;
format rat
ra=0.12;rb=0.08;
rf=0.06;rp=0.1;
x0=[1,1,1]'/3;
Aeq=[ra,rb,rf;1,1,1];
```

```
beq=[rp,1]';
Lb=[0,0,-100]';
options=optimset('LargeScale','off','Display','off');
x=fmincon(' zqfun ',x0,[],[],Aeq,beq,Lb,[],[],options)
format short
```

运行程序，输出如下：

```
x =
      6/19
     20/19
     -7/19
```

结果表明，为了获得 10%的期望收效率，应以无风险利率从银行贷款 7/19 单位，将贷款和手中已有的一单位现金的总和投资股票，其中的 6/19 购买 A 股票，20/19 购买 B 股票。

**【例 7-8】**（经营方式安排问题）某公司经营两种设备，第一种设备每件售价 29 元，第二种设备每件售价 455 元。根据统计得知，售出一件第一种设备所需的营业时间平均为 0.5 小时，第二种设备是（$2+0.25x_2$）小时，其中 $x_2$ 是第二种设备的售出数量。已知该公司在这段时间内的总营业时间为 800 小时，试确定使营业额最大的营业谋划。

设该公司计划售出的第一种设备 $x_1$ 件，第二种设备 $x_2$ 件。根据题意，建立如下的数学模型：

$$\max f(x)=29x_1+455x_2$$

$$\text{s.t.}\begin{cases}0.5x_1+(2+0.25x_2)x_2=800\\ x_1,x_2\geqslant 0\end{cases}$$

首先，编写目标函数 M 文件，代码如下：

```
function f= func8a(x)
f=-29*x(1)-455*x(2);
```

其次，编写约束条件非线性不等式的 M 文件，代码如下：

```
function [C,Ceq]= func8b(x)
C=0.5*x(1)+2*x(2)+0.25*x(2)*x(2)-800;        %非线性不等式约束
Ceq=[];                                      %非线性等式为空
```

最后，调用 fmincon 函数实现程序，代码如下：

```
>> clear all;
lb=[0 0]';
x0=[0 0];
[x,fval,exitflag]=fmincon('func8a',x0,[],[],[],[],lb,[],'func8b')
```

运行程序，输出如下：

```
Active inequalities (to within options.TolCon = 1e-006):
  lower        upper       ineqlin    ineqnonlin
                                          1
x =
```

```
   1.0e+003 *
      1.4849      0.0117
fval =
  -4.8381e+004
exitflag =
      5
```

此表明该公司经营第一种设备 1485 件、第二种设备 12 件时，可使总营业额最大，营业额为 48381 元。

# 7.5 二次规划智能计算

二次规划是指目标函数为二次函数、约束条件是线性等式或线性不等式的最优化问题，它是非线性规划中最简单且研究得最成熟的一类问题，也是可以通过有限次迭代求得精确解的一类问题。

## 7.5.1 二次规划问题的数学模型

二次规划可以表述成如下标准形式：

$$\begin{cases}\min f(\boldsymbol{x})=\dfrac{1}{2}\boldsymbol{x}^{\mathrm{T}}\boldsymbol{H}\boldsymbol{x}+\boldsymbol{c}^{\mathrm{T}}\boldsymbol{x}\\ \text{s.t.}\quad \boldsymbol{A}\boldsymbol{x}\geqslant\boldsymbol{b}\end{cases}$$

式中，$\boldsymbol{H}$ 是 Hessian 矩阵，$\boldsymbol{c}$、$\boldsymbol{x}$ 和 $\boldsymbol{A}$ 都是 $\boldsymbol{R}$ 中的向量。如果 Hessian 矩阵是半正定的，则说明该规划是一个凸二次规划，在这种情况下该问题的困难程度类似于线性规划。如果至少有一个向量满足约束并且在可行域有下界，则凸二次规划问题就有一个全局最小值。如果是正定的，则这类二次规划为严格的凸二次规划，那么全局最小值就是唯一的。如果是一个不定矩阵，则为非凸二次规划，这类二次规划更有挑战性，因为它们有多个平稳点和局部极小值点。

凸二次规划具有如下性质。

（1）K-T 条件不仅是最优解的必要条件，还是充分条件。

（2）局部最优解就是全局最优解。

二次规划在很多方面都有应用，如投资组合、约束最小二乘问题的求解、序列二次规划在非线性优化问题中的应用等。在过去的几十年里，二次规划已经成为运筹学、经济数学、管理科学、系统分析和组合优化科学的基本方法。

## 7.5.2　二次规划问题的方法

### 1. 拉格朗日法

拉格朗日法是求解如下凸二次规划的方法：

$$\begin{cases}\min \dfrac{1}{2}\boldsymbol{x}^{\mathrm{T}}\boldsymbol{H}\boldsymbol{x}+\boldsymbol{c}^{\mathrm{T}}\boldsymbol{x}\\ \mathrm{s.t.}\boldsymbol{A}\boldsymbol{x}=\boldsymbol{b}\end{cases}$$

其主要思想是引入拉格朗日乘子，将约束条件转化到拉格朗日函数中，通过求解拉格朗日函数的极值来得到最优解。

### 2. 起作用集法

当二次规划中出现不等式约束时，拉格朗日法就不适用了。对于如下的二次规划：

$$\begin{cases}\min \dfrac{1}{2}\boldsymbol{x}^{\mathrm{T}}\boldsymbol{H}\boldsymbol{x}+\boldsymbol{c}^{\mathrm{T}}\boldsymbol{x}\\ \mathrm{s.t.}\boldsymbol{A}\boldsymbol{x}\geqslant\boldsymbol{b}\end{cases}$$

可以用起作用集法来求解。起作用法在每步的迭代中，把起作用约束作为等式约束，然后可以用拉格朗日法求解，直到求得最优解。

### 3. 路径跟踪法

路径跟踪法是求解二次规划：

$$\begin{cases}\min f(\boldsymbol{x})=\dfrac{1}{2}\boldsymbol{x}^{\mathrm{T}}\boldsymbol{H}\boldsymbol{x}+\boldsymbol{c}^{\mathrm{T}}\boldsymbol{x}\\ \mathrm{s.t.}\boldsymbol{A}\boldsymbol{x}\geqslant\boldsymbol{b}\end{cases}$$

的近似算法。

路径跟踪法每次的搜索方向都是近似最优方向，它通过引入中心路径的概念，将求最优解转化为求中心路径的问题。

## 7.5.3　二次规划的智能计算应用

MATLAB 中提供了相关函数用于实现二次规划问题的智能计算，下面直接通过实例来演示。

**【例 7-9】** 解较大规模的有边界约束的二次规划问题。

最小化大规模的二次规划问题，该问题存储于 MAT 文件的 qpbox1.mat 中，为一个正定的二次规划问题，其中 Hessian 矩阵是三对角阵，同时设计变量有上界和下界约束。

首先，读取 qpbox1.mat 文件，获取最优化问题的 Hessian 矩阵，并定义目标函数和边界约束条件。

```
>> load qpbox1          %获取 Hessian 矩阵的值
>> lb=zeros(400,1);
```



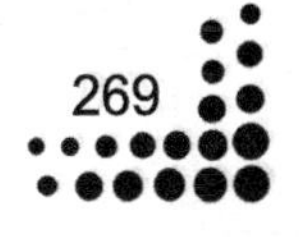

```
>> lb(400)=-inf;
>> ub=0.9*ones(400,1);
>> ub(400)=inf;
>> f=zeros(400,1);
>> f([1 400])=-2;
```

其次，设置求解的初始点 x0，调用二次规划函数 quadprog 求解该最优化问题。

```
>> xstart=0.5*ones(400,1);
[x,fval,exitflag,output]=quadprog(H,f,[],[],[],[],lb,ub,xstart)
```

运行程序，输出如下：

```
x =
    0.9000
    0.9000
    0.8999
    ……
    0.9000
    0.9000
    0.9500
fval =
   -1.9850
exitflag =
     3
output =
           algorithm: 'trust-region-reflective'
          iterations: 19
      constrviolation: 0
        firstorderopt: 7.7815e-06
         cgiterations: 1650
              message: [1x206 char]
```

从结果可看出，优化过程进行了 19 次迭代收敛于解 $x$，其中大量的 CG 迭代显示出线性搜索的计算量很大。为了降低这方面的代价，可设置参数 MaxPCGIter 来限制每次迭代中所使用的 CG 迭代的次数，其默认值为最优化问题维数的一半，由于该最优化问题设计变量的维数为 400，因此默认的 CG 迭代次数限制为 200 次。继续降低该数值，假定设置其为 49，即求解的代码为

```
>> options=optimset('MaxPCGIter',49);
[x,fval,exitflag,output]=quadprog(H,f,[],[],[],[],lb,ub,xstart,options)
```

运行程序，输出如下：

```
x =
    0.9000
    0.8999
```

```
        0.8998
        ……
        0.8999
        0.9000
        0.9500
fval =
      -1.9850
exitflag =
         3
output =
              algorithm: 'trust-region-reflective'
             iterations: 38
        constrviolation: 0
          firstorderopt: 2.6609e-05
           cgiterations: 1605
                message: [1x206 char]
```

另一种策略是将控制参数 PrecondBandWidth 的值设为 inf，相应代码如下：

```
>> options=optimset('PrecondBandWidth',inf);
[x,fval,exitflag,output]=quadprog(H,f,[],[],[],[],lb,ub,xstart,options)
```

运行程序，输出如下：

```
x =
        0.9000
        0.9000
        0.9000
        ……
        0.9000
        0.9000
        0.9500
fval =
      -1.9850
exitflag =
         3
output =
              algorithm: 'trust-region-reflective'
             iterations: 10
        constrviolation: 0
          firstorderopt: 1.0366e-06
           cgiterations: 0
                message: [1x206 char]
```

从以上结果可注意到，采用上述方法虽然可以减少迭代的次数，但是每次迭代的时间将会增加，所以必须根据不同的问题在两者之间寻找一个平衡点。

## 7.6 多目标规划的智能计算

多目标最优化问题的研究始于 19 世纪末，20 世纪 70 年代开始作为运筹学的一个分支进行系统的研究，在理论上不断完善，应用领域也越来越广泛，目前已应用于工程技术、环境、经济、管理等领域。如果目标能够定量描述且能以极大化或极小化的形式来表示，则可用多目标规划（Multi-Objective Programming，MOP）的方法来解决。

多目标规划在经济管理与规划、人力资源管理、政府管理、大型工程的最优化等重要问题上有广泛的应用。

### 7.6.1 多目标规划的数学模型

在模型中均包含两个目标的线性规划问题，称为多目标线性规划问题。极大化目标函数可以转化为极小化的相反数，即多目标规划问题的标准形式为

$$\begin{cases} V-\min F(\boldsymbol{x}) \\ \text{s.t.} \quad \begin{matrix} g_i(\boldsymbol{x}) \geqslant 0,(i=1,2,\cdots,m) \\ h_i(\boldsymbol{x})=0,(i=1,2,\cdots,l) \end{matrix} \end{cases}$$

式中，$\boldsymbol{x}=[x_1,x_2,\cdots,x_n]^{\mathrm{T}}$；$F(\boldsymbol{x})=[f_1(\boldsymbol{x}),f_2(\boldsymbol{x}),\cdots,fp_n(\boldsymbol{x})],p\geqslant 2$。

令 $R=\{\boldsymbol{x}\mid g_i(\boldsymbol{x})\leqslant 0,i=1,2,\cdots,m;h_i(\boldsymbol{x})=0,i=1,2,\cdots,l\}$，则称 $R$ 为问题的可行域，$V-\min F(\boldsymbol{x})$ 指的是对向量形式的 $p$ 个目标函数求最小，且目标函数 $F(\boldsymbol{x})$ 和约束函数 $g_i(\boldsymbol{x})$、$h_i(\boldsymbol{x})$ 可以是线性函数，也可以是非线性函数。

多目标规划问题域线性规划和非线性规划问题的主要区别在于，它所追求的目标不止一个，而是多个。

在许多实际问题中，各个目标的量纲一般是不同的，所以必须将每个目标事先进行规范化。例如，对第 $j$ 个带量纲的目标 $F_j(\boldsymbol{x})$，可令 $f_j(\boldsymbol{x})=\dfrac{F_j(\boldsymbol{x})}{F_j}$，其中 $F_j=\min\limits_{x\in R}F_j(\boldsymbol{x})$，这样 $f_j(\boldsymbol{x})$ 就是规范化的目标了。

### 7.6.2 多目标规划问题的处理方法

处理多目标规划的方法主要有以下几种。

**1. 约束法**

约束法又称主要目标法，在多目标规划问题中各个目标的重要程度往往是不相同的，约束法的基本思想如下：在多目标规划问题中，根据问题的实际情况，确定一个目标为主要目标，而把其余目标作为次要目标，并根据决策者的经验给次要目标选取一定的界限值，这样

即可把次要目标作为约束来处理，排除出目标组，从而将原有目标规划问题转化为一个在新的约束下求主要目标的单目标最优化问题。

假设在 $p$ 个目标中，$f_1(x)$ 为主要目标，而对应于其余 $(p-1)$ 个目标函数 $f_1(x)$ 均可确定其允许的边界值：

$$a_i \leqslant f_i(x) \leqslant b_i; i = 2,3,\cdots,p$$

此时，可把 $(p-1)$ 个目标函数当做最优化问题的约束来处理，于是多目标规划问题转化为单目标规划问题，即 SP 问题：

$$\begin{cases} \min f_1(x) \\ \text{s.t.} \begin{array}{l} \quad g_i(x) \geqslant 0; i = 1,2,\cdots,m \\ a_j \leqslant f_j(x) \leqslant b_j; j = 2,3,\cdots,p \end{array} \end{cases} \tag{7-4}$$

问题（7-4）的可行域为 $R' = \{x \mid g_i(x) \geqslant 0, i = 1,2,\cdots,m; a_j \leqslant f_j(x) \leqslant b_j, j = 1,2,\cdots,p\}$。

### 2. 评价函数法

求解多目标规划问题时，还有一种常见的方法——评价函数法，其基本思想是将多目标规划问题转化为一个单目标规划问题来求解，而且该单目标规划问题的目标函数是用多目标问题的各个目标函数构造出来的，称为评价函数。例如，如果原多目标规划问题的目标函数为 $F(x)$，则可通过各种不同的方式构造评价函数 $h(F(x))$，然后求解如下问题：

$$\begin{array}{l} \min h(F(x)) \\ \text{s.t.}\{x \in R \end{array} \tag{7-5}$$

求解问题（7-5）后，可用上述问题的最优解 $x^*$ 作为多目标规划问题的最优解。正是由于可用不同的方法来构造评价函数，因此有各种不同的评价函数方法。

### 3. 功效系数法

我们知道，多目标规划的任意一个可行解 $x \in R$，对每个目标 $f_1(x)$ 的相应值是有好有坏的。一个 $x \in R$ 对某个 $f_1(x)$ 的相应值的好坏程度，称为 $x$ 对 $f_1(x)$ 的功效。

为了便于对每个 $x \in R$ 比较它对某个 $f_1(x)$ 的功效大小，可以将 $f_1(x)$ 做函数变换 $d_i(f_i(x))$，即令 $d_i = d_i(f_i(x)), x \in R, i = 1,2,\cdots,p$，并规定：对 $f_1(x)$ 产生功效最好的 $x$，评分为 $d_i = 1$；功率最坏的 $x$，评分为 $d_i = 0$；对不是最好也不是最坏的中间状态，评分为 $0 < d_i < 1$。也就是说，用一个值在 0 与 1 间的功效函数 $d_i(f_i(x))$，$x \in R$ 来反映 $f_i(x)$ 的好坏。下面介绍最常用的两种评分方法：线性功效系数法和指数功效系数法。

#### 1）线性功效系数法

这种方法是用功效最好与最坏的两点之间的直线来反映功效程度的，考虑如下的多目标规划问题：

$$\begin{cases} \min(f_1(x), f_2(x), \cdots, f_k(x))^{\mathrm{T}} \\ \max(f_{k+1}(x), f_{k+2}(x), \cdots, f_p(x))^{\mathrm{T}} \\ \text{s.t.}\{x \in R \end{cases} \tag{7-6}$$

求出 $f_1(x)$ 的最大值和最小值 $\begin{cases} \min\limits_{x\in R} f_1(x)=\underline{f_i}, i=1,2,\cdots,p \\ \max\limits_{x\in R} f_i(x)=\overline{f_i}, i=1,2,\cdots,p \end{cases}$。

① 由于当 $i=1,2,\cdots,k$ 时，$f_i(x)$ 要求越小越好，因此可取

$$d_i=d_i(f_i(x))=\begin{cases} 1, & f=\underline{f_i} \\ 0, & f=\overline{f_i} \\ 1-\dfrac{f_i(x)-\underline{f_i}}{\overline{f_i}-\underline{f_i}}, & \underline{f_i}<f<\overline{f_i} \end{cases} \tag{7-7}$$

式（7-7）中选取 $1-\dfrac{f_i(x)-\underline{f_i}}{\overline{f_i}-\underline{f_i}}$ 作为函数值，主要是因为过两点 $(\underline{f_i},1)$ 和 $(\overline{f_i},0)$ 可作一条直线，其方程为

$$\frac{f_i(x)-\underline{f_i}}{\overline{f_i}-\underline{f_i}}=\frac{d(f_i(x))-1}{0-1};i=1,2,\cdots,k \tag{7-8}$$

由式（7-8）得 $d_i(f_i(x))=1-\dfrac{f_i(x)-\underline{f_i}}{\overline{f_i}-\underline{f_i}};i=1,2,\cdots,k$，$d_i(f_i(x))$ 的图形如图 7-4 所示。

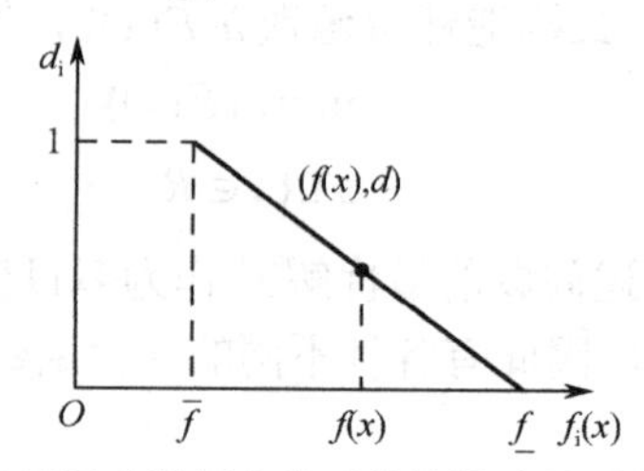


图 7-4　求目标函数极小值时的线性功效系数法示意图

显然，越靠近 $(\underline{f_i},1)$ 的功效越好，越靠近 $(\overline{f_i},0)$ 的功效越坏，所以 $d_i(f_i(x))$ 可以反映 $f_i(x);i=1,2,\cdots,k$，该函数值越小越好。

② 由于当 $i=k+1,k+2,\cdots,p$ 时，要求 $f_i(x)$ 越大越好，因此可取

$$d_i=d_i(f_i(x))=\begin{cases} 1, & f=\overline{f_i} \\ 0, & f=\underline{f_i} \\ \dfrac{f_i(x)-\underline{f_i}}{\overline{f_i}-\underline{f_i}}, & \underline{f_i}<f<\overline{f_i} \end{cases} \tag{7-9}$$

式（7-9）中选取 $\dfrac{f_i(x)-\underline{f_i}}{\overline{f_i}-\underline{f_i}}$ 作为函数值，主要是因为过两点 $(\underline{f_i},0)$ 和 $(\overline{f_i},1)$ 可作一条直线，其方程为

$$\frac{f_i(x)-\underline{f_i}}{\overline{f_i}-\underline{f_i}}=\frac{d_i(f_i(x))-0}{1-0};i=k+1,k+2,\cdots,p \tag{7-10}$$

于是可得$d_i(f_i(x))=\dfrac{f_i(x)-\underline{f_i}}{\overline{f_i}-\underline{f_i}}; i=k+1,k+2,\cdots,p$，$d_i(f_i(x))$的图形如图 7-5 所示。

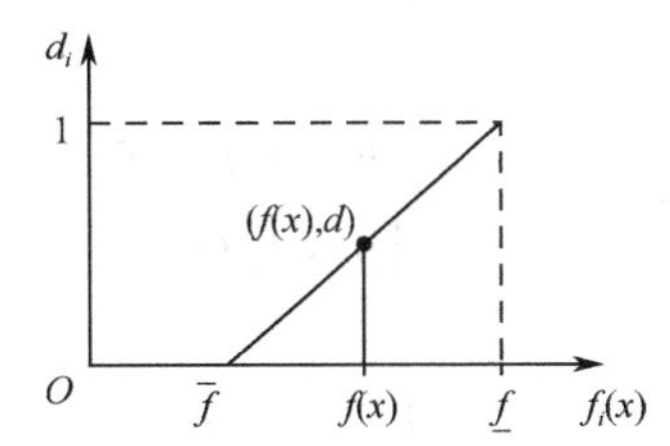


图 7-5　求目标函数极大值时的线性功效系数法示意图

由①和②可知，对所有的$f_i(x), i=1,2,\cdots,p$均给出了相应的功效系数$d_i(f_i(x))$，用①和②所推导出的$d_i(f_i(x))$的公式中，当$d_i(f_i(x))\approx 1$时即可同时保证前 $k$ 个目标越小越好，而后$p-k$个目标越大越好。

2）指数功效系数法

线性功效系数法实际上是把功效系数取作线性函数，当把功效系数取作指数函数时，便得到指数功效系数法。

仍考虑式（7-6）所示形式的多目标规划问题。

由于指数函数的几何特征与直线不同，因为指数函数最大值的$d_i(\overline{f_i})\neq 0$，而是趋近于 0，因此无法像线性功效系数法那样利用$f_i(x)$的最小值$\underline{f_i}$和最大值$\overline{f_i}$来定义$d_i(f_i(x))$，而是利用估计出的$f_i(x)$的不合格值$f_i^0$（或称为不满意值）和勉强合格值$f_i^1$（或称为最低满意值）来定义$d_i(f_i(x))$。

① 对于越大越好的$f_i(x), i=k+1,k+2,\cdots,p$，考虑如下的指数功效系数：

$$d_i=d_i(f_i(x))=\mathrm{e}^{-\mathrm{e}^{-b_0-b_1 f_i(x)}}, i=k+1,k+2,\cdots,p \tag{7-11}$$

式中，$b_0$及$b_1>0$，为待定的常数，其图形如图 7-6 所示。

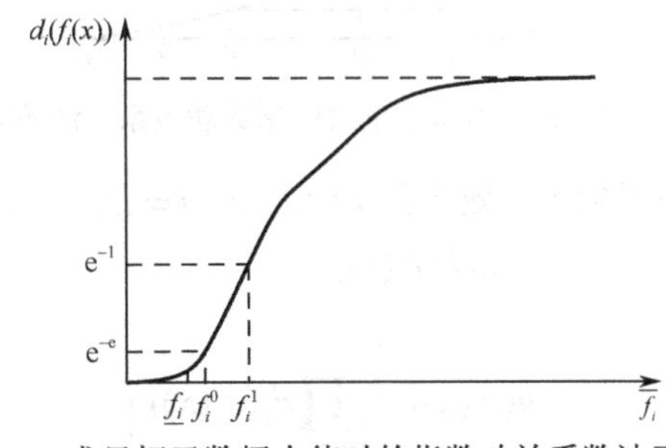


图 7-6　求目标函数极大值时的指数功效系数法示意图

由图 7-6 可见，$d_i(f_i(x)), i=1,2,\cdots,p$是$f_i(x)$的严格单调增函数，而且当$f_i(x)$充分大时，$d_i(f_i(x))\to 1$。

为了确定$b_0$和$b_1$，规定$d_i^1=d_i(f_i^1)=\mathrm{e}^{-1}\approx 0.37$；$d_i^0=d_i(f_i^0)=\mathrm{e}^{-\mathrm{e}}\approx 0.07$，可得到

$$\begin{cases} e^{-1} = e^{-e^{-(b_0+b_1f_i^1)}} \\ e^{-e} = e^{-e^{-(b_0+b_1f_i^0)}} \end{cases} \tag{7-12}$$

由此可得

$$\begin{cases} b_0 + b_1 f_i^1 = 0 \\ b_0 + b_1 f_i^0 = 0 \end{cases} \tag{7-13}$$

解方程组（7-13）得

$$\begin{cases} b_0 = \dfrac{f_i^1}{f_i^0 - f_i^1} \\ b_1 = -\dfrac{1}{f_i^0 - f_i^1} \end{cases} \tag{7-14}$$

即有

$$d_i(f_i(x)) = \exp\left(-\exp\left(\frac{f_i(x) - f_i^1}{f_i^0 - f_i^1}\right)\right),\ i = k+1, k+2, \cdots, p \tag{7-15}$$

② 对于越小越好的 $f_i(x), i = 1, 2, \cdots, k$，可类似求得

$$d_i(f_i(x)) = 1 - \exp\left(-\exp\left(\frac{f_i(x) - f_i^1}{f_i^0 - f_i^1}\right)\right),\ i = 1, 2, \cdots, k \tag{7-16}$$

此时，$d_i$ 的图形如图 7-7 所示。图中，$d_i$ 是 $f_i(x)$ 的严格单调减函数，当 $f_i(x)$ 充分小时，$d_i(f_i(x)) \to 1$。

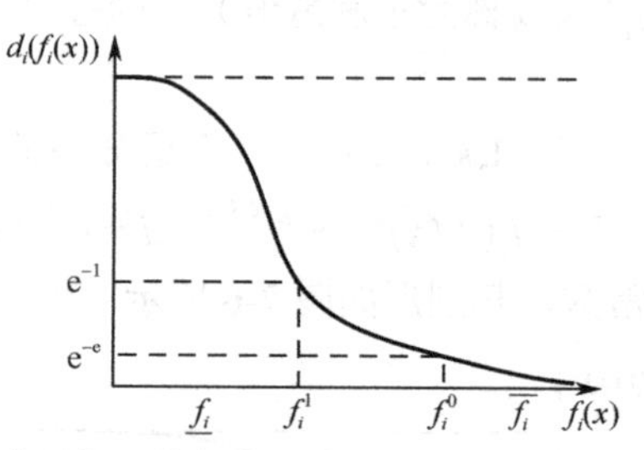


图 7-7 求目标函数极小值时的指数功效系数法效果图

类似线性功效系数法，在得到各功效系数 $d_i(f_i(x))$，$i = 1, 2, \cdots, p$ 后，构造单目标规划问题：

$$\max_{x \in R} h(F(x))$$

$$h(F(x)) = \left(\prod_{i=1}^{p} d_i(f_i(x))\right)^{\frac{1}{p}} \tag{7-17}$$

可证明，问题（7-17）的最优解为多目标规划问题（7-6）的有效解。

值得指出的是，功效系数法显然也适用于统一的极小化模型，只需要在相应的一评价函数中取 $k = p$ 即可。

### 7.6.3　多目标规划智能计算的实例

MATLAB 中同样提供了相关函数用于实现多目标规划智能计算，下面直接通过实例来演示。

**【例 7-10】**（木梁设计问题）用直径为 1（单位长）的圆木制成截面为矩形的梁。为使质量最轻、强度最大，问截面的宽和高应取何尺寸？

假设矩形截面的宽和高分别为 $x_1$ 和 $x_2$，则根据几何知识得 $x_1^2+x_2^2=1$，且此时木梁的截面积为 $x_1x_2$。同时，根据材料力学的知识，木梁强度取决于截面矩量 $\frac{x_1x_2^2}{6}$，因此，如果要使质量最轻，实际上目标即为赍截面积最小，又要强度最大，因此目标为载面矩量最大，于是容易列出如下数学模型：

$$\begin{cases}\min f_1(x)=x_1x_2\\ \max f_2=\dfrac{x_1x_2^2}{6}\\ x_1^2+x_2^2=1\\ x_1,x_2\geqslant 0\end{cases}$$

很显然，在满足 $x_1^2+x_2^2=1$ 的前提下，函数 $f_1(x)=x_1x_2$ 的最小值为 $f_1^*=0$，且当 $x_1$=0 或 $x_2$=0 时取得；但是又要使 $f_2'(x)=\frac{x_1x_2^2}{6}$ 达到最大，即 $f_2'(x)=-\frac{x_1x_2^2}{6}$ 达到最小，所以要在两者之间取一个折中，即完成一个多目标规划。

根据需要，建立 objfun10.m 来定义多目标规划问题的目标函数。

```
function f=objfun10(x)
f(1)=x(1)*x(2);
f(2)=-1/6*x(1)*x(2)^2;
```

由于问题中存在一个非线性的等式约束，所以建立约束函数的 M 函数文件 confun.m 来描述问题中的非线性约束。

```
function [c,ceq]=confun(x)
c=[];
ceq=[x(1)^2+x(2)^2-1];
```

设置求解的初始点 x0=[1;1]，然后在设定目标 goal 时，考虑函数 $f_1(x)$ 和 $f_2'(x)$ 均要尽量小，于是取其 goal 为 0 和-1，均为无法达到的数值，在此前提下进行问题的优化，选择权值向量 wight=[1;1]，然后调用 fgoalattain 求解该问题，代码如下：

```
>> clear all;
x0=[1;1];
lb=[0 0]';
goal=[0 -1]';
```

```
weight=[1 1]';
[x,fval,attainfactor]=fgoalattain(@objfun10,x0,goal,weight,[],[],[],[],lb,[],@confun)
```

运行程序，输出如下：

```
Local minimum possible. Constraints satisfied.
fgoalattain stopped because the size of the current search direction is less than
twice the default value of the step size tolerance and constraints are
satisfied to within the default value of the constraint tolerance.
<stopping criteria details>
x =
    0.5774
    0.8165
fval =
    0.4714   -0.0642
attainfactor =
    0.9358
```

在当前目标函数和权值向量的选择情况下，最优解为$x^* = (0.5774, 0.8165)^{\mathrm{T}}$。

由于选择 goal 时即设置了目标函数所不能达到的值，因此 attainfactor 的值为正，即说明未达到预计的目标。但这并不是说明问题无可行解，而是在求解过程中设定的目标过于苛刻，这只是为了取目标函数的折中，因为在原问题中并没有明确说明目标函数需要达到的具体数值。

**【例 7-11】**（采购问题）某工厂需要采购某种生产原料，该原料在市场中有 A 和 B 两种，单位分别为 1.5 元/千克和 2.5 元/千克。现要求所花的总费用不超过 400 元，购得原料总质量不少于 150 千克，其中 A 原料不得少于 70 千克。问：怎样确定最佳采购方案，花最少的钱采购最多数量的原料？

解析：设 A、B 分别采购$x_1$、$x_2$千克，于是该次采购总的花费为$f_1(x)=1.5x_1+2.5x_2$，所得原料总量为$f_2(x)=x_1+x_2$，则求解的目标是花最少的钱购买最多的原料，即最小化$f_1(x)$的同时最大化$f_2(x)$。

要满足总花费不得超过 400 元，原料的总质量不得少于 150 千克，A 原料不得少于 70 千克，于是得到对应的约束条件为

$$\begin{cases} x_1+x_2 \geqslant 150 \\ 1.5x_1+2.5x_2 \leqslant 400 \\ x_1 \geqslant 70 \end{cases}$$

又考虑到购买的数量必须满足非负的条件，由于对$x_1$已有相应的约束条件，因此只需要添加对$x_2$的非负约束即可。

综合所述，得到的问题的数学模型为

$$\min f_1(x)=1.5x_1+2.5x_2$$
$$\max f_2(x)=x_1+x_2$$

$$\text{s.t.}\begin{cases} x_1 + x_2 \geqslant 150 \\ 1.5x_1 + 2.5x_2 \leqslant 400 \\ x_1 \geqslant 70 \\ x_2 \geqslant 0 \end{cases}$$

根据需要，建立目标函数的 M 文件 func11，代码如下：

```
function f= func11(x)
f(1)=1.5*x(1)+2.5*x(2);
f(2)=-x(1)-x(2);
```

根据约束中的目标约束，可设置 goal 为[400,-150]，再加入对设计变量的边界约束，同时，权重选择为 goal 的绝对值，调用 fgoalattain 函数求解，代码如下：

```
>> clear all;
x0=[0;0];
A=[-1 -1; 1.5 2.5];
b=[-150; 400];
lb=[70;0];
goal=[400;-150];
weight=abs(goal);
[x,fval,attainfactor,output,lambda] = fgoalattain(@func11,x0,goal,weight,[],[],[],[],lb,[])
```

运行程序，输出如下：

```
Local minimum possible. Constraints satisfied.
fgoalattain stopped because the predicted change in the objective function
is less than the default value of the function tolerance and constraints
are satisfied to within the default value of the constraint tolerance.
<stopping criteria details>
x =
  124.4650
   54.4638
fval =
  322.8569   -178.9288
attainfactor =
   -0.1929
output =
     5
lambda =
         iterations: 3
          funcCount: 14
       lssteplength: 1
           stepsize: 0.0010
          algorithm: 'goal attainment SQP, Quasi-Newton, line_search'
     firstorderopt: []
```

```
constrviolation: 3.2097e-07
        message: [1x776 char]
```

在上述期望目标和权重选择下，问题的最优解为$x^* = \begin{bmatrix} 124.4650 \\ 54.4638 \end{bmatrix}$。参数 attainfactor 的值为负，说明其已经溢出预期的目标函数值，满足原问题的要求。

# 第 8 章　遗传算法分析

随着优化理论的发展，一些新的智能算法得到了迅速发展和广泛应用，成为解决传统系统辨识问题的新方法，如遗传算法、蚁群优化算法、粒子算法、差分进化算法等。这些算法丰富了智能计算，这些优化算法都是通过模拟揭示自然现象和过程来实现的，其优点和机制的独特，为智能计算提供了切实可行的解决方案。

## 8.1　遗传算法的基本概述

遗传算法（Genetic Algorithm）是一类借鉴生物界的进化规律（适者生存，优胜劣汰遗传机制）演化而来的随机化搜索方法。它是由美国的 J. Holland 教授于 1975 年首先提出的，其主要特点是直接对结构对象进行操作，不存在求导和函数连续性的限定；具有内在的隐并行性和更好的全局寻优能力；采用概率化的寻优方法，能自动获取和指导优化的搜索空间，自适应地调整搜索方向，不需要确定的规则。遗传算法的这些性质，已被人们广泛地应用于组合优化、机器学习、信号处理、自适应控制和人工生命等领域。它是现代有关智能计算中的关键技术。

遗传算法是以达尔文的自然选择学说为基础发展起来的。自然选择学说包括以下 3 个方面。

### 1．遗传

这是生物的普遍特征，亲代把生物信息交给子代，子代按照所得信息而发育、分化，因而子代总是和亲代具有相同或相似的性状。生物有了这个特征，物种才能稳定存在。

### 2．变异

亲代和子代之间及子代的不同个体之间总是有些差异，这种现象称为变异。变异是随机发生的，变异的选择和积累是生命多样性的根源。

### 3．生存斗争和适者生存

自然选择来自系列过剩和生存斗争。由于弱肉强食的生存斗争不断进行，其结果是适者生存，即具有适应性变异的个体被保留下来，不具有适应性变异的个体被淘汰，通过一代代的生存环境的选择作用，性状逐渐与祖先有所不同，演变为新的物种。这种自然选择过程是一个长期的、缓慢的、连续的过程。

遗传算法将“优胜劣汰，适者生存”的生物进化原理引入优化参数形成的编码串联群体中，按所选择的适配值函数并通过遗传中的复制、交叉及变异对个体进行筛选，使适配值高的个体被保留下来，组成新的群体，新的群体既继承了上一代的信息，又优于上一代。这样周而复始，群体中个体适应度不断提高，直到满足一定的条件。遗传算法的算法简单，可并行处理，并能得到全局最优解。

### 8.1.1 遗传算法的特点

遗传算法是解决搜索问题的一种通用算法，对于各种通用问题都可以使用。搜索算法的共同特征如下。

（1）组成一组候选解。

（2）依据某些适应性条件测算这些候选解的适应度。

（3）根据适应度保留某些候选解，放弃其他候选解。

（4）对保留的候选解进行某些操作，生成新的候选解。

在遗传算法中，上述几个特征以一种特殊的方式组合在一起：基于染色体群的并行搜索，带有猜测性质的选择操作、交换操作和突变操作。这种特殊的组合方式将遗传算法与其他搜索算法区别开来。

遗传算法还具有以下几个特点。

（1）遗传算法从问题解的串集开始搜索，而不是从单个解开始。这是遗传算法与传统优化算法的极大区别。传统优化算法是从单个初始值迭代求最优解的；容易误入局部最优解。遗传算法从串集开始搜索，覆盖面大，利于全局择优。

（2）遗传算法同时处理群体中的多个个体，即对搜索空间中的多个解进行评估，减少了陷入局部最优解的风险，同时算法本身易于实现并行化。

（3）遗传算法基本上不用搜索空间的知识或其他辅助信息，而仅用适应度函数值来评估个体，在此基础上进行遗传操作。适应度函数不仅不受连续可微的约束，而且其定义域可以任意设定。这一特点使得遗传算法的应用范围大大扩展了。

（4）遗传算法不是采用确定性规则，而是采用概率的变迁规则来指导其搜索方向。

（5）具有自组织、自适应和自学习性。遗传算法利用进化过程获得的信息自行组织搜索时，适应度大的个体具有较高的生存概率，并获得更适应环境的基因结构。

遗传算法的流程图如图 8-1 所示。

遗传算法首先将问题的每个可能的解按某种形式进行编码，编码后的解称为染色体（个体）。随机选取 $N$ 个染色体构成初始种群，再根据预定的评价函数对每个染色体计算适应度，使得性能较好的染色体具有较高的适应度。选择适应度高的染色体进行复制，通过遗传算子选择、交叉（重组）、变异，来产生一群新的更适应环境的染色体，形成新的种群。这样一代一代不断系列、进化，通过这一过程使后代种群比前代种群更适应环境，末代种群中的最优个体经过解码，作为问题的最优解或近似最优解。

遗传算法中包含如下 5 个基本要素：问题编码、初始群体的设定、适应度函数、遗传操作设计、控制参数设定（主要是指群体大小和使用遗传操作的概率等）。上述这 5 个要素构成了遗传算法的核心内容。

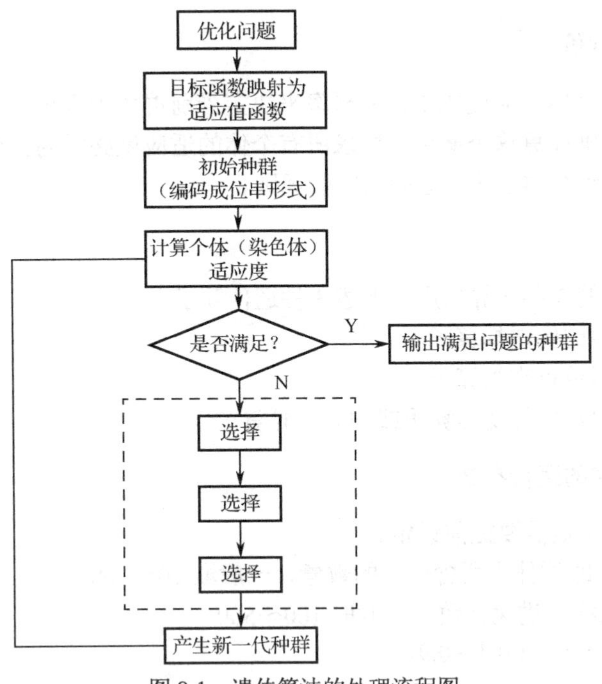


图 8-1　遗传算法的处理流程图

## 8.1.2　遗传算法的不足

遗传算法除具有以上特点外，也具有自身的不足之处，主要表现在以下方面。

（1）编码不规范及编码存在表示的不准确性。

（2）单一的遗传算法编码不能全面地将优化问题的约束表示出来。考虑约束的一个方法就是对不可行解采用阈值，这样，计算的时间必然增加。

（3）遗传算法的效率通常比其他传统的优化方法低。

（4）遗传算法容易过早收敛。

（5）遗传算法在算法的精度、可行度、计算复杂性等方面，还没有有效的定量分析方法。

## 8.1.3　遗传算法的构成要素

遗传算法的主要构成要素主要有以下几种。

### 1．染色体编码方法

基本遗传算法使用固定长度的二进制符号来表示群体的个体，其等位基因是由二值符号集{0,1}组成的。初始个体的基因值可用均匀分布的随机值生成，如 $x = 100111001000101110$ 即可表示一个个体，该个体的染色体长度为 $n = 18$。

### 2. 个体适应度评价

基本遗传算法与个体适应度成正比的概率来决定当前群体中每个个体遗传到下一代群体中的概率多少。为正确计算这个概率，要求所有个体的适应度必须为正数或零。因此，必须先确定由目标函数值到个体适应度之间的转换规则。

### 3. 遗传算子

基本遗传算法中的 3 种运算使用了下述 3 种遗传算子。

① 选择运算使用比例选择算子。

② 交叉运算使用单点交叉算子。

③ 变异运算使用基本位变异算子或均匀变异算子。

### 4. 基本遗传算法的运行参数

有以下 4 种运行参数需要提前设定。

$M$：群体大小，即群体中所含个体的数量，一般取 20～100。

$G$：遗传算法的终止进化代数，一般取 100～500。

$P_c$：交叉概率，一般取 0.4～0.9。

$P_m$：变异概率，一般取 0.0001～0.1。

## 8.1.4 遗传算法的应用步骤

遗传算法操作简单、易懂，是其他遗传算法的雏形和基础，它不仅给各种遗传算法提供了一个基本框架，也具有一定的应用价值。其主要实现步骤如下。

### 1. 编码

把所需要选择的特征进行编号，每一个特征就是一个基因，一个解就是一串基因的组合。为了减少组合数量，在图像中进行分块，然后把每一块看做一个基因进行组合优化的计算。每个解的基因数量是要通过实验确定的。

遗传算法不能直接处理问题空间的参数，必须把它们转换成遗传空间的由基因按一定结构组成的染色体或个体。这一转换操作叫做编码，评估编码策略常采用以下 3 个规范。

（1）完备性（Completeness）：问题空间中的所有点（候选解）都能作为 GA 空间中的点（染色体）表现。

（2）健全性（Soundness）：GA 空间中的染色体能对应所有问题空间中的候选解。

（3）非冗余性（Nonredundancy）：染色体和候选解一一对应。

目前的几种常用的编码技术有二进制编码、浮点数编码、字符编码、格雷编码等。

而二进制编码是目前遗传算法中最常用的编码方法，即由二进制字符集{0,1}产生通常的 0、1 字符串来表示问题空间的候选解。它具有以下特点。

① 简单易行。

② 符合最小字符集编码原则。

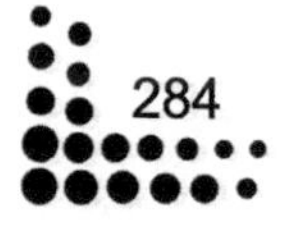

③ 便于用模式定理进行分析，因为模式定理就是以此为基础的。

### 2. 初始群体的生成

随机产生 $N$ 个初始串结构数据，每个串结构数据称为一个个体。$N$ 个个体构成一个群体。遗传算法以这 $N$ 个初始串结构数据作为初始点开始迭代。这个参数 $N$ 需要根据问题的规模而确定。进化论中的适应度，表示某一个体对环境的适应能力，也表示该个体繁殖后代的能力。遗传算法的适应度函数也称评价函数，是用来判断群体中的个体的优劣程度的指标，它是根据所求问题的目标函数来进行评估的。遗传算法中初始群体中的个体是随机产生的。一般来讲，初始群体的设定可采取如下策略。

（1）据问题固有知识，设法把握最优解所占空间在整个问题空间中的分布范围，并在此分布范围内设定初始群体。

（2）先随机生成一定数目的个体，然后从中挑出最好的个体加到初始群体中。这种过程不断迭代，直到初始群体中个体数达到了预先确定的规模。

### 3. 杂交

杂交操作是遗传算法中最主要的遗传操作。由交换概率挑选的每两个父代通过将相异的部分基因进行交换，从而产生新的具体，新具体组合了其父辈个体的特征。杂交体现了信息交换的思想。

### 4. 适应度函数

遗传算法在搜索进化过程中一般不需要其他外部信息，仅用评估函数来评估个体或解的优劣，并作为以后遗传操作的依据。由于遗传算法中，适应度函数要比较排序并在此基础上计算选择概率，所以适应度函数的值要取正值。由此可见，在不少场合，将目标函数映射成求最大值形式且函数值非负的适应度函数是必要的。

适应度函数的设计主要满足以下条件。

① 单值、连续、非负、最大化。

② 合理、一致性。

③ 计算量小。

④ 通用性强。

在具体应用中，适应度函数的设计要结合求解问题本身的要求而定。适应度函数设计直接影响到遗传算法的性能。

### 5. 选择

选择的目的是从交换后的群体中选出优良的个体，使它们有机会作为父代为下一代繁衍子孙。进行选择的原则是适应性强的个体为下一代贡献的概率大，体现了达尔文的适者生存法则。

### 6. 变异

变异首先在群体中随机选择一定数量的个体，对于选中的个体以一定的概率随机地改变串结构数据中某个基因的值。同生物界一样，遗传算法中变异发生的概率很低，通常取值

0.001～0.01。变异为新个体的产生提供了机会。

#### 7．中止

中止的条件一般有以下 3 种情况。

（1）给定一个最大的遗传代数，算法迭代到最大代数时停止。

（2）给定问题一个下界的计算方法，当进化中达到要求的偏差$\varepsilon$时，算法终止。

（3）当监控得到的算法再进化已无法改进解的性能时停止。

### 8.1.5 遗传算法的应用领域

由于遗传算法的整体搜索策略和优化搜索方法在计算时不依赖于梯度信息或其他辅助知识，而只需要影响搜索方向的目标函数和相应的适应度函数，所以遗传算法提供了一种求解复杂系统问题的通用框架，它不依赖于问题的具体领域，对问题的种类有很强的鲁棒性，所以广泛应用于许多学科。下面将介绍遗传算法的一些主要应用领域。

#### 1．函数优化

函数优化是遗传算法的经典应用领域，也是遗传算法进行性能评价的常用算例，许多人构造出了各种各样复杂形式的测试函数、连续函数和离散函数、凸函数和凹函数、低维函数和高维函数、单峰函数和多峰函数等。对于一些非线性、多模型、多目标的函数优化问题，用其他优化方法较难求解，而遗传算法可以方便地得到较好的结果。

#### 2．组合优化

随着问题规模的增大，组合优化问题的搜索空间也急剧增大，有时在目前的计算上用枚举法很难求出最优解。对这类复杂的问题，人们已经意识到应把主要精力放在寻求满意解上，而遗传算法是寻求这种满意解的最佳工具之一。实践证明，遗传算法对于组合优化中的 NP 问题非常有效。例如，遗传算法已经在求解旅行商问题、背包问题、装箱问题、图形划分问题等方面得到成功的应用。

此外，GA 也在生产调度问题、自动控制、机器人学、图像处理、人工生命、遗传编码和机器学习等方面获得了广泛的运用。

#### 3．车间调度

车间调度问题是一个典型的 NP-Hard 问题，遗传算法作为一种经典的智能算法广泛用于车间调度中，很多学者致力于用遗传算法解决车间调度问题，现今也取得了十分丰硕的成果。从最初的传统车间调度（JSP）问题到柔性作业车间调度问题（FJSP），遗传算法都有优异的表现，在很多算例中都得到了最优或近优解。

## 8.2　遗传算法的分析

基本遗传算法只使用选择算子、交叉算子和变异算子三种基本遗传算子，操作简单，容易理解，是其他遗传算法的雏形和基础。

构成基本遗传算法的要素是染色体编码、具体适应度函数、遗传算子以及遗传参数设置等。

编码、适应度函数等概念在前面已做过介绍，在此只介绍相关方法。

### 8.2.1　染色的编码

遗传算法的工作对象是字符串，因此对字符串的编码有两点要求：一是字符串要反映所研究问题的性质；二是字符串的表达要便于计算机处理。

常用的编码方法有以下几种。

#### 1. 二进制编码

二进制编码是遗传算法编码中最常用的方法。它是用固定长度的二进制符号$\{0,1\}$串来表示群体中的个体，个体中的每一位二进制字符称为基因。例如，长度为 10 的二进制编码可以表示 0～1023 中的 1024 个不同的整数。如果一个待优化变量的区间$[a,b]=[0,100]$，则变量的取值范围可以被离散成$(2^l)^p$个点，其中$l$为编码长度，$p$为变量数目。离散点 0～100 依次对应于 0000000000～0001100100。

二进制编码中符号串的长度与问题的求解精度有关。如果变量的变化范围为$[a,b]$，编码度为$[a,b]$，则编码精度为$\dfrac{b-a}{2^l-1}$。

二进制编码、解码操作简单易行，杂交和变异等遗传操作便于实现，符号最小字符集编码原则，具有一定的全局搜索能力和并行处理能力。

#### 2. 符号编码

符号编码是指个体染色体编码串中的基因值取自一个无数值意义而只有代码含义的符号集。这个符号集可以是一个字母表，如$\{A,B,C,D,\cdots\}$；也可以是一个数字序列，如$\{1,2,3,4,\cdots\}$；还可以是一个代码表，如$\{A1,A2,A3,A4,\cdots\}$等。

符号编码符合有意义的积木块原则，便于在遗传算法中利用所求问题的专业知识。

#### 3. 浮点数编码

浮点数编码是指个体的每个基因用某一范围内的一个浮点数来表示。因为这种编码方法使用的是变量的真实值，所以也称为真值编码方法。

浮点数编码方法适合在遗传算法中表示范围较大的数，适用于精度要求较高的遗传算法，以便于在较大空间内进行遗传搜索。

浮点数编码更接近于实际，并且可以根据实际问题来设计更有意义和与实际问题相关的交叉和变异算子。

**4．格雷编码**

格雷编码是这样的一种编码：其连续的两个整数所对应的编码值之间只有一个码位是不同的，其余的完全相同。例如，31 和 32 的格雷码为 010000 和 110000。格雷码与二进制编码之间有一定的对应关系。

设一个二进制编码为$B=b_m b_{m-1}\cdots b_2 b_1$，则对应的格雷码为$G=g_m g_{m-1}\cdots g_2 g_1$。由二进制向格雷码的转换公式为

$$g_i=b_{i+1}\oplus b_i, i=m-1,m-2,\cdots,1$$

由格雷码向进制编码的转换公式为

$$b_i=b_{i+1}\oplus g_i, i=m-1,m-2,\cdots,1$$

其中，$\oplus$ 表示“异与”算子，即运算时两数相同时取 0，不同时取 1。例如，

$$0\oplus 0=1\oplus 1=0，0\oplus 1=1\oplus 0=1$$

使用格雷码对个体进行编码，编码串之间的一位差异，对应的参数值也只是微小的差异，这样与普通的二进制编码相比，格雷编码方法就相当于增强了遗传算法的局部搜索能力，便于对连续函数进行局部空间搜索。

### 8.2.2 适应度函数

与数学中的优化问题不同的是，适应度函数要求取的是极大值，而不是极小值，并且适应度函数具有非负性。

对于整个遗传算法影响最大的是编码和适应度函数的设计。好的适应度函数能够指导算法从非最优的具体进行最优个体，并且能够用来解决一些遗传算法中的问题，如过早收敛与过慢结束。

过早收敛是指算法在没有得到全局最优解前，就已稳定在某个局部解。其原因是某些个体的适应度值大于个体适应度的均值，在得到全局最优解前，它们就有可能被大量复制而占群体的大多数，从而使算法过早收敛到局部最优解，失去了找到全局最优解的机会。解决的方法是，压缩适应度的范围，防止过于适应的个体过早地在整个群体中占据统治地位。

过慢结束是指在迭代许多代后，整个种群已经大部分收敛，但是还没有得到稳定的全局最优解。其原因是整个种群的平均适应度值较高，而且最优个体的适应度值与全体适应度均值间的差异不大，使得种群进化的动力不足。解决的方法是，扩大适应度函数值的范围，扩大最优个体适应度值与群体适应度均值的距离。

通常而言，适应度是费用、盈利、方差等目标的表达式。在实际问题中，有时希望适应度越大越好，有时要求适应度越小越好。但在遗传算法中，一般是按最大值处理的，而且不允许适应度小于零。

对于有约束条件的极值，其适应度可用罚函数方法处理。

例如，原来的极值问题为

$$\begin{cases}\max g(x) \\ \text{s.t.} \quad h_i(x) \leqslant 0, i=1,2,\cdots,n\end{cases}$$

可将其转化为

$$\max g(x) - \gamma \sum_{i=1}^{n} \Phi\{h_i(x)\}$$

式中，$\gamma$ 为惩罚系数；$\Phi$ 为惩罚函数，通常可采用平方形式，即

$$\Phi[h_i(x)] = h_i^2(x)$$

### 8.2.3　遗传算子

遗传算子就是遗传算法中进化的规则。基本遗传算法的遗传算子主要有选择算子、交叉算子和变异算子。

**1．选择算子**

选择算子就是用来确定怎样从父代群体中按照某种方法，选择哪些个体作为子代的遗传算子。选择算子建立在对个体的适应度进行评价的基础上，其目的是避免基因的缺失，提高全局收敛性和计算效率。选择算子是 GA 的关键，体现了自然界中适者生存的思想。

常用选择算子的操作方法有以下几种。

1）赌轮选择法

此方法的基本思想是个体被选择的概率与其适应度值大小成正比。为此，首先要构造与适应度函数成正比的概率函数 $p_s(i)$：

$$p_s(i) = \frac{f(i)}{\sum_{i=1}^{n} f(i)}$$

式中，$f(i)$ 为第 $i$ 个个体适应度函数值；$n$ 为种群规模。然后将每个个体按其概率函数 $p_s(i)$ 组成面积为 1 的一个赌轮。每转动一次赌轮，指针落入串 $i$ 所占区域的概率（即被选择复制的概率）为 $p_s(i)$。当 $p_s(i)$ 较大时，串 $i$ 被选中的概率大，但适应度值小的个体也有机会被选中，这样有利于保持群体的多样性。

2）排序选择法

排序选择法是指在计算每个个体的适应度值后，根据适应度大小顺序对群体中的个体进行排序，然后按照事先设计好的概率表按序分配给个体，作为各自的选择概率。所有个体按适应度大小排序，选择概率和适应度无直接关系，其仅与序号有关。

3）最优保存策略

此方法的基本思想是希望适应度最好的个体尽可能保留到下一代群体中。其步骤如下。

① 找出当前群体中适应度最高的个体和适应度最低的个体。

② 如果当前群体中最佳个体的适应度比总的迄今为止最好个体的适应度还要高，则以当

前群体中的最佳个体作为新的迄今为止的最好个体。

③ 用迄今为止的最好个体当前群体中最差个体。

该策略的实施可保证迄今为止得到的最优个体不会被交叉、变异等遗传算子破坏。

### 2．交叉算子

交叉算子体现了自然界信息交换的思想，其作用是将原有群体的优良基因遗传给下一代，并生成包含更复杂结构的新个体。

交叉算子有一点交叉、二点交叉、多点交叉和一致交叉等。

#### 1）一点交叉

先在染色体中随机选择一个点作为交叉点，再将第一个父辈的交叉点前的串和第二个父辈交叉点后的串组合形成一个新的染色体，第二个父辈交叉点前的串和第一个父辈交叉点后的串形成另外一个新染色体。

在交叉过程的开始，先产生随机数并与交叉概率 $p_c$ 比较，如果随机数比 $p_c$ 小，则进行交叉运算；否则不进行，直接返回父代。

例如，下面两个串在第五位上进行交叉，生成的新染色体将替代它们的父辈而进入中间群体。

$$\left.\begin{array}{l}\underline{1010}\otimes xyxyyx \\ xyxy\otimes xxxyxy\end{array}\right\}\rightarrow\begin{array}{l}1010xxxyxy \\ xyxyxyxyyx\end{array}$$

#### 2）二点交叉

在父代中选择好的两个染色体后，选择两个点作为交叉点，然后将这两个染色体中的两个交叉点之间的字符串互换，即可得到两个子代的染色体。

例如，下面两个串选择第 5 位和第 7 位为交叉点，然后交换两个交叉点间的串就形成了两个新的染色体。

$$\left.\begin{array}{l}1010\otimes xy\otimes xyyx \\ xyxy\otimes xx\otimes xyxy\end{array}\right\}\rightarrow\begin{array}{l}1010\,xx\,xyxy \\ xyxy\,xy\,xyyx\end{array}$$

#### 3）多点交叉

多点交叉与二点交叉相似。

#### 4）一致交叉

在一致交叉中，子代染色体的每一位都是从父代相应位置随机复制而来的，而其位置则由一个随机生成的交叉掩码决定。如果掩码的某一位是 1，则表示子代的这一位是从第一个父代中的相位位置复制的，否则是从第二个父代中相应位置复制的。

例如，下面的父代按相应的掩码进行一致交叉：

```
父代1   1010xyxyyx
父代2   xyxyxxxyxy  → 1yx0xyxyxy
掩码    1001011100
```

### 3. 变异算子

变异算子是遗传算法中保持特种多样性的一个重要途径，它模拟了生物进化过程中的偶然基因突变现象。其操作过程如下：先以一定概率从群体中随机选择若干个体，再对选中的个体，随机选取某一位进行反运算，即由1变为0，0变为1。

同自然界一样，每一位发生变异的概率是很小的，一般为0.001～0.1；如果过大，则会破坏许多优良个体，也可能无法得到最优解。

GA的搜索能力主要是由选择算子和交叉算子赋予的。变异算子则保证了算法能搜索到问题解空间的每一点，从而使算法具有全局最优，进一步增强了GA的能力。

对产生的新一代群体进行重新评价选择、交叉和变异。如此循环往复，使群体中最优个体的适应度和平均适应度不断提高，直到最优个体的适应度达到某一限值或最优个体的适应度和群体的平均适应度不同提高，则迭代过程收敛，算法结束。

## 8.3 控制参数的选择

GA中需要选择的参数主要有串长$l$、群体大小$n$、交叉概率$p_c$以及变异概率$p_m$等。这些参数对GA的性能影响较大。

### 1. 串长$l$

串长的选择取决于特定问题解的精度。要求精度越高，串长就越长，但需要更多的计算时间。为了提高运行效率，可采用变长度串的编码方式。

### 2. 群体大小$n$

群体大小的选择与所求问题的非线性程度相关，非线性越大，$n$越大。$n$越大，则可以含有较多的模式，为遗传算法提供了足够的模式采样容量，改善遗传算法的搜索质量，防止成熟前收敛，但也增加了计算量。一般建议取$n$为20～200。

### 3. 交叉概率$p_c$

交叉概率控制着交叉算子的使用频率。在每一代新群体中，需要对$p_c \times n$个个体的染色体结构进行交叉操作。交叉概率越高，群体中新结构的引入就越快，同时，已是优良基因的丢失速率也相应最高；交叉概率太低，则可能导致搜索阻滞。一般取$p_c$为0.6～10。

### 4. 变异概率$p_m$

变异概率是群体保持多样性的保障。变异概率太低，可能使某些基因位过早地丢失信息而无法恢复；变异概率太高，则遗传算法将变成随机搜索。一般取$p_m$为0.005～0.05。

在简单遗传算法或标准遗传算法中，这些参数是不变的。但事实上这些参数的选择取决于问题的类型，并且需要随着遗传进程而自适应变化。只有这种自组织性能的 GA 才能具有更高的鲁棒性、全局最优性和效率。

## 8.4 遗传算法的 MATLAB 实现

MATLAB 中提供了相关函数用于实现遗传算法，下面直接通过实例来演示。

**【例 8-1】** 一个化工厂生产两种产品 $x_1$ 和 $x_2$，每个产品的利润如下：$x_1$ 为 2 元，$x_2$ 为 4 元。而生产一个 $x_1$ 产品需要 4 单位 A 种原料和 2 单位 B 种原料，生产一个 $x_2$ 产品需要 6 单位 A 种原料、6 单位 B 种原料及 1 单位 C 种原料。现有的三种原料数量分别如下：A 有 120 单位，B 有 72 单位，C 有 10 单位。在此条件下，工厂的管理人员应如何设计生产，使工厂的利润达到最大？

解析：此系统可以归结为一个线性规划模型。

目标函数：$\max : f(x) = 2x_1 + 4x_2$。

约束条件：

$$
\begin{aligned}
&4x_1 + 6x_2 \leqslant 120 \\
&2x_1 + 6x_2 \leqslant 72 \\
&x_2 \leqslant 10 \\
&x_1, x_2 \geqslant 0
\end{aligned}
$$

现用模式搜索工具求解。

首先，编写目标函数并以 func4.m 为文件名存盘。

```
function y=func1(x)
y=-(2*x(:,1)+4*x(:,2));   %化为求极大值
```

其次，在 MATLAB 工作窗口中键入：

```
>> optimtool('ga')
```

最后，打开模式搜索工具 GUI，并在“Objective function”窗格中输入@func1，在“Start point”窗格中输入[00]，在“Linear inequalities”选项中设置“A=”为[46; 26; 01]，“b=”为[120; 72; 10]，在“Linear equalities”选项中设置“Aeq”为[ ]，“beq=”为[ ]，在“Bounds”选项中设置“Lower”为 zeros(2, 1)，“Upper”为[ ]，其他参数保持为默认值。单击“Start”按钮，运行模式搜索，算法结束后，在“Run solvcr and view results”文本框中显示算法运行的状态和结果：

```
Optimization running.
Optimization terminated.
Objective function value:-64.0
Optimization terminated: current mesh size 9.5367e-007 is less than 'TolMesh'.
final point
```

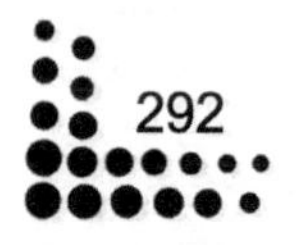

```
1   2
24   4
```

从结果中可看出，迭代 44 次便可得到满意的结果，即 $x_1$=24， $x_2$=4 时，其最大利润为 64 元。

# 8.5 遗传算法的寻优计算

遗传算法是对参数的编码进行操作，而非对参数本身进行操作；遗传算法同时使用多个搜索点的搜索信息，即遗传算法从由很多个体组成的一个初始群体开始最优解的搜索过程；遗传算法直接以目标函数作为搜索信息；遗传算法的选择、交叉和变异等运算都是以一种概率的方式来进行的；遗传算法对于待那段的函数基本无限制；遗传算法具有并行计算的特点，因而可适合大规模复杂问题的优化。

基于遗传算法的有约束的线性方程的最优值寻优，选取如下所示的目标函数（最小值）：

$$5x_1 + 4x_2 + 6x_3$$

对于该目标函数，相应的约束如下：

$$\begin{aligned} & x_1 - x_2 + x_3 \leqslant 20 \\ & 3x_1 + 2x_2 + 4x_3 \leqslant 42 \\ & 3x_1 + 2x_2 \leqslant 30 \\ & x_1, x_2, x_3 \leqslant 0 \end{aligned}$$

该方程有 3 个变量，对于一般的优化软件能够实现迅速求解，基于约束的函数极值寻优算法，采用遗传算法对该有约束函数极值寻优。根据需要，建立目标函数为

```
function y=func2(x)
y=-5*x(1)-4*x(2)-6*x(3);
y=-y;
end
```

采用 GA 算法实现函数的寻优计算，主程序代码如下：

```
>> clear all;
warning off                              %参数初始化
popsize=100;                             %种群规模
lenchrom=3;                              %染色体长度
pc=0.7;                                  %交叉概率
pm=0.3;                                  %变异概率
maxgen=100;                                                 %最大迭代代数
popmax=50; popmin=0;
bound=[popmin popmax;popmin popmax;popmin popmax];          %变量范围
%%生成初始解
for i=1:popsize
    GApop(i,:)=Code(lenchrom,bound);                        %产生初始种群
```

```
        fitness(i)=fun8_1(GApop(i,:));                          %计算适应度
    end
    [bestfitness bestindex]=min(fitness);
    zbest=GApop(bestindex,:);
    gbest=GApop;
    fitnessgbest=fitness;
    fitnesszbest=bestfitness;                                   %%迭代寻优

    for i=1:maxgen
     GApop=Select2(GApop,fitness,popsize);
     GApop=Cross(pc,lenchrom,GApop,popsize,bound);          %交叉操作
     GApop=Mutation(pm,lenchrom,GApop,popsize,[i,maxgen],bound);
     %变异操作
     pop=GApop;
     for j=1:popsize
         if 1.0*pop(j,1)-1.0*pop(j,2)+1.0*pop(j,3)<=20
             if 3*pop(j,1)+2*pop(j,2)+4*pop(j,3)<=42
                 if 3*pop(j,1)+2*pop(j,2)<=30
                     fitness(j)=func2(pop(j,:));               %适应度值
                 end
             end
         end
         if fitness(j)<fitnessgbest                                    %个体最优更新
             gbest(j,:)=pop(j,:);
             fitnessgbest=fitness(j);
         end
         if fitness(j)<fitnesszbest                                    %种群最优更新
             zbest=pop(j,:);
             fitnesszbest=fitness(j);
         end
     end
     yy(i)=fitnesszbest;
     end                                                               %结果
     disp '---------最佳粒子数---------'
     zbest      %%
     plot(yy,'linewidth',2);
     title(['适应度曲线' '终止代数=' num2str(maxgen)]);
     xlabel('进化代数');
     ylabel('适应度');
     grid on
```

运行程序，输出如下，效果如图 8-2 所示。

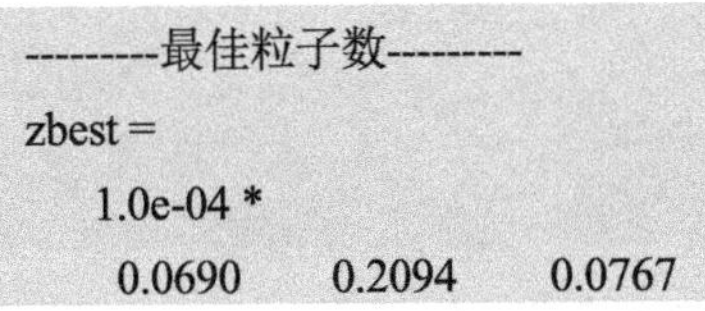

```
---------最佳粒子数---------
zbest =
   1.0e-04 *
    0.0690      0.2094      0.0767
```

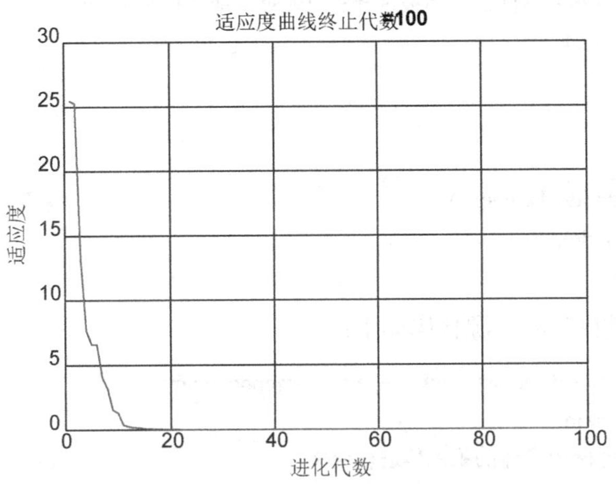


图 8-2　GA 适应度曲线图

在以上主程序中，调用了几个自定义编写的函数，分别如下。

（1）染色体编码算法函数 Code，源代码如下：

```
function ret=Code(lenchrom,bound)
%将变量编码为染色体，随机初始化一个群体
flag=0;
while flag==0
    pick=rand(1,lenchrom);
    ret=bound(:,1)'+(bound(:,2)-bound(:,1))' .*pick;
    flag=test(lenchrom,bound,ret);
end
```

（2）选择算子函数 Select2，源代码如下：

```
function ret= Select2 (individuals, fitness, sizepop)
%对每一代个体进行选择，已进行后面的交叉和变异计算
fitness=1./fitness;
sumfitness=sum(fitness);
sumf=fitness./sumfitness;
index=[];
%转 100 次转盘，选择个体
for i=1:sizepop
    pick=rand;
    while pick==0;
        pick=rand;
    end
```

```
        for j=1:sizepop
            pick=pick-sumf(j);
            if pick<0
                index=[index j];
                %落入区间的个体被选择和可能重复地选择某些个体
                break;
            end
        end
    end
    individuals=individuals(index,:);
    fitness=fitness(index);
    ret=individuals;
```

（3）交叉算子函数 Cross，源代码如下：

```
function ret=CrossGA(pcross,lenchrom,chrom, sizepop, bound)
    for i=1:sizepop
    %随机选择两个个体的染色体进行交叉
        pick=rand(1,2);
        if prod(pick)==0
            pick=rand(1,2);
        end
        index=ceil(pick.*sizepop);
        %决定是否交叉
        pick=rand;
        while pick==0
            pick=rand;
        end
        if pick>pcross %（小于交叉函数，交叉）
          continue;
        end
        flag=0;
        while flag==0
            pick=rand;
            while pick==0
                pick=rand;
            end
            %选择交叉的位置，对于两个个体的染色体，交叉位置相同
            pos=ceil(pick*lenchrom);
            pick=rand;
            v1=chrom(index(1),pos);
            v2=chrom(index(2),pos);
            chrom(index(1),pos)=pick*v2+(1-pick)*v1;
            chrom(index(2),pos)=pick*v1+(1-pick)*v2;
```

```
            flag1=test(lenchrom,bound, chrom(index(1),:));   %检验交叉的可行性
            flag2=test(lenchrom,bound, chrom(index(2),:));
            if flag1*flag2==0                                  %不可行，重新交叉
                flag=0;
            else flag=1;
            end
        end
    end
ret=chrom;
```

（4）检验染色体可行性函数 test，源代码如下：

```
function flag=test(lenchrom,bound,code)
%初始变量
[n,m]=size(code);
flag=1;
[n,m]=size(code);
for i=1:n
    if code(i)<bound(i,1)||code(i)>bound(i,2)
        flag=0;
    end
end
```

（5）变异算子函数 Mutation，源代码如下：

```
function ret=Mutation(pmutation, lenchrom, chrom, sizepop,pop,bound)
%本函数完成变异操作
for i=1:sizepop
    pick=rand;
    while pick==0
        pick=rand;
    end
    pick=rand;
    if pick>pmutation               %变异概率是否进行
        continue;                   %变异概率不进行
    end
    %变异概率进行
    flag=0;
    while flag==0
        pick=rand;
        while pick==0
            pick=rand;
        end
        %随机选择位置
        pos=ceil(pick*lenchrom);
```

```
            v=chrom(i,pos);          %获得当前群体的第 i 个个体的第 pos 个位置
            v1=v-bound(pos,1);
            v2=bound(pos,2)-v;
            pick=rand;
            %变异
            if pick >0.5
                delta=v2*(1-pick^((1-pop(1)/pop(2))^2));
                chrom(i,pos)=v+delta;
            else
                delta=v1*(1-pick^((1-pop(1)/pop(2))^2));
                chrom(i,pos)=v-delta;
            end
            flag=test(lenchrom, bound, chrom(i,:));
        end
    end
    ret=chrom;
```

## 8.6 遗传算法求极大值

利用遗传算法求 Rosenbrock 函数的极大值$\begin{cases} f(x_1,x_2)=100(x_1^2-x_2)^2+(1-x_1)^2 \\ -2.048 \leqslant x_i \leqslant 2.048,(i=1,2) \end{cases}$。该函数有两个局部极大点，分别是 $f(2.048 \quad -2.048)=3897.7342$ 和 $f(-2.048 \quad -2.048)= \quad 3905.92622$，其中后者为全局最大点。

函数 $f(x_1,x_2)$ 的三维图形如图 8-3 所示，可发现该函数在指定的定义域上有两个接近的极点，即一个全局极大值和一个局部极大值。因此，采用那段算法求极大值时，需要避免陷入局部最优解。

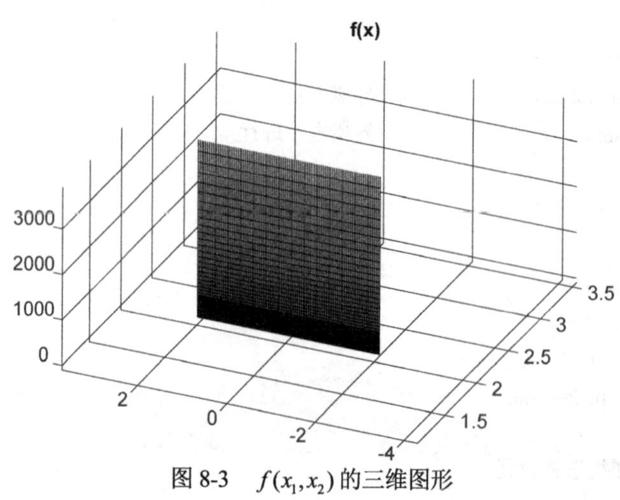


图 8-3 $f(x_1,x_2)$ 的三维图形

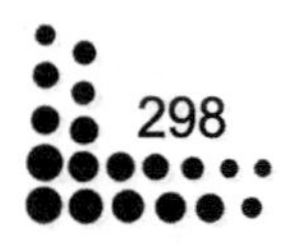

其 MATLAB 代码如下：

```
>> clear all;
x_min=-2.048;
x_max=2.048;
L=x_max-x_min;
N=101;
for i=1:N
    for j=1:N
        x1(i)=x_min+L/(N-1)*(j-1);   %在 x1 轴上取 100 点
        x2(j)=x_min+L/(N-1)*(j-1);   %在 x2 轴上取 100 点
        fx(i,j)=100*(x1(i)^2-x2(j))^2+(1-x1(i))^2;
    end
end
figure;
surf(x1,x2,fx);title('f(x)');
display('极大值 fx=');
disp(max(max(fx)));
```

运行程序，输出如下：

```
极大值 fx=
   3.9059e+03
```

## 8.6.1　二进制编码求极大值

采用二进制编码遗传算法求函数极大值时，其构造过程如下。

（1）确定决策变量和约束条件。

（2）建立优化模型。

（3）确定编码方法。用长度为 10 位的二进制编码串来分别表示两个决策变量 $x_1$、$x_2$。10 位二进制编码串可以表示 0～1023 中的 1024 个不同的整数，因此将 $x_1$、$x_2$ 的定义域离散化为 1023 个均等的区域，包括两个端点在内共有 1024 个不同的离散点。从离散点-2.048 到离散点 2.048，依次使它们分别对应于 00000000（0）到 1111111111（1023）的二进制编码。再将分别表示 $x_1$、$x_2$ 的两个 10 位长的二进制编码串连接在一起，组成一个 20 位长的二进制编码串，它就构成了这个函数优化问题的染色体编码方法。使用这种编码方法，解空间和遗传算法的搜索空间就具有一一对应的关系。例如，$x$：0000110111 1101110001 表示一个个体的基因型，其中前 10 位表示 $x_1$，后 10 位表示 $x_2$。

（4）确定解码方法：解码时需要将 20 位长的二进制编码串切断为两个 10 位长的二进制编码串，然后分别将它们转换为对应的十进制整数代码，分别记为 $y_1$ 和 $y_2$。由个体编码方法和对定义域的离散化方法可知，将代码 $y_i$ 转换为变量 $x_i$ 的解码公式为

$$x_i = 4.096 \times \frac{y_i}{1023} - 2.048, (i = 1,2)$$

例如，对个体$x$：0000110111 1101110001，它由两个代码组成$y_1$=55，$y_2$=881。上述两个代码经解码后，可得到两个实际的值，即

$$x_1=-1.828,\quad x_2=1.476$$

（5）确定个体评价方法：由于 Rosenbrock 函数的值域总是非负的，并且优化目标是求函数的最大值，因此可将个体的适应度直接取为对应的目标函数值，即

$$F(x)=f(x_1,x_2)$$

选择个体适应度的倒数作为目标函数，即

$$(x)=\frac{1}{F(x)}$$

（6）设计遗传算子：选择运算使用比例选择算子，交叉运算使用单点交叉算子，变异运算使用基本位变异算子。

（7）确定遗传算法的运行参数：群体大小$M=500$，终止进化代数$G=300$，交叉概率$P_c$=0.80，变异概率$P_m$=0.10。

上述 7 个步骤构成了用于求 Rosenbrock 函数极大值优化计算的二进制编码遗传算法。经过 100 步迭代，最佳样本为 BestS=[0 0 0 0 0 0 0 0 0 0 0 0 0 0 0 0 0 0 0 0]，即当$x_1$=−2.048，$x_2$=−2.048 时，Rosenbrock 函数具有极大值，极大值为 3905.9。

其 MATLAB 代码如下：

```
>> clear all;
Size=500;
G=300;
CodeL=10;
umax=2.048;
umin=-2.048;
E=round(rand(Size,2*CodeL));                %初始化代码
%主程序
for k=1:G
    time(k)=k;
    for s=1:Size
        m=E(s,:);
        y1=0; y2=0;
        %解码
        m1=m(1:1:CodeL);
        for i=1:CodeL
            y1=y1+m1(i)*2^(i-1);
        end
        x1=(umax-umin)*y1/1023+umin;
        m2=m(CodeL+1:2*CodeL);
        for i=1:CodeL
            y2=y2+m2(i)*2^(i-1);
        end
```

```
        x2=(umax-umin)*y2/1023+umin;

        F(s)=100*(x1^2-x2)^2+(1-x1)^2;
    end
    Ji=1./F;

    %步骤 1：评估极大值
    BestJ(k)=min(Ji);
    fi=F;
    [Oderfi,Indexfi]=sort(fi);                      %从小到大排序
    Bestfi=Oderfi(Size);
    BestS=E(Indexfi(Size),:);
    bfi(k)=Bestfi;

    %步骤 2，选择和重建操作
    fi_sum=sum(fi);
    fi_Size=(Oderfi/fi_sum)*Size;
    fi_S=floor(fi_Size);                            %选择更大的 fi 值
    r=Size-sum(fi_S);
    Rest=fi_Size-fi_S;
    [RestValue,Index]=sort(Rest)
    for i=Size:-1:Size-r+1
        fi_S(Index(i))=fi_S(Index(i))+1;
    end

    kk=1;
    for i=1:Size
        for j=1:fi_S(i)                             %选择和重建
            TempE(kk,:)=E(Indexfi(i),:);
            kk=kk+1;
        end
    end
    E=TempE;

    %步骤 3：交叉操作
    pc=0.8;
    n=ceil(20*rand);
    for i=1:2:(Size-1)
        temp=rand;
        if pc>temp;                     %交叉条件
            for j=n:1:20
                TempE(i,j)=E(i+1,j);
```

```
                TempE(i+1,j)=E(i,j);
            end
        end
    end
    TempE(Size,:)=BestS;
    E=TempE;

    %步骤 4：变异操作
    pm=0.1;
    for i=1:Size
        for j=1:2*CodeL
            temp=rand;
            if pm>temp                    %变异条件
                if TempE(i,j)==0
                    TempE(i,j)=1;
                else
                    TempE(i,j)=0;
                end
            end
        end
    end
    TempE(Size,:)=BestS;
    E=TempE;
end
Max_Value=Bestfi
BestS
x1,x2
figure;plot(time,BestJ);
xlabel('时间');ylabel('极大值 J');
figure;plot(time,bfi);
xlabel('时间');ylabel('极大值 F');
```

运行程序，输出如下，效果如图 8-4 和图 8-5 所示。

由仿真结果可知，随着进化过程的进行，群体中适应度较低的一些个体被逐渐淘汰掉，而适应度较高的一些个体会越来越多，并且它们都集中在所求问题的最优点附近，从而搜索到问题的最优解。

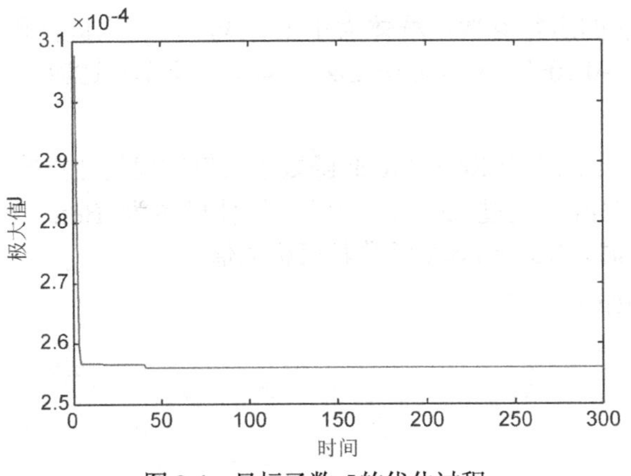


图 8-4 目标函数 $J$ 的优化过程

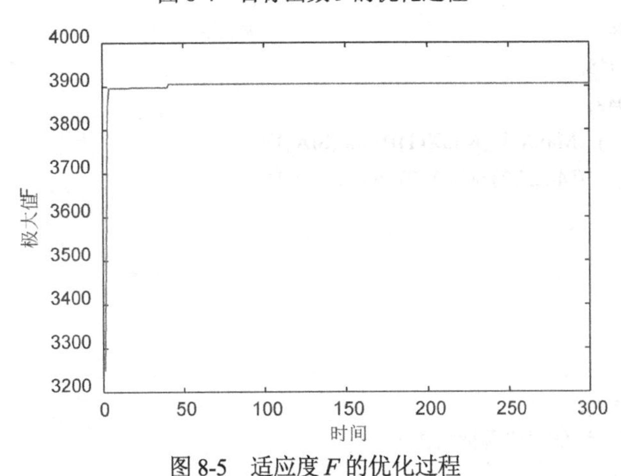


图 8-5 适应度 $F$ 的优化过程

## 8.6.2 实数编码求极大值

采用实数编码遗传算法求得极大值，其设计步骤如下。

（1）确定决策变量和约束条件。

（2）建立优化模型。

（3）确定编码方法。用两个实数分别表示两个决策变量 $x_1$、$x_2$，分别将 $x_1$、$x_2$ 的定义域离散化为从离散点-2.048 到离散点 2.048 的 Size 个实数。

（4）确定个体评价方法：个体的适应度直接取为对应的目标函数值，即

$$F(x)=f(x_1,x_2)$$

可选个体适应度的倒数作为目标函数，即

$$J(x)=\frac{1}{F(x)}$$

（5）设计遗传算子：选择运算使用比例选择算子，交叉运算使用单点交叉算子，变异运算使用基本位变异算子。

（6）确定遗传算法的运行参数：群体大小 $M=500$，终止进化代数 $G=500$，交叉概率 $P_c$=0.90，变异概率 $P_m$=0.10−[1:Size]×0.01/Size，即变异概率与适应度有关，适应度越小，变异概率就越大。

上述 6 个步骤构成了用于求 Rosenbrock 函数极大值的优化计算的实数编码遗传算法。采用填制编码求函数极大值，经过 200 步迭代，最佳样本为 BestS=[−2.0438,−2.044]，即当 $x_1$=−2.0438，$x_2$=2.048 时，Rosenbrock 函数具有极大值。

其 MATLAB 代码如下：

```
>> clear all;
Size=500;
CodeL=2;
MinX(1)=-2.048;
MaxX(1)=2.048;
MinX(2)=-2.048;
MaxX(2)=2.048;
E(:,1)=MinX(1)+(MaxX(1)-MinX(1))*rand(Size,1);
E(:,2)=MinX(2)+(MaxX(2)-MinX(2))*rand(Size,1);
G=500;
BsJ=0;

%运行开始
for kg=1:G
    time(kg)=kg;
    %步骤 1：评估优化目标函数 J
    for i=1:Size
        xi=E(i,:);
        x1=xi(1);
        x2=xi(2);
        F(i)=100*(x1^2-x2)^2+(1-x1)^2;
        Ji=1./F;
        BsJi(i)=min(Ji);
    end
    [OderJi,IndexJi]=sort(BsJi);
    BestJ(kg)=OderJi(1);
    BJ=BestJ(kg);
    BJ=BsJi+1e-10;                          %避免分零
    fi=F;
    [Oderfi,Indexfi]=sort(fi);              %从小到大排序
    Bestfi=Oderfi(Size);
    BestS=E(Indexfi(Size),:);
    bfi(kg)=Bestfi;
```

```
%步骤2：选择和重建
fi_sum=sum(fi);
fi_Size=(Oderfi/fi_sum)*Size;
fi_S=floor(fi_Size);                    %选择更大的fi值
r=Size-sum(fi_S);
Rest=fi_Size-fi_S;
[RestValue,Index]=sort(Rest)
for i=Size:-1:Size-r+1
    fi_S(Index(i))=fi_S(Index(i))+1;
end
k=1;
for i=Size:-1:1                              %选择尺寸和重建
    for j=1:fi_S(i)
        TempE(k,:)=E(Indexfi(i),:);
        k=k+1;
    end
end
E=TempE;

%步骤3：交叉操作
pc=0.90;
for i=1:2:(Size-1)
    temp=rand;
    if pc>temp;                              %交叉条件
        alfa=rand;
        TempE(i,:)=alfa*E(i+1,:)+(1-alfa)*E(i,:);
        TempE(i+1,:)=alfa*E(i,:)+(1-alfa)*E(i+1,:);
    end
end
TempE(Size,:)=BestS;
E=TempE;

%步骤4：变异操作
Pm=0.1-[1:1:Size]*(0.01)/Size;
Pm_rand=rand(Size,CodeL);
Mean=(MaxX+MinX)/2;
Dif=(MaxX-MinX);
for i=1:Size
    for j=1:CodeL
        if Pm(i)>Pm_rand(i,j)       %变异条件
            TempE(i,j)=Mean(j)+Dif(j)*(rand-0.5);
        end
```

```
            end
        end
        TempE(Size,:)=BestS;
        E=TempE;
    end
    BestS,Bestfi

    figure;plot(time,BestJ,'k');
    xlabel('时间');ylabel('极大值 J');
    figure;plot(time,bfi);
    xlabel('时间');ylabel('极大值 F');
```

运行程序，输出如下，效果如图 8-6 和图 8-7 所示。

```
BestS =
   -2.0480    -2.0475
Bestfi =
   3.9051e+03
```

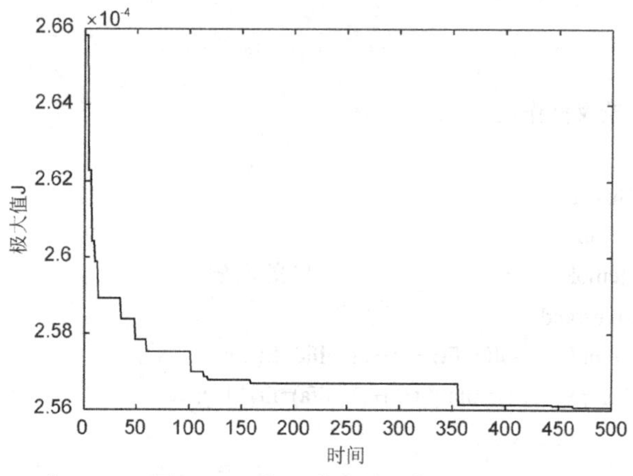


图 8-6　目标函数 $J$ 的优化过程

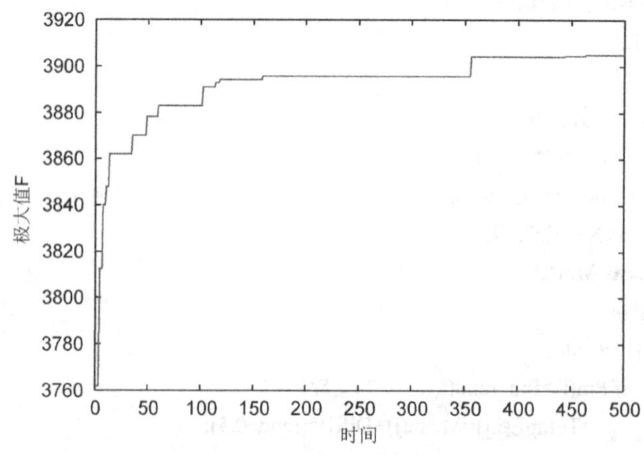


图 8-7 目标函数 $F$ 的优化过程

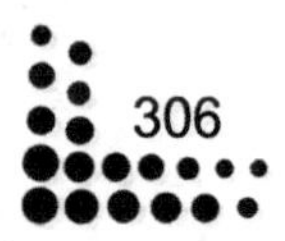

由以上仿真结果可知，采用实数编码的遗传算法搜索效率低于二进制遗传算法。

## 8.7 基于 GA_PSO 算法的寻优

PSO 算法计算函数极值时，常常出现早熟现象，导致求解函数极值存在较大的偏差，然而遗传算法对于函数寻优采用选择、交叉和变异算子操作，直接以目标函数作为搜索信息，以一种概率的方式来进行，因此增强了粒子群算法的全局寻优能力，加快了算法的进化速度，提高了收敛精度。

基于遗传算法优化的粒子群算法的线性方程的最优值寻优，选取如下所示的目标函数（最小值）：

$$5x_1 + 4x_2 + 6x_3$$

对于该目标函数，相应的约束如下：

$$\begin{aligned} &x_1 - x_2 + x_3 \leqslant 20 \\ &3x_1 + 2x_2 + 4x_3 \leqslant 42 \\ &3x_1 + 2x_2 \leqslant 30 \\ &x_1, x_2, x_3 \leqslant 0 \end{aligned}$$

该方程有 3 个变量，对于一般的优化软件能够实现迅速求解，基于约束的函数极值寻优算法，采用遗传优化的粒子群算法对该有约束函数极值寻优，其 MATLAB 代码如下：

```
>> clear all;
warning off
%参数初始化
%粒子群算法中的两个参数
c1 = 1.49445;
c2 = 1.49445;
maxgen=100;                    %进化次数
sizepop=200;                   %种群规模
%粒子更新速度
Vmax=1;
Vmin=-1;
%种群
popmax=50;
popmin=-50;
par_num=7;
%产生初始粒子和速度
for i=1:sizepop
    %随机产生一个种群
    pop(i,:)=1.*rands(1,par_num);     %初始种群
    V(i,:)=1.*rands(1,par_num);       %初始化速度
    %计算适应度
```

```
        fitness(i)=fun8_1(pop(i,:));                  %染色体的适应度
    end
    %寻找最好的适应度值
    [bestfitness bestindex]=min(fitness);
    zbest=pop(bestindex,:);                           %全局最佳
    gbest=pop;                                        %个体最佳
    fitnessgbest=fitness;                             %个体最佳适应度值
    fitnesszbest=bestfitness;                         %全局最佳适应度值

    %迭代寻优
    for i=1:maxgen
        i
        for j=1:sizepop
            %速度更新
            V(j,:) = V(j,:) + c1*rand*(gbest(j,:) - pop(j,:)) + c2*rand*(zbest - pop(j,:));
            V(j,find(V(j,:)>Vmax))=Vmax;
            V(j,find(V(j,:)<Vmin))=Vmin;
            %种群更新
            pop(j,:)=pop(j,:)+0.5*V(j,:);
            pop(j,find(pop(j,:)>popmax))=popmax;
            pop(j,find(pop(j,:)<popmin))=popmin;
            %自适应变异
            if rand>0.8
                k=ceil(par_num*rand);
                pop(j,k)=rand;
            end
            %适应度值
            if 0.072*pop(j,1)+0.063*pop(j,2)+0.057*pop(j,3)+0.05*pop(j,4)+0.032*...
    pop(j,5)+0.0442*pop(j,6)+0.0675*pop(j,7)<=264.4
                if 128*pop(j,1)+78.1*pop(j,2)+64.1*pop(j,3)+43*pop(j,4)+58.1*...
    pop(j,5)+36.9*pop(j,6)+50.5*pop(j,7)<=69719
                        fitness(j)=fun8_1(pop(j,:));
                end
            end
            %个体最优更新
            if fitness(j) < fitnessgbest(j)
                gbest(j,:) = pop(j,:);
                fitnessgbest(j) = fitness(j);
            end
            %群体最优更新
            if fitness(j) < fitnesszbest
                zbest = pop(j,:);
```

```
                    fitnesszbest = fitness(j);
                end
            end
            yy(i)=fitnesszbest;
    end
    % 结果
    disp('------------最佳粒子数--------------')
    zbest
    %%
    plot(yy,'linewidth',2);
    title(['适应度曲线   ' '终止代数=' num2str(maxgen)]);
    xlabel('进化代数');ylabel('适应度');
    grid on
```

运行程序，输出如下，效果如图 8-8 所示。

```
    ------------最佳粒子数--------------
    zbest =
      −30.7017   −35.1902   −31.9476     3.2307     2.4009     1.4897     5.2674
```

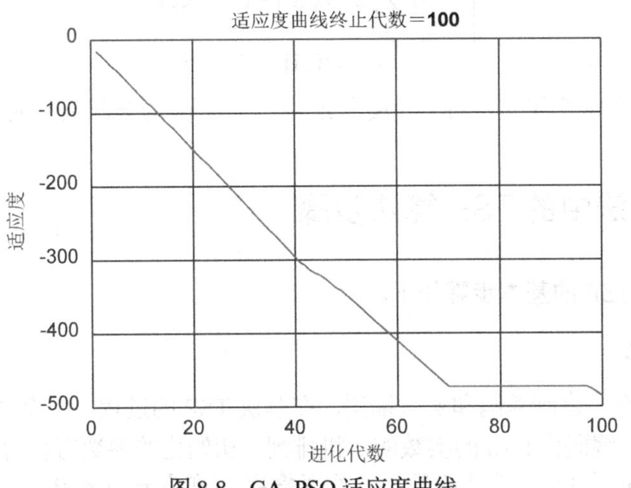


图 8-8 GA_PSO 适应度曲线

## 8.8 GA 的旅行商问题求解

旅行商问题（Traveling Salesman Problem，TSP）是一个典型的、易于描述却难于处理的 NP 完全问题，是许多领域内出现的多种复杂问题的集中概述和简化形式。对于 TSP，没有确定的算法能够在多项式时间内得到问题的解。因此，有效地解决 TSP 在可计算理论上具有重要的理论意义，也具有重要的实际应用价值。基于遗传算法的旅行商问题求解，借助遗传算法在 TSP 最优路径的求取过程中，通过选择适当的交叉算子、变异算子，能够使得求解结果收敛到最优值或次优值。

## 8.8.1 定义 TSP

TSP 从描述上看是一个非常简单的问题，给定$n$个城市和各城市之间的距离，寻找一条遍历所有城市且每个城市只被访问一次的路径，并保证总路径的距离最短。其数学描述如下。

设$G=(V,E)$为赋权图，$V=\{1,2,\cdots,n\}$为顶点集，$E$为边集，各顶点间距离为$C_{ij}$，已知$C_{ij}>0,i,j\in V$，并设

$$x_{ij}=\begin{cases}1, & \text{在最优路径上}\\ 0, & \text{其他}\end{cases}$$

那么 TSP 的数学模型为

$$\begin{cases}\min Z=\sum\limits_{i\neq j}c_{ij}x_{ij} \\ \text{s.t.}\quad \begin{matrix}\sum\limits_{j\neq i}x_{ij}=1, \quad j\in V \\ \sum\limits_{i\neq j}x_{ij}=1, \quad j\in V \\ \sum\limits_{i,j\in R}x_{ij}\leqslant |K|-1, \quad k\subset V \\ x_{ij}=\{0,1\}, \quad i,j\in V\end{matrix}\end{cases}$$

式中，$K$是$V$的全部非空子集，$|K|$为集合$K$中包含图$G$的全部顶点的个数。

## 8.8.2 遗传算法中的 TSP 算法步骤

遗传算法求解 TSP 的基本步骤如下。

### 1. 种群初始化

个体编码方法有二进制编码和实数编码，在解决 TSP 的过程中，个体编码方法为实数编码。对于 TSP，实数编码为$1-n$的实数的随机排列，初始化的参数有种群个数$M$、染色体基本个数$N$（即城市的个数）、迭代次数$C$、交叉概率$P_c$和变异概率$P_m$。

### 2. 适应度函数

在 TSP 中，对于任意两个城市之间的距离$D(i,j)$，若已知每个染色体（即$n$个城市的随机排列），则可计算出总距离，因此可将一个随机全排列的总距离的倒数作为适应度函数，即距离越短，适应度函数越好，满足 TSP 要求。

### 3. 选择操作

遗传算法选择操作有轮船赌法、锦标赛法等，在此采用基于适应度比例的选择策略，即适应度越好的个体被选择的概率越大，同时在选择中保存适应度最高的个体。

### 4. 交叉操作

遗传算法中交叉操作有多种方法。此处，对于个体，随机选择两个个体，在对应位置交换若干个基因片段，同时保证每个个体依然是$1-n$的随机排列，防止进入局部收敛。

### 5. 变异操作

对于变异操作，随机选取个体，同时随机选取个体的两个基因进行交换以实现变异操作。

## 8.8.3 地图TSP的求解

MATLAB 遗传工具箱中自带 TSP 学习模板，在 MATLAB 中输入 travel 即可实现旅行商的动画视图。

```
>>clear all;
>> travel
```

其基板为美国地图，其中有 30 个城市的交通网络，该 GUI 中有很多城市数量可供用户选择。从该 GUI 中可看出 TSP 求解的动态响应过程，全面而直观地看到 TSP 求解的过程演示。图 8-9 所示为选择 30 个城市的美国地图 TSP 求解结果。

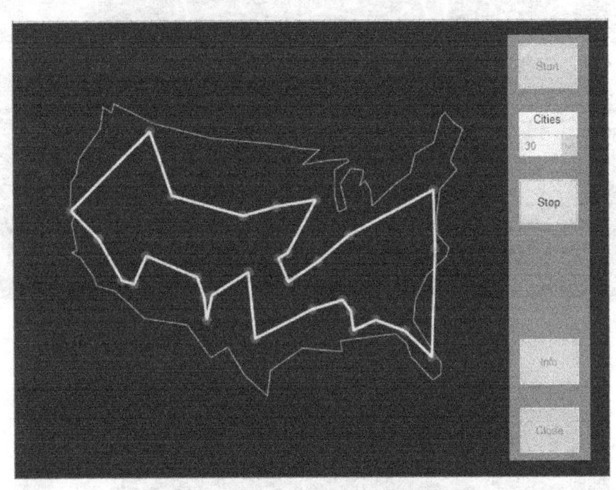


图 8-9　30 个城市的 TSP 图 1

由于 TSP 旅行商问题为一个 NP 问题，它有很多种解，图 8-10 只是其中一个解而已，进行 TSP 的重新求解，可得到如图 8-10 和图 8-11 所示的结果，其城市数量仍然为 30。

图 8-9、图 8-10 及图 8-11 为 30 个城市的 TSP 的求解，对于 50 个城市的问题，该 GUI 亦能进行求解。城市数量越多，求解的速度相应减慢，求解也更复杂，但是程序的思路是一样的。对于 50 个城市的 TSP，求解的结果有多种，其中两种结果如图 8-12 和图 8-13 所示。

一般而言，城市的个数是可以任意设定的，依据现有的地图城市坐标来设计，可能数量可以设定为一系列数值。当然，对于任意给定数量的城市，在 MATLAB 中也是可以求解的。

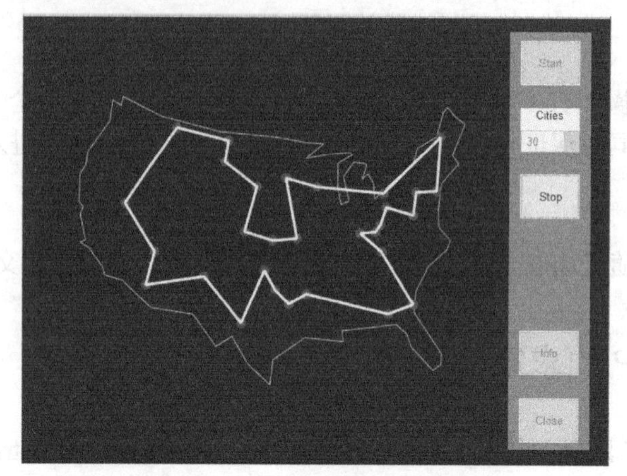


图 8-10　30 个城市的 TSP 图 2

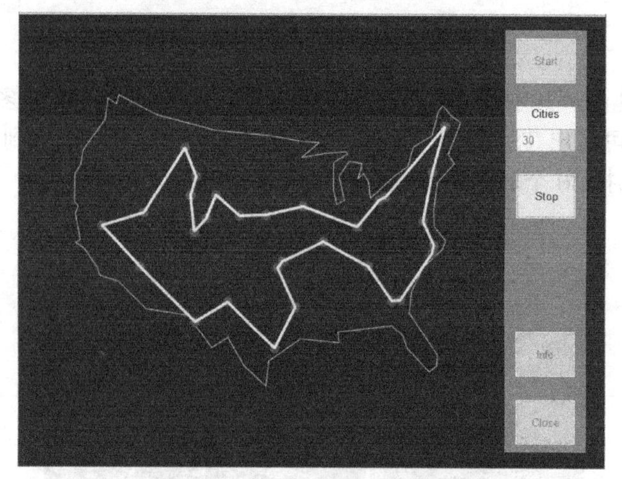


图 8-11　30 个城市的 TSP 图 3

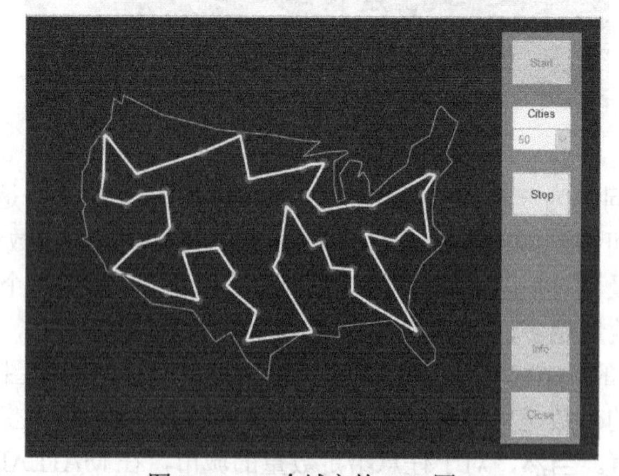


图 8-12　50 个城市的 TSP 图 1

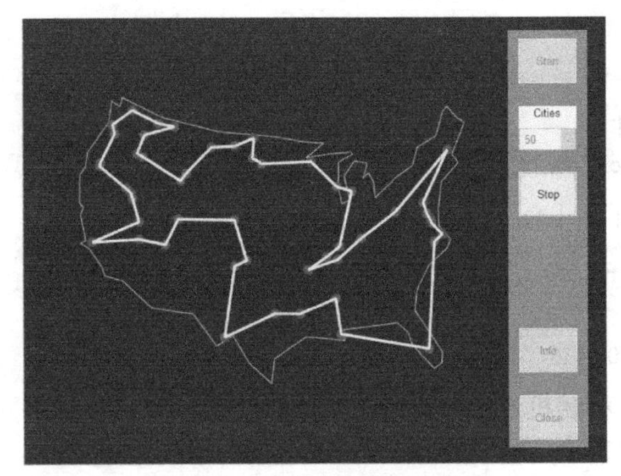


图 8-13　50 个城市的 TSP 图 2

# 8.9　遗传算法在实际领域中的应用

下面通过两个实例来演示遗传算法在实际领域中的应用。

【例 8-2】 体重约 70kg 的某人在短时间内喝下 2 瓶啤酒后，隔一段时间测量他的血液中的酒精含量（mg/100mL），得到如表 8-1 所示的数据。

表 8-1　酒精在人体血液中分解的数据

| 时间/h | 0.25 | 0.5 | 0.75 | 1.0 | 1.5 | 2.0 | 2.5 | 3.0 | 3.5 | 4.0 | 4.5 | 5.0 |
|---|---|---|---|---|---|---|---|---|---|---|---|---|
| 酒精含量/(mg/100 mL) | 30 | 68 | 75 | 82 | 82 | 77 | 68 | 68 | 58 | 51 | 50 | 41 |
| 时间/h | 6.0 | 7.0 | 8.0 | 9.0 | 10.0 | 11.0 | 12.0 | 13.0 | 14.0 | 15.0 | 16.0 | |
| 酒精含量/(mg/100 mL) | 38 | 35 | 28 | 25 | 18 | 15 | 12 | 10 | 7 | 7 | 4 | |

根据酒精在人体血液中分解的动力学规律可知，血液中酒精浓度与时间的关系可表示为

$$c(t)=k(\mathrm{e}^{-qt}-\mathrm{e}^{rt})$$

试根据表中数据求出参数 $k$、$q$、$r$。

根据需要，建立目标函数文件 func3.m，代码如下。

```
function y=func3(x)
c=[30 68 75 82 82 77 68 68 58 51 50 41 38 35 28 25 18 15 12 10 7 7 4];
t=[0.25 0.5 0.75 1.0 1.5 2.0 2.5 3.0 3.5 4.0 4.5 5.0 6.0 7.0 8.0 9.0 10.0 11.0 12.0 13.0 14.0 15.0 16.0];
[r,s]=size(c);
y=0;
for i=1:s
    y=y+(c(i)-x(1)*(exp(-x(2)*t(i))-exp(-x(3)*t(i))))^2;   %残差的平方和
end
```

在 MATLAB 命令窗口中输入以下命令。

```
>> clear all;
Lb=[-1000,-10,-10];                    %定义下界
Lu=[1000,10,10];                       %定义上界
x_min=ga(@func3,3,[],[],[],[],Lb,Lu)
```

运行程序，输出如下：

```
Optimization terminated: maximum number of generations exceeded.
x_min =
  590.8814     0.4436     0.6600
```

由于遗传算法是一种随机性的搜索方法，所以每次运算可得到不同的结果。为了得到最终的结果，可用直接搜索工具箱中的 fminsearch 函数求出最佳值。

```
>> fminsearch(@func3,x_min)     %利用遗传算法得到的值作为搜索初值
```

运行程序，输出如下：

```
ans =
  114.4325     0.1855     2.0079
```

**【例 8-3】** 沈阳南部浑河沿岸 4 个排污口污水处理效果呈非线性规划问题，即

$$\begin{aligned}\min F=&696.744x_1^{1.962}+10586.71x_1^{5.9898}+63.927x_2^{1.8815}+9.54.54x_2^{5.9898}\\&+37.5658x_3^{2.9972}+57.428x_3^{1.8731}+5200.91x_3^{5.9898}+113.47x_4^{1.8815}+\\&223.825x_4^{5}+23.626x_4^{4.8344}+5431.427x_4^{5.9898}+3982(\text{万元})\end{aligned}$$

$$\text{s.t.}\begin{cases}g_1+20.475(1-x_1)\leqslant 22.194\\g_2=17.037(1-x_1)+12.998(1-x_2)\leqslant 23.505\\g_3=15.660(1-x_1)+11.942(1-x_2)+8.822(1-x_3)\leqslant 24.031\\g_4=14.229(1-x_1)+10.855(1-x_2)+8.026(1-x_2)+21.965(1-x_4)\leqslant 24.576\\g_5=x_i\in[0,0.9](i=1,2,3,4)\end{cases}$$

根据需要，建立目标函数文件 fun8_3，代码如下。

```
function y=func4(x)
y=696.744*x(1)^1.962+10586.71*x(1)^5.9898+63.927*x(2)^1.8815+9054.54*...
x(2)^5.9898+375.658*x(3)^2.9972+57.428*x(3)^1.8731+5200.91*x(3)^5.9898+...
113.471*x(4)^1.8815+223.825*x(4)^5+23.626*x(4)^4.8344+5431.427*x(4)^5.9898+3982;
```

在 MATLAB 命令窗口中输入以下命令。

```
>> clear all;
Lb=[0,0,0,0];Lu=[9,9,9,9];
A=[-20.475 0 0 0;-17.037 -12.998 0 0;-15.660 -11.942 -8.822 0;-14.229 -10.855 -8.026 -21.965];
b=[1.7190;-6.532;-12.3930;-30.499];
options=gaoptimset('TolFun',1e-12);        %改变参数
[x,fval]=ga(@func4,4,A,b,[],[],Lb,Lu)
```

运行程序，输出如下：

```
Optimization terminated: average change in the fitness value less than options.FunctionTolerance.
x =
     0.4899      0.5107      0.4957      0.6376   %其中一次输出结果
fval =
   5.0616e+03
```

# 第 9 章　粒子群算法分析

粒子群优化（Particle Swarm Optimization，PSO）算法（简称粒子群算法）源于复杂适应系统（Complex Adaptive System，CAS）。CAS 理论于 1994 年正式提出，CAS 中的成员称为主体。例如，研究鸟群系统，每只鸟在这个系统中就称为主体。主体有适应性，它能够与环境及其他的主体进行交流，并且根据交流的过程“学习”或“积累经验”改变自身结构与行为。整个系统的演变或进化包括：新层次的产生（小鸟的出生）；分化和多样性的出现（鸟群中的鸟分成许多小的群）；新的主体的出现（鸟寻找食物过程中，不断发现新的食物）。

所以 CAS 系统中的主体具有以下 4 个基本特点（这些特点是粒子群算法发展变化的依据）。

① 主体是主动的、活动的。

② 主体与环境及其他主体是相互影响、相互作用的，这种影响是系统发展变化的主要动力。

③ 环境的影响是宏观的，主体之间的影响是微观的，宏观与微观要有机结合。

④ 整个系统可能还要受一些随机因素的影响。

粒子群算法就是经过对一个 CAS——鸟群社会系统的研究得出的。

（1）粒子群算法最早是由 Eberhart 和 Kennedy 于 1995 年提出的，它的基本概念源于对鸟群觅食行为的研究。设想这样一个场景：一群鸟在随机搜寻食物，在这个区域里只有一块食物，所有的鸟都不知道食物在哪里，但是它们知道当前的位置离食物还有多远。那么找到食物的最优策略是什么呢？最简单有效的就是搜寻目前离食物最近的鸟的周围区域。

（2）PSO 算法就从这种生物种群行为特性中得到启发并用于求解优化问题。在 PSO 算法中，每个优化问题的潜在解都可以想象成 $d$ 维搜索空间上的一个点，我们称之为“粒子”（Particle），所有的粒子都有一个被目标函数决定的适应值（Fitness Value ），每个粒子还有一个速度决定其飞翔的方向和距离，然后粒子们就追随当前的最优粒子在解空间中搜索。Reynolds 对鸟群飞行的研究发现，鸟仅仅是追踪它有限数量的邻居，但最终的整体结果是整个鸟群好像在一个中心的控制之下，即复杂的全局行为是由简单规则的相互作用引起的。

## 9.1　PSO 算法的寻优计算

粒子群算法具有进化计算和群体智能的特点。与其他进化算法类似，粒子群算法也是通过个体间的协作和竞争，实现复杂空间中最优解的搜索的。

## 9.1.1　基本粒子群的算法

与其他基于群体的进化算法相比，粒子群均初始化为一组随机解，通过迭代搜索最优解。不同的是，进化计算遵循适者生存原则，而 PSO 模拟了社会。将每个可能产生的解表述为群中的一个粒子，每个粒子都具有自己的位置向量和速度向量，以及一个由目标函数决定的适应度。所有粒子在搜索空间中以一定速度飞行，通过追随当前搜索到的最优值来寻找全局最优值。

PSO 模拟社会时采用了以下 3 条简单规则对粒子个体进行操作。

① 飞离最近的个体，以避免碰撞。

② 飞向目标。

③ 飞向群体的中心。

这是粒子群算法的基本概念之一。

设在一个 $S$ 维的目标搜索空间中，由 $m$ 个粒子组成一个群体，其中第 $i$ 个粒子表示为一个 $S$ 维的向量 $\vec{x}_i=(x_{i1},x_{i2},\cdots,x_{iS}),i=1,2,\cdots,m$，每个粒子的位置就是一个潜在的解。将 $\vec{x}_i$ 代入一个目标函数就可以算出其适应值，根据适应值的大小衡量解的优劣。第 $i$ 个粒子的飞翔速度是 $S$ 维向量，记为 $\vec{V}_i=(V_{i1},V_{i2},\cdots,V_{iS})$。记第 $i$ 个粒子迄今为止搜索到的最优位置为 $\vec{P}_i=(P_{i1},P_{i2},\cdots,P_{iS})$，整个粒子群迄今为止搜索到的最优位置为 $\vec{P}_{gS}=(P_{gS},P_{gS},\cdots,P_{gS})$。

不妨设 $f(x)$ 为最小化的目标函数，则粒子 $i$ 的当前最好位置由下式确定：

$$p_i(t+1)=\begin{cases}p_i(t)\rightarrow f(x_i(t+1))\geqslant f(p_i(t))\\X_i(t+1)\rightarrow f(x_i(t+1))<f(p_i(t))\end{cases}$$

Kennedy 和 Eberhart 用下列公式对粒子进行操作：

$$v_{is}(t+1)=v_{is}(t)+c_1r_{1s}(t)(p_{is}(t)-x_{is}(t))+c_2r_{2s}(t)(p_{gs}(t)-x_{is}(t)) \tag{9-1}$$

$$x_{is}(t+1)=v_{is}(t)+v_{is}(t+1) \tag{9-2}$$

式中，$i=[1,m]$，$s=[1,S]$；学习因子 $c_1$ 和 $c_2$ 是非负常数；$r_1$ 和 $r_2$ 为相互独立的伪随机数，服从[0,1]上的均匀分布；$v_{is}\in[-v_{\max},v_{\max}]$，$v_{\max}$ 为常数，由用户设定。

从以上的进化方程可见，$c_1$ 调节粒子飞向自身最好位置的方向的步长；$c_2$ 调节粒子飞向全局最好位置方向的步长。为了减少进化过程中粒子离开搜索空间的可能，$v_{is}$ 通常限定在一个范围之中，即 $v_{is}\in[-v_{\max},v_{\max}]$，$v_{\max}$ 为最大速度，如果搜索空间在 $[-x_{\max},x_{\max}]$ 中，则可以设定 $v_{\max}=kx_{\max}(0.1\leqslant k\leqslant 1.0)$。

Y. Shi 和 Eberhart 对式（9-1）做了改进：

$$v_{is}(t+1)=\omega\cdot v_{is}(t)+c_1r_{1s}(t)(p_{is}(t)-x_{is}(t))+c_2r_{2s}(t)(p_{gs}(t)-x_{is}(t)) \tag{9-3}$$

在式（9-3）中，$\omega$ 为非负数，称为能力常量，控制前一速度对当前速度的影响，$\omega$ 较大时，前一速度影响较大，全局搜索能力较强；$\omega$ 较小时，前一速度影响较小，局部搜索能力较强。通过调整 $\omega$ 大小可跳出局部极小值。

终止条件是根据具体问题取最大迭代次数或是粒子群搜索到最优位置满足的预定最小适应阈值。

综上所述，PSO 算法的步骤如下。

步骤 1：初始化一个规模为 $m$ 的粒子群，设定初始位置和速度。

初始化过程如下。

① 设定群体规模 $m$ 。

② 对任意的 $i$、$s$ ，在 $[-x_{\max}, x_{\max}]$ 内服从均匀分布产生 $x_{is}$ 。

③ 对任意的 $i$、$s$ ，在 $[-x_{\max}, x_{\max}]$ 内服从均匀分布产生 $v_{is}$ 。

④ 对于任意的 $i$，设 $y_i = x_i$ 。

步骤 2：计算每个粒子的适应值。

步骤 3：对于每个粒子，将其适应值和其经历过的最好位置 $p_{is}$ 的适应值进行比较，如果较好，则将其作为当前的最好位置。

步骤 4：对于每个粒子，将其适应值和全局经历过的最好位置 $p_{gs}$ 的适应值进行比较，如果较好，则将其作为当前的全局最好位置。

步骤 5：根据式（9-1）和式（9-2），分别对粒子的速度和位置进行更新。

步骤 6：如果满足终止条件，则输出解；否则返回到步骤 2。

### 9.1.2 粒子群算法的优化

粒子群算法优化是计算智能领域，除蚁群优化算法之外的另一种基于群体智能的优化算法。粒子群算法是一种群体智能的烟花计算技术。与遗传算法相比，粒子群算法没有遗传算法的选择、交叉和变异等操作，而是通过离子在解空间追随最优的离子进行搜索的。PSO 算法流程如图 9-1 所示。

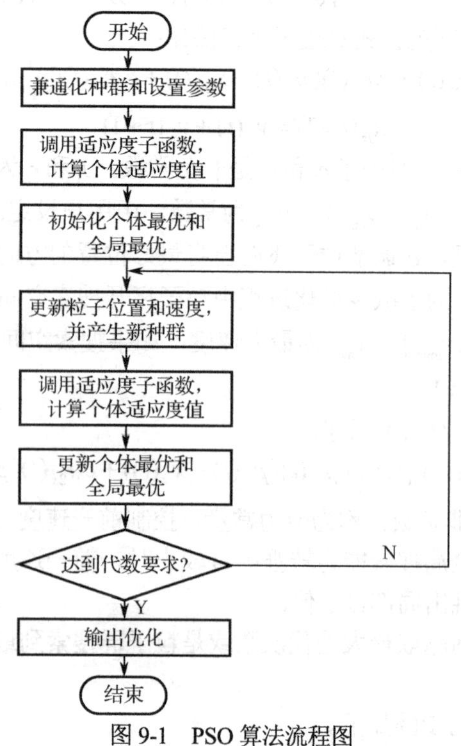


图 9-1　PSO 算法流程图

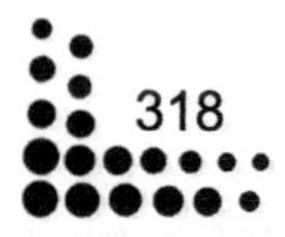

1．一维函数全局最优

一维函数是最常见的函数，对于一维函数的最小值寻优也是相当复杂的，MATLAB 提供了 fminimax（最大最小化）、fmincon（有约束的非线性最小化）、fminbnd（有边界的标量非线性最小化）和 fminsearch/fminunc（无约束非线性最小化）等函数，每种函数针对不同的情况方便用户调用。基于一维函数的全局最小模型，采用 fmincon、fminbnd 和 GlobalSearch 分别进行求解，以实现快速寻找全局最小。

【例 9-1】 一维函数如下：

$$f(x)=x\sin(x)+\frac{x}{\cos(x)},x\in[0,10]$$

该函数为一维目标函数，由于正余弦函数的引入，使得 $f(x)$ 非线性化，在 $0\leqslant x\leqslant 10$ 区间内求取 $f(x)$ 的全局最小，分别采用 fmincon 进行有约束的非线性最小化求解，fminbnd 在[0,10]内进行非线性最小化求解，GlobalSearch 进行全局搜索最小值。

其 MATLAB 代码如下：

```
>> clear all;
%一维函数，全局最小寻优
f=@(x)x.*sin(x)+x./cos(x);                    %目标方程
 %边界
 lb=0;                                        %下限
 ub=10;                                       %上限
 %找最小值及绘图
 x0=[0 1 3 6 8 10];
 hf=figure;
 for i=1:6
     %fmincon 函数用于求多个变量的目标函数的最小值
     options=optimset('Algorithm','SQP','Disp','none');
     x(i)=fmincon(f,x0(i),[],[],[],[],lb,ub,[],options);
     subplot(2,3,i);
     ezplot(f,[lb,ub]);
     hold on;
     plot(x0(i),f(x0(i)),'r+');
     plot(x(i),f(x(i)),'ko');
     hold off;
     title(['开始于 ',num2str(x0(i))]);  %起始点
     if i==1 || i==4
         ylabel('x sin(x)+xcos(2x)');  %y 轴标记
     end
  end
  %一维边界最小问题
  x2=fminbnd(f,lb,ub);                         %单变量边界非线性函数最小求解
  figure;
```

```
ezplot(f,[lb,ub]);
hold on;
plot(x2,f(x2),'ko');
hold off;
ylabel('xsin(x)+x/cos(x)');                    %y 轴标记
title({'使用 fminbnd 求解. ','无需起点!'});    %标题
eateOptimProblem('fmincon','objective',f,'x0',x0(1),'lb',lb,...
    'ub',ub,'options',options);
gs=GlobalSearch;                               %全局寻优
xgs=run(gs,problem);                           %执行当前路径
figure;
ezplot(f,[lb,ub]);                             %隐函数绘图
hold on;
plot(xgs,f(xgs),'ko');
hold off;
ylabel('xsin(x)+x/cos(x)');
title('使用 GlobalSearch 求解. ');
```

运行程序，效果如图 9-2～图 9-4 所示。

使用 GlobalSearch or MultiStart 寻优的代码如下：

```
options=optimset('Algorithm','SQP','Disp','none');
problem=cr
```

从图 9-2、图 9-3 和图 9-4 所示结果可看出，采用 fmincon 进行有约束的非线性最小化求解，容易掉进局部最优陷阱；fminbnd 在[0,10]内进行非线性最小化求解也容易掉进局部最优，导致在非线性连续函数下，求解结果不收敛。GlobalSearch 在[0,10]内进行非线性最小化求解能够很精确地寻最优值。

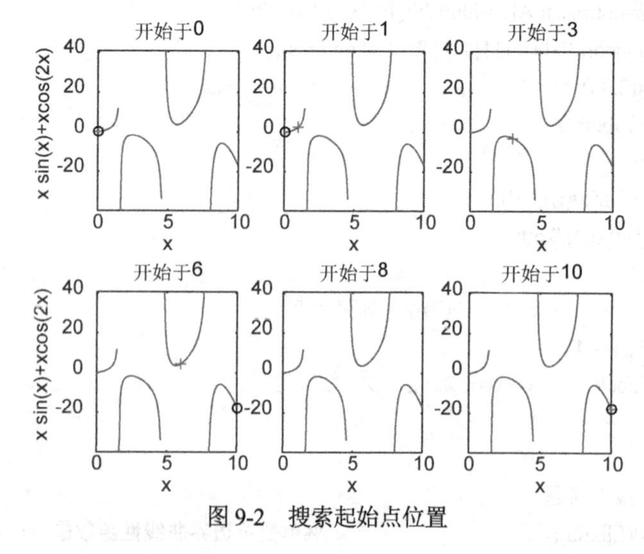


图 9-2　搜索起始点位置

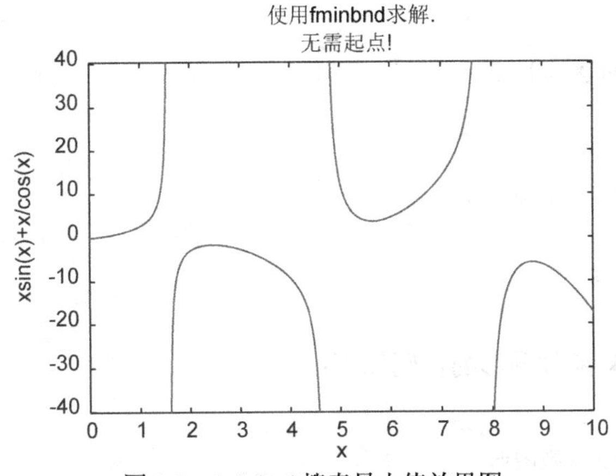


图 9-3　fminbnd 搜索最小值效果图

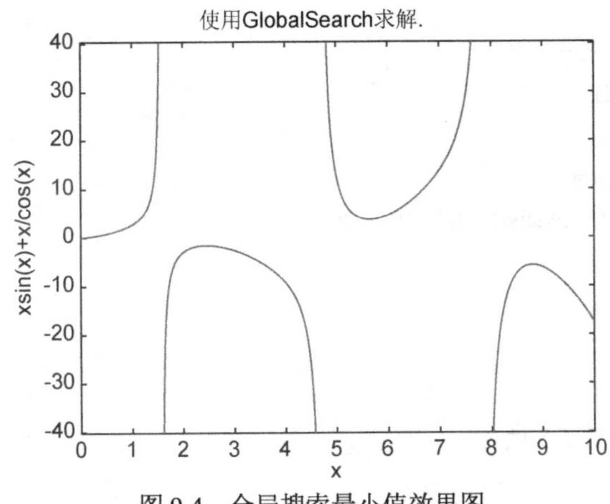


图 9-4　全局搜索最小值效果图

### 2. Griewank 函数

Griewank 函数表达式为

$$\min f(x_i)=\sum_{i=1}^{N}\frac{x_i^2}{4000}-\prod_{i=1}^{N}\cos\left(\frac{x_i}{\sqrt{i}}\right)+1$$

式中，$x_i \in [-600,600]$。

该函数存在许多局部极小点，数目与问题的维数有关，全局最小值 0 在 $(x_1,x_2,\cdots,x_n)=(0,0,\cdots,0)$ 处可以获得，此函数的典型的非线性多模态函数具有广泛的搜索空间，通常被认为最优化算法很难处理的复杂多模态问题。

Griewank 函数的源代码如下：

```
function y = Griewank(x)
% 输入 x，给出相应的 y 值，在 x = ( 0 , 0 ,…, 0 )处有全局极小点 0.
[row,col] = size(x);
if   row > 1
     error( '输入的参数错误' );
```

```
end
y1 = 1/4000 * sum(x.^2 );
y2 = 1 ;
for   h = 1 :col
      y2 = y2 * cos(x(h)/sqrt(h));
end
y = y1 - y2 +1 ;
y =- y;
```

实现绘制 Griewank 函数图形的代码如下：

```
>> clear all;
% 绘制 Griewank 函数图形
x = [ - 8 : 0.1 : 8 ];
y = x;
[X,Y] = meshgrid(x,y);
[row,col] = size(X);
for   l = 1 :col
       for   h = 1 :row
             z(h,l) = Griewank([X(h,l),Y(h,l)]);
      end
end
surf(X,Y,z);
shading interp
```

运行程序，效果如图 9-5 所示。

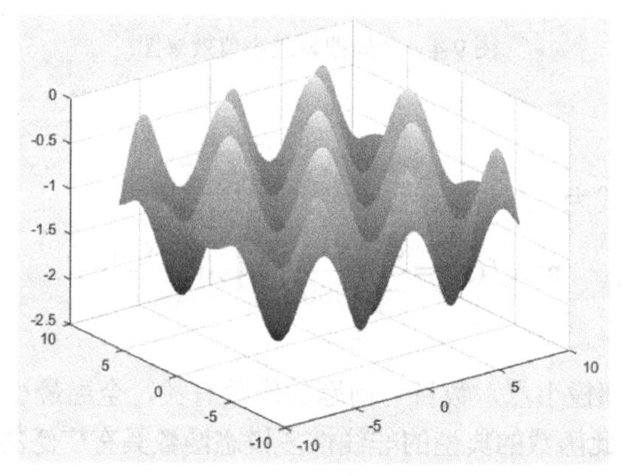


图 9-5　Griewank 函数图形

如图 9-5 所示，该图形具有较多的局部最优值，一般被用来检测算法是局部收敛还是全局收敛。

### 3．Rastrigrin 函数

Rastrigrin 函数表达式为

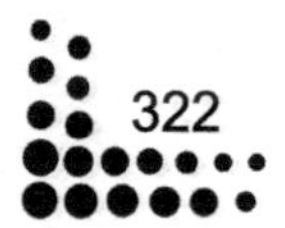

$$\min f(x_i)=\sum_{i=1}^{D}[x_i^2-10\cos(2\pi x_i)+10]$$

式中，$x_i \in [-5.12,5.12]$。

该函数是多峰值的函数，在 $(x_1,x_2,\cdots,x_n)=(0,0,\cdots,0)$ 处取得全局最小值 0，在 $\{x_i \in [-5.12,5.12], i=1,2,\cdots,n\}$ 范围内大约有 $10n$ 个局部极小点。此函数同 Griewank 函数类似，也是一种典型的非线性的多模态函数，峰形高低起伏不定，所以很难优化查找到全局最优值。

Rastrigrin 函数的源代码如下：

```
function y = Rastrigin(x)
% 输入 x，给出相应的 y 值，在 x = ( 0 , 0 ,…, 0 )处有全局极小点 0
[row,col] = size(x);
if   row > 1
     error(' 输入的参数错误 ');
end
y = sum(x.^2 - 10 * cos( 2 * pi * x) + 10 );
y =- y;
```

实现绘制 Rastrigrin 函数图形的代码如下：

```
>> clear all;
% 绘制 Rastrigrin 函数图形
x = [ - 5 : 0.05 : 5 ];
y = x;
[X,Y] = meshgrid(x,y);
[row,col] = size(X);
for   l = 1 :col
      for   h = 1 :row
            z(h,l) = Rastrigin([X(h,l),Y(h,l)]);
      end
end
surf(X,Y,z);
shading interp
```

运行程序，效果如图 9-6 所示。

对于 Rastrigin 函数图形，合理地选取图形 $x$、$y$ 的取值范围，可以构造具有一个极值的检测函数，也可进行算法检测。整个 Rastrigin 函数图形构成了大量的局部最优值，普通算法易于陷入局部最优。

### 4. Schaffer 函数

Schaffer 函数表达式为

$$\min f(x_1,x_2)=0.5+\frac{(\sin\sqrt{x_1^2+x_2^2})^2-0.5}{(1+0.01(x_1^2+x_2^2))^2}$$

式中，$-10.0 \leqslant x_1,x_2 \leqslant 10.0$。

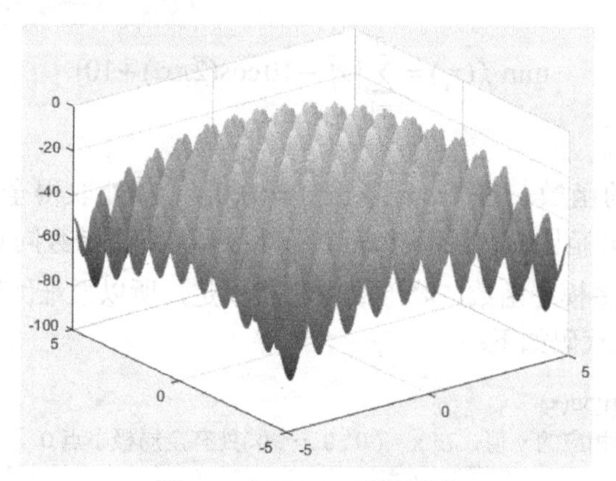


图 9-6 Rastrigin 函数图形

该函数是二维的复杂函数，具有无数个极小值点，在(0,0)处可取得最小值 0，由于该函数具有强烈震荡的性态，所以很难找到全局最优值。

Schaffer 函数的源代码如下：

```
function result=Schaffer(x1)
%输入 x，给出相应的 y 值，在 x=(0,0,…,0) 处有全局极大点 1
[row,col]=size(x1);
if row>1
    error('输入的参数错误');
end
x=x1(1,1);
y=x1(1,2);
temp=x^2+y^2;
result=0.5-(sin(sqrt(temp))^2-0.5)/(1+0.001*temp)^2;
```

绘制 Schaffer 函数图形的代码如下：

```
>> clear all;
x=[-5:0.05:5];
y=x;
[X,Y]=meshgrid(x,y);
[row,col]=size(X);
for l=1:col
for h=1:row
z(h,l)=Schaffer([X(h,l),Y(h,l)]);
end
end
surf(X,Y,z);
shading interp
```

运行程序，效果如图 9-7 所示。

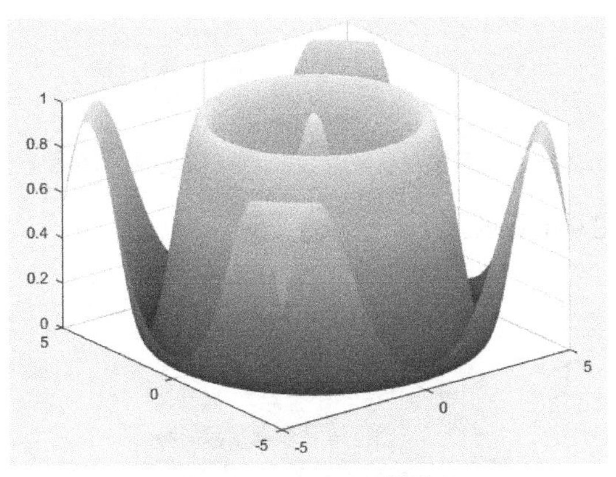

图 9-7 Schaffer 函数图形

### 5. Rosenbrock 函数

Rosenbrock 函数的表达式为

$$\min f(x_i)=\sum_{i=1}^{D-1}[100(x_i^2-x_{i+1})^2+(x_i-1)^2]$$

式中，$x_i \in [-2.048, 2.048]$。

该函数全局最优点位于一个平滑、狭长的抛物线形山谷内，由于函数为优化算法提供的信息比较有限，使算法很难辨识搜索方向，查找最优解也变得十分困难。函数在 $(x_1, x_2, \cdots, x_n)=(1,1,\cdots,1)$ 处可以找到极小值 0。

Rosenbrock 函数的源代码如下：

```
function result=Rosenbrock(x)
%输入 x，给出相应的 y 值，在 x=(1,1,…,1) 处有全局极小点 0，为得到最大值，返回值取相反数
[row,col]=size(x);
if row>1
    error('输入的参数错误');
end
result=100*(x(1,2)-x(1,1)^2)^2+(x(1,1)-1)^2;
result=-result;
```

Rosenbrock 实现绘制 Ackley 函数图形的代码如下：

```
>> clear all;
%绘制 Rosenbrock 函数图形
x=[-8:0.1:8];
y=x;
[X,Y]=meshgrid(x,y);
[row,col]=size(X);
for l=1:col
    for h=1:row
        z(h,l)=Rosenbrock([X(h,l),Y(h,l)]);
```

```
        end
    end
    surf(X,Y,z);
    shading interp
```

运行程序，效果如图 9-8 所示。

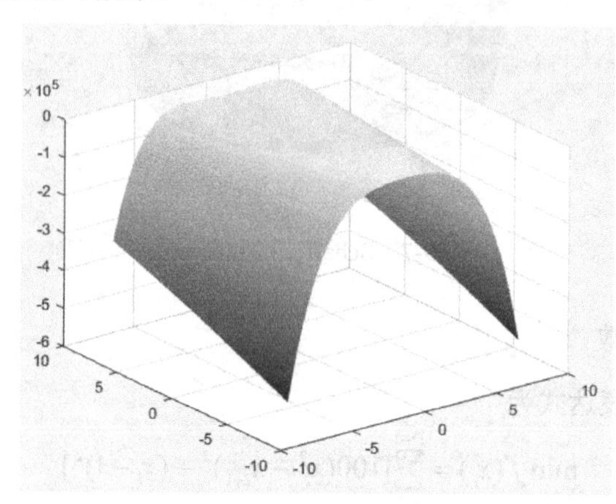

图 9-8 Rosenbrock 函数图形

#### 6. 无约束寻优

对于 Ackley 函数，有

$$f(x) = -c_1 \exp\left(-0.2\sqrt{\frac{1}{n}\sum_{j=1}^{n} x_j^2}\right) - \exp\left(\frac{1}{n}\sum_{j=1}^{n}\cos(2\pi x_j)\right) + c_1 + \mathrm{e}$$

这是一个无约束优化问题，其中 $c_1 = 20$， $\mathrm{e} = 2.71282$。如果 $n = 2$，则全局最优为 $f(x^*) = f(0,0) = 0$ 。该函数称为 Ackley 函数，其有很多局部最优的值。

对于 Ackley 函数图形，选取其中一个凹峰进行分析，代码如下：

```
>> clear all;
x1=-0.5:0.01:0.5;
x2=-0.5:0.01:0.5;
for i=1:101
    for j=1:101
        %对象函数
        z(i,j)=-20*exp(-0.2*sqrt((x1(i)^2+x2(j)^2)/2))-exp((cos(2*pi*x1(i))+...
cos(2*pi*x2(j)))/2)+20+2.71289;
    end
end
[x,y]=meshgrid(x1,x2);   %网格化
mesh(x,y,z);
```

运行程序，效果如图 9-9 所示。

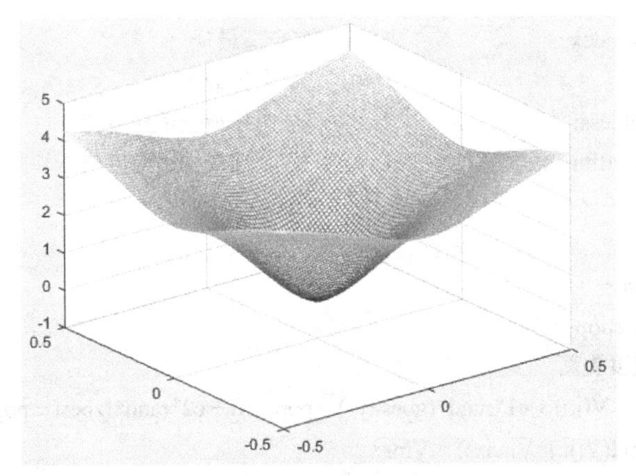


图 9-9 待求解极值函数图形

从图 9-9 可知，该区间函数图形只有一个极小值点，因此，对于该段函数进行寻优，不会陷入局部最小。采用粒子算法对函数进行极值寻优时，根据需要，设待寻优的目标函数为

```
function y = func(x)
y = -20*exp(-0.2*sqrt((x(1)^2+x(2)^2)/2)) - exp((cos(2*pi*x(1))+ cos(2*pi*x(2)))/2) ...
+ 20 + 2.71289;
```

其 MATLAB 程序代码如下：

```
>> clear all;
tic
%参数初始化
%粒子群算法中的两个参数
c1 = 1.49445;
c2 = 1.49445;
maxgen   = 200;                          %进化次数
sizepop = 20;                            %种群规模
Vmax = 1;
Vmin = -1;
popmax = 5;
popmin = -5;

%产生初始粒子和速度
for i = 1:sizepop
    % 随机产生一个种群
    pop(i,:) = 5 * rands(1,2);           %初始种群
    V(i,:) = rands(1,2);                 %初始化速度
    %计算适应度
    fitness(i) = func(pop(i,:));         %染色体的适应度
end
%查找最好的染色体
[bestfitness bestindex] = min(fitness);
```

```
zbest = pop(bestindex,:);                          %全局最佳
gbest = pop;                                       % 个体最佳
fitnessgbest = fitness;                            % 个体最佳适应度值
fitnesszbest = bestfitness;                        % 全局最佳适应度值

% 迭代寻优
for i = 1:maxgen
    for j = 1:sizepop
        % 速度更新
        V(j,:) = V(j,:) + c1*rand*(gbest(j,:) - pop(j,:)) + c2*rand*(zbest - pop(j,:));
        V(j,find(V(j,:)>Vmax)) = Vmax;
        V(j,find(V(j,:)<Vmin)) = Vmin;
        %种群更新
        pop(j,:) = pop(j,:) + 0.5*V(j,:);
        pop(j,find(pop(j,:)>popmax)) = popmax;
        pop(j,find(pop(j,:)<popmin)) = popmin;
        % 自适应变异
        if rand > 0.8
            k = ceil(2*rand);
            pop(j,k) = rand;
        end
        % 适应度值
        fitness(j) = fun(pop(j,:));
    end
    % 个体最优更新
    if fitness(j) < fitnessgbest(j)
        gbest(j,:) = pop(j,:);
        fitnessgbest(j) = fitness(j);
    end
    % 群体最优更新
    if fitness(j) < fitnesszbest
        zbest = pop(j,:);
        fitnesszbest = fitness(j);
    end
    yy(i) = fitnesszbest;
end
toc
%结果分析
plot(yy);
title(['适应度曲线   ' '终止代数=' num2str(maxgen)]);
xlabel('进化代数');ylabel('适应度');
zbest                                              %最佳个体值
```

运行程序，输出如下，效果如图 9-10 所示。

```
时间已过 1.441404 秒。
zbest =
    -0.0560    -0.0010
```

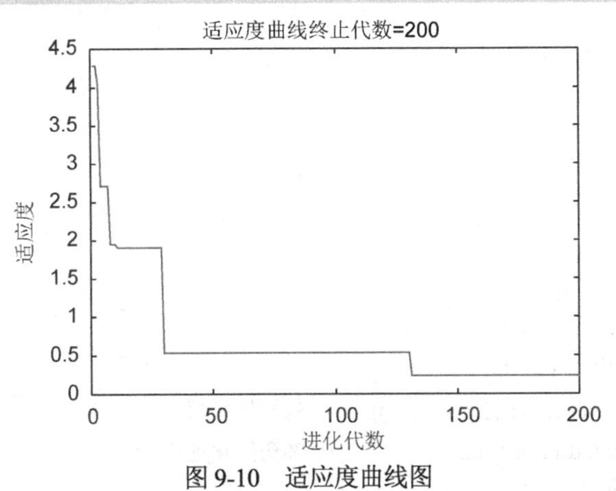


图 9-10　适应度曲线图

**7．有约束寻优**

针对无约束的非线性方程的求解，粒子群算法表现出了较好的收敛性且鲁棒性较好，针对有约束的线性方程的最优值寻优，粒子群进行相应的分析处理，亦表现出了较好的寻优能力。

选取如下所示的目标函数（最小值）：

$$-5x_1-4x_2-6x_3$$

对于该目标函数，相应的约束为

$$\begin{cases}-5x_1-4x_2-6x_3\\ x_1-x_2+x_3\leqslant 20\\ 3x_1+2x_2+4x_3\leqslant 42\\ x_1,x_2,x_3\geqslant 0\end{cases}$$

该方程有 3 个变量，对于一般的优化软件能够实现迅速地求解，基于无约束的函数极值寻优算法，采用粒子群算法对该有约束函数极值进行寻优。

待寻找的目标函数为

```
function y=func2(x)
y=-5*x(1)-4*x(2)-6*x(3);
end
```

其 MATLAB 代码如下：

```
>> clear all;
%参数初始化
%粒子群算法中的两个参数
c1 = 1.49445;
```

```
c2 = 1.49445;
maxgen   = 200;                                    %进化次数
sizepop = 200;                                     %种群规模
%粒子更新速度
Vmax = 1;
Vmin = -1;
%种群
popmax = 20;
popmin = -5;
par_num=3;

%产生初始粒子和速度
for i = 1:sizepop
    % 随机产生一个种群
    pop(i,:) = 2.*abs(rands(1,par_num));          %初始种群
    V(i,:) = 1.*rands(1,par_num);                 %初始化速度
    %计算适应度
    fitness(i) = func2(pop(i,:));                 %染色体的适应度
end
%找最好的染色体
[bestfitness bestindex] = min(fitness);
zbest = pop(bestindex,:);                          %全局最佳
gbest = pop;                                       %个体最佳
fitnessgbest = fitness;                            % 个体最佳适应度值
fitnesszbest = bestfitness;                        % 全局最佳适应度值
% 迭代寻优
for i = 1:maxgen
    for j = 1:sizepop
        % 速度更新
        V(j,:) = V(j,:) + c1*rand*(gbest(j,:) - pop(j,:)) + c2*rand*(zbest - pop(j,:));
        V(j,find(V(j,:)>Vmax)) = Vmax;
        V(j,find(V(j,:)<Vmin)) = Vmin;
        %种群更新
        pop(j,:) = pop(j,:) + 0.5*V(j,:);
        pop(j,find(pop(j,:)>popmax)) = popmax;
        pop(j,find(pop(j,:)<popmin)) = popmin;
        % 自适应变异
        if rand > 0.8
            k = ceil(par_num*rand);
            pop(j,k) = rand;
        end
    %适应度值
```

```
            if 1.0*pop(j,1)-1.0*pop(j,2)+1.0*pop(j,3)<=20;
                if 3*pop(j,1)+2*pop(j,2)+4*pop(j,3)<=42;
                    if 3*pop(j,1)+2*pop(j,2)<=30
                        fitness(j)=func2(pop(j,:));
                    end
                end
            end
            %个体最优更新
            if fitness(j)<=fitnessgbest(j)
                gbest(j,:)=pop(j,:);
                fitnessgbest(j)=fitness(j);
            end
            % 群体最优更新
            if fitness(j) < fitnesszbest
                zbest = pop(j,:);
                fitnesszbest = fitness(j);
            end
        end
        yy(i) = fitnesszbest;
    end
    toc
    zbest
    %结果分析
    plot(yy);
    title(['适应度曲线    ' '终止代数=' num2str(maxgen)]);
    xlabel('进化代数');ylabel('适应度');
```

运行程序，输出如下，效果如图 9-11 所示。

```
    时间已过 9814.007808 秒。
    zbest =
      -2.6909     18.5608      3.1908
```

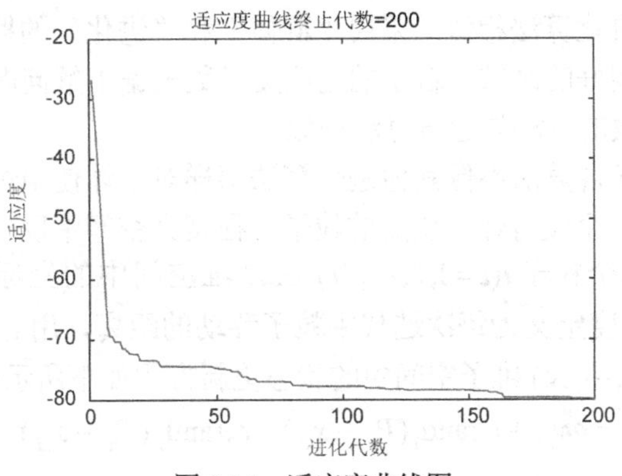


图 9-11　适应度曲线图

从图 9-11 和输出结果可看出，粒子群算法求出了 3 个最优个体，和实际工况较吻合，因此，PSO 在带约束的函数极值寻优方面体现出了较好的寻优能力，且简单操作。

# 9.2 粒子群优化

PSO 算法具有易实现性和高效性，该算法已经成功地运用到了很多函数优化和工程技术领域，并取得了很好的效果。目前，已有很多学者对粒子群算法的性能和收敛性分析进行了深入的研究。

## 9.2.1 粒子群的基本原则

Millonas 在用人工生命理论来研究群居动物的行为时，对于如何采用计算机构建具有合作行为的群集人工生命系统，提出了以下五条基本原则。

（1）邻近原则（Proximity Principle）：群体应该能够执行简单的空间和时间运算。

（2）质量原则（Quality Principle）：群体应该能感受到周围环境中质量因素的变化，并对其产生响应。

（3）反应多样性原则（Principle of Diverse Response）：群体不应将自己获取资源的途径限制在狭窄的范围之内。

（4）稳定性原则（Principle of Stability）：群体不应随着环境的每一次变化而改变自己的行为模式。

（5）适应性原则（Principle of Adaptability）：当改变行为模式带来的回报值得的时候，群体应该改变其行为模式。

## 9.2.2 粒子的基本原理

### 1．粒子群算法

粒子群算法与其他进化算法相似，采用“群体”和“进化”的概念，根据对环境的适应度将群体中的个体移动到好的区域。粒子的适应度函数根据求解问题的目标函数确定，将目标函数转换成适应度函数的方法与遗传算法相似。

但所不同的是，粒子群算法不像其他进化算法那样对个体使用进化算子，而是将每个个体看做 $D$ 维搜索空间中一个没有体积质量的粒子，在搜索空间中以一定的速度飞行。设粒子群体规模为 $N$，其中每个粒子 $i(i=1,2,\cdots,N)$ 在 $D$ 维空间中的坐标位置可表示为 $x_i=(x_{i1},x_{i2},\cdots,x_{iD})$，粒子 $i$ 的速度定义为每次迭代中粒子移动的距离，用 $v_i=(v_{i1},v_{i2},\cdots,v_{iD})$ 表示。于是粒子 $i$ 在第 $d(d=1,2,\cdots,N)$ 维子空间中的状态更新方程如下所示：

$$v_{id}=\omega v_{id}+c_1\mathrm{rand}_1(P_{id}-x_{id})+c_2\mathrm{rand}_2(P_{sg}-x_{id}) \tag{9-4}$$

$$x_{id}=x_{id}+v_{id} \tag{9-5}$$

式中，$P_{id}$ 为当前粒子的历史最优位置，其与当前粒子的位置之差被用于该粒子的方向性随机运动设定；$P_{sg}$ 为粒子群的全局历史最优位置，其与当前粒子的位置之差被用于改变当前粒子向全局最优值运动的增量分量；$\omega$ 为惯性权重；$c_1$、$c_2$ 为加速常数；$\text{rand}_1 \sim U(0,1)$，$\text{rand}_2 \sim U(0,1)$ 为两个相互独立的随机函数。

从上述状态更新方程可以看出，$c_1$ 调节粒子飞向自身最优位置方向的步长；$c_2$ 调节粒子向全局最优位置飞行的步长。为了减少在更新过程中，粒子离开搜索空间的可能性，$v_{id}$ 通常限定于一定的范围内，即 $v_{id} \in [-v_{\max}, v_{\max}]$。$v_{\max}$ 决定了粒子在解空间中的搜索精度。如果其太大，粒子可能会飞过最优解；如果其太小，粒子容易陷入局部搜索空间而无法进行全局搜索。

### 2. 算法流程

粒子群算法流程如图 9-12 所示。

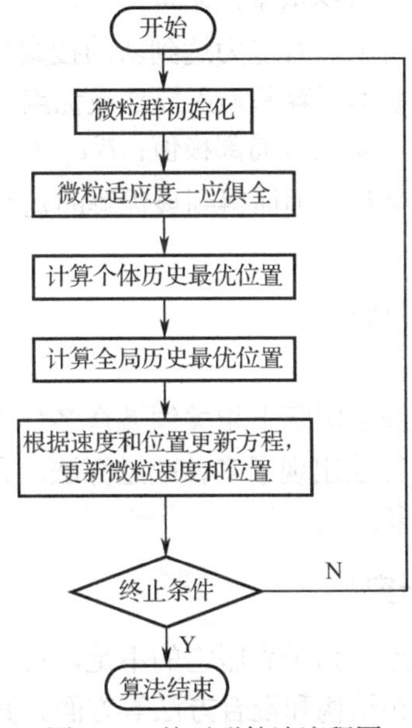


图 9-12　粒子群算法流程图

（1）初始化所有粒子（群体规模为 $N$），在允许范围内随机设置粒子的初始位置和速度，将各粒子的 $P_{id}$ 设为初始位置，取 $P_{gd}$ 为 $P_{id}$ 中的最优值。

（2）评价每个粒子的适应值，即分别计算每个粒子的目标函数值。

（3）对于每个粒子，将其适应值与所经历过的最好位置 $P_{id}$ 的适应值进行比较，如果好，则将其作为当前的最优位置。

（4）对于每个粒子，将其适应值与群体所经历过的最好位置 $P_{gd}$ 的适应值进行比较，如果较好，则将其作为当前的全局最优位置。

（5）根据速度和位置更新方程，对粒子的速度和位置进行更新。

（6）若未达到结束条件，结果通常为足够好的适应值或是达到一个预设的最大迭代代数，则返回步骤 2。

## 9.2.3 参数分析

### 1. 惯性权重$\omega$

$\omega$对PSO算法能否收敛起重要作用，它使粒子保持运动惯性，使其有扩展搜索空间的趋势，有能力探索新的区域。$\omega$值大些有利于全局搜索，收敛速度快，但不易得到精确解；$\omega$值小些有利于局部搜索和得到更为精确的解，但收敛速度慢且有时会陷入局部极值。合适的$\omega$值在搜索精度和搜索速度方面有协调作用。

### 2. 加速常数$c_1$和$c_2$

在式（9-4）中，如果$c_1=c_2=0$，则粒子将一直以当前的速度惯性飞行，直到到达边界为止，由于它只能搜索有限的区域，所以很难找到最好解；如果$c_1=0$，则粒子没有认知能力，只有社会部分，在粒子的相互作用下，有能力达到新的搜索空间，它的收敛速度比标准版本更快，但对复杂问题，其比标准版本更容易陷入局部最优点；此时收敛速度比基本PSO快，但对于复杂问题，其比基本PSO容易陷入局部极值；若$c_2=0$，则粒子之间没有社会信息共享，只有认知部分，此时个体间没有交互，因而得到最优解的几率非常小。

## 9.2.4 粒子算法的研究现状

粒子群算法自提出以来，得到了国际上相关领域众多学者的关注和研究，成为国际进化计算界研究的热点。目前，PSO算法出现了多种改进算法，且已经应用于许多科学和工程领域，在生产调度领域的应用尤其多。

### 1. 粒子群优化算法的改进研究

粒子群优化算法存在一些缺点，为了克服它的不足，目前相关的改进方向主要在位置和速度更新公式、多种群、种群拓扑结构和混合方法等方面。其中，位置和速度更新公式方面的改进成果较多，Shi等在PSO算法中引进了惯性权因子，大大提高了算法的性能；Clerc等在PSO算法速度更新公式中引入收敛因子来控制PSO算法的收敛，并给出了算法的理论分析；Eberhart等进一步给出了保证算法收敛的算法控制参数选择方案。另外，混合算法也是PSO算法改进的热点，在PSO算法中引进其他算法，提高了PSO算法的全局搜索能力和搜索精度。

### 2. 粒子群优化算法的应用研究

鉴于PSO算法的通用性和有效性，用PSO算法解决实际问题已经成为一个热门研究方向。目前，PSO算法已开始应用于诸多领域，如神经元网络的训练、优化系统、电力系统和机械设计等，尤其在生产调度方面有很大的优势。但是，PSO算法的应用还大量局限于连续、单目标、无约束的确定性优化问题，因此，应该注重PSO算法在离散、多目标、约束和动态等优化问题上的研究和应用。同时，PSO算法的应用领域也有待进一步拓宽。

## 9.2.5 粒子群算法研究的发展趋势

纵观国内外粒子群算法的研究和应用现状，总结了 PSO 今后的研究发展趋势。

（1）算法的理论分析。虽然粒子群算法在实际应用中被证明是有效的，但其算法分析还不成熟和系统。利用有效数学工具对算法的收敛性、收敛速度、参数选取以及参数鲁棒性等进行分析将是未来的发展趋势之一。

（2）与其他优化算法的融合。遗传算法、模拟退火算法等在不同的理论分析方面及应用领域各有千秋。粒子群算法只有通过与其他优化算法的比较，将其优点通过与自身优点相结合，扬长避短，才能提高算法的性能。

（3）算法的改进与应用。算法的研究是为了应用，而应用对深化算法有着非常重要的意义。然而，就生产调度领域而言，生产调度问题的研究已有 50 多年的历史，但是至今仍未形成一套系统的理论和方法。如何选择、优化和调整 PSO 算法参数，使得 PSO 算法既能避免早熟又能比较快速地收敛，较好地应用于生产调度这类离散的组合优化问题，必将有着十分重要的工程实践意义。

## 9.2.6 粒子群的应用

### 1. 机构优化设计

图 9-13 所示为平面连杆机构，当原动件曲柄的转角$\varphi=\varphi_0\sim\varphi_0+90^\circ$，要求从动件摇杆的输出角实现函数$\psi=\psi_0+\frac{2}{3\pi}(\varphi-\varphi_0)^2$。其中，$\varphi_0$、$\psi_0$分别为对应摇杆在右极限位置时，曲柄和摇杆的初始位置角，以水平机架方向逆时针计量，要求机构传动角范围为$45^\circ\leqslant\gamma\leqslant135^\circ$，取曲柄长度为单位长度$l_1=1$，机架相对长度$l_4=5$。

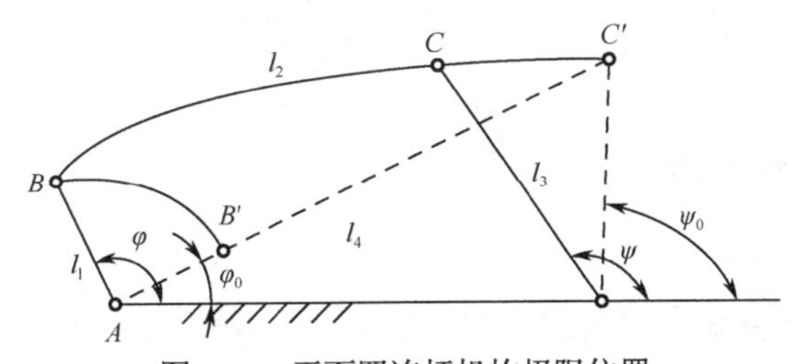


图 9-13 平面四连杆机构极限位置

平面四连杆机构按照原动件和从动件对应关系，其独立参数有三杆相对长度$l_2$、$l_3$、$l_4$和摇杆的初始位置角$\varphi_0$、$\psi_0$等。由图 9-13 可见，如果选取机构的右极限位置时，两连架杆和机架所夹的锐角作为初始位置角$\varphi_0$、$\psi_0$，则可根据该位置的几何关系确定，其不再是独立参数，曲柄长度$l_1$和机架长度$l_4$已经给定。因此，选择机构的连杆长度$l_2$和摇杆长度$l_3$作为设计变量。

机构需要满足曲柄存在条件和机构传动角取值范围限制条件，可以建立 7 个性能不等式约束条件。经过分析，其中曲柄存在条件（含 5 个不等式约束）是不起信息表和的约束，二维设计平面的可行域由两个传动角约束条件包括。

连杆的优化设计问题，一般是根据机构运动学参数来建立目标函数的。例如，取连杆机构实现运动（如构件位移、某运动点轨迹等）是由机构运动几何参数关系导出的运动参数函数，要求它与预定运动函数在给定范围内的误差最小。

在连杆机构动力学的优化设计方面，比较简单的方法是用机构中的压力角和传动角作为对机构进行运动分析和动力分析的重要指标，为了获得最佳的动力性能，要求选择最佳的机构运动学参数，使得机构运动最大压力角最小或最小传动角最大。该设计要求从动件与原动件的转角关系 $\psi_s = f(\varphi_0)$，是一种再现函数的机构综合问题。

而该机构优化问题的数学模型为

$$\begin{cases} \min f(X) = \sum_{i=0}^{s} (\psi_i - \psi_{si})^2, X \in d \\ -x_1^2 - x_2^2 + \sqrt{2} x_1 x_2 + 16 \geqslant 0 \\ x_1^2 + x_2^2 + \sqrt{2} x_1 x_2 - 36 \geqslant 0 \end{cases}$$

**2．机构优化的实现**

机构优化的方法很多，下面采用优化工具箱法来实现。

在 MATLAB 的优化工具箱中，提供了许多相关函数来实现各种优化问题，下面直接用代码来演示如何利用这些函数实现机构优化问题。

由机构优化设计模型重叠，优化设计主程序代码如下：

```
>> %连杆机构实现函数的优化设计
%设计变量的初始值和杆件长度（曲柄和机架）
clear all;
warning off;
x0=[4.5;4];
qb=1;
jj=5;
%设计变量的下界和上界
lb=[1;1];
ub=[10;10];
%没有线性不等式约束
A=[]; b=[];
%没有线性等式约束
Aeq=[]; beq=[];
%使用多维约束优化命令 fmincon
op=optimset('algorithm','interior-point');
[x,fn]=fmincon(@func3,x0,A,b,[ ],[ ],lb, ub, @func4,op);
disp('------------连杆机构实现函数优化设计最优解------------')
fprintf(1,'      连杆相对长度              a=%3.4f \n',x(1));
```

```
fprintf(1,'      摇杆相对长度                b=%3.4f \n',x(2));
fprintf(1,'      输出角平方误差之和              f*=%3.4f \n',fn);
%调用多维约束优化非线性约束函数 fun9b，计算最优点 x*的性能约束函数值
g=fun9b(x);
disp('------------最优点的性能约束函数值------------')
fprintf(1,'      最小动角约束函数值            g1*=%3.4f \n',g(1));
fprintf(1,'      最大动角约束函数值            g2*=%3.4f \n',g(2));
```

运行程序，输出如下：

```
------------连杆机构实现函数优化设计最优解------------
    连杆相对长度          a=4.0069
    摇杆相对长度          b=2.4556
    输出角平方误差之和         f*=0.0231
------------最优点的性能约束函数值------------
    最小动角约束函数值         g1*=-7.8297
    最大动角约束函数值         g2*=-0.0007
```

目标函数 $f(X)$ 的函数程序代码如下：

```
%连杆机构实现函数的优化的目标函数为 func3
function f=func3(x)
s=50;qy=1;ds=4;fx=0;
fa0 = acos(((qy+x(1))^2-x(2)^2+ds^2)/(2*(qy+x(1))*ds));
%曲柄初始角
pu0 = acos(((qy+x(1))^2-x(2)^2-ds^2)/(2*x(2)*ds));
%摇杆初始角
for i=1:s
    fai=fa0+0.5*pi*i/s;
    pui=pu0+2*(fai-fa0)^2/(3*pi);
    ri=sqrt(qy^2+ds^2-2*qy*ds*cos(fai));
    alfi=acos((ri^2+x(2)^2-x(1)^2)/(2*ri*x(2)));
    bati=acos((ri^2+ds^2-qy^2)/(2*ri*ds));
    if fai>0 & fai<=pi
        psi=pi-alfi-bati;
    elseif fai>pi & fai<=2*pi
        psi = pi - alfi + bati;
    end
    fx = fx+(pui-psi)^2;
    %输出角平方偏差之和
end
f=fx;
```

非线性不等式约束条件函数程序代码如下：

```
%连杆机构实现函数优化的非线性不等式约束函数（func4）
function [g,ceq]=func4(x)
qb=1; jj=5;
gamn=45*pi/180;
g(1)=x(1)^2+x(2)^2-(jj-qb)^2-2*x(1)*x(2)*cos(gamn);          %最小传动角约束
g(2)=-x(1)^2-x(2)^2+(jj+qb)^2-2*x(1)*x(2)*cos(gamn);         %最大传动角约束
ceq=[];
```

优化问题的几何描述的程序代码如下：

```
>> %按等间隔矢量产生二维网格矩阵
xx1=linspace(0,10,40);
xx2=linspace(0,10,40);
[x1,x2]=meshgrid(xx1,xx2);
%数学模型，目标函数，约束函数
gb=1;jj=5;
gamn=45*pi/180;
g1=x1^2+x2^2-(jj-qb)^2-2*x1*x2*cos(gamn);       %最小传动角约束
g2=-x1^2+-x2^2+(jj+qb)^2-2*x1*x2*cos(gamn);   %最大传动角约束
%设计平面
figure
h=contour(x1,x2,g1);
clabel(h);
h=contour(x1,x2,g2);
clabel(h);
axis equal;
title('\bf 设计平面');
xlabel('设计变量 \bf X1');
ylabel('设计变量 \bf X2');
```

运行程序，效果如图 9-14 所示。

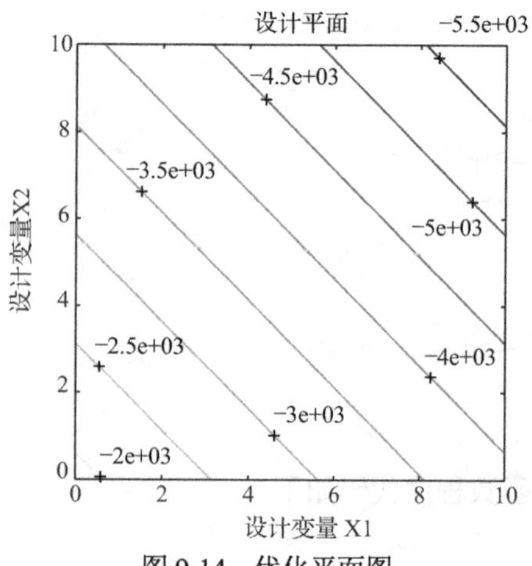


图 9-14　优化平面图

# 9.3 PSO 改进策略

优化问题就是在众多方案中寻找最优方案，即在满足一定的约束条件下，寻找一组参数值，使得某些指标达到最小。优化技术是以数学为基础，可用于求解各种工程问题优化解的应用技术。因此，优化理论及算法的研究是具有理论和应用价值的重要课题。

## 9.3.1 粒子群算法的改进

PSO 算法的改进研究可以归纳为两方面：一方面的研究是将各种先进理论引入到 PSO 算法中，研究各种改进和 PSO 算法；另一方面是将 PSO 算法和其他智能优化算法相结合，研究各种混合优化算法，达到取长补短、改善算法某方面性能的效果。近时期粒子群改进策略主要体现在以下几个方面。

（1）PSO 算法的惯性权重模型，通过惯性权重的引入，提高了算法的全局搜索能力。

（2）带邻域操作的 PSO 模型，克服了 PSO 模型在优化搜索后期随迭代次数增加而搜索结果无改进的缺点。

（3）将拉伸技术用于 PSO 最小化问题的求解，避免了 PSO 算法易陷于局部最小值的缺点。

（4）用适应度定标的方法对 PSO 算法进行改进，在算法收敛的前提下能够提高粒子间适应度的差异；在每次迭代中，依据杂交概率选取指定数量的粒子并放入一个池中的粒子中随机进行两两杂交，产生同样数目的孩子粒子，并用孩子粒子代替父母粒子，以保持种群的粒子数目不变。

（5）协同 PSO 算法，其基本思想是用 $K$ 个相互独立的粒子群分别在 $D$ 维的目标搜索空间中的不同维度方向上进行搜索。

粒子群算法主要保证了 PSO 算法的收敛性，采用收敛因子能够确保算法的收敛。PSO 收敛因子模型为

$$v_i = k[v_i + c_1\text{rand}()(P_i - x_i) + c_2\text{rand}()(g - x_i)]$$

$$k = \frac{2}{|2 - \varphi - \sqrt{\varphi^2 - 4\varphi}|}$$

其中，$\varphi = c_1 + c_2$，$\varphi > 4$，$x_i = x_i + v_i$，rand()为（0，1）之间的随机数。通常将 $\varphi$ 设为 4.1，则由计算得到 $k$ 为 0.729。针对算法早期的实验和应用，普遍认为采用收敛因子模型时，$v_{max}$ 参数无足轻重，而往往将 $v_{max}$ 设置为一个极大值，如 100000。对于 $x_i$，一般将其限定为 $x_{max}$（每个粒子在每一维度上位置允许的变化范围），此时可以取得更好的优化结果。

粒子群算法在求解极值最优问题方面应用较为广泛，粒子群算法根据约束范围内的所有可能的粒子，计算适应度值，通过不断的迭代，最终得到相应的极值最优解。粒子群算法能够求解很多复杂的工程问题，避免了问题无可行解的情况。总体来说，粒子群算法简单，需要调节的参数不多，许多情况下按经验值设置参数就能获得较好的收敛结果。此外，算法采

用实数编码，可直接取日标函数木身作为适应度函数，根据目标函数值进行迭代搜索。此时，PSO 算法的各粒子具有记忆性，算法搜索速度快，大多数情况下，粒子能收敛于最优解。

## 9.3.2 加快粒子群算法的效率

由于 PSO 中粒子向自身历史最佳位置和邻域或群体历史最佳位置聚集，形成了粒子种群的快速趋同效应，因此容易出现陷入局部极值、早熟收敛或停止现象。同时，PSO 的性能也依赖于算法参数。算法的参数设置不同，结果也会有所差别。算法的参数主要依赖于粒子群个数、惯性权重$\omega$、学习因子以及添加压缩因子等。

### 1. 权重线性递减的 PSO 算法

较大的权重因子有利于跳出局部最小点，便于全局搜索，而较小的惯性因子则有利于对当前的搜索区域进行精确局部搜索，以利于算法收敛。因此，针对 PSO 算法容易早熟以及算法后期易在全局最优解附近产生振荡的现象，可以采用线性变化的权重，让惯性权重从最大值$\omega_{\max}$线性减小到最小值$\omega_{\min}$。随算法迭代次数的变化公式为

$$\omega=\omega_{\max}\frac{t\times(\omega_{\max}-\omega_{\min})}{t_{\max}}$$

其中，$\omega_{\max}$、$\omega_{\min}$分别表示$\omega$的最大值和最小值，$t$表示当前迭代步数，$t_{\max}$表示最大迭代步数，通常取$\omega_{\max}=0.9$，$\omega_{\min}=0.4$。

例如，对于下列对象：

$$f(x)=100(x_1^2-x_2^2)+(1+x_1^2-2x_1)$$

直观地描绘该函数图像，实现的 MALTAB 代码如下：

```
>> clear all;
x1=-1:1/50:1;
x2=-1:1/50:1;
fx=(sin(sqrt(x1.^2-x2.^2)).^2)./(1.0+0.001*(x1.^2+x2.^2)).^2;
[X1,X2]=meshgrid(x1,x2);
Fx=griddata(x1,x2,fx,X1,X2,'v4');
surf(X1,X2,Fx);
```

运行程序，效果如图 9-15 所示。

（1）用线性递减权重的粒子群算法求解其最小值。其中取粒子数为 40，学习因子取 2，最大权重取 0.9，最小权重取 0.4，迭代步数取 100。

根据需要，建立目标函数 fitness.m，代码如下：

```
function F=fitness(x)
F=100*(x(1)^2-x(2))^2+(1-x(1))^2;
```

根据需要，建立自适应权重粒子群优化算法 SAPSO.m，代码如下：

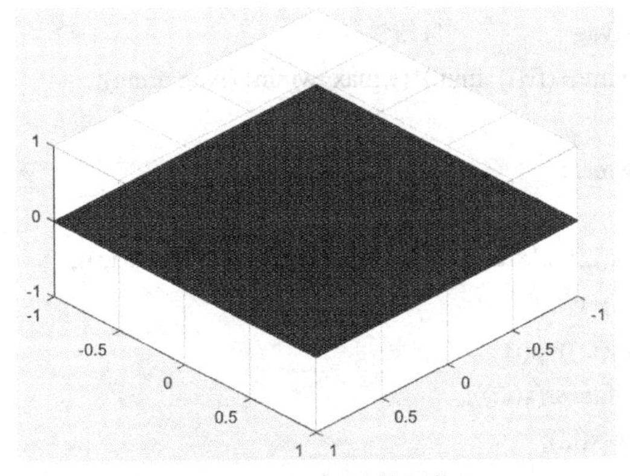

图 9-15　目标函数图像

```
function [xm,fv]=SAPSO(fitness,N,c1,c2,wmax,wmin,M,D)
%fitness 为适应度函数；N 为种群个数；c1 和 c2 为粒子群参数
%wmax 为最大权重；wmin 为最小权重；M 为循环迭代步数；D 为种群中个体个数
format long;
%初始化种群的个体
for i=1:N
    for j=1:D
        x(i,j)=randn;                  %随机初始化位置
        v(i,j)=randn;                  %随机初始化位置
    end
end
%先计算各个粒子的适应度
for i=1:N
    p(i)=fitness(x(i,:));
    y(i,:)=x(i,:);
end
pg=x(N,:);                             %pg 为全局最优
for i=1:(N-1)
    if fitness(x(i,:))<fitness(pg)
        pg=x(i,:);
    end
end
%进入主要循环
for t=1:M
    for j=1:N
        fv(j)=fitness(x(j,:));
    end
    fvag=sum(fv)/N;
    fmin=min(fv);
    for i=1:N
```

```
            if fv(i)<=fvag              %线性加权
                w=wmin+(fv(i)-fmin)*(wmax-wmin)/(fvag-fmin);
            else
                w=wmax;
            end
            v(i,:)=w*v(i,:)+c1*rand*(y(i,:)-x(i,:))+c2*rand*(pg-x(i,:));
            x(i,:)=x(i,:)+v(i,:);
            if fitness(x(i,:))<p(i)
                p(i)=fitness(x(i,:));
                y(i,:)=x(i,:);
            end
            if p(i)<fitness(pg)
                pg=y(i,:);
            end
        end
        pbest(t)=fitness(pg);
    end
    r=[1:100];
    plot(r,pbest,'k--');
    xlabel('迭代次数');ylabel('适应度值');
    title('改进 PSO 算法收敛曲线');
    hold on;
    xm=pg';
    fv=fitness(pg);
```

在 MATLAB 命令窗口中输入以下代码。

```
>> [xm,fv]=SAPSO(@fitness,40,2,2,0.9,0.6,100,2)
```

运行程序，输出如下，效果如图 9-16 所示。

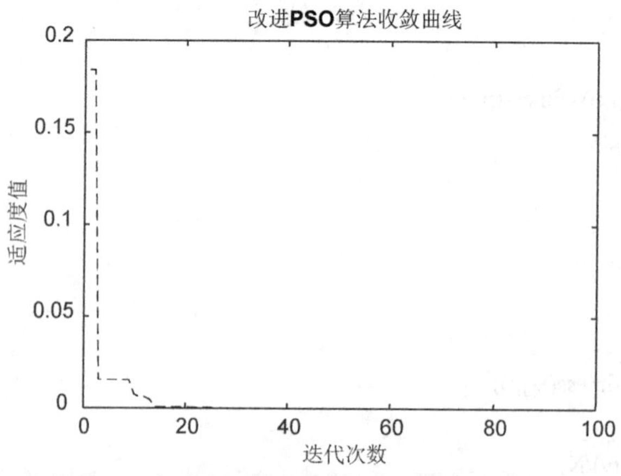


图 9-16　自适应权重粒子群优化算法适应度曲线

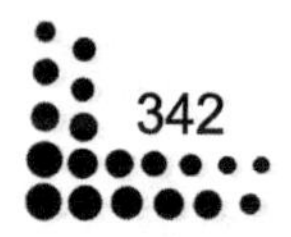

```
xm =
    0.999999916432971
    0.999999838739454
fv =
      1.043325595551768e-14
```

对于目标函数 $f(x)=100(x_1^2-x_2^2)+(1+x_1^2-2x_1)$，最小点为（1,1），最小值为 0，自适应权重的粒子算法求得的精度是较可行的。

（2）用测试函数 $f(x)=100(x_1^2-x_2^2)+(1+x_1^2-2x_1)$ 来检测惯性权重线性递减的 PSO 算法的收敛结果。

根据需要，建立惯性权重线性递减的 PSO 算法 LinWPSO.m，代码如下：

```
function [xm,fv]=LinWPSO(fitness,N,c1,c2,wmax,wmin,M,D)
%fitness 为适应度函数；N 为种群个数；c1 和 c2 为粒子群参数
%wmax 为最大权重；wmin 为最小权重；M 为循环迭代步数；D 为种群中个体个数
format long;
%初始化种群的个体
for i=1:N
    for j=1:D
        x(i,j)=randn;              %随机初始化位置
        v(i,j)=randn;              %随机初始化位置
    end
end
%先计算各个粒子的适应度和初始化 pi 和 pg
for i=1:N
    p(i)=fitness(x(i,:));
    y(i,:)=x(i,:);
end
pg=x(N,:);                         %pg 为全局最优
for i=1:(N-1)
    if fitness(x(i,:))<fitness(pg)
        pg=x(i,:);
    end
end
%进入主要循环
for t=1:M
    for j=1:N
        w=wmax-(t-1)*(wmax-wmin)/(M-1);
        v(i,:)=w*v(i,:)+c1*rand*(y(i,:)-x(i,:))+c2*rand*(pg-x(i,:));
        x(i,:)=x(i,:)+v(i,:);
        if fitness(x(i,:))<p(i)
            p(i)=fitness(x(i,:));
            y(i,:)=x(i,:);
```

```
            end
            if p(i)<fitness(pg)
                pg=y(i,:);
            end
        end
        pbest(t)=fitness(pg);
    end
    r=[1:100];
    plot(r,pbest,'k--');
    xlabel('迭代次数');ylabel('适应度值');
    title('惯性权重线性递减 PSO 算法');
    hold on;
    xm=pg';
    fv=fitness(pg);
```

在 MATLAB 命令窗口中输入以下代码。

```
>> [xm,fv]=LinWPSO(@fitness,40,2,2,0.9,0.4,100,30)
```

运行程序，输出如下，效果如图 9-17 所示。

```
xm =
    0.893508745494093
    0.797673139687343
    0.100742736673017
         ……
    0.200301520052181
   -1.022904161651189
    0.271842480662233
fv =
    0.011387273979506
```

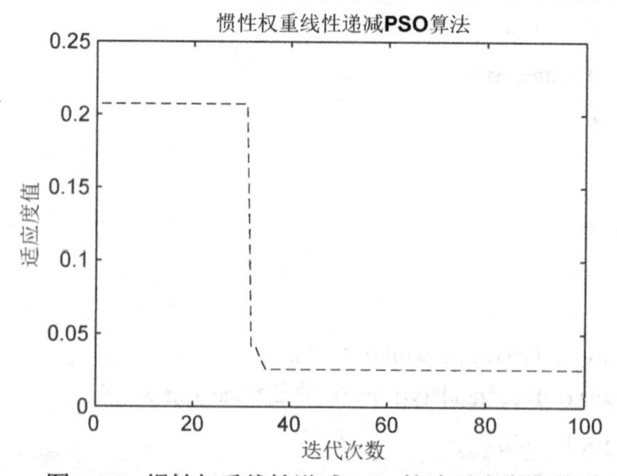


图 9-17　惯性权重线性递减 PSO 算法适应度曲线

从图 9-16 和图 9-17 可看出，对于二维函数 $f(x)=100(x_1^2-x_2^2)+(1+x_1^2-2x_1)$，用线性递

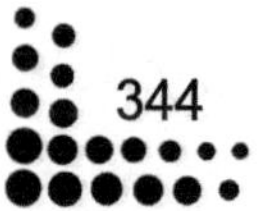

减权重的粒子群算法以及惯性权重线性递减 PSO 算法都求得了非常精确的最优点。最小点为 $(x_1, x_2)=(1,1)$，最小值为 0。但它们在收敛速度上并没有显示其优势，即在实际应用中，对于不同的问题，其每次迭代所需的比例关系并不相同。值得注意的是，如果在初期搜索中得不到最优点，随着 $\omega$ 的逐渐减小，算法局部收敛能力加强，则容易陷入局部最优；如果在初期探测中得到次优点，此时 $\omega$ 的相对取小即可使算法很快搜索到最优点，而 $\omega$ 的线性递减降低了算法的收敛速度。可以得出结论，用线性递减权重的粒子算法求得的结果并不一定比基本粒子群算法有优势。

线性递减权重 PSO 算法可以调节算法的全局和局部搜索能力，但是有两个缺点：首先，迭代初期局部搜索能力较弱，即使初始粒子已经接近于全局最优点，也往往会错过，而在迭代后期，因全局搜索能力变弱，而易陷入局部最优值；其次，最大迭代次数较难预测，从而将影响算法的调节功能。

### 2. 随机权重策略的 PSO 算法

随机地选取 $\omega$ 值，使得粒子历史速度对当前速度的影响是随机的。为服从某种随机分布的随机数，从一定程度上可从两方面克服 $\omega$ 的线性递减所带来的不足。首先，如果在进化初期接近最优点，则随机 $\omega$ 可能产生相对较小的 $\omega$ 值，加快算法的收敛速度。另外，如果在算法初期找不到最优点，则 $\omega$ 线性递减，使得算法最终收敛不到此最优点。而 $\omega$ 的随机生成可以克服这种局限。$\omega$ 的计算公式为

$$\begin{cases}\omega = \mu + \sigma \times N(0,1) \\ \mu = \mu_{\min} + (\mu_{\max} - \mu_{\min}) \times \mathrm{rand}(0,1)\end{cases}$$

式中，$N(0,1)$ 表示标准正态分布的随机数，rand(0,1)表示 0～1 中的随机数。经研究表明，随机权重策略的 PSO 算法在解多峰函数时，能在一定程度上避免陷入局部最优。该方法多用于动态系统。

例如，有下列函数：

$$f(x) = 4x_1^2 + 4x_2^4$$

利用以下代码，直观地描绘该函数图像。

```
>> clear all;
x1=-1:1/50:1;
x2=-1:1/50:1;
fx=4*x1.^2+4*x2.^4;
[X1,X2]=meshgrid(x1,x2);
Fx=griddata(x1,x2,fx,X1,X2,'v4');
surf(X1,X2,Fx);
```

运行程序，效果如图 9-18 所示。

用随机权重策略的 PSO 算法求函数的最小值，取粒子数为 40，学习因子都取 2，随机权重平均值的最大值为 0.8，随机权重平均值的最小值取 0.5，随机权重平均值的方差取 0.2，迭代步数取 100。

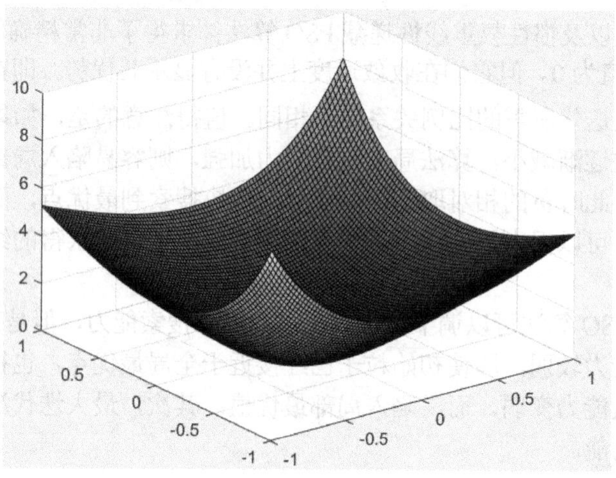


图 9-18　目标函数图像

首先，建立目标函数文件 fitness3.m，代码如下：

```
function F=fitness3(x)
F=4*x(1)^2+4*x(2)^4;
```

其次，根据需要，建立随机权重策略的 PSO 算法 RandWPSO.m，代码如下：

```
function [xm,fv]=RandWPSO(fitness3,N,c1,c2,mean_max,mean_min,sigma,M,D)
format long;
%初始化种群的个体
for i=1:N
    for j=1:D
        x(i,j)=randn;                   %随机初始化位置
        v(i,j)=randn;                   %随机初始化位置
    end
end
%先计算各个粒子的适应度，初始化 pi 和 pg
for i=1:N
    p(i)=fitness3(x(i,:));
    y(i,:)=x(i,:);
end
pg=x(N,:);                              %pg 为全局最优
for i=1:(N-1)
    if fitness3(x(i,:))<fitness3(pg)
        pg=x(i,:);
    end
end
%进入主要循环
for t=1:M
    for j=1:N
```

```
            miu=mean_min+(mean_max-mean_min)*rand();
            w=miu+sigma&randn();
            v(i,:)=w*v(i,:)+c1*rand*(y(i,:)-x(i,:))+c2*rand*(pg-x(i,:));
            x(i,:)=x(i,:)+v(i,:);
            if fitness3(x(i,:))<p(i)
                p(i)=fitness3(x(i,:));
                y(i,:)=x(i,:);
            end
            if p(i)<fitness3(pg)
                pg=y(i,:);
            end
        end
        pbest(t)=fitness3(pg);
    end
    r=[1:100];
    plot(r,pbest,'k--');
    xlabel('迭代次数');ylabel('适应度值');
    title('随机权重 PSO 算法');
    hold on;
    xm=pg';
    fv=fitness(pg);
```

最后，在 MATLAB 命令窗口中输入以下代码。

```
>> [xm,fv]=RandWPSO(@fitness3,40,2,2,0.8,0.5,0.2,100,2)
```

运行程序，输出如下，效果如图 9-19 所示。

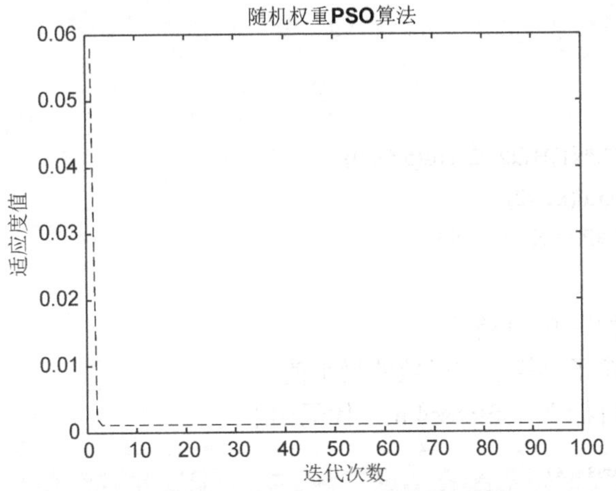


图 9-19　随机权重策略的 PSO 算法适应度曲线

```
xm =
   -0.081059487269976
    0.235543483540596
```

```
fv =
    6.411545901103240
```

### 3. 增加收敛因子的 PSO 算法

学习因子$c_1$和$c_2$决定了粒子本身经验信息和其他粒子的经验信息对粒子运行轨迹的影响，反映了粒子群之间的信息交流。设置$c_1$为较大的值，会使粒子过多地在局部范围内徘徊，而较大的$c_2$值又会促使粒子过早收敛到局部最小值。为了有效地控制粒子的飞行速度，使算法达到全局探测与局部开采间的有效平衡，Clerc 构造了引入收敛因子的 PSO 模型，采用了压缩因子，这种调整方法通过选取合适的参数，可确保 PSO 算法的收敛性，并可取消对速度的边界限制。速度公式为

$$v_{i,j}=\varphi\{v_{i,j}(t)+c_1r_1[p_{i,j}-x_{i,j}(t)]+c_2r_2[p_{g,j}-x_{i,j}(t)]\}$$

式中，$\varphi$称为收敛因子，$\varphi=\dfrac{2}{|2-C-\sqrt{C^2-4C}|}$，$C=c_1+c_2$，且$C>4$。

此模型中，$\varphi$的作用类似于参数$V_{\max}$的作用，用来控制约束粒子的飞行速度。但实验结果表明，$\varphi$比$V_{\max}$能更有效地控制粒子速度的振动。Shi 和 Eberhart 详细分析比较了权重和压缩因子两个参数对算法性能的影响，并认为压缩因子比惯性权重系数更有效地控制和约束粒子的飞行速度，同时增强了算法的局部搜索能力。

虽然惯性权值 PSO 和压缩因子 PSO 对典型测试函数表现出了各自的优势，但是惯性常数方法通常采用惯性权重随更新代数增加而递减的策略，算法后期由于惯性权值过小，会失去探索新区域的能力，而压缩因子方法则不存在此不足。

例如，有下列函数：

$$f(x)=x_1^2-\cos(5x_1)+x_2^2-\cos(5x_2)$$

利用以下代码，直观地描绘该函数图像。

```
>> clear all;
x1=-1:1/50:1;
x2=-1:1/50:1;
fx=(x1.^2-cos(5.*x1))+(x2.^2-cos(5.*x2));
[X1,X2]=meshgrid(x1,x2);
Fx=griddata(x1,x2,fx,X1,X2,'v4');
surf(X1,X2,Fx);
```

运行程序，效果如图 9-20 所示。

用带压缩因子的粒子群算法求函数的最小值。

根据需要，建立目标文件 fitness4.m，代码如下：

```
function F=fitness4(x)
F=0;
for i=1:2
    F=F+x(i)^2-cos(5*x(i));
end
```

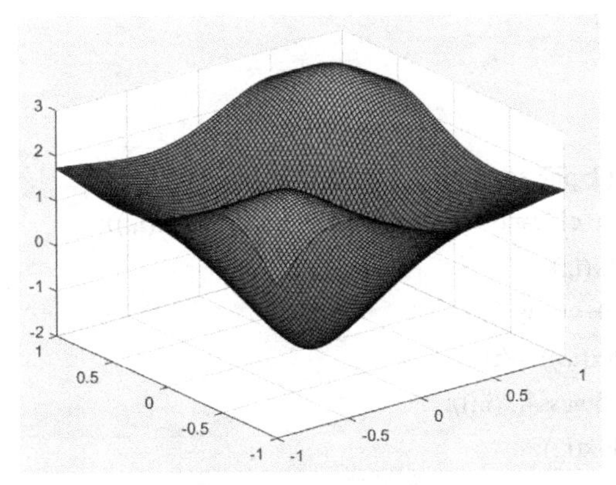


图 9-20　目标函数图像

根据需要，建立带压缩因子的粒子群算法 YSPSO.m，代码如下：

```
function [xm,fv]=YSPSO(fitness4,N,c1,c2,M,D)
%fitness4 为适应度函数；N 为种群个数；c1 和 c2 为粒子群参数
%M 为循环迭代步数；D 为种群中个体的个数
phi=c1+c2;
if phi<=4
    disp('c1 与 c2 的和必须大于 4！');
    xm=NaN;
    fv=NaN;
    return;
end
format long;
%初始化种群的个体
for i=1:N
    for j=1:D
        x(i,j)=randn;                  %随机初始化位置
        v(i,j)=randn;                  %随机初始化位置
    end
end
%计算各个粒子的适应度
for i=1:N
    p(i)=fitness4(x(i,:));
    y(i,:)=x(i,:);
end
pg=x(N,:);                             %pg 为全局最优
for i=1:(N-1)
    if fitness4(x(i,:))<fitness4(pg)
        pg=x(i,:);
    end
end
```

```
%进入主要循环
for t=1:M
    for j=1:N
        ksi=2/abs(2-phi-sqrt(phi^2-4*phi));
        v(i,:)=v(i,:)+c1*rand*(y(i,:)-x(i,:))+c2*rand*(pg-x(i,:));
        v(i,:)=ksi*v(i,:);
        x(i,:)=x(i,:)+v(i,:);
        if fitness4(x(i,:))<p(i)
            p(i)=fitness4(x(i,:));
            y(i,:)=x(i,:);
        end
        if p(i)<fitness4(pg)
            pg=y(i,:);
        end
    end
    pbest(t)=fitness4(pg);
end
r=[1:100];
plot(r,pbest,'k--');
xlabel('迭代次数');ylabel('适应度值');
title('带压缩因子的 PSO 算法');
hold on;
xm=pg';
fv=fitness(pg);
```

粒子群数目取 40，学习因子都取 2.05，迭代步数取 100，在 MATLAB 命令窗口中输入以下代码。

```
>> [xm,fv]=YSPSO(@fitness4,40,2.05,2.05,100,2)
```

运行程序，输出如下，效果如图 9-21 所示。

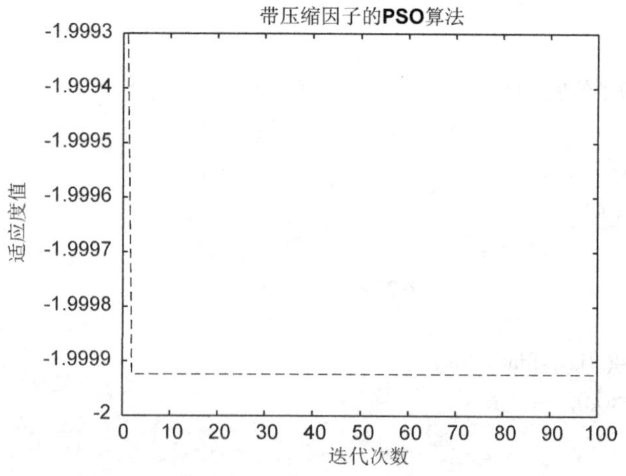


图 9-21 带压缩因子的粒子群算法适应度曲线

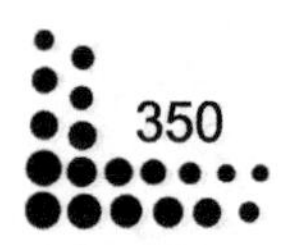

```
xm =
    0.002356437627243
   -0.000284562828357
fv =
    0.995301094251487
```

粒子群数目取 30，学习因子 1 取 2.8，学习因子 2 取 1.3，迭代步数取 100，在 MATLAB 命令窗口中输入以下代码。

```
>> [xm,fv]=YSPSO(@fitness4,30,2.8,1.3,100,2)
```

运行程序，输出如下，效果如图 9-22 所示。

```
xm =
   -0.067905691092290
   -0.035129836934260
fv =
    1.298357430676676
```

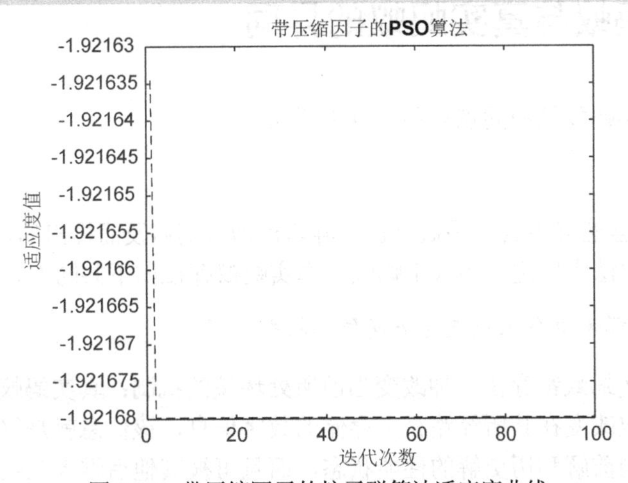


图 9-22　带压缩因子的粒子群算法适应度曲线

一般而言，即使采用相同的参数，粒子群算法每次得出的结果也不可能相同。该模拟函数的最小点 $(x_1,x_2)$=(0,0)，最小值为−2。

# 第 10 章　蚁群优化算法分析

蚁群优化（Ant Colony Optimization，ACO）算法，又称蚂蚁算法，是一种用来在图中寻找优化路径的几率型算法。它由 M. Dorigo 于 1992 年在他的博士论文中提出，其灵感来源于蚂蚁在寻找食物过程中发现路径的行为。蚁群优化算法是一种模拟进化算法，初步的研究表明该算法具有许多优良的性质。针对 PID 控制器参数优化设计问题，将 ACO 算法设计的结果与遗传算法设计的结果进行了比较，数值仿真结果表明，ACO 算法具有一种新的模拟进化优化方法的有效性和应用价值。

## 10.1　人工蚂蚁与真实蚂蚁的异同

人工蚂蚁与真实蚂蚁的相同点与不同点主要如下。

### 1．相同点比较

ACO 算法是从自然界中真实蚂蚁觅食的群体行为得到启发而提出的，其很多观点都来源于真实蚁群，因此算法中所定义的人工蚂蚁与真实蚂蚁存在如下共同点。

1）都存在一个群体中个体相互交流通信的机制

人工蚂蚁和真实蚂蚁都存在一种改变当前所处环境的机制：真实蚂蚁在经过的路径上留下信息素，人工蚂蚁改变在其所经路径上存储的数字信息，该信息就是算法中所定义的信息量，它记录了蚂蚁当前解和历史解的性能状态，而且可被其他后继人工蚂蚁读写。蚁群的这种交流方式改变了当前蚂蚁所经路径周围的环境，也以函数的形式改变了整个蚁群所存储的历史信息。通常，在蚁群优化算法中有一个挥发机制，它像真实的信息量挥发一样随着时间的推移来改变路径上的信息量。挥发机制使得人工蚂蚁和真实蚂蚁可以逐渐地忘却历史遗留信息，这样可使蚂蚁在选择路径时不局限于以前蚂蚁所存留的“经验”。

2）都要完成一个相同的任务

人工蚂蚁和真实蚂蚁都要完成一个相同的任务，即寻找一条从源节点（巢穴）到目的节点（食物源）的最短路径。人工蚂蚁和真实蚂蚁都不具有跳跃性，只能在相邻节点之间一步步移动，直至遍历完所有城市。为了能在多次寻路过程中找到最短路径，应该记录当前的移动序列。

3）利用当前信息进行路径选择的随机选择策略

人工蚂蚁和真实蚂蚁从某一节点到下一节点的移动都是利用概率选择策略实现的，概率

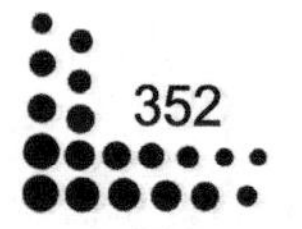

选择策略只利用当前的信息去预测未来的情况，而不能利用未来的信息。因此，人工蚂蚁和真实蚂蚁所使用的选择策略在时间和空间上都是局部的。

### 2. 不同点比较

在从真实蚁群行为获得启发而构造 ACO 算法的过程中，人工蚂蚁还具备了真实蚂蚁所不具备的一些特性。

（1）人工蚂蚁存在于一个离散的空间中，它们的移动是从一个状态到另一个状态的转换。

（2）人工蚂蚁具有一个记忆其本身过去行为的内在状态。

（3）人工蚂蚁存在于一个与时间无关联的环境中。

（4）人工蚂蚁不是完全盲从的，它还受到问题空间特征的启发。例如，有的问题中人工蚂蚁在产生一个解后改变信息量，但无论哪种方法，信息量的更新并不是随时都可以进行的。

（5）为了改善算法的优化效率，人工蚂蚁可增加一些性能，如预测未来、局部优化、回退等，这些行为在真实蚂蚁中是不存在的。在很多具体应用中，人工蚂蚁可在局部优化过程中相互交换信息，还有一些改进蚁群优化算法中的人工蚂蚁可实现简单预测。

## 10.2　蚁群优化算法理论的研究现状

M. Dorigo 最早提出了蚁群优化算法——蚂蚁系统（Ant System，AS）并将其应用于解决计算机算法学中的经典的旅行商问题（TSP）。从蚂蚁系统开始，基本的蚁群优化算法得到了不断发展和改善，并在 TSP 以及许多实际优化问题求解中进一步得到了验证。这些 AS 改进版本的一个共同点就是增强了蚂蚁搜索过程中对最优解的探索能力，它们之间的差异仅在于搜索控制策略方面。而且，取得了最佳结果的 ACO 算法是通过引入局部搜索算法实现的，这实际上是一些结合了标准局域算法的混合型概率搜索算法，有利于提高蚁群各级系统在优化问题中的求解质量。

通过与其他各种通用的启发式算法相比，在不大于 75 个城市的 TSP 中，AS 的 3 种版本（Ant density、Ant quantity 和 Ant cycle）基本算法的求解能力还是比较理想的，但是当问题规划扩展时，AS 的解题能力大幅度下降，因此，其后的 ACO 算法研究工作主要集中在 AS 性能的改进方面。

较早的一种改进方法是精英策略（Elitist Strategy），其思想是在算法开始后，即对所有已发现的最好路径给予额外的增强，并将随后与之对应的行程记为 Tgb（全局最优行程）。

当进行信息素更新时，对这些行程予以加权，同时将经过这些行程的蚂蚁记为“精英”，从而增大较好行程的选择机会。这种改进型算法能够以更快的速度获得更好的解，但是若选择的精英过多，则算法会由于较早地收敛于局部次优解而导致搜索的过早停止。

为了进一步克服 AS 中暴露出的问题，L. M. Gambardella 和 M. Dorigo 提出了蚁群系统。该系统的提出是以 Ant Q 算法为基础的。Ant Q 将蚂蚁算法和一种增强型学习算法 Q Learning 有机地结合了起来，ACS 与 AS 之间存在 3 方面的主要差异。

首先，ACS 采用了更为大胆的行为选择规则。

其次，ACS 只增强属于全局最优解的路径上的信息素，即

$$\tau_{ij}(t+1)=(1-\rho)\tau_{ij}(t)+\rho\Delta\tau_{ij}^{gb}(t) \tag{10-1}$$

式中，$\Delta\tau_{ij}^{gb}(t)=\dfrac{1}{L^{gb}}$，$0<\rho<1$是信息素挥发参数，$L^{gb}$是从寻路开始到当前为止全局最优路径长度。

最后，还引入了负反馈机制，每当一只蚂蚁由一个节点移动到另一个节点时，该路径上的信息素都按照式（10-1）被相应地消除一部分，从而实现一种信息素的局部调整，以减小已选择过的路径再次被选择的概率。

$$\tau_{ij}=(1-\xi)\tau_{ij}+\xi\Delta\tau_o,\ \ 0<\xi<1 \tag{10-2}$$

在对 AS 进行直接完善的方法中，MAX-MIN Ant System 是一个典型代表。该算法修改了 AS 的信息素更新方式，每次迭代之后只有一个蚂蚁能够进行信息素的更新以获得更好的解。为了避免搜索停止，路径上的信息素浓度被限制在$[\tau_{\min},\tau_{\max}]$内。另外，信息素的初始值被设为其取值上限，这样有助于增加算法初始阶段的搜索能力。

另一种对 AS 进行改进的算法是 Rank based Version AS，与“精英策略”相似，在此算法中决定排序，且每只蚂蚁放置信息素的强度通过式（10-2）中的排序加权处理确定，其中$\Delta\tau_{ij}^{r}(t)=\dfrac{1}{L^{r}}$，$\Delta\tau_{ij}^{gb}(t)=\dfrac{1}{L^{gb}}$，$m$为每次迭代后放置信息素的蚂蚁总数。

$$\tau_{ij}(t+1)=(1-\rho)\tau_{ij}(t)+\sum_{r=1}^{m}(\bar{\omega}-r)\Delta\tau_{ij}^{r}(t)+\bar{\omega}\Delta\tau_{ij}^{gb}(t) \tag{10-3}$$

这种算法求解 TSP 的能力与 AS 精英策略、AS 遗传算法和模拟退火算法进行了比较，在大型 TSP 中（最多包含 132 个城市），基于 AS 的算法显示出了 GA 和 SA 的特性，而且在 Rank based AS 和精英策略 AS 均优于基本 AS 的同时，前者还获得了比精英策略 AS 更好的解。

## 10.3 蚁群优化算法的基本原理

目前，蚁群优化算法已经被用于求解旅行商问题、指派问题以及调度问题等，取得了较好的实验结果。

### 10.3.1 蚁群优化算法的基本思想

作为一种随机优化方法，蚁群优化算法不需要任何先验知识，最初只是随机地选择搜索路径，随着对解空间的了解，搜索更加具有规律性，并逐渐得到全局最优解。蚁群优化算法的搜索机制主要包括以下方面。

（1）存在一种群体中蚂蚁相互交流通信的机制，通常表示为信息素。

蚂蚁能在其走过的路径上分泌一种化学物质——Pheromone（信息素），通过这种方式形成信息素轨迹。蚂蚁在运动过程中能够感知这种物质的存在及其强度，并以此指导自己的运动方向，使蚂蚁倾向于朝着该物质强度高的方向移动。信息素轨迹可以使蚂蚁找到它们返回食物源（或蚁穴）的路径。当同伴蚂蚁进行路径选择时，会根据路径上的信息素进行选择，这样信息素就成为了蚂蚁之间通信的媒介。

（2）蚂蚁的集群活动。

每只蚂蚁在寻找食物源的时候只贡献了非常小的一部分，但整个蚁群的行为却表现了具有找出最短路径的能力。由大量蚂蚁组成的蚁群的集体行为表现出一种信息的正反馈现象：某一路径上走过的蚂蚁越多，导致信息素强度越大，该路径对后来的蚂蚁就越有吸引力，即一只蚂蚁选择一条路径的概念随着以前选择该路径的蚂蚁数量的增加而增大。而某些路径上通过的蚂蚁较少时，路径上的信息素就会随时间推移而逐渐蒸发。蚂蚁的这种搜索路径的过程被称之为自催化行为或正反馈机制。因此，通过模拟这种机制即可使蚁群优化算法的搜索向最优解推进。

（3）利用当前信息进行路径选择的概率选择策略。

蚁群优化算法中蚂蚁从一个节点移动到下一个节点的求解方法是利用概率选择策略实现的，概率选择策略只利用当前的信息去预测未来的情况，而不能利用未来的信息，因此，该选择策略利用的都是当前信息。

## 10.3.2　蚁群优化算法的基本模型

由于基本的蚁群优化算法与旅行商问题的求解具有紧密的联系，本节以求解旅行商问题为例说明蚁群优化算法的基本模型。

旅行商问题属于一种典型的组合优化问题，定义如下：给定 $n$ 个城市集合以及两两城市之间的距离，寻找一条具有最短长度的闭合路径，该路径经过全部城市且每个城市经过一次。旅行商问题可由图论描述，即给定图 $G=(V,A)$，其中 $V$ 为城市集合，$A$ 为城市之间的支路集合，已知各城市间的连接距离，要求确定一条长度最短的 Hamilton 回路，即当且仅当一次遍历所有城市的最短回路。下面介绍其基本算法。

### 1．蚁群优化算法的常见符号

为了更清楚地描述蚁群优化算法，首先引入下列符号。

（1）$q_i(t)$：$t$ 时刻位于城市 $i$ 的蚂蚁个数。

（2）$m$：蚁群中的全部蚂蚁个数，$m=\sum_{i=1}^{n} q_i(t)$。

（3）$\tau_{ij}$：边 $(i,j)$ 上的信息素强度。

（4）$\eta_{ij}$：边 $(i,j)$ 上的能见度。

（5）$d_{ij}$：城市 $i$ 与城市 $j$ 之间的距离。

（6）$P_{ij}^k$：蚂蚁 $k$ 由城市 $i$ 向城市 $j$ 转移的概率。

### 2．每只蚂蚁具有的特征

（1）蚂蚁根据城市距离和连接边上信息素数量为变量的概率函数选择下一个将要访问的城市。

（2）规定蚂蚁在完成一次循环以前，不允许转到已访问的城市。

（3）蚂蚁在完成一次循环时，在每一条访问的边$(i,j)$上释放信息素。

### 3．蚁群优化算法流程

基本蚁群优化算法流程如图 10-1 所示。

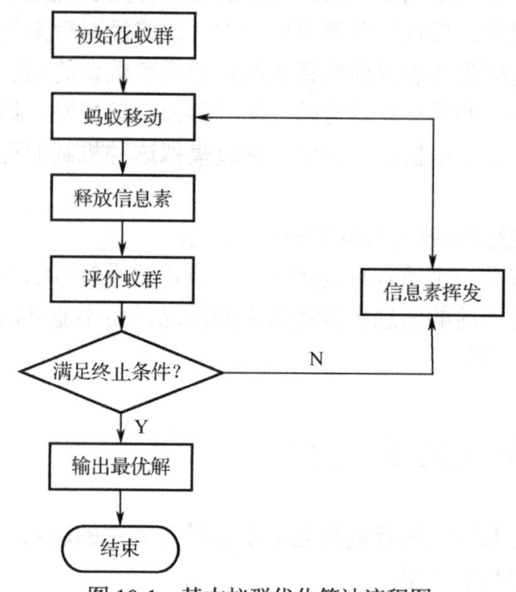


图 10-1　基本蚁群优化算法流程图

（1）初始化蚁群：初始化蚁群参数，设置蚂蚁数量，将蚂蚁置于$n$个顶点上，初始化路径信息素。

（2）蚂蚁移动：蚂蚁依据前面蚂蚁所留下的信息素和自己的判断选择路径，完成一次循环。

（3）释放信息素：对蚂蚁所经过的路径按一定的比例释放信息素。

（4）评价蚁群：根据目标函数对每只蚂蚁的适应度做出评价。

（5）如果满足终止条件，即最短路径，则输出最优解；否则，算法继续进行。

（6）信息素的挥发：信息素会随着时间的延续而不断消散。

初始时刻，各条路径上的信息素相等，设$\tau_{ij}(0)=C$（$C$为常数）。蚂蚁$k(k=1,2,\cdots,m)$在运动过程中根据各条路径上的信息素决定转移方向。在$t$时刻，蚂蚁$k$在城市$i$中选择城市$j$的转移概率${}_{ij}^{k}(t)$为

$$P_{ij}^{k}(t)=\begin{cases}\dfrac{\tau_{ij}^{\alpha}(t)\eta_{ij}^{\beta}(t)}{\sum\limits_{s\in \text{allowed}_k}\tau_{is}^{\alpha}(t)\eta_{is}^{\beta}(t)}, & \text{如果} j\in \text{allowed}_k \\ 0, & \text{否则}\end{cases} \tag{10-1}$$

式中，$\text{allowed}_k=\{0,1,\cdots,n-1\}-\text{tabu}_k$表示蚂蚁$k$下一步允许选择的城市，$\text{tabu}_k$记录了蚂蚁$k$当前所走过的城市，$\text{tabu}_k$随进化过程做动态调整。由式（10-1）可知，转移概率$P_{ij}^{k}$与$\tau_{ij}^{\alpha}\eta_{ij}^{\beta}$成正比。$\eta_{ij}$为能见度因数，用某种启发式算法得到，一般取$\eta_{ij}=\dfrac{1}{d_{ij}}$，$\alpha$和$\beta$为两个参数，反

映了蚂蚁在运动过程中信息素轨迹和能见度在蚂蚁选择路径中的相对重要性。经过 $n$ 个时刻，蚂蚁完成一次循环，各路径上的信息素量根据下式调整：

$$\tau_{ij}(t+n)=(1-\rho)\tau_{ij}(t)+\Delta\tau_{ij} \tag{10-2}$$

$$\Delta\tau_{ij}=\sum_{k=1}^{n}\Delta\tau_{ij}^{k} \tag{10-3}$$

式中，$\Delta\tau_{ij}^{k}$ 表示第 $k$ 只蚂蚁在本次循环中留在路径 $(i,j)$ 上的信息素量，其值视蚂蚁表现的优劣程度而定，路径越短，信息素释放的就越多；$\Delta\tau_{ij}$ 表示本次循环中路径 $(i,j)$ 的信息素量的增量；$\rho$ 为信息素轨迹的衰减系数，通常设置系数 $\rho<1$ 来避免路径上信息素量的无限累加。

根据具体算法的不同，$\Delta\tau_{ij}$、$\Delta\tau_{ij}^{k}$ 及 $P_{ij}^{k}(t)$ 的表达式可以不同，要根据具体问题而定。M. Dorigo 曾给出三种不同模型，分别称为蚁周系统、蚁量系统、蚁密系统。它们的差别在于求解 $\Delta\tau_{ij}^{k}$ 的方法不同。

在蚁密系统模型中，有

$$\Delta\tau_{ij}^{k}=\begin{cases}Q,\text{如果第}k\text{只蚂蚁在本次循环中经过路径}(i,j)\\0,\text{否则}\end{cases}$$

式中，$Q$ 为常量。

在蚁量系统模型中，有

$$\Delta\tau_{ij}^{k}=\begin{cases}\dfrac{Q}{d_{ij}},\text{如果第}k\text{只蚂蚁在本次循环中经过路径}(i,j)\\0,\text{否则}\end{cases}$$

在蚁周系统模型中，有

$$\Delta\tau_{ij}^{k}=\begin{cases}\dfrac{Q}{L_k},\text{如果第}k\text{只蚂蚁在本次循环中经过路径}(i,j)\\0,\text{否则}\end{cases}$$

式中，$L_k$ 为第 $k$ 只蚂蚁在本次循环中所走的路径长度。

在蚁密系统和蚁量系统中，蚂蚁在建立方案的同时释放信息素，利用的是局部信息；而蚁周系统是在蚂蚁已经建立了完整的轨迹后再释放信息素，利用的是整体信息。

### 10.3.3 蚁群优化算法的特点

蚁群优化算法具有其自身的一些特点，主要表现在以下方面。

（1）蚁群优化算法是一种自组织的算法。在系统论中，自组织和他组织是组织的两个基本分类，其区别在于组织力或组织指令是来自于系统的内部还是来自于系统的外部，来自于系统内部的是自组织，来自于系统外部的是他组织。如果系统在获得空间的、时间的或者功能结构的过程中，没有外界的特定干预，则说系统是自组织的。从抽象意义上讲，自组织就是在没有外界作用下使得系统熵减小的过程（即是系统从无序到有序的变化过程）。蚁群优化算法充分体现了这个过程，以蚂蚁群体优化为例进行说明。在算法开始的初期，单个的人工蚂蚁无序地寻找解，算法经过一段时间的演化，人工蚂蚁间通过信息激素的作用，自发地越来越趋向于寻找到接近最优解的一些解，这就是一个无序到有序的过程。

（2）蚁群优化算法是一种本质上并行的算法。每只蚂蚁搜索的过程彼此独立，仅通过信息激素进行通信。所以蚁群优化算法可以看做一个分布式的多 agent 系统，它在问题空间的多点同时开始进行独立的解搜索，不仅增加了算法的可靠性，也使得算法具有较强的全局搜索能力。

（3）蚁群优化算法是一种正反馈的算法。从真实蚂蚁的觅食过程中不难看出，蚂蚁能够最终找到最短路径，直接依赖于最短路径上信息激素的堆积，而信息激素的堆积却是一个正反馈的过程。对蚁群优化算法来说，初始时刻在环境中存在完全相同的信息激素，给予系统一个微小扰动，使得各个边上的轨迹浓度不相同，蚂蚁构造的解就存在了优劣，算法采用的反馈方式是在较优的解经过的路径留下更多的信息激素，而更多的信息激素又吸引了更多的蚂蚁，这个正反馈的过程使得初始的不同得到不断扩大，同时又引导整个系统向最优解的方向进化。因此，正反馈是蚁群算法的重要特征，它使得算法演化过程得以进行。

（4）蚁群优化算法具有较强的鲁棒性。相对于其他算法，蚁群优化算法对初始路线要求不高，即蚁群优化算法的求解结果不依赖于初始路线的选择，而且在搜索过程中不需要进行人工调整。此外，蚁群优化算法的参数数目少，设置简单，易于蚁群优化算法应用到其他组合优化问题的求解。

蚁群优化算法的应用进展以蚁群优化算法为代表的蚁群智能已成为当今分布式人工智能研究的一个热点，许多源于蜂群和蚁群模型设计的算法已经越来越多地被应用于企业的运转模式的研究。

## 10.3.4 蚁群优化算法的优缺点

蚁群优化算法具有其自身的优缺点。

### 1．优点

（1）蚁群优化算法本质上是一种模拟进化算法，结合了分布式计算、正反馈机制和贪婪式搜索算法，在搜索过程中不容易隐含局部最优，即在所定义的适应函数是不连续、非规划或有噪声的情况下，也能以较大的概率发现最优解，同时贪婪式搜索有利于快速找出可行解，缩短了搜索时间。

（2）蚁群优化算法采用自然进化机制来表现复杂的现象，通过信息素合作而不是个体之间的通信机制，使算法具有较好的可扩充性，能够快速可靠地解决困难的问题。

（3）蚁群优化算法具有很高的并行性，非常适用于巨量并行机。

### 2．缺点

（1）通常，该算法需要较长的搜索时间。由于蚁群中个体的运动是随机性的，当群体规模较大时，要找出一条较好的路径就需要较长的搜索时间。

（2）蚁群优化算法在搜索过程中容易出现停滞现象，表现为搜索到一定阶段后，所有解趋向一致，无法对空间进行进一步搜索，不利于发现更好的解。

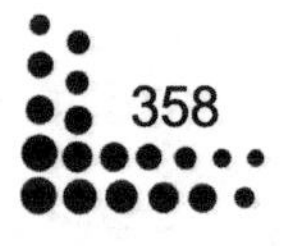

因此，在针对不同的优化问题求解时，就需要设计不同的蚁群优化算法，合理地选择目标函数、信息更新和群体协调机制，尽量避免算法缺陷。

## 10.4 蚁群优化算法的改进

### 10.4.1 自适应蚁群优化算法

基本蚁群优化算法在构造解的过程中，利用随机选择策略，这种选择策略使得进化速度较慢。正反馈原理旨在强化性能较好的解，却容易出现停滞的现象，这是造成蚁群优化算法不足的根本原因。因而，可从选择策略方面进行修改，采用确定性选择和随机选择相结合的策略，并且搜索过程中动态地调整确定性选择的概率；当进化到一定代数后，进化方向已经基本确定，这时对路径上信息量做动态调整，缩小最好和最差路径上信息量的差异，并且适当加大随机选择的概率，有利于对解空间的更完全搜索，从而可以有效地克服基本蚁群优化算法的两个不足。这就是自适应蚁群优化算法。此算法按照下式确定蚂蚁由城市 $i$ 转移到下一个城市 $j$，即

$$j=\begin{cases}\arg\max x_u \in \text{allowed}_k\{\tau_{iu}^{\alpha}\tau_{iu}^{\beta}(t)\}, r \leqslant P_0 \\ \text{依概率} P_{ij}^{k}(t), \text{其他}\end{cases}$$

式中，$P_0 \in (0,1)$，$r$ 是$(0,1)$中均匀分布的随机数。当进化方向确定后，为加大随机选择的概率，确定性选择的概率必须自适应地调整，$P(t)$ 调整规则如下：

$$P(t)=\begin{cases}0.95P(t-1), 0.95P(t-1) \geqslant P_{\min} \\ P_{\min}\end{cases}$$

### 10.4.2 融合遗传算法与蚁群优化算法

遗传算法与蚁群优化算法融合（GAAA）的基本思想如下：在算法的前半程采用遗传算法，充分利用遗传算法的快速性、随机性、全局性和收敛性，其结果会产生有关问题的初始信息素分布；在有一定初始信息素分布的情况下，再采用蚁群优化算法。这种算法以两种算法的优点，克服各自的缺陷，优劣互补，在时间效率上优于蚁群优化算法，在求解效率上优于遗传算法。

GAAA 算法的总体框架如图 10-2 所示。

### 10.4.3 蚁群神经网络

蚁群神经网络指将蚁群优化算法和人工神经网络方法结合起来，可兼有人工神经网络的广泛映射能力和蚁群优化算法的快速、全局收敛及启发式学习等特点，在某种程度上避免了

人工神经网络收敛速度慢、易陷入全局极小点的问题。

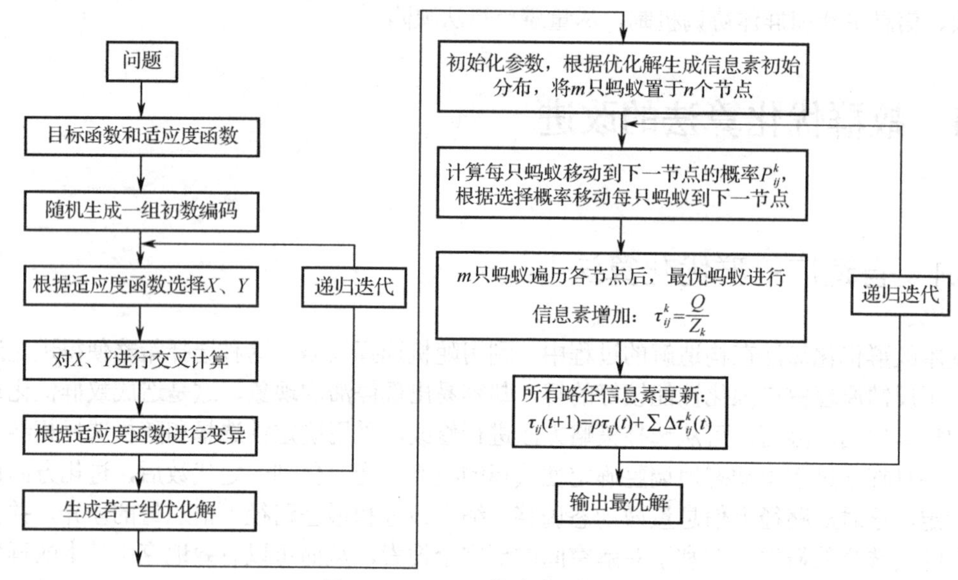


图 10-2　GAAA 算法总体框架图

算法的基本思想如下：假定网络中有 $m$ 个参数，它包括所有权重值和阈值。首先，将神经网络参数 $P_i(1\leqslant i\leqslant m)$ 设置为 $N$ 个随机非零值，形成集合 $I_{P_i}$。每只蚂蚁在集合 $I_{P_i}$ 中选择一个值，在全部集合中选择一组神经网络权重值，蚂蚁的数目为 $n$，$\tau_j(I_{P_i})$ 为信息素。蚂蚁搜索时，不同的蚂蚁选择元素是相互独立的，每只蚂蚁从集合 $I_{P_i}$ 出发，根据集合中每个元素的信息素和路径选择规则，从每个集合 $I_{P_i}$ 中选择一个元素，当蚂蚁在所有集合中完成元素选择后，它就会到达食物源，然后调节集合中元素的信息素。这一过程反复进行，当全部蚂蚁收敛到同一路径或达到给定的迭代数时，搜索结束。

## 10.5　聚类问题的蚁群优化算法

聚类分析是一种传统的多变量统计分类方法，用以探讨如何将所搜集的物体分类，与相同群体具有高度的相异性。聚类分析的用途甚广，在科学数据探测、图像处理、模式识别、文档检索、医疗诊断、计算物学等领域都非常重要的作用。

聚类问题的本质是一个非线性规划问题，目前没有有效的算法解决这些问题。蚁群优化算法作为一种分布式寻优算法，已经展示了其优良的搜索最优解的能力，并具有其他通用型算法不具备的特征。由于蚁群优化算法能够应用于各种优化组合问题，因此可以用来解决聚类分析问题。

## 10.5.1 聚类数目已知的聚类问题

聚类数目已知的聚类问题是指通过先验知识已知样本集的总类数，但各样本的具体分类情况未知。

### 1．蚂蚁结构

每只蚂蚁都表示一种可能的聚类结果。与遗传算法一样，其对每个样本随机生成类别号，以组成每只蚂蚁的结构。例如，有 10 个样本，聚类数为 4，其中的一只蚂蚁用如下结构表示：$S_i=[2\ 2\ 4\ 4\ 1\ 3\ 4\ 2\ 3\ 1]$，表示第 1、2 和 8 个样本为第 2 类，第 3、4 和 7 个样本为第 4 类，以此类推。

### 2．信息素矩阵

信息素是一个在迭代过程不断更新的 $N\times n$ 矩阵，其中 $N$ 为样本数，$n$ 为类别数。算法开始时，矩阵被初始化为设定的同一值 $\tau_{ij}$，表示样品 $i$ 分配到它所属的类 $j$ 的信息素值。

### 3．目标函数

已知样本集有 $N$ 个样本和 $M$ 个分类，每个样本有 $n$ 个特征。以每个样本到聚类中心的距离之和的最小值作为目标函数，即

$$\min J(\omega,c)=\sum_{j=1}^{m}\sum_{i=1}^{N_j}\sum_{p=1}^{n}\omega_{ij}\,\|x_{ip}-c_{jp}\|^2$$

其中，

$$c_{jp}=\frac{\sum_{i=1}^{N_j}\omega_{ij}x_{ip}}{\sum_{i=1}^{N_j}\omega_{ij}},\ j=1,2,\cdots,M;\ p=1,2,\cdots,n$$

$$\omega_{ij}=\begin{cases}1,\text{如果样品}i\text{类属于}j\text{类}\\0,\ \text{否则}\end{cases}$$

式中，$x_{ip}$ 为第 $i$ 个样本的第 $p$ 个属性；$c_{jp}$ 为第 $j$ 个类中心的第 $p$ 个属性。

### 4．更新蚁群

在每一次蚁群更新中，蚂蚁将通过信息素的间接通信实现样本集的 $M$ 个近似划分。当 $m$ 只蚂蚁迭代结束后，再进行局部搜索以进一步提高类划分的质量，然后根据类划分的质量更新信息素矩阵。如此循环，直到满足循环条件后结束。

设 $t$ 表示迭代的次数，每只蚂蚁依赖于第 $t-1$ 次迭代提供的信息素来实现分类。对每只蚂蚁所构成的每个样本，系统产生一个随机数 $q$，与预先定义一个数值在 0～1 内的概率 $q_0$ 比较，决定每只蚂蚁的更新：

① 如果 $q$ 小于 $q_0$，则选择与样本间具有最大信息素的类为样本要归属的类；

② 如果$q$大于$q_0$，则根据转换概率随机选择样本要转换的类。

转换概率由下述公式计算：

$$p_{ij} = \frac{\tau_{ij}}{\sum_{i=1}^{M} \tau_{ij}}$$

式中，$\tau_{ij}$为样品$i$和所属类$j$间的标准化信息素。每个样本$i$根据转换概率分布，选择要转换到的类别。

从以上可看出，第一种方式利用了已有的知识，第二种方式则是开发新解的空间。

**5. 局部搜索**

为提高蚁群优化算法寻找最优解的效率，很多改进的蚁群优化算法都加入了局部搜索。局部搜索可对所有解执行，也可以只对部分解执行，此时执行的部分解为具有小的目标函数的前$L$个解。

对部分解执行局部搜索解的方法如下。

（1）为解集中的每个样本产生随机数，如果第$i$个样本被分配的随机数小于$p_s$，那么这个样本要被分配到其他类中。

（2）选择类中心与这个样本的距离最短的类为第$i$个样本被分配的类，重新聚类。

（3）重新计算变换操作后的目标函数值，与原解集的目标函数值进行比较，如果比较原解集的目标函数小，则保留新解集；否则还原旧解集。

（4）对前$L$个解集进行上述操作。在前$L$只蚂蚁中选择具有最小目标函数的蚂蚁作为最优解。

**6. 信息素更新**

执行过局部搜索之后，利用前$L$只蚂蚁对信息素进行更新，其公式为

$$\tau_{ij}(t+1) = (1-\rho)\tau_{ij}(t) + \sum_{s=1}^{L} \Delta\tau_{ij}^{s}, i = 1,2,\cdots,N; j = 1,2,\cdots,M$$

式中，$\rho(0<\rho<1)$为信息素参数；$\tau_{ij}$为样品$i$和属类在$t$时刻的信息素浓度。设$J_s$为蚂蚁$s$目标函数值，$Q$为一个参数常量值，如果蚂蚁$s$中的样本$i$属于$j$类，则$\Delta\tau_{ij}^{s} = \frac{Q}{J_s}$；否则$\Delta\tau_{ij}^{s} = 0$。

至此，一次迭代结束。继续迭代，直到最大迭代次数，返回最优解为止。

### 10.5.2 聚类数目未知的聚类问题

在聚类问题中，还有一种情况是聚类数目未知的。在这种问题的蚁群优化算法中，可以将样本视为具有不同属性的蚂蚁，聚类中心为蚂蚁要寻找的“食物源”。所以样本聚类过程就是蚂蚁寻找食物源的过程。

设$X$是待分类的数据集，$N$为样本的特征数。聚类算法过程如下。

（1）初始分配$N$个样本各自为一类，共有$N$类。

（2）计算类$\omega_i$与类$\omega_j$之间的欧氏距离：

$$d_{ij}=\sqrt{\sum_{k=1}^{n}\left(\overline{X_k^{\omega_i}}-\overline{X_k^{\omega_j}}\right)^2}$$

$$\overline{\boldsymbol{X}^{\omega_i}}=\frac{1}{N}\sum_{k=1}^{N_i}X_k$$

式中，$d_{ij}$ 表示类 $i$ 到类 $j$ 之间的欧氏距离；$\overline{\boldsymbol{X}^{\omega_i}}$ 为聚类中心向量；$N_i$ 为类 $\omega_i$ 中样本数量。

（3）计算各路径上的信息素量。设 $r$ 为聚类半径，$\tau_{ij}(t)$ 是 $t$ 时刻 $\omega_i$ 到 $\omega_j$ 路径上残留的信息素，路径 $(i,j)$ 上的信息素量为

$$\tau_{ij}(t)=\begin{cases}1,d_{ij}\leqslant r\\0,d_{ij}>r\end{cases}$$

式中，$r=A+d_{\min}+(d_{\max}-d_{\min})\cdot B$，$A$、$B$ 为常量参数。

（4）计算类 $\omega_i$ 归并到 $\omega_j$ 的概率：

$$p_{ij}=\frac{\tau_{ij}^{\alpha}(t)\tau_{ij}^{\beta}(t)}{\sum_{i\in s}\tau_{is}^{\alpha}(t)\tau_{is}^{\beta}(t)}$$

式中，$S=\{s\mid d_{ij}\leqslant r,s=1,2,\cdots,j-1,j,j+1,\cdots,M\}$，$s$ 代表某一类号，$S$ 代表到第 $j$ 类距离小于或等于 $r$ 的所有类号集合；$M$ 为当前的总类数；$\eta_{is}(t)$ 为权重参数。

（5）如果 $p_{ij}\geqslant p_0$，则 $\omega_i$ 归并于 $\omega_j$ 邻域，类别数减 1。$p_0$ 为一个给定的概率值。重新计算归并后聚类中心。

（6）判断是否有归并。如果无归并，则停止循环；否则，转到步骤（2）继续迭代。

## 10.6　ACO 算法的 TSP 求解

下面直接通过实例来演示基于 ACO 算法的 TSP 求解。

**【例 10-1】** 选取下列对象进行 ACO 算法的 TSP 的分析，该地图信息如图 10-3 所示，其包括 50 个城市，各城市之间的位置关系是确定的。

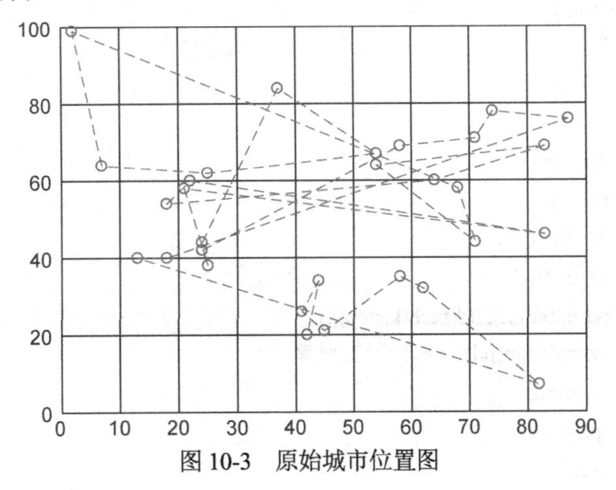

图 10-3　原始城市位置图

选取轨迹相对重要性$\alpha$=1.5，能见度相对重要性$\beta$=2，蚂蚁数量$m$=30，轨迹持久性$\rho$=0.9，针对图 10-3 所示的城市位置关系，进行 ACO 算法寻优求解。

其 MATLAB 代码如下：

```
>> clear all;
%保留每次迭代的最优解
x=[24 37 54 25 7 2 68 71 54 83 64 18 22 83 21 25 24 58 71 74 87 18 ...
        13 82 62 58 45 41 44 42];
y=[44 84 67 62 64 99 58 44 64 69 60 54 60 46 58 38 42 69 71 78 76 40 ...
40 7 32 35 21 26 34 20];
n=30;      %表示城市数目
c=100;
q=1000000;
NC=50;
r=0.9;     %表示轨迹持久性
a=1.5;     %表示轨迹相对重要性
b=2;       %表示能见度相对重要性
m=30;      %表示蚂蚁数目
for i=1:n
    for j=1:n
        dij(i,j)=sqrt((x(i)-x(j))^2+(y(i)-y(j))^2);    %距离
    end
end
for i=1:n
    dii(i,j)=0.01;
end

min10=10^5;
t=ones(n)*c;
for nc=1:NC
    tabu=ones(m,n);
    tabu(:,1)=0;                                      %禁忌表
    path=ones(m,n);
    for k=1:m
        for step=1:n-1
            ta=t.^a;
            tb=dij.^(-b);
            td=ta.*tb;
            pd=tabu(k,:).*td(path(k,step),:);
            pk=pd/sum(pd);            %概率
            rk=rand;
            spk=0;
            j=1;
```

```
                while j<=n
                    if rk<spk+pk(j)
                        break;
                    else
                        spk=spk+pk(j);
                        j=j+1;
                    end
                end
                tabu(k,j)=0;
                path(k,step+1)=j;
            end
        end

        dt=zeros(n);
        for i=1:m
            ltsp(i)=ca_tsp(n,path(i,:),dij);
            for k=1:n-1
                dt(path(i,k),path(i,k+1))=dt(path(i,k),path(i,k+1))+q/ltsp(i);
                dt(path(i,k+1),path(i,k))=dt(path(i,k),path(i,k+1));
            end
            dt(path(i,n),path(i,1))=dt(path(i,n),path(i,1));
            dt(path(i,1),path(i,n))=dt(path(i,n),path(i,1));
        end
        [min1,i]=min(ltsp);
        if min1<min10
            min10=min1;
            c0=path(i,:);
        end
        t=r*t+dt;
    end
    ta=t.^a;
    tb=dij.^(-b);
    td=ta.*tb;
    k=3;
    ts(1)=1;
    td(:,1)=0;
    [m1,i]=max(td(1,:));
    ts(2)=i;
    td(:,i)=0;
    while k<=n
        [m1,i]=max(td(i,:));
        ts(k)=i;
```

```
        td(:,i)=0;
        k=k+1;
    end
    ts;
    ltsp0=ca_tsp(n,ts,dij);
    if min10<ltsp0
        ts=c0;
        ltsp0=min10;
    end
    k=1;
    while k<=n
        x1(k)=x(ts(k));
        y1(k)=y(ts(k));
        k=k+1;
    end
    x1(n+1)=x1(1);
    y1(n+1)=y1(1);
    %绘制图形
    figure;plot(x,y,'o--');
    grid on;
    figure;line(x1,y1,'color','r')
    hold on;
    plot(x,y,'o--');
    grid on;
    [x1',y1']
    ltsp0
```

运行程序，输出如下，效果如图 10-4 所示。

```
    ans =
        24    44
        24    42
        25    38
        18    40
        13    40
        18    54
        21    58
        22    60
        25    62
         7    64
         2    99
        37    84
        54    67
        54    64
```

```
    58    69
    64    60
    68    58
    71    71
    74    78
    83    69
    87    76
    83    46
    71    44
    62    32
    58    35
    44    34
    41    26
    42    20
    45    21
    82     7
    24    44
ltsp0 =
  428.7497
```

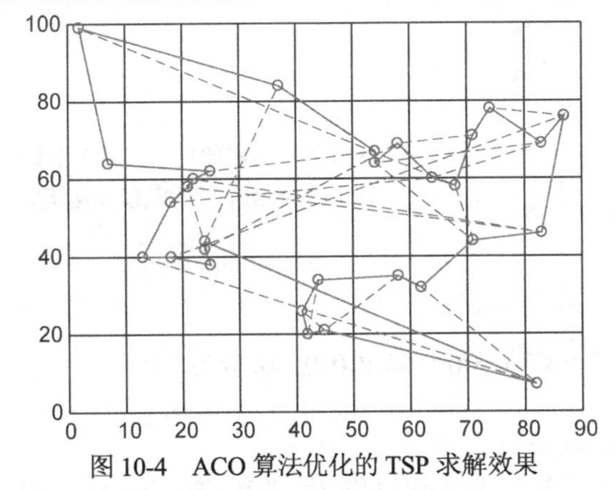


图 10-4 ACO 算法优化的 TSP 求解效果

在程序代码中，调用了计算路径长度的函数 ca_tsp.m，其源代码如下：

```
function ltsp=ca_tsp(n,c,dij)
%该函数用于计算路径长度
i=1;
ltsp=dij(c(n),c(1));
while i<n;
    ltsp=ltsp+dij(c(i),c(i+1));
    i=i+1;
end
```

从图 10-4 所示结果可看出，采用蚁群优化算法能够对 TSP 路径进行优化求解，其结果

428.7497 和最优结果 423.7406 接近，因此，采用 ACO 算法的 TSP 求解是有效的。

**【例 10-2】** 已知 $n$ 个城市之间的相互距离，利用改进法对这 31 个城市进行旅行商优化，求旅行商的优化结果、总城市的平均距离和两个城市之间的最大距离。

31 个城市坐标如下：

```
[1304 2312;3639 1315;4117 2244;3712 1399;3488 1535;3326 1556;3238 1229;4196 1004 ; 4312 790;4386 570;3007 1970;2562 1756;2788 1491;2381 1676;1332 695;3715 1678; 3918 2179;4061 2370;3780 2212;3676 2578;4029 2833;4263 2931;3429 1908;3507 2367; 3394 2643;3439 3201;2935 3240;3140 3550;2545 2357;2778 2826;2370 2975]
```

根据需要，编写旅行商最优化函数 ACATSP.m，函数的源代码如下：

```
function [R_best,L_best,L_ave,Shortest_Route,Shortest_Length]=...
ACATSP(C,NC_max,m,Alpha,Beta,Rho,Q)
%C 为 n 个城市的坐标，是 n×2 的矩阵
%NC_max 为最大迭代次数
%m 为蚂蚁个数
%Alpha 是表征信息素重要程度的参数
%Beta 是表征启发式因子重要程度的参数
%Rho 是信息素蒸发系数
%Q 是信息素增加强度系数
%R_best 是各代最佳路线
%L_best 是各代最佳路线的长度
%第一步：变量初始化
n=size(C,1);                        %n 表示问题的规模（城市个数）
D=zeros(n,n);                       %D 表示完全图的赋权邻接矩阵
for i=1:n
    for j=1:n
        if i~=j
            D(i,j)=((C(i,1)-C(j,1))^2+(C(i,2)-C(j,2))^2)^0.5;
        else
            D(i,j)=eps;
%i=j 时不计算，应该为 0，但后面的启发因子要取倒数，用 eps（浮点相对精度）表示
        end
        D(j,i)=D(i,j);              %对称矩阵
    end
end
Eta=1./D;                           %Eta 为启发因子，这里设为距离的倒数
Tau=ones(n,n);                      %Tau 为信息素矩阵
Tabu=zeros(m,n);                    %存储并记录路径的生成
NC=1;                               %迭代计数器，记录迭代次数
R_best=zeros(NC_max,n);             %各代最佳路线
L_best=inf.*ones(NC_max,1);         %各代最佳路线的长度
L_ave=zeros(NC_max,1);              %各代路线的平均长度
```

```
while NC<=NC_max                  %停止条件之一：达到最大迭代次数，停止
    %第二步：将 m 只蚂蚁放到 n 个城市上
    Randpos=[];                   %随即存取
    for i=1:(ceil(m/n))
        Randpos=[Randpos,randperm(n)];
    end
    Tabu(:,1)=(Randpos(1,1:m))';
    %第三步：m 只蚂蚁按概率函数选择下一个城市，完成各自的周游
    for j=2:n                     %所在城市不计算
        for i=1:m
            visited=Tabu(i,1:(j-1));  %记录已访问的城市，避免重复访问
            J=zeros(1,(n-j+1));       %待访问的城市
            P=J;                      %待访问城市的选择概率分布
            Jc=1;
            for k=1:n
                if length(find(visited==k))==0          %开始时置 0
                    J(Jc)=k;
                    Jc=Jc+1;                            %访问的城市个数自加 1
                end
            end
            %下面计算待选城市的概率分布
            for k=1:length(J)
                P(k)=(Tau(visited(end),J(k))^Alpha)*(Eta(visited(end),J(k))^Beta);
            end
            P=P/(sum(P));
            %按概率原则选取下一个城市
            Pcum=cumsum(P);                   %cumsum，元素累加，即求和
            Select=find(Pcum>=rand);          %若计算的概率大于原来的，则选择这条路线
            to_visit=J(Select(1));
            Tabu(i,j)=to_visit;
        end
    end
    if NC>=2
        Tabu(1,:)=R_best(NC-1,:);
    end
    %第四步：记录本次迭代最佳路线
    L=zeros(m,1);                        %开始距离为 0、m*1 的列向量
    for i=1:m
        R=Tabu(i,:);
        for j=1:(n-1)
            L(i)=L(i)+D(R(j),R(j+1));    %原距离加上第 j 个城市到第 j+1 个城市的距离
        end
```

```
            L(i)=L(i)+D(R(1),R(n));                  %一轮后走过的距离
        end
        L_best(NC)=min(L);                           %最佳距离取最小
        pos=find(L==L_best(NC));
        R_best(NC,:)=Tabu(pos(1),:);                 %此轮迭代后的最佳路线
        L_ave(NC)=mean(L);                           %此轮迭代后的平均距离
        NC=NC+1                                      %迭代继续
        %第五步：更新信息素
        Delta_Tau=zeros(n,n);                        %开始时信息素为 n*n 的 0 矩阵
        for i=1:m
            for j=1:(n-1)
                Delta_Tau(Tabu(i,j),Tabu(i,j+1))=Delta_Tau(Tabu(i,j),Tabu(i,j+1))+Q/L(i);
                %此次循环在路径（i，j）上的信息素增量
            end
            Delta_Tau(Tabu(i,n),Tabu(i,1))=Delta_Tau(Tabu(i,n),Tabu(i,1))+Q/L(i);
            %此次循环在整条路径上的信息素增量
        end
        Tau=(1-Rho).*Tau+Delta_Tau;                  %考虑信息素挥发、更新后的信息素
        %第六步：禁忌表清零
        Tabu=zeros(m,n);                             %直到最大迭代次数
    end
    %第七步：输出结果
    Pos=find(L_best==min(L_best));                   %找到最佳路径（非 0 为真）
    Shortest_Route=R_best(Pos(1),:)                  %最大迭代次数后最佳路径
    Shortest_Length=L_best(Pos(1))                   %最大迭代次数后最短距离
    subplot(1,2,1)                                   %绘制第一个子图形
    DrawRoute(C,Shortest_Route)                      %画路线图的子函数
    subplot(1,2,2)                                   %绘制第二个子图形
    plot(L_best)
    hold on                                          %保持图形
    plot(L_ave,'r')
    title('平均距离和最短距离')   %标题 function [R_best,L_best,L_ave,Shortest_Route,Shortest_Length]=
ACATSP(C,NC_max,m,Alpha,Beta,Rho,Q)
    %C 为 n 个城市的坐标，是 n×2 的矩阵
    % NC_max 为最大迭代次数
    % m 为蚂蚁个数
    % Alpha 为表征信息素重要程度的参数
    % Beta 为表征启发式因子重要程度的参数
    % Rho 为信息素蒸发系数
    % Q 为信息素增加强度系数
    % R_best 为各代最佳路线
    % L_best 为各代最佳路线的长度
```

```
%第一步：变量初始化
n=size(C,1);                          %n 表示问题的规模（城市个数）
D=zeros(n,n);                         %D 表示完全图的赋权邻接矩阵
for i=1:n
    for j=1:n
        if i~=j
            D(i,j)=((C(i,1)-C(j,1))^2+(C(i,2)-C(j,2))^2)^0.5;
        else
            D(i,j)=eps;
%i=j 时不计算，应该为 0，但后面的启发因子要取倒数，用 eps（浮点相对精度）表示
        end
        D(j,i)=D(i,j);                %对称矩阵
    end
end
Eta=1./D;                             %Eta 为启发因子，这里设为距离的倒数
Tau=ones(n,n);                        %Tau 为信息素矩阵
Tabu=zeros(m,n);                      %存储并记录路径的生成
NC=1;                                 %迭代计数器，记录迭代次数
R_best=zeros(NC_max,n);               %各代最佳路线
L_best=inf.*ones(NC_max,1);           %各代最佳路线的长度
L_ave=zeros(NC_max,1);                %各代路线的平均长度
while NC<=NC_max                      %停止条件之一：达到最大迭代次数，停止
    %第二步：将 m 只蚂蚁放到 n 个城市上
    Randpos=[];                       %随即存取
    for i=1:(ceil(m/n))
        Randpos=[Randpos,randperm(n)];
    end
    Tabu(:,1)=(Randpos(1,1:m))';
    %第三步：m 只蚂蚁按概率函数选择下一个城市，完成各自的周游
    for j=2:n                         %所在城市不计算
        for i=1:m
            visited=Tabu(i,1:(j-1));  %记录已访问的城市，避免重复访问
            J=zeros(1,(n-j+1));       %待访问的城市
            P=J;                      %待访问城市的选择概率分布
            Jc=1;
            for k=1:n
                if length(find(visited==k))==0      %开始时置 0
                    J(Jc)=k;
                    Jc=Jc+1;                        %访问的城市个数自加 1
                end
            end
            %下面来计算待选城市的概率分布
```

```
            for k=1:length(J)
                P(k)=(Tau(visited(end),J(k))^Alpha)*(Eta(visited(end),J(k))^Beta);
            end
            P=P/(sum(P));
            %按概率原则选取下一个城市
            Pcum=cumsum(P);                        %cumsum，元素累加，即求和
            Select=find(Pcum>=rand);               %若计算的概率大于原来，则选择这条路线
            to_visit=J(Select(1));
            Tabu(i,j)=to_visit;
        end
    end
    if NC>=2
        Tabu(1,:)=R_best(NC-1,:);
    end
    %第四步：记录本次迭代最佳路线
    L=zeros(m,1);                              %开始距离为 0、m*1 的列向量
    for i=1:m
        R=Tabu(i,:);
        for j=1:(n-1)
            L(i)=L(i)+D(R(j),R(j+1));          %原距离加上第 j 个城市到第 j+1 个城市的距离
        end
        L(i)=L(i)+D(R(1),R(n));                %一轮后走过的距离
    end
    L_best(NC)=min(L);                         %最佳距离取最小
    pos=find(L==L_best(NC));
    R_best(NC,:)=Tabu(pos(1),:);               %此轮迭代后的最佳路线
    L_ave(NC)=mean(L);                         %此轮迭代后的平均距离
    NC=NC+1                                    %迭代继续
    %第五步：更新信息素
    Delta_Tau=zeros(n,n);                      %开始时信息素为 n*n 的 0 矩阵
    for i=1:m
        for j=1:(n-1)
            Delta_Tau(Tabu(i,j),Tabu(i,j+1))=Delta_Tau(Tabu(i,j),Tabu(i,j+1))+Q/L(i);
            %此次循环在路径（i，j）上的信息素增量
        end
        Delta_Tau(Tabu(i,n),Tabu(i,1))=Delta_Tau(Tabu(i,n),Tabu(i,1))+Q/L(i);
        %此次循环在整条路径上的信息素增量
    end
    Tau=(1-Rho).*Tau+Delta_Tau;        %考虑信息素挥发、更新后的信息素
    %第六步：禁忌表清零
    Tabu=zeros(m,n);                   %直到最大迭代次数
end
```

```
%第七步：输出结果
Pos=find(L_best==min(L_best));          %找到最佳路径（非 0 为真）
Shortest_Route=R_best(Pos(1),:)         %最大迭代次数后最佳路径
Shortest_Length=L_best(Pos(1))          %最大迭代次数后最短距离
subplot(1,2,1)                          %绘制第一个子图形
DrawRoute(C,Shortest_Route)             %画路线图的子函数
subplot(1,2,2)                          %绘制第二个子图形
plot(L_best)
hold on                                 %保持图形
plot(L_ave,'r')
title('平均距离和最短距离')               %标题
```

在以上代码中，调用了绘制线图的子函数 DrawRoute.m，代码如下：

```
function DrawRoute(C,R)
% 画路线图的子函数
% C Coordinate 节点坐标，由一个 N×2 的矩阵存储
% R Route 路线
N=length(R);
scatter(C(:,1),C(:,2));
hold on
plot([C(R(1),1),C(R(N),1)],[C(R(1),2),C(R(N),2)],'g')
hold on
for ii=2:N
plot([C(R(ii-1),1),C(R(ii),1)],[C(R(ii-1),2),C(R(ii),2)],'g')
hold on
end
title('旅行商问题优化结果 ')
```

在 MATLAB 命令窗口中输入以下代码。

```
>> C=[1304 2312;3639 1315;4117 2244;3712 1399;3488 1535;3326 1556;3238 1229; ...
4196 1004 ;4312 790;4386 570;3007 1970;2562 1756;2788 1491;2381 1676; ...
1332 695; 3715 1678;3918 2179;4061 2370;3780 2212;3676 2578; ...
4029 2833;4263 2931;3429 1908;3507 2367; 3394 2643;3439 3201;2935 3240; ...
3140 3550;2545 2357;2778 2826;2370 2975]
[R_best,L_best,L_ave,Shortest_Route,Shortest_Length]=ACATSP(C,100,30,1,5,0.1,100)
```

运行程序，输出结果可参考 MATLAB 的执行结果，效果如图 10-5 所示。

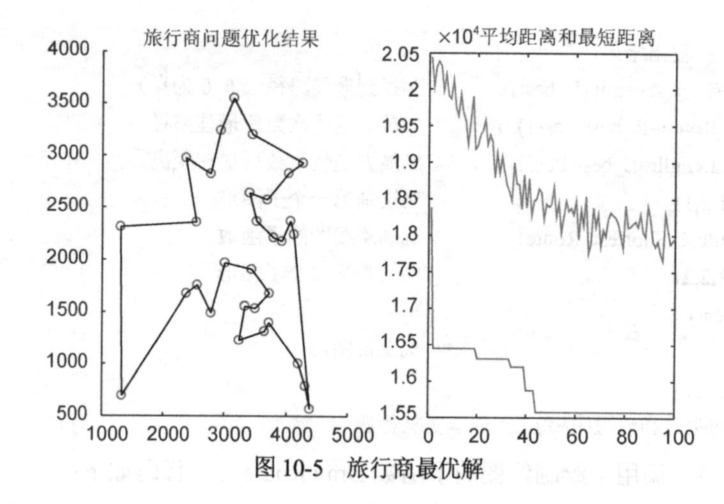

旅行商问题优化结果
4000
3500
3000
2500
2000
1500
1000
500
1000
2000
3000
4000
5000
×10⁴平均距离和最短距离
2.05
2
1.95
1.9
1.85
1.8
1.75
1.7
1.65
1.6
1.55
0
20
40
60
80
100


图 10-5 旅行商最优解

# 第 11 章　模拟退火算法分析

模拟退火（Simulated Annealing，SA）算法是一种通用概率演算法，用来在一个大的搜寻空间内找寻命题的最优解。模拟退火是S. Kirkpatrick，C. D. Gelatt和M. P. Vecchi在 1983 年发明的。而V. Černý在 1985 年也独立发明了此演算法。模拟退火算法是解决TSP的有效方法之一。

模拟退火算法是针对组合优化提出的，其目的在于：

① 为具有 NP 复杂性的问题提供有效的近似求解算法；

② 克服优化过程陷入局部极小；

③ 克服初值依赖性。

## 11.1　模拟退火的基本概念

模拟退火算法源于对固体退火过程的模拟，即采用 Metropolis 准则，并用一组称为冷却进度表的参数控制算法的进程，使算法能在一定的时间内给出一个近似最优解。

### 11.1.1　物理退火过程

模拟退火算法源于物理中固体物质退火过程，整个过程由以下三个过程组成。

**1．升温过程**

升温的目的是增强物体中粒子的热运动，使其偏离平衡位置而变为无序状态。当温度足够高时，固体将溶解为液体，从而消除系统原先可能存在的非均匀态，使随后的冷却过程以某一平衡态为起点。升温过程与系统的熵增过程相关，系统能量随温度升高而增大。

**2．等温过程**

在物理学中，对于与周围环境交换热量而温度不变的封闭系统，系统状态的自发变化总是朝自由能减小的方向进行，当自由能达到最小时，系统达到平衡。

**3．冷却过程**

与升温过程相反，使物体中粒子的热运动减弱至渐趋有序，系统能量随温度降低而下降，得到低能量的晶体结构。

### 11.1.2 Metropolis 准则

1953 年，Metropolis 等提出了重要性采样法，用于模拟固体在恒定温度下达到热平衡的过程。其基本思想是从物体系统倾向于能量较低的状态，而热运动又妨碍它准确落入最低态的基本思想出发，采样时着重取那些具有重要贡献的状态，则可以较快地达到较好的结果。

设以粒子相对位置表征的初始状态 $i$ 作为固体的当前状态，该状态的能量是 $E_i$。用摄动状态使随机选取的某个粒子的位移随机地产生一个微小变化，得到一个新状态 $j$，其能量是 $E_j$。如果 $E_j<E_i$，则该新状态就作为“重要”的状态；如果 $E_j>E_i$，则考虑到热运动的影响，该状态是否为“重要”状态，要依据固体处于该状态的概率来判断，即

$$p=\exp\left(\frac{E_i-E_j}{kT}\right)$$

式中，$T$ 为热力学湿度；$k$ 为玻耳兹曼常数。因此，$p\in[0,1]$ 越大，则状态是重要状态的概率就越大。如果新状态 $j$ 是重要状态，就以 $i$ 取代为当前状态，否则仍以 $i$ 为当前状态。重复以上新状态的产生过程。在大量迁移（固体状态的变换称为迁移）后，系统趋于能量较低的平衡状态，固体状态的概率分布趋于吉布斯正则分布：

$$p=\frac{1}{Z}\exp\left(\frac{-E_i}{kT}\right)$$

式中，$Z$ 为一个常数。

以上接受新状态的准则称为 Metropolis 准则，相应的算法称为 Metropolis 算法。

## 11.2 模拟退火算法的基本原理

“模拟退火”的原理如下：将热力学的理论套用到统计学上，将搜寻空间内每一点想象成空气内的分子；分子的能量就是它本身的动能；而搜寻空间内的每一点也像空气分子一样带有“能量”，以表示该点对命题的合适程度。算法先以搜寻空间内一个任意点为起始：每一步先选择一个“邻居”，再计算从现有位置到达“邻居”的概率。

模拟退火算法可以分解为解空间、目标函数和初始解三部分。

模拟退火的基本思想如下。

（1）初始化：初始温度 $T$（充分大），初始解状态 $S$（算法迭代的起点），每个 $T$ 值的迭代次数 $L$。

（2）对 $k$=1,2,…,$L$ 做步骤（3）～步骤（6）的操作。

（3）产生新解 $S'$。

（4）计算增量 $\Delta t=C(S')-C(S)$，其中 $C(S)$ 为评价函数。

（5）如果 $\Delta t<0$，则接受 $S'$ 作为新的当前解，否则以概率 $\exp(-\Delta t'/KT)$ 接受 $S'$ 为新的当前解（$k$ 为波尔兹曼常数）。

（6）如果满足终止条件，则输出当前解作为最优解，结束程序。

当连续若干个新解都没有被接受时终止算法。

（7）$T$ 逐渐减少，且 $T>0$，然后转到步骤（2）。

## 11.3　模拟退火寻优的实现步骤

模拟退火的主要寻优步骤如下。

（1）初始化粒子的位置和速度。

（2）计算种群中每个粒子的目标函数值。

（3）更新粒子的 pbest 和 gbest。

（4）重复执行下列步骤。

① 对粒子的 pbest 进行 SA 邻域搜索。

② 更新各粒子的 pbest。

③ 执行最优选择操作，更新种群 gbest。

④ gbest 是否满足算法终止条件？如果是，转到步骤④，否则转到步骤⑤。

⑤ 输出种群最优解。

该算法总体流程如图 11-1 所示。

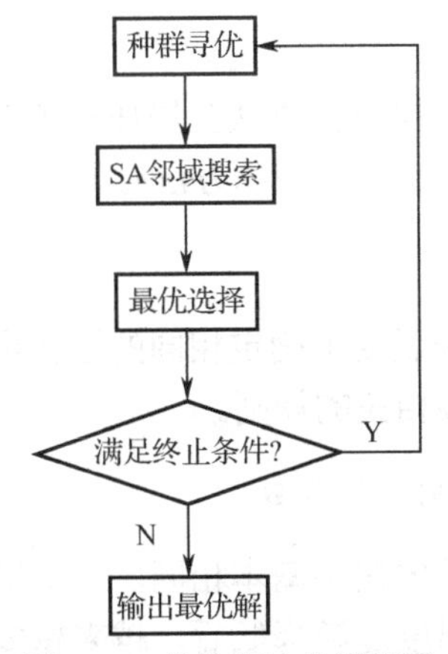


图 11-1　总体算法的流程图

## 11.4　模拟退火的控制参数

下面讨论模拟退火算法实现中的一些技术问题，包括初始温度的选取、温度下降方法和停止温度的确定，以及每个温度 Markov 链的迭代步长和终止准则等。

### 1．温度 $T$ 的初始值设置问题

温度 $T$ 的初始值设置是影响模拟退火算法全局搜索性能的重要因素之一。若初始温度高，则搜索到全局最优解的可能性大，但因此要花费大量的计算时间；反之，则可节约计算时间，

但全局性能可能会受到影响。实际应用过程中，初始温度一般需要依据实验结果进行若干次调整。

#### 2. 温度下降方法的确定

温度下降方法的确定是模拟退火算法中另一个影响模拟退火算法全局搜索性能的重要因素。在邻域搜索过程中，当解的质量变差的概率呈 Boltzmann 分布时，对数降温方式可以使模拟退火算法收敛于全局最优解，即$t(k)=\dfrac{K}{\ln(1+k)}$，其中$K$为正常数，$t$为降温次数。

但是当解的质量变差的概率呈 Cauchy 分布时，降温方式可以使模拟退火算法收敛于全局最优解，即$t(k)=\dfrac{K}{(1+k)}$。

在实际问题的应用中，通常采用两种非常直观的下降方法。第一种是每一步温度以相同的比例下降，即$t_{k+1}=\alpha t_k$，其中$k\geqslant 0$，$0<\alpha<1$，为降温系数，$\alpha$越接近 1，温度下降越慢。由于这种方法简单易行，因此应用很广。

另一种是每一步温度以相同的长度下降，即$t_{k+1}=\dfrac{t_0(N-k)}{N}$，其中$t_0$为初始温度，$N$为温度下降的总次数。这一下降方法的优点是易于操作，且可以简单地控制温度下降的总步数。

#### 3. 每个温度迭代长度的确定

每个温度迭代长度也是影响模拟退火算法全局搜索性能的重要因素，在实际计算中，要根据问题的特点确定合理的迭代长度，常用的方法有如下几种。

1）固定迭代步数

这种方法很简单，就是在每个温度上确定相同的迭代步数，步数的选取同实际问题的大小有关，一般采用与邻域大小直接相关的规则。

2）由接受和拒绝的比例来控制迭代步数

在温度高时，每个状态被接受的概率基本相同，几乎所有状态都被接受，这时可以使同一温度的迭代步数尽量减少。当温度逐渐降低后，越来越多的状态被拒绝，为避免过早地陷入局部最优，可以相应地增加迭代的步数。

常用的方法是给定一个充分的步长上限$U$和一个接受次数上限$W$，当某一温度的实际接受次数等于$W$时，在此温度下不再迭代而使温度下降，否则继续迭代到上限步数$U$。

另一种方法是再给定一个接受比例$r$和一个迭代步长下限$V$，每个温度至少迭代$V$步，当迭代步数超过$V$时，如果同一温度迭代被接受次数同总次数的比例不小于$r$，则不再迭代而使温度下降，否则继续迭代到上限步数$U$。当然，也可以用拒绝次数为指标得到一些类似的控制迭代步数的规则。

另外，也可使用概率控制法等。

#### 4. 算法的终止准则

模拟退火算法的终止准则主要采用了一些比较直观的方法，如下所示。

1）零度法

模拟退火算法的最终温度为零，所以常给定一个比较小的正数$\varepsilon$，当温度$t_k \leqslant \varepsilon$时，算法终止，表示到达了最低温度。

2）循环总数控制法

这种方法是设总的温度下降次数为一个定值$N$，当温度迭代次数达到$N$时，算法终止。这一原则可分为两类：一类是整个算法的总迭代次数为一个定值，另一类是温度下降次数为一个定值。

3）基于不改进规则的控制法

这种方法是指在一个温度和给定的迭代次数内没有改进当前的局部最优解，则算法终止。

4）接受概率控制法

模拟退火算法的基本思想是跳出局部最优解，如果在较高温度时没能跳出局部最优解，在较低温度时能跳出局部最优解的可能性会更小，所以可给定一个比较小的数$p$，在一个温度和给定的迭代步数内，除当前局部最优解外，其他状态接受概率都小于$p$时，算法终止。

另外，还有一些算法终止准则，如邻域法、Lundy 和 Mess 方法、Aarts 和 VanLaarhoven 法等。

## 11.5　模拟退火改进 K 均值聚类法

### 11.5.1　K 均值算法的局限性

基本的$K$均值算法的目的是找到使目标函数值最小的$K$个划分，算法思想简单，易实现，而且收敛速度较快。如果各个簇之间区别明显，且数据分布稠密，则该算法比较有效，但如果各个簇的形状和大小差别不大，则可能会出现圈套的簇分割现象。此外，在$K$均值算法聚类时，最佳聚类结果通常对应于目标函数的极值点，由于目标函数可能存在很多的局部极小值点，这就会导致算法在局部极小值点处收敛。因此，初始聚类中心的随机选取可能会使解陷入局部最优解，难以获得全局最优解。

该算法的局限性主要表现在以下几方面。

（1）最终的聚类结果依赖于最初的划分。

（2）需要事先指定聚类的数目$M$。

（3）产生的类大小相关较大，对于“噪声”和孤立点敏感。

（4）算法经常陷入局部最优。

（5）不适合对非凸面形状的簇或差别很小的簇进行聚类。

## 11.5.2 模拟退火改进 *K* 均值聚类

模拟退火算法是一种启发式随机搜索算法，具有并行性和渐近收敛性，已在理论上证明它是一种以概率为 1、收敛于全局最优解的全局优化算法，因此用模拟退火算法对 *K* 均值聚类算法进行优化，可以改进 *K* 均值聚类算法的局限性，提高算法性能。

基于模拟退火思想的改进 *K* 均值聚类算法中，将内能 *E* 模拟为目标函数值，将基本 *K* 均值聚类算法的聚类结果作为初始解，初始目标函数值作为初始温度 $T_0$。对当前解重复“产生新解→计算目标函数差→接受或舍弃新解”的迭代过程，并逐步降低 *T* 值，算法终止时，当前解为近似最优解。这种算法开始时以较快的速度找到相对较优的区域，然后进行更精确的搜索，最终找到全局最优解。

## 11.5.3 几个重要参数的选择

下面对模拟退火算法改进 *K* 均值聚类算法的几个重要参数进行介绍。

### 1. 目标函数

选择当前聚类划分的总类间离散度作为目标函数：

$$J_{\omega}=\sum_{t=1}^{M}\sum_{X\in\omega_i} d(\boldsymbol{X},\overline{X^{\omega_i}}) \tag{11-1}$$

式中，$\boldsymbol{X}$ 为样本向量；$\omega$ 为聚类划分；$\overline{X^{\omega_i}}$ 为第 $i$ 个聚类的中心；$d(\boldsymbol{X},\overline{X^{\omega_i}})$ 为样品到对应聚类中心的距离；聚类准则函数 $J_{\omega}$ 即为各类样本到对应聚类中心距离的总和。

### 2. 初始温度

一般情况下，为了使最初产生的新解被接受，在算法开始时就应达到准平衡。因此，可选择基本 *K* 均值聚类算法的聚类结果作为初始解，初始温度 $_0=J_{\omega}$。

### 3. 扰动方法

模拟退火算法中的新解产生是对当前解进行扰动得到的。本算法采用一种随机扰动方法，即随机改变一个聚类样品的当前所属类别，从而产生一种新的聚类划分，从而使算法有可能跳出局部极小值。

## 11.5.4 算法流程

基于模拟退火思想的改进 *K* 均值聚类算法流程如图 11-2 所示。

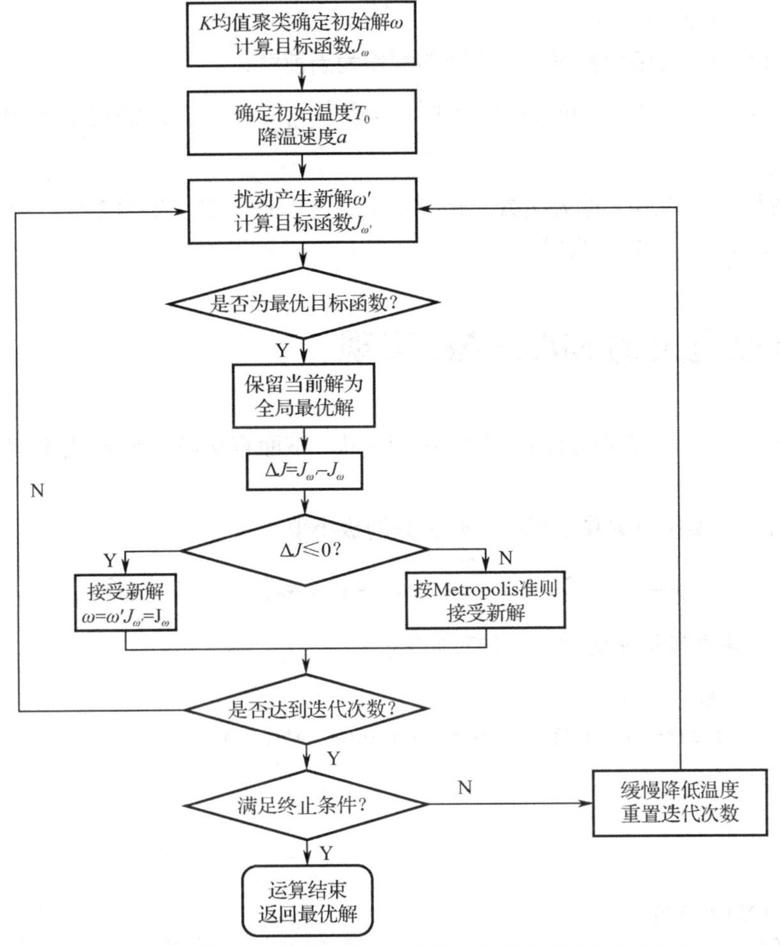


图 11-2　基于模拟退火思想的改进 K 均值聚类算法流程图

## 11.5.5　算法步骤

此算法的实现步骤如下。

（1）对样品进行 K 均值聚类，将聚类划分结果作为初始解 $\omega$，根据式（11-1）计算目标函数值 $J_\omega$。

（2）初始化温度 $T_0$，令 $T_0 = J_\omega$。初始化退火速度 $a$ 和最大退火次数。

（3）对于某一温度 $t$，在步骤（4）～步骤（7）中进行迭代，直到达到最大迭代次数就跳出步骤（8）。

（4）随机扰动产生新的聚类划分 $\omega'$，即随机改变一个聚类样品的当前所属类别，计算新的目标函数值 $J_{\omega'}$。

（5）判断新的目标函数值 $J_{\omega'}$ 是否为最优目标函数值，是则保存聚类划分 $\omega'$ 为最优聚类划分、$J_{\omega'}$ 为最优目标函数值；否则跳到下一步。

（6）计算新的目标函数值与当前目标函数值的差 $\Delta J$。

（7）判断$\Delta J$是否小于 0：

① 如果$\Delta J<0$，则接受新解，即将新的解作为当前解；

② 如果$\Delta J\geqslant 0$，则根据 Metropolis 准则，以概率$p(p=e^{\frac{\Delta J}{Kt}})$接受新解。其中，$K$为常数，$t$为当前温度。

（8）判断是否达到最大退火次数，是则结束算法，输出最优聚类划分；否则对温度$t$进行退火，返回步骤（3）继续迭代。

## 11.6 模拟退火的 MATLAB 实现

MATLAB 中提供了相关函数用于实现模拟退火，下面直接通过实例来演示相关函数的用法。

**【例 11-1】** 用模拟退火算法求解下列函数的极小值。

$$y=4x_1^2-2.1x_1^4+\frac{x_1^6}{3}+x_1x_2-4x_2^2+4x_2^4，\quad -5\leqslant x_i\leqslant 5$$

根据需要，建立目标函数文件，代码如下：

```
function y=M11_1(x)
y=4*x(1)^2-2.1*x(1)^4+x(1)^6/3+x(1)*x(2)-4*x(2)^2+4*x(2)^4;
```

在 MATLAB 命令窗口中输入以下代码。

```
>> clear all;
%边界约束
lb=[-5 5];ub=[5 5];
x0=[0 0];                                                    %初值
[x,fval,exitflag,output]=simulannealbnd(@M11_1,x0,lb,ub)     %模拟退火函数
```

运行程序，输出如下：

```
Optimization terminated: change in best function value less than options.FunctionTolerance.
x =
   -1.8512    5.0000
fval =
   2.3932e+03
exitflag =
     1
output =
  struct with fields:
      iterations: 1195
       funccount: 1206
         message: 'Optimization terminated: change in best function value less than options.
FunctionTolerance.'
        rngstate: [1×1 struct]
```

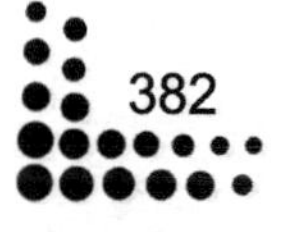

```
problemtype: 'boundconstraints'
temperature: [2×1 double]
  totaltime: 0.6003
```

**【例 11-2】**（背包问题）0-1 背包描述如下。有一个贼在偷窃一家商店时发现了 $n$ 件物品：第 $i$ 件物品值 $v_i$ 元，重 $w_i$ 磅（$1 \leqslant i \leqslant n$），此处 $v_i$ 和 $w_i$ 都是整数。他希望带走的东西越值钱越好，但他的背包小，最多只能装 $W$ 磅的东西（$W$ 为整数）。如果每件物品或被带走或被留下，则小偷应该带走哪几件东西？

下面进一步求解背景更为复杂的问题。

例如，物品允许部分带走或者每类物品有多个等。在这个 0-1 背包的例子中，假设有 12 件物品，质量分别为 2 磅、5 磅、18 磅、3 磅、2 磅、5 磅、10 磅、4 磅、11 磅、7 磅、14 磅、6 磅，价值分别为 5 元、10 元、13 元、4 元、3 元、11 元、13 元、10 元、8 元、16 元、7 元、4 元，包最多能装 46 磅物品。

利用模拟退火算法实现寻优的 MATLAB 代码如下：

```
>> clear all;
a=0.95;
k=[5 10 13 4 3 11 13 10 8 16 7 4]';
k=-k;                              %模拟退火算法求解的是最小值，因此取负数
d=[2 5 18 3 2 5 10 4 11 7 14 6]';
triction=46;
num=12;
sol_new=ones(1,num);               %生成初始解
E_current=inf;                     %当前解对应的目标函数值（即背包中物品总价值）
E_best=inf;                        %最优解
sol_current=sol_new;
sol_best=sol_new;
t0=97;tf=3;t=t0;
p=1;

while t>=tf
    for r=1:100
        %产生随机扰动
        tmp=ceil(rand.*num);
        sol_new(1,tmp)=~sol_new(1,tmp);
        %检查是否满足约束
        while 1
            q=(sol_new*d<=triction);
            if ~q
                p=~p;          %实现交错着逆转头尾的第一个 1
                tmp=find(sol_new==1);
                if p
                    sol_new(1,tmp)=0;
```

```
                else
                    sol_new(1,tmp(end))=0;
                end
            else
                break;
            end
        end
        %计算背包中的物品价值
        E_new=sol_new*k;
        if E_new<E_current
            E_current=E_new;
            sol_current=sol_new;
            if E_new<E_best
                %把冷却过程中最好的解保存下来
                E_best=E_new;
                sol_best=sol_new;
            end
        else
            if rand<exp(-(E_new-E_current)./t)
                E_current=E_new;
                sol_current=sol_new;
            else
                sol_new=sol_current;
            end
        end
    end
    t=t.*a;
end
disp('最优解为：')
 sol_best
 disp('物品总价值等于：')
 val=-E_best;
 disp(val)
 disp('背包中物品重量为：')
 disp(sol_best*d)
```

运行程序，输出如下：

```
最优解为：
sol_best =
    1     1     0     1     1     1     1     1     0     1     0     1
物品总价值等于：
    76
```

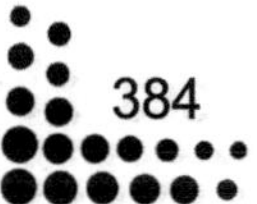

```
背包中物品重量为：
  44
```

其中，最优解的 0-1 数字串表示物品是否放入背包，如第 4 个位置上是 1，即第 4 个物品放入背包，若值是 0 则表示不放入背包。

# 第 12 章　禁忌搜索算法分析

禁忌搜索（Tabu Search 或 Taboo Search，TS）的思想最早由 Glover 于 1986 年提出，它是对局部领域搜索的一种扩展，是一种全局逐步寻优算法，是对人类智力过程的一种模 拟。TS 算法通过引入一个灵活的存储结构和相应的禁忌准则来避免迂回搜索，并通过藐视准则来赦免一些被禁忌的优良状态，进而保证多样化的有效探索以最终实现全局优化。相对于模拟退火和遗传算法，TS 又是一种搜索特点不同的 Meta-Heuristic 算法。迄今为止，TS 算法在组合优化、生产调度、机器学习、电路设计和神经网络等领域取得了很大的成功，近年来又在函数全局优化方面得到了较多的研究，并大有发展的趋势。

## 12.1　局部邻域搜索

组合优化是通过对数学方法的研究寻找离散事件的最优编排、分组、次序或筛选等，是运筹学中的一个经典并且重要的分支，所研究的问题涉及信息技术、经济管理、工业工程、交通运输、通信网络等诸多领域。在此假设所需解决的组合优化问题的数学模型为

$$\begin{cases}\min f(x) \\ \text{s.t.} \quad \begin{matrix} g(x) \geqslant 0 \\ x \in D \end{matrix}\end{cases}$$

式中，$f(x)$ 为目标函数，$g(x)$ 为约束函数，$x$ 为设计变量，$D$ 表示有限个离散点组成的集合。

因此，一个组合最优化问题可用三参数 $(D,F,f)$ 表示，其中 $D$ 表示设计变量的定义域，$F$ 表示可行解区域 $F=\{x \mid g(x)\geqslant 0, x\in D\}$，$F$ 中任何一个元素称为该问题的可行解，$f$ 表示目标函数，满足 $f(x^*)=\min\{f(x)\mid x\in F\}$ 的可行解 $x^*$ 称为该问题的最优解。组合优化问题的特点是可行解集合为有限点集。由直观可知，除非可行域为空集，否则只要对 $D$ 中的有限个点逐一判别是否满足约束和比较目标值的大小，一定可以求得该问题的最优解。但是由于状态空间规模巨大，不可能对其进行完全遍历，下面在给出邻域概念的基础上介绍一个可行的简单邻域搜索策略。

邻域：对于组合最优化问题 $(D,F,f)$，$D$ 上的一点到 $D$ 的子集的一个映射 $N: x\in D \to N(x)\in 2^D$，称为一个邻域映射，其中 $2^D$ 表示 $D$ 的所有子集组成的集合，$N(x)$ 称为 $x$ 的邻域，$x'\in N(x)$ 称为 $x$ 的一个邻居。

以 TSP 为例，其一种表示法为

$$D=F=\{x=(i_1,i_2,\cdots,i_n)\mid i_1,i_2,\cdots,i_n\text{是}1,2,\cdots,n\text{的一个排序}\}$$

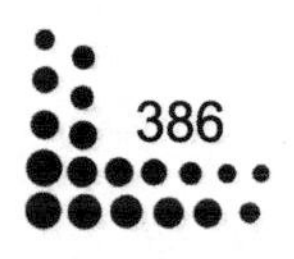

于是可以定义邻域映射为将 $x$ 中的两个元素进行交换，如 4 个城市的 TSP，如果 $x=\{1,2,3,4\}$，则有 $N(x)=\{(2,1,3,4),(3,2,1,4),(4,2,3,1),(1,3,2,4),(1,4,3,2),(1,2,4,3)\}$。

在上述前提下，局部搜索的步骤如下。

（1）选定一个初始可行解 $x^{(0)}$，记录当前的最优解 $x^{\text{best}}=x^{(0)}$，令 $P=N(x^{\text{best}})$。

（2）当 $P\neq\phi$，或满足其他停止运算准则时，输出计算结果，停止计算。否则，从 $N(x^{\text{best}})$ 中选出一个集合 $S$，得到 $S$ 中的最优解 $x^{\text{now}}$，如果满足 $f(x^{\text{now}})<f(x^{\text{best}})$，则 $x^{\text{now}}=x^{\text{best}}$，$P=N(x^{\text{best}})$，否则 $P=P-S$，重复步骤（2）。

局部邻域搜索基于贪婪算法思想，在当前解的邻域进行持续的搜索，虽然算法比较通用且容易理解、实现，但是搜索的性能完全依赖于邻域结构和初始解的选择，尤其容易陷入局部极小值，而无法保证全局最优。针对局部邻域搜索，为了跳出局部最优的限制，可以采用禁忌搜索，尽量避免迂回搜索。禁忌搜索的一个重要思想是标记已得到的局部最优解，并在进一步的迭代中避开这些局部最优解。

## 12.2 禁忌搜索的基本原理

禁忌搜索是人工智能的一种体现，是局部邻域搜索的一种扩展。禁忌搜索最重要的思想是标记对应已搜索的局部最优解的一些对象，并在进一步的迭代搜索中尽量避开这些对象（而不是绝对禁止循环），从而保证对不同的有效搜索途径的探索。禁忌搜索涉及邻域、禁忌表、禁忌长度、候选解、藐视准则等概念。

禁忌搜索算法的基本思想：给定一个初始解（随机的）作为当前最优解，给定一个状态“best so far”作为全局最优解。给定初始解的一个邻域，然后在此初始解的邻域中确定若干解作为算法的候选解；利用适配值函数评价这些候选解，选出最佳候选解；如果最佳候选解所对应的目标值优于“best so far”状态，则忽视它的禁忌特性，用这个最佳候选解替代当前解和“best so far”状态，并将相应的解加入禁忌表中，同时修改禁忌表中各个解的任期；如果候选解达不到以上条件，则在候选解中选择非禁忌的最佳状态作为新的当前解，并且不管它与当前解的优劣，都将相应的解加入禁忌表中，同时修改禁忌表中各对象的任期；最后，重复上述搜索过程，直至满足停止准则。

算法步骤可描述如下。

（1）给定算法参数，随机产生初始解 $x$，置禁忌表为空。

（2）判断算法终止条件是否满足，如果是，则结束算法并输出优化结果；否则，继续以下步骤。

（3）利用当前解 $x$ 的邻域函数产生其所有（或若干）邻域解，并从中确定若干候选解。

（4）对候选解判断特赦准则是否满足。如果成立，则用满足特赦准则的最佳状态 $x'$ 替代 $x$ 成为新的当前解，即 $x=x'$，并用与 $x'$ 对应的禁忌对象替换最早进入禁忌表的禁忌对象，同时用 $x'$ 替换“best so far”状态，然后转到步骤（2）；否则，继续以下步骤。

（5）判断候选解对应的各对象的禁忌属性，选择候选解集中非禁忌对象对应的最佳状态为新的当前解，同时用与之对应的禁忌对象替换最早进入禁忌表的禁忌对象元素，转到步骤

（2）。

禁忌搜索直观的算法流程图如图 12-1 所示。

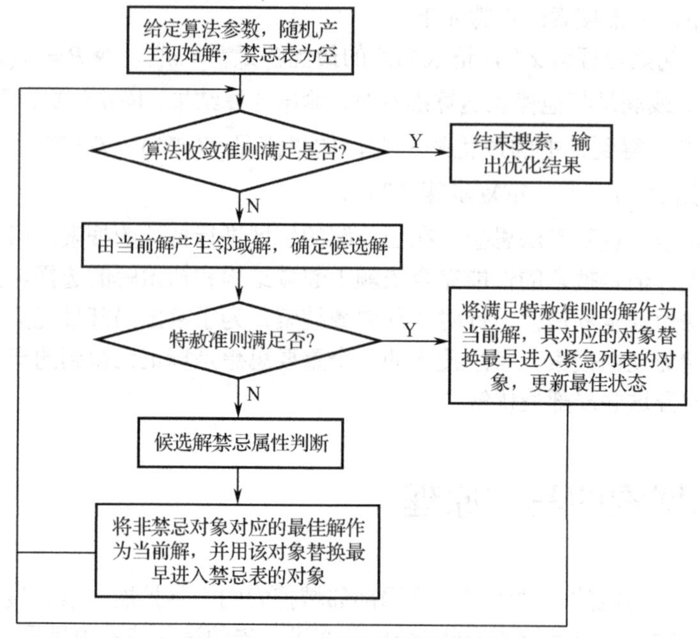


图 12-1　禁忌搜索的算法流程图

可以明显地看到，邻域函数、禁忌搜索、禁忌表和特赦准则构成了禁忌搜索算法的关键。其中，邻域函数沿用局部邻域搜索的思想，用于实现邻域搜索；禁忌表和禁忌对象的设置，体现了算法避免迂回搜索的特点：特赦准则是对优良状态的奖励，它是对禁忌策略的一种放松。值得指出的是，上述算法仅是一种简单的禁忌搜索框架，对各关键环节复杂和多样化的设计可构造出各种禁忌搜索算法。同时，算法流程中的禁忌对象，可以是搜索状态，也可以是特定搜索操作，甚至是搜索目标值等。

该算法可简单地表示如下。

（1）选定一个初始解 $x^{\text{now}}$，置禁忌表 $H=\phi$。

（2）如果满足终止规则，则终止计算；否则，在 $x^{\text{now}}$ 的邻域 $N(H,x^{\text{now}})$ 中选出满足禁忌要求的候选集 $\text{Can\_N}(x^{\text{now}})$，在 $\text{Can\_N}(x^{\text{now}})$ 中选出一个评价值最佳的解 $x^{\text{next}}$，令 $x^{\text{now}}=x^{\text{next}}$，更新历史记录 $H$，重复步骤（2）。

由于禁忌搜索算法具有灵活的记忆功能和藐视准则，并且在搜索过程中可以接受劣解，所以具有较强的“爬山”能力，搜索时能够跳出局部最优解，转向解空间的其他区域，从而增加获得更好的全局最优解的概率，所以禁忌搜索算法是一种局部搜索能力很强的全局迭代寻优算法。

迄今为止，尽管禁忌搜索算法在许多领域得到了成功应用但禁忌搜索也有明显不足，如其对初始解的依赖性较强，好的初始解有助于搜索很快达到最优解，而较坏的初始解往往会使搜索很难或不能达到最优解，因此有先验知识指导下的初始解更容易让算法找到最优解。此外，其迭代搜索过程是串行的，仅是单一状态的移动，而非并行搜索。

## 12.3　禁忌搜索的关键技术

一般而言，要设计一个禁忌搜索算法，需要确定算法的以下环节：适配值函数、邻域函数、候选解集、禁忌准则、藐视准则、禁忌表和禁忌对象的设置、禁忌长度、禁忌频率、终止准则等。面对如此众多的参数，针对不同领域的具体问题，很难有一套比较完善的或非常严格的步骤来确定这些参数，下面仅对这些参数的含义及一般操作予以介绍。

### 1．适配值函数

类似于遗传算法，禁忌搜索的适配值函数也用于对搜索状态的评价，进而结合禁忌准则和藐视准则来选取新的当前状态。显然，目标函数直接作为适配值函数是比较容易理解的做法。当然，目标函数的任何变形都可作为适配值函数。如果目标函数的计算比较困难或耗时较多，如一些复杂工业过程的目标函数值需要一次仿真才能获得，此时可以以反映问题目标的某些特征值作为适配值，进而改善算法的时间性能。当然，选取何种特征值要视具体问题而定，但必须保证特征值的最佳性与目标函数的最佳性一致。

### 2．邻域函数

邻域函数沿用局部邻域搜索的思想，用于实现邻域搜索。邻域函数是最优化中的一个重要概念，其作用就是指导如何由一个（组）解来产生一个（组）新的解。邻域函数的设计往往依赖于问题的特性和解的表达方式，应结合具体问题进行分析。

### 3．候选解集

候选解集通常是当前状态的邻域解集的一个子集。候选解集的大小是影响 TS 算法性能的关键参数。候选解通常在当前状态的邻域中选择，但选取过多将造成较大的计算量，而选取过少则容易造成早熟收敛。然而，要做到整个邻域的择优往往需要大量的计算，因此可以确定性或随机性地在部分邻域解中选取候选解，具体数据大小可视问题特性和对算法的要求而定。

### 4．禁忌准则

标记对应已搜索的局部最优解的一些对象，将这些已经搜索过的对象设定为禁忌状态，在进一步的迭代搜索中不考虑处于禁忌状态的解，尽量避开这些对象（而不是绝对禁止循环），避免迂回搜索，从而保证对不同的有效搜索途径的探索，是一种局部极小突跳的全局逐步寻优算法。

### 5．藐视准则

藐视准则是对优良状态的奖励，它是对禁忌策略的一种放松。在禁忌搜索算法中，如果存在优于“best so far”状态的禁忌候选解，则将最优禁忌候选解从禁忌表中解禁；或者可能会出现候选解全部被禁忌的情况，此时藐视准则将使最优禁忌候选解从禁忌表中解禁，以实现更高效的优化性能。在此给出藐视准则的几种常用方式。

1）基于适配值的准则

如果某个禁忌候选解的适配值优于“best so far”状态，则解禁此候选解为当前状态和新的“best so far”状态；也可以将搜索空间分成若干个子区域，如果某个禁忌候选解的适配值优于它所在区域的“best so far”状态，则解禁此候选解为当前状态和相应区域的新“best so far”状态。该准则可直观地理解为算法搜索到了一个更好的解。

2）基于最小错误的准则

如果候选解均被禁忌，且不存在优于“best so far”状态的候选解，则对候选解中最优的候选解进行解禁，以继续搜索。该准则可直观理解为对算法死锁的简单处理。

3）基于搜索方向的准则

如果禁忌对象上次使得适配值有所改善，被禁忌加入禁忌表，但是目前该禁忌对象对应的候选解的适配值优于当前解，则对该禁忌对象解禁。该准则可直观理解为算法正按有效的搜索途径进行。

4）基于影响力的准则

在搜索过程中，不同对象的变化对适配值的影响有所不同，有的影响很大，有的影响较小，而这种影响力作为一种属性与禁忌长度和适配值来共同构造藐视准则。解禁一个影响力大的禁忌对象，有助于在以后的搜索中得到更好的解。值得指出的是，影响力仅是一个标量指标，可以表征适配值的下降，也可以表征适配值的上升。例如，如果候选解均差于“best so far”状态，而某个禁忌对象的影响力指标很高，且很快将被解禁，则立刻解禁该对象以期待更好的状态。显然，这种准则需要引入一个标定影响力大小的度量和一个与禁忌任期相关的值，无疑增加了算法操作的复杂性。同时，这些指标最好是动态变化的，以适应搜索进程和性能的变化。

**6．禁忌表和禁忌对象的设置**

禁忌对象就是被置入禁忌表中的那些变化元素，而禁忌的目的则是尽量避免迂回搜索而多探索一些有效的搜索途径。禁忌表和禁忌对象的设置体现了算法避免迂回搜索的特点。禁忌对象通常可选取状态本身或状态分量或适配值的变化等。以状态本身或其变化作为禁忌对象是最为简单、最容易理解的途径。具体而言，当状态由 $x$ 变化至状态 $y$ 时（或 $x$ 到 $y$ 的变化）视为禁忌对象，从而在一定条件下禁止了 $y$（或 $x$ 到 $y$ 的变化）的再度出现。

**7．禁忌长度**

所谓禁忌长度，即禁忌对象在不考虑特赦准则情况下不允许被选取的最大次数。通俗地说，可视为禁忌对象在禁忌表中的任期。对象只有当其任期为零时才被解禁。禁忌长度的选取与问题特性、研究经验有关，它决定了算法的计算复杂性。

一方面，禁忌长度可以是定常不变的，或者固定为与问题规模相关的一个量，如此实现很方便、简单，也很有效；另一方面，禁忌长度也可以是动态变化的。如根据搜索性能和问题特征设定禁忌长度的变化区间，而禁忌长度可按某种规则或公式在这个区间内变化，当然，这个变化区间的大小也可随搜索性能的变化而变化。

一般而言，当算法的性能动态下降较大时，说明算法当前的搜索能力比较强，也可能当前解附近极小解形成的“波谷”较深，从而可设置较大的禁忌长度来延续当前的搜索进程，并避免陷入局部极小。大量研究表明，禁忌长度的动态设计方式比静态设置方式具有更好的性能和鲁棒性，而更为合理高效的设置方式还有待进一步研究。

#### 8. 禁忌频率

记忆禁忌频率（或次数）是对禁忌属性的一种补充，可放宽选择决策对象的范围。例如，如果某个适配值频繁出现，则可以推测算法陷入某种循环或某个极小点，或者说现有算法参数难以有助于发掘出更好的状态，进而应当对算法结构或参数进行修改。在实际求解时，可以根据问题和算法的需要，记忆某个状态出现的频率，也可以是某些对换对象或适配值等出现的信息，而这些信息可以是静态的，也可以是动态的。

静态的频率信息主要包括状态、适配值或对换等对象在优化过程中出现的频率，其计算相对简单，如对象在计算中出现的次数，出现次数与总迭代步数的比，某两个状态间循环的次数等。显然，这些信息有助于了解某些对象的特性，以及相应循环出现的次数等。

动态的频率信息主要记录从某个状态序列的变化。显然，对动态频率信息的记录比较复杂，而它所提供的信息量也较多。常用的方法如下。

（1）记录某个序列的长度，即序列中的元素个数，而在记录某些关键点的序列中，可以按这些关键点的序列长度的变化来进行计算。

（2）记录由序列中的某个元素出发后再回到该元素的迭代次数。

（3）记录某个序列的平均适配值，或者相应各元素的适配值的变化。

（4）记录某个序列出现的频率等。

上述频率信息有助于加强禁忌搜索的能力和效率，并且有助于对禁忌搜索算法参数的控制，或者可基于此对相应的对象实施惩罚。例如，如果某个对象频繁出现，则可以增加禁忌长度来避免循环：如果某个序列的适配值变化较小，则可以增加对该序列所有对象的禁忌长度，反之则缩小禁忌长度：如果最佳适配值长时间维持下去，则可以终止搜索进程而认为该适配值已是最优值。

#### 9. 终止准则

与模拟退火、遗传算法一样，禁忌搜索也需要一个终止准则来结束算法的搜索进程，而严格实现理论上的收敛条件，即在禁忌长度充分大的条件下实现状态空间的遍历，这显然是不切合实际的，因此实际设计算法时通常采用近似的收敛准则。常用的方法如下。

（1）给定最大迭代步数。此方法简单易操作，但难以保证优化质量。

（2）设定某个对象的最大禁忌频率，即若某个状态、适配值或对换等对象的禁忌频率超过某一阈值，则终止算法，其中也包括最佳适配值连续若干次迭代并保持不变的情况。

## 12.4 禁忌搜索的 MATLAB 实现

下面直接通过一个实例来演示禁忌搜索的 TSP 实现。

**【例】**（TSP 的禁忌搜索求解）下面用 MATLAB 来使用禁忌搜索算法解决 TSP。

在例子中，采用一个经典的测试数据，即各个城市用相应的坐标来表示，坐标值分别如下：

[41 94;37 84;54 67;25 62;7 64;2 99;68 58;71 44;54 62;83 69;64 60;18 54;22 60; 83 46;91 38;25 38;24 42;58 69;71 71;74 78;87 76;18 40;13 40;82 7;62 32;58 35;45 21;41 26;44 35;4 50];

根据相应的坐标来确定城市之间的距离，以及绘制相应的连线与过程图。

```
function TP
clear;
city30=[41 94;37 84;54 67;25 62;7 64;2 99;68 58;71 44;54 62;83 69;64 60;18 54;22 60; ...
    83 46;91 38;25 38;24 42;58 69;71 71;74 78;87 76;18 40;13 40;82 7;62 32; ...
58 35;45 21;41 26;44 35;4 50];
for i=1:30
    for j=1:30
        DL30(i,j)=((city30(i,1)-city30(j,1))^2+(city30(i,2)-city30(j,2))^2)^0.5;
    end
end
dislist=DL30;
Clist=city30;
CityNum=size(dislist,2);
Tlist=zeros(CityNum);
%禁忌表(tabu list)
cl=100;                                   %保留前 cl 个最好候选解
bsf=Inf;
tl=ceil(CityNum^0.5);                     %禁忌长度(tabu length)
l1=200;                                   %候选解(candidate)，不大于 n*(n-1)/2(全部领域解个数)
S0=randperm(CityNum);
S=S0;
BSF=S0;
Si=zeros(l1,CityNum);
StopL=80*CityNum;
p=1;
figure(1);
stop = uicontrol('style','toggle','string','stop','background','white');
tic;
while (p<StopL)
    if l1>CityNum*(CityNum)/2
        disp('候选解个数,不大于 n*(n-1)/2(全部领域解个数)！系统自动退出！');
        l1=(CityNum*(CityNum)/2)^.5;
        break;
    end
    ArrS(p)=F(dislist,S);
```

```
    i=1;
    A=zeros(l1,2);
    while i<=l1
        M=CityNum*rand(1,2);          %随机产生元素值取值为[0,30]的二维行向量
        M=ceil(M);
        if M(1)~=M(2)
            m1=max(M(1),M(2));
            m2=min(M(1),M(2));
            A(i,1)=m1;A(i,2)=m2;      %设置矩阵 A 在该行元素的第一个值为较大值
                                      %第二个值为较小值
            if i==1                   %如果是第一次迭代则标记 isdel=0
                isdel=0;
            else
                for j=1:i-1           %逐行进行比较
%发现两行元素相同，即交换的位置完全相同，则标记 isdel=1，且退出该层循环
                    if A(i,1)==A(j,1)&&A(i,2)==A(j,2)
                        isdel=1;
                        break;
                    else
                        isdel=0;   %否则标记 isdel=0
                    end
                end
            end
            if ~isdel
                i=i+1;
            else
                i=i;
            end
        else
            i=i;
        end
    end
%该部分为挑选出需要保留的解，即该层搜索中找到的距离最短的
    CL=Inf*ones(cl,4);
    for i=1:l1
        Si(i,:)=S;                        %设置候选解的每一行 S 为初始随机序列
        Si(i,[A(i,1),A(i,2)])=S([A(i,2),A(i,1)]);      %交换第 i 行的两个位置的数据
                  %位置 A 的编号由 A 产生
%计算第 i 个候选解的总距离值
        F(i)=F(dislist,Si(i,:));
%如果候选解的序号小于保留解的总数，则直接记录这些候选解
        if i<=cl
```

```
                CL(i,2)=F(i);
                CL(i,1)=i;                        %第 i 个候选解
%记录交换城市的编号，解序列第 A(i,1)个元素的值，即城市编号
                CL(i,3)=S(A(i,1));
%解序列第 A(i,2)个元素的值，即城市编号
                CL(i,4)=S(A(i,2));
            else
%如果候选解的序号大于保留解的总数，则将该候选解与已经保留的解的距离值进行
%比较，确定是否保留该候选解而去掉已经保留的解
                for j=1:cl
                    if F(i)<CL(j,2)
                        CL(j,2)=F(i);
                        CL(j,1)=i;
                        CL(j,3)=S(A(i,1));
                        CL(j,4)=S(A(i,2));
                        break;
                    end
                end
            end
        end
        bsf=CL(1,2);
        if CL(1,2)<bsf   %藐视准则(aspiration criterion)
            S=Si(CL(1,1),:);
            BSF=S;
            for m=1:CityNum
                for n=1:CityNum
                    if Tlist(m,n)~=0
                        Tlist(m,n)=Tlist(m,n)-1;
                    end
                end
            end
            Tlist(CL(1,3),CL(1,4))=tl;
        else
            for i=1:cl
                if Tlist(CL(i,3),CL(i,4))==0
                    S=Si(CL(i,1),:);
                    for m=1:CityNum
                        for n=1:CityNum
                            if Tlist(m,n)~=0
                                Tlist(m,n)=Tlist(m,n)-1;
                            end
                        end
```

```
                    end
                    Tlist(CL(i,3),CL(i,4))=tl;
                    break;
                end
            end
        end
        p=p+1;
        Arrbsf(p)=bsf;
        for i=1:CityNum-1                    plot([Clist(BSF(i),1),...
Clist(BSF(i+1),1)],[Clist(BSF(i),2),Clist(BSF(i+1),2)],'bo-');
            hold on;
        end
        plot([Clist(BSF(CityNum),1),Clist(BSF(1),1)],[Clist(BSF(CityNum),2), ...
Clist(BSF(1),2)],'bo-');
        title(['Counter : ',int2str(p*l1),'    The Min Distance: ',num2str(bsf)]);
        hold off;
        pause(0.005);
        if get(stop,'value')==1
            break;
        end
    end
    toc;
    BestShortcut=BSF                        %搜索到的最优解的城市序列
    theMinDistance=bsf                      %搜索到的最优解的总距离值
    set(stop,'style','pushbutton','string','close','callback','close(gcf)');
    figure(2);
    plot(Arrbsf,'r');
    hold on;
    plot(ArrS,'b');
    grid;
    title('搜索过程');
    legend('Best So Far','当前解');
end

%求取一个城市序列的距离值函数
function F=F(dislist,s)
DistanV=0;
n=size(s,2);
for i=1:(n-1)
    DistanV=DistanV+dislist(s(i),s(i+1));
end
DistanV=DistanV+dislist(s(n),s(1));
```

```
    F=DistanV;
    end
```

在 MATLAB 命令窗口中输入以下代码。

```
>>clear all;
>> TP
```

输出如下，效果如图 12-2 和图 12-3 所示。

```
时间已过 153.654115 秒。
BestShortcut =
14    13    25    8    9    29    19    16    22    18    3    28    20    30
24    2    26    5    1    27    11    12    15    6    17    23
7    4    10    21
theMinDistance =
  480.5529
```

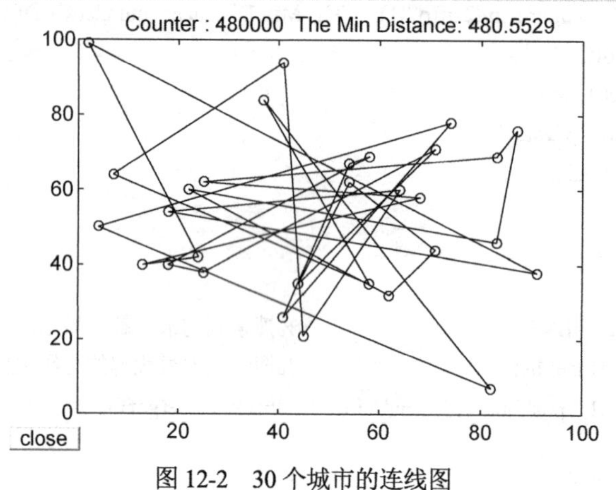


图 12-2　30 个城市的连线图

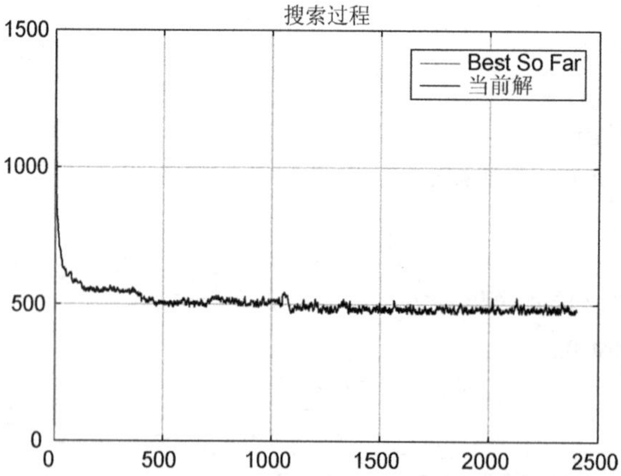

图 12-3　禁忌搜索过程图

# 参考文献

[1] 李明. 详解 MATLAB 在最优化计算中的应用. 北京：电子工业出版社，2011.

[2] 陈水利，李敬功，王向功. 模糊集理论及其应用. 北京：科学出版社，2006.

[3] 杨淑莹，张桦. 模式识别与智能计算：MATLAB 技术实现. 3 版. 北京：电子工业出版社，2015.

[4] 杨淑莹. 模式识别与智能计算：MATLAB 技术实现. 2 版. 北京：电子工业出版社，2011.

[5] 肖健华. 智能模式识别方法. 广州：华南理工大学出版社，2006.

[6] 许国根，贾瑛. 模式识别与智能计算的 MATLAB 实现. 北京：北京航空航天大学出版社，2012.

[7] 刘金琨，沈晓蓉，赵龙. 系统辨识理论及 MATLAB 仿真. 北京：电子工业出版社，2013.

[8] 王海英，黄强，李传涛，等. 图论算法及其 MATLAB 实现. 北京：北京航空航天大学出版社，2009.

[9] 陈明. MATLAB 神经网络原理与实例精解. 北京：清华大学出版社，2012.

[10] 刘金琨. RBF 神经网络自适应控制 MATLAB 仿真. 北京：清华大学出版社，2013.

[11] 李国勇. 神经模糊控制理论及应用. 北京：电子工业出版社，2009.

[12] 葛超，王蕾，曹秀爽. MATLAB 技术大全. 北京：人民邮电出版社，2013.

[13] 香港中文大学精密工程研究所，尚涛，谢龙汉，等. MATLAB 工程计算及分析. 北京：清华大学出版社，2010.

[14] 余胜威. MATLAB 数学建模经典案例实战. 北京：清华大学出版社，2014.